MÉTHODES
EN
ÉPIDÉMIOLOGIE

ÉCHANTILLONNAGE · INVESTIGATIONS · ANALYSE

CLAUDE RUMEAU-ROUQUETTE
GÉRARD BRÉART et RENÉ PADIEU

avec le concours de

R. PRESSAT

MÉTHODES EN ÉPIDÉMIOLOGIE

ÉCHANTILLONNAGE - INVESTIGATIONS - ANALYSE

3e édition

FLAMMARION MÉDECINE-SCIENCES
4, rue Casimir Delavigne, 75006 PARIS

C. Rumeau-Rouquette, Directeur de Recherche à l'Institut national de la Santé et de la Recherche médicale *.

G. Breart, Maître de Recherche à l'Institut national de la Santé et de la Recherche médicale *.

R. Padieu, Administrateur de l'Institut national de la Statistique et des Etudes économiques, Professeur de statistique à l'Ecole nationale de la Statistique et de l'Administration économique.

R. Pressat, Directeur de Recherche à l'Institut national d'Etudes démographiques.

* Unité de Recherches épidémiologiques sur la Mère et l'Enfant, INSERM, 123, boulevard de Port-Royal, 75014 Paris.

1re édition, 1970.
2e édition, 1981.
2e tirage, 1982.
3e tirage, 1983.
3e édition, 1985.
2e tirage, 1986.

ISBN : 2-257-13377-3

Printed in France

SOMMAIRE

2ème PARTIE

MÉTHODES D'ÉCHANTILLONNAGE

3ème PARTIE

MÉTHODES D'INVESTIGATION

4ème PARTIE

MÉTHODES D'ANALYSE

LISTE DES TABLES

AVANT-PROPOS

La deuxième édition de « Méthodes en épidémiologie » est intervenue environ dix ans après la première, apportant des modifications très profondes dans la conception de ce livre.

Quatre ans seulement se sont écoulés entre les deuxième et troisième éditions, il s'agissait donc moins pour les auteurs de bouleverser une fois encore le contenu que de le compléter, et d'essayer de mieux l'adapter à des objectifs de formation.

Les éléments nouveaux qui figurent dans la troisième édition conernent essentiellement l'évaluation, avec l'introduction de trois nouveaux chapitres :

— Chapitre XII : échantillonnage dans les enquêtes d'évaluation.

— Chapitre XVII : investigations dans les enquêtes d'évaluation.

— Chapitre XXX : analyse des études d'évaluation.

Cette extension correspond au développement des travaux épidémiologiques modernes tendant à appliquer les enquêtes d'observation à l'évaluation de l'efficacité des actions de santé. Les réflexions que nous avons menées à cette occasion nous ont souvent amenés à remanier assez profondément les chapitres portant sur l'expérimentation et les enquêtes étiologiques.

Par ailleurs, nous nous sommes efforcés de rendre plus facile la lecture de ce livre en simplifiant l'exposé de certaines analyses et en ajoutant de nombreux exemples.

C. Rumeau-Rouquette

PRÉFACE À LA 2ème ÉDITION

L'histoire de l'épidémiologie paraît surprenante; en fait elle traduit une démarche logique et, au travers des vingt ou trente définitions qui rivalisent pour la mieux cerner, on aperçoit clairement trois étapes résultant de deux mutations.

Dans la première étape ne sont considérées que les épidémies. Le caractère le plus frappant des cas de maladie est alors leur répartition, fortement concentrée dans l'espace et dans le temps. Mais pourquoi ne pas étudier la fréquence des cas pour toutes les maladies, transmissibles ou non, et sa variation en fonction de divers facteurs, spatio-temporels ou non ? La première mutation fut cette extension; ainsi naissait la deuxième étape, avec l'épidémiologie descriptive et l'épidémiologie analytique, qui furent, un temps, les deux grands axes de l'épidémiologie moderne.

La seconde mutation fut l'extension du concept d'épidémiologie aux situations où l'homme cherche à intervenir dans le cours des maladies, par la guérison ou la prévention. On restait dans l'étude des facteurs influençant la fréquence des maladies mais, des facteurs jouant spontanément, on passait aux facteurs contrôlés. « L'observateur » se doublait de « l'expérimentateur ». Ce troisième axe, l'épidémiologie d'intervention, avait déjà son passé propre, riche et substantiel, sous la forme de l'essai thérapeutique conduit avec la rigueur des techniques modernes, et son absorption par l'épidémiologie rencontra de chauds opposants comme de tenaces défenseurs. Au delà de ces querelles de frontières, on ne peut qu'espérer une fécondation mutuelle du rapprochement de deux domaines présentant, à côté d'évidentes similitudes, au premier chef l'usage de la méthodologie statistique, de profondes différences quant au fond : d'un côté l'essai thérapeutique avec son tirage au sort, ses groupes comparables, sa conclusion d'ordre causal, de l'autre l'épidémiologie d'observation impuissante à prouver les causes en dépit des analyses multivariates les plus sophistiquées. D'un côté l'essai sur des malades, cantonné à l'intérieur de l'hôpital, de l'autre une enquête qui en franchit les murs, et touche des populations variées, des sujets sains.

De cette confrontation devait naître d'abord l'extension de l'épidémiologie d'intervention : de l'essai thérapeutique on passa à l'évaluation de mesures préventives ou autres dans des groupes de populations. Mais en même temps que « l'observateur » apporte ses populations familières, il a tendance à apporter aussi ses méthodes, son état d'esprit et, habitué qu'il est à s'accommoder de groupes non comparables, il renonce parfois sans combat à la randomisation, voire à l'expérimentation, dont la difficulté est plus grande certes que dans l'essai thérapeutique. Il appartient à « l'expérimentateur » de rappeler sans cesse les limites de l'enquête d'observation; de montrer que souvent, dans des problèmes d'intervention, l'expérimentation et la randomisation, déclarées d'emblée impossibles, sont en fait réalisables, que des compromis aussi peuvent être envisagés, comme la randomisation au niveau des groupes. Sans doute assistons-nous maintenant à une situation comparable à celle que rencontrèrent les pionniers de l'essai thérapeutique lorsqu'ils luttèrent pour remplacer les méthodes artisanales par l'expérimentation avec tirage au sort. Cela aussi paraissait impossible, et cela fut fait.

Cette histoire de l'épidémiologie en trois étapes n'est qu'un premier aspect.

Un autre a été l'extension de la méthodologie épidémiologique à des états autres que la maladie : à des facteurs de risque d'abord (la cholestérolémie, la tension artérielle...), puis à des états de nature physiologique (la procréation par exemple). L'approche méthodologique visant à étudier la fréquence d'un état, les facteurs susceptibles de modifier cette fréquence et le résultat des interventions présente un tel degré de généralité qu'elle peut même dépasser largement les limites du domaine bio-médical.

Un autre aspect est la distinction entre les deux points de vue visant, l'un à éclairer la connaissance, l'autre à guider un choix. Introduite d'abord dans l'essai thérapeutique, cette distinction est en fait beaucoup plus fondamentale dans l'épidémiologie d'observation : selon qu'il s'agit de savoir si le tabac est cause de cancers ou de sélectionner les grossesses à haut risque à partir de multiples facteurs de nature purement prédictive, l'épidémiologiste adopte des démarches radicalement différentes à tous les niveaux; il choisit l'attitude explicative ou pragmatique tout naturellement sans s'en rendre compte. Il est beaucoup plus enrichissant que la distinction soit clairement formulée, surtout dans l'enseignement.

Enfin de nombreux perfectionnements sont apparus, au fil des années, dans la méthodologie, notamment dans l'analyse multivariate.

Ces quelques réflexions suffisent à montrer combien l'épidémiologie est évolutive. Le livre publié par Claude Rumeau-Rouquette et moi-même il y a dix ans devenait insuffisant : l'épidémiologie d'intervention se réduisait à un chapitre final sur l'essai thérapeutique, l'attitude pragmatique était annoncée pour plus tard, l'analyse multivariate y était peu développée. Les compléments nécessaires auraient pu faire l'objet de plusieurs fascicules. Une autre solution était la refonte totale du livre dans un nouvel ouvrage englobant l'ensemble de l'épidémiologie sous tous ses aspects et dans toute sa complexité. Il fallait, pour choisir cette solution difficile, le dynamisme et la compétence de Claude Rumeau.

Claude Rumeau a commencé à former des épidémiologistes dans le cadre des enseignements que je dirige, il y a près de vingt ans, à une époque où personne en France ne croyait à l'avenir de cette discipline, dont le nom même était inconnu. Depuis, elle a non seulement perfectionné d'année en année cet enseignement, mais dirigé des recherches couvrant presque tous les aspects de l'épidémiologie, plus spécialement dans le domaine de la périnatalité. Et chacun sait que la périnatalité est un domaine où ont été obtenus, en France notamment, les succès les plus nets et les plus tangibles, en particulier grâce au concours des épidémiologistes.

Maintenant que l'épidémiologie est reconnue, admise même au rang des priorités, introduite enfin dans le cursus des études médicales, il faut souhaiter un franc succès au livre de Claude Rumeau, Gérard Bréart, René Padieu, Roland Pressat, et de ceux qui les ont aidés dans leur tâche.

Professeur Daniel SCHWARTZ

REMERCIEMENTS

Nous remercions Madame J. Goujard, Mademoiselle M. Kaminski, Messieurs O. Jeanneret, J. Lellouch et L. Raymond qui nous ont aidés de leurs conseils et ont accepté de relire cet ouvrage. Il doit beaucoup aux travaux du professeur D. Schwartz et de l'Unité de Recherches Statistiques de l'INSERM.

Mesdames J. Andriambelo, C. de Francisci, E. Le Besnerais et M. Raguin ont dactylographié les versions successives du manuscrit, qu'elles en soient tout particulièrement remerciées, ainsi que le SCN 6 de l'INSERM qui nous a aidés pour la conception graphique.

Nous remercions également les auteurs et les éditeurs qui nous ont autorisés à reproduire des figures et des extraits de tables.

BIBLIOGRAPHIE GÉNÉRALE

J.H. ABRAMSON — Survey methods in community medicine. 1 vol., Churchill Livingstone, Edinburgh, New York, 1979.

M. ALDERSON — An introduction to epidemiology. 1 vol., MacMillan Press, London, 1976.

P. ARMITAGE — Statistical methods in medical research. 1 vol., Blackwell Scientific Publication, Oxford, 1971-1977.

D.J.P. BARKER, C. ROSE — Epidemiology in medical practice. 1 vol., Churchill Livingstone, Edinburgh, 1976.

D.J.P. BARKER, F.J. BENNET — Practical epidemiology. 1 vol., Churchill Livingstone, Edinburgh, 1973.

A.E. BENNET, K. RITCHIE — Questionnaires in medicine : a guide of their design and use. 1 vol., Oxford University Press, London, 1975.

J.P. BOISSEL, C.R. KLIMT ed. — Essais contrôlés multicentres : principes et problèmes. 1 vol., INSERM, Paris, 1979.

N.E. BRESLOW, N.E. DAY — Statistical methods in cancer research. The analysis of case-control studies. IARC Scientific Publications n° 32, 1 vol., Lyon, 1980.

G. CALOT — Cours de statistique descriptive. 1 vol., Dunod, Paris, 1965.

A.L. COCHRANE — Effectivness and efficiency. 1 vol., Nuffield Provincial Hospitals Trust, London, 1972.

J. DESABIE — Théorie et pratique des sondages. 1 vol., Dunod, Paris, 1966.

A.R. FEINSTEIN — Clinical biostatistics. 1 vol., The C.V. Mosby Company, St Louis, 1977.

H. GOLDSTEIN — The design and analysis of longitudinal studies. Their role in the measurement of change. 1 vol., Academic Press, London, 1979.

F. GREMY, D. SALMON — Bases statistiques pour la recherche médicale et biologique. 1 vol., Dunod, Paris, 1969.

A.B. HILL — Statistical methods in clinical and preventive medicine. 1 vol., Churchill Livingstone, Edinburgh, 1962.

A.B. HILL — Principles of medical statistics. 1 vol., Hodder and Stoughton, London, 1977.

W.W. HOLLAND, S. GILDERDALE ed. — Epidemiology and health. 1 vol., Henry Kimpton, London, 1977.

W.W. HOLLAND, L. KARHAUSEN ed. — Health care and epidemiology. 1 vol., Henry Kimpton, London, 1978.

W.W. HOLLAND, J. IPSEN, J. KOSTRZEWSKI ed — Measurement of level of health. 1 vol., (WHO, IEA), WHO Regional Publications n° 7, Copenhagen, 1979.

INSERM — Le questionnaire médical. Principes. Construction. Evaluation. 1 vol., INSERM, Paris, 1978.

M. Jenicek — Introduction à l'épidémiologie. 1 vol., Maloine, Paris, 1976.

M. Jenicek, R. Cleroux — Epidémiologie. Principes. Techniques. Applications. Maloine, 1 vol., Paris, 1982.

F.L. Kark — Epidemiology and community medicine. 1 vol., Appleton-Century Crosts, New-York, 1974.

I.J. Kessler, M.L. Levin ed. — The community as an epidemiologic laboratory. A case book of community studies. 1 vol., Johns Hopkins Press, Baltimore, 1970.

G. Kleinbaum, L. Kupper, H. Morgenstern — Epidemiologic research. Principles and quantitative methods. Lifetime Learning publications, 1 vol., Belmont Ca, 1982.

E.G. Knox ed. — Epidemiology in health care and planning. 1 vol., (IEA and WHO), Oxford University Press, Oxford, 1979.

P. Lazar ed. — Pathologie industrielle. Approche épidémiologique. 1 vol., Flammarion, Paris, 1979.

J. Lellouch, P. Lazar — Méthodes statistiques en expérimentation biologique. 1 vol., Flammarion, Paris, 1976.

A.M. Lilienfeld, D.E. Lilienfeld — Foundations of epidemiology. 1 vol., Oxford University Press, New York, 1980.

B. MacMahon, T.F. Pugh — Epidemiology : principles and methods. 1 vol., Little Brown, Boston, 1970.

J.S. Mausner, A.K. Banh — Epidemiology : an introductory text. 1 vol., Saunders, Philadelphia, 1974.

J.N. Morris — Uses of epidemiology. 1 vol., Churchill Livingstone, Edinburgh, 1975.

C.A. Moser, G. Kalton — Survey methods in social investigation. 1 vol., Heinemann Educational Books, London, 1979.

O.M.S. : J. Hogarth — Vocabulaire de la Santé publique. Bureau régional de l'Europe, 1 vol., Copenhagen, 1977.

R. Peto, M.C. Pike, P. Armitage, N.E. Breslow, D.R. Cox, S.V. Howard, N. Mantel, K. McPherson, J. Peto, P.G. Smith — Organisation et analyse des essais thérapeutiques comparatifs comportant une longue surveillance des malades. Rev. Epidém. et Santé Publ., 1979, *27,* 165-258.

R. Pressat — L'analyse démographique, 1 vol., Presses universitaires de France, Paris, 1969.

R. Pressat — Démographie statistique. 1 vol., Presses universitaires de France, Paris, 1971.

D. Schwartz — Méthodes statistiques à l'usage des médecins et des biologistes. 1 vol., Flammarion, Paris, 1963-1970.

D. Schwartz, R. Flamant, J. Lellouch — L'essai thérapeutique chez l'homme. 1 vol., Flammarion, Paris, 2e éd., 1981.

G.W. Snedecor, W.G. Cochran — Méthodes statistiques. 1 vol., Association de coordination technique agricole, Paris, 1971.

M. Susser — Causal thinking in the health sciences. Concepts and strategies of epidemiology. 1 vol., Oxford University Press, New York, 1973.

PREMIÈRE PARTIE

PRINCIPES

CHAPITRE I

DÉFINITIONS ET GRANDS AXES DE L'ÉPIDÉMIOLOGIE

DÉFINITIONS

L'épidémiologie

Les définitions de l'épidémiologie sont nombreuses : D.E. Lilienfeld en a récemment analysé 23, encore se référait-il uniquement à des définitions publiées en langue anglaise au cours des 50 dernières années [3]. La plus largement admise est sans doute celle de B. MacMahon, T.F. Pugh et J. Ipsen en 1960 [4] : *« epidemiology is the study of the distribution and determinants of disease prevalence in man »* *. Définition reprise sous une forme un peu différente dans un symposium de l'OMS ** en 1968 [5] : « Etude de la distribution des maladies et des invalidités dans les populations humaines, ainsi que des influences qui déterminent cette distribution ».

Cette multiplication des définitions témoigne vraisemblablement du dynamisme de l'épidémiologie. Sans reprendre ici des considérations historiques largement développées par L. et G. Massé en introduction au livre de M. Jenicek en 1976 [1], il faut noter qu'en moins d'un siècle l'épidémiologie est passée du domaine des épidémies à celui des maladies non transmissibles pour s'attacher maintenant à l'étude des états intermédiaires entre l'état de santé et celui de maladie. Parallèlement ses objectifs, orientés d'abord vers la description, puis vers la recherche étiologique, font une place de plus en plus importante à l'évaluation des mesures de santé. C'est ainsi qu'en 1968, le rapport sur un symposium de l'OMS précédemment cité [5] notait que les études épidémiologiques avaient généralement trois objectifs : 1) orienter le développement des services de santé en définissant l'ampleur et la distribution des phénomènes morbides dans la collectivité; 2) dégager les facteurs étiologiques de façon à permettre d'enrayer ou de

* L'épidémiologie est l'étude de la distribution de la fréquence des maladies chez l'homme et de leurs déterminants.

** Organisation mondiale de la santé.

modifier la maladie; 3) fournir une méthode de mesure de l'efficacité des services mis en œuvre pour lutter contre la maladie, et améliorer l'état de santé de la collectivité.

Des épidémiologies

Le problème s'est encore compliqué avec l'apparition de termes tels que : « épidémiologie clinique » « bio-épidémiologie » ou « socio-épidémiologie », plus récemment est apparue « l'épidémiologie de terrain »; les grandes pathologies apportent leur contribution avec l'épidémiologie psychiatrique ou cardio-vasculaire auxquelles se joignent l'épidémiologie de la reproduction ou celle de la nutrition. Le mot est à la mode, au moment où paradoxalement les épidémiologistes s'interrogent sur l'avenir de leur science aux prises avec les problèmes de confidentialité et ceux qu'imposent à tous une crise économique particulièrement ressentie dans le domaine des grandes enquêtes.

Il nous semble nécessaire en premier lieu de séparer clairement ce qui relève de la *méthode* et du *domaine :* l'épidémiologie psychiatrique est l'épidémiologie appliquée au domaine de la psychiatrie. Sans doute la spécificité du domaine peut-elle conduire à la mise au point de nouvelles techniques d'échantillonnage, de recueil des données ou d'analyse, mais c'est là l'évolution naturelle et souhaitable d'une science. On peut toutefois s'interroger sur les limites du domaine, doit-on l'étendre de l'homme à l'animal et créer une épidémiologie vétérinaire. L'animal entre certes dans les préoccupations de l'épidémiologiste comme vecteur ou porteur de germe, mais la finalité de l'étude reste l'homme. Davantage qu'une étude étymologique, l'avenir montrera si la science que nous appelons épidémiologie s'étend à l'animal.

Plus difficile est la notion d'*épidémiologie clinique*. Le terme apparaît sous la plume de John Paul dans le titre d'un livre : « Clinical epidemiology » dont la deuxième édition est de 1966. Il distingue l'épidémiologie portant sur de vastes populations, d'une épidémiologie plus intimiste partant du malade et limitée à de petites communautés. Cette notion a été précisée depuis par Sackett [9, 10]. Toutefois dans un article récent W.W. Holland, sous le titre « inapropriate terminology » [2], ne voit pas l'intérêt d'isoler une entité particulière, même si l'enseignement de l'épidémiologie doit se faire dans certains cas à travers une approche clinique. Il nous semble raisonnable de garantir l'unité du raisonnement épidémiologique tout en reconnaissant la diversité de ses applications. Celle-ci est bien illustrée par la méthode des essais comparatifs : certains portent sur des malades et concernent des médicaments ou des techniques chirurgicales, d'autres portent sur la population générale et concernent des méthodes de prévention. Le principe de la méthode est le même, mais son application à des problèmes différents a conduit à la modifier, à l'enrichir sans pour cela mettre en cause l'essentiel. Dans cet ouvrage nous avons davantage étudié les méthodes épidémiologiques appliquées à la population que celles appliquées à la clinique. Cela ne met nullement en cause dans notre esprit l'unité de l'épidémiologie.

Les termes plus récents de *bio-épidémiologie* ou de *socio-épidémiologie* relèvent de la même analyse.

Le développement d'une épidémiologie fondée sur la biologie s'est amorcée au cours des dix dernières années, après que les enquêtes par interrogatoires et examens cliniques aient rencontré leurs limites. Pendant plusieurs années, l'épidémiologie de la nutrition a été étudiée à travers l'interrogatoire des sujets ou la description fine (méthode des pesées) des aliments. Les comportements alimentaires étaient mis en relation avec diverses pathologies. Cette approche s'est révélée insuffisante, d'autres méthodes ont été mises au point pour définir la composition des aliments d'une part, et des indicateurs biologiques de la nutrition d'autre part. Ces éléments peuvent être utilisés par les épidémiologistes auxquels ils ouvrent un nouveau champ d'explorations : recherche d'indicateurs sensibles et spécifiques, intégration dans l'analyse de paramètres nombreux mesurés à des périodes différentes...

L'orientation de l'épidémiologie vers les problèmes psychologiques et sociaux a conduit, de la même manière, à s'interroger sur les indicateurs utilisés dans ce domaine et sur la nécessité d'en étudier de nouveaux. Un glissement s'est alors opéré, les caractères sociaux mis en relation avec la maladie ont pu devenir en eux-mêmes l'objet d'une recherche épidémiologique.

Dans une étude en cours, nous avons étudié les relations existant entre la pathologie néonatale et les inégalités sociales mettant en évidence l'excès de prématurité dans les catégories les plus défavorisées. Ce résultat nous a conduit à rechercher la relation existant entre la qualité de la prévention prénatale et la catégorie sociale, il s'est avéré que cette dernière conditionnait l'entrée dans une filière de surveillance... Partis d'une recherche étiologique classique, facteur social-maladie, nous avons été conduits vers une recherche portant sur l'accès aux filières de soin et la diffusion des innovations.

L'application des méthodes épidémiologiques à l'étude des facteurs sociaux peut être enrichissante pour l'épidémiologie comme pour la sociologie, sous réserve qu'elle se fasse dans le cadre d'une coopération, et que les épidémiologistes mesurent bien les limites d'une approche quantitative dans ce domaine.

Les mêmes remarques s'appliquent à l'étude des facteurs psychologiques. Il n'en demeure pas moins qu'à travers ses applications à la biologie, à la psychologie ou à la sociologie, les méthodes épidémiologiques obéissent aux mêmes principes.

Dernière venue, *l'épidémiologie de terrain* a suscité récemment quelques discussions d'autant plus vives que la notion de terrain est loin d'être claire. Si nous éliminons les définitions : « étendue de terre » ou « formation géologique », nous arrivons à celles de : « lieux où se déroulent les opérations militaires » ou « emplacement aménagé pour une activité particulière », qui ont le mérite d'associer l'idée de terrain à celle d'activité. Quel est donc le terrain de l'épidémiologie ? C'est celui où vivent les communautés humaines dans leur cadre habituel (famille, ville, village, usine, école). Ce cadre lui-même est un objet d'étude pour l'épidémiologie et il l'a toujours été dans la mesure où l'on s'interroge sur les relations existant entre les maladies et les conditions de vie. Toutefois l'étude de ce terrain peut différer selon que l'approche est plutôt biologique, psychologique ou sociologique. C'est ainsi que pour définir la relation entre la pollution par le plomb et une maladie, on peut mesurer la quantité de plomb présent dans les cheveux d'un malade hospitalisé, sans se préoccuper de ses conditions de vie, d'où l'opposition entre l'épidémiologie de laboratoire et l'épidémiologie de terrain. Les deux nous semblent complémentaires, toutefois au fur et à mesure que les épidémiologistes poussent de plus en plus loin l'analyse d'indicateurs biologiques de plus en plus fins, il nous semble justifié de rappeler la nécessité d'une approche plus globale des individus sur le terrain.

Mais il y a sans doute autre chose dans cette notion d'épidémiologie de terrain, qui la rapproche de la recherche-action et aboutit à un va-et-vient entre les chercheurs et les acteurs, entre l'analyse et l'action.

Cette tendance nous semble se raccorder à un courant plus ancien de l'épidémiologie décrit en 1970 par D. Schwartz lorsqu'il a opposé l'*épidémiologie explicative et pragmatique*.

La première tente d'étudier les lois qui expliquent l'origine des maladies ou l'effet des traitements. Elle requiert un effort d'analyse qui a poussé les chercheurs à définir des indicateurs biologiques, à éliminer les caractères parasites que constitue par exemple l'effet placebo d'un médicament... L'attitude explicative conduit souvent à une épidémiologie en laboratoire. L'attitude pragmatique au contraire cherche moins à expliquer qu'à définir des moyens d'action : trouver des facteurs de risque pour isoler les populations devant faire l'objet de méthodes particulières de prévention.

La multiplicité des épidémiologies ne peut que nous rassurer sur le dynamisme de cette science. Quant à son identité, c'est à travers l'unité de ses méthodes d'enquête et d'expérimentation et dans une approche quantitative et statistique qu'elle s'affirme le mieux. Quel que soit le type d'épidémiologie envisagé, la statégie nous ramène à quelques grands axes : l'information sur l'état de santé de la population, la recherche étiologique, l'évaluation des interventions visant à améliorer l'état de santé de la population.

ÉPIDÉMIOLOGIE DESCRIPTIVE
INFORMATION SUR L'ÉTAT DE SANTÉ DE LA POPULATION [8]

Les statistiques de mortalité et les déclarations obligatoires des maladies transmissibles ont longtemps constitué les seules informations disponibles dans ce domaine. Peu à peu, de nouveaux enregistrements ont été mis au point concernant les cancers, les malformations congénitales, les maladies cardio-vasculaires et divers indicateurs de santé. Une autre étape a été franchie avec la surveillance des facteurs susceptibles d'influencer l'état de santé de la population, qu'il s'agisse de son environnement (pollution atmosphérique par exemple), des méthodes de soins et de prévention. C'est dans ce cadre que se situent les systèmes de pharmacovigilance.

Parallèlement, *les applications de l'information épidémiologique ont évolué,* nous en examinerons trois : surveillance épidémiologique, aide à la planification et à l'évaluation, aide à la recherche.

Surveillance épidémiologique

La surveillance épidémiologique se confondait souvent, à l'origine, avec le *contrôle sanitaire* qui avait pour objectif de repérer les *individus* atteints de maladie transmissible, de les isoler et de prendre des mesures vis-à-vis de leur entourage. On conçoit aisément que de tels enregistrements soient nominatifs et qu'ils portent sur l'ensemble de la population. Pour atteindre ce but on les rend souvent obligatoires, et ils ont tendance à passer à la routine. Longtemps limitées aux maladies transmissibles, ces déclarations obligatoires ont été récemment étendues, en France, aux handicaps, par l'institution de certificats mentionnant les maladies et les infirmités susceptibles de provoquer une invalidité ou un handicap.

La surveillance épidémiologique est maintenant entendue dans un sens plus large, lui assignant un ensemble de fonctions définies en 1973 dans un document de l'OMS [6] : « 1) mesurer systématiquement les paramètres de la santé et de l'environnement, enregistrer et transmettre les données ainsi obtenues; 2) confronter et interpréter ces données afin de détecter d'éventuelles modifications de l'état de santé et de l'environnement des populations ». Cette définition est aussi celle du terme anglais « monitoring », qui est de plus en plus largement utilisé en France. Un tel objectif, qui conduit à apprécier la *fréquence des phénomènes de santé,* peut être atteint par des systèmes d'informations moins rigides que les précédents. Ils n'impliquent pas automatiquement l'identification des sujets, on préfère souvent les enquêtes par sondage aux enquêtes exhaustives, et celles-ci, lorsqu'elles se révèlent nécessaires, peuvent être limitées à quelques zones géographiques.

Aide à la planification

La planification et la gestion des programmes de santé nécessitent un nombre élevé d'informations de type épidémiologique. Certaines peuvent faire partie des données enregistrées dans le cadre de la surveillance, mais beaucoup sont spécifiques d'un programme particulier. C'est pourquoi, il s'avère souvent nécessaire de mettre en place des enquêtes ad hoc, destinées à évaluer les priorités, les besoins de la population, et les moyens à mettre en œuvre pour les satisfaire. Ces enquêtes, qui peuvent être menées à l'échelon national et local, doivent s'intégrer dans un système général d'informations, afin d'éviter les répétitions. Il faut enfin qu'elles soient limitées dans le temps.

Aide à la recherche

Les statistiques de mortalité et de morbidité ont souvent permis, nous le verrons, l'élaboration d'hypothèses de recherche étiologique résultant de comparaisons dans le temps et dans l'espace.

Au fur et à mesure que les systèmes d'informations se développent faisant une large place aux enquêtes ad hoc, on peut de plus en plus souvent fixer à celles-ci des buts précis de recherche, en déterminant, par exemple, la fréquence d'une maladie et ses facteurs de risque.

De tels objectifs sont souvent compatibles, mais ils doivent être soigneusement pesés pour éviter une dispersion qui nuirait à la réalisation de l'enquête.

RECHERCHE ÉTIOLOGIQUE

L'étude des causes des maladies représente l'aspect le plus important de la recherche épidémiologique au cours des trente dernières années. Elle comporte plusieurs étapes : formulation des hypothèses, réalisation des enquêtes et interprétation des résultats dans un sens explicatif ou pragmatique.

Formulation des hypothèses

Un certain nombre d'hypothèses étudiées par les épidémiologistes sont nées de l'examen des statistiques de mortalité et de morbidité.

L'étude de l'évolution de la fréquence des maladies sur de longues périodes a été particulièrement intéressante à cet égard; c'est ainsi que l'augmentation de la mortalité par cancers bronchiques chez l'homme a conduit à soupçonner le rôle du tabac et de la pollution qui croissaient de façon parallèle, et que la diminution de la mortalité par cancer de l'estomac est à l'origine de nombreuses recherches. Les variations cycliques ont été génératrices d'hypothèses fructueuses dans le domaine des maladies transmissibles en particulier.

L'apparition d'une nouvelle maladie ou l'augmentation très brutale de l'incidence d'une maladie déjà connue s'imposent comme une situation d'urgence, il y en a eu plusieurs célèbres depuis vingt ans : les phocomélies associées au thalidomide, la maladie des légionnaires, le SIDA. Le rôle de l'épidémiologiste est alors, en coopération avec les autres chercheurs, de vérifier l'existence de cette « épidémie », de définir les éléments du diagnostic, de caractériser les individus atteints (caractéristiques personnelles, lieu, période), de trouver l'agent en cause. Les premières enquêtes effectuées à l'occasion de l'épidémie de la maladie des légionnaires en fournissent un exemple.

La Convention de la Légion américaine de l'Etat de Pennsylvanie s'est réunie du 21 au 24 juillet 1976; dans les dix jours suivants, une dizaine de décès étaient signalés à la suite de pneumonies parmi les légionnaires et les recherches commençaient. L'enquête épidémiologique comportait :

— une notification des cas apparus chez les légionnaires et parmi les autres personnes participant à la Convention;

— une enquête auprès des personnes ayant assisté à la Convention;

— un examen des registres des hôpitaux de la ville pour étudier la possibilité d'une pneumonie commune à la ville;

— une étude des personnels soignants et de l'entourage des malades pour étudier la transmission interhumaine;

— un examen des conditions d'hébergement de la Convention (eau, aération, alimentation).

On a enregistré les cas de maladies chez les légionnaires ayant participé à la réunion, et chez des personnes ayant été présentes dans l'hôtel où se trouvait le lieu principal de réunion; on a en outre enregistré quelques pneumonies chez des sujets présents dans le voisinage de l'hôtel pendant la période de la Convention.

Les premières enquêtes ont montré qu'il n'y avait pas d'augmentation des pneumonies dans d'autres lieux de la ville, et que la transmission entre individus pouvait être écartée.

Les recherches suivantes ont porté sur l'identification du germe et ne seront pas envisagées ici.

La pathologie géographique a, elle aussi, été à l'origine de nombreuses hypothèses, depuis l'exemple classique d'une épidémie de choléra à Londres au XIXe siècle, où de patientes études de la répartition des cas a conduit Snow aux sources contaminées [12]. Elle a également suscité des hypothèses dans le domaine de la cancérologie : la plus grande fréquence de cancers cutanés chez les Blancs vivant au sud des Etats-Unis a permis d'évoquer le rôle de l'ensoleillement. Toutefois, la constatation de différences géographiques est souvent difficile à interpréter, il en est ainsi pour les cancers de l'estomac très répandus dans les pays d'Extrême Orient, ou pour les malformations du système nerveux central fréquentes en Irlande, en Ecosse et au Pays de Galles, sans que l'origine de ces différences ait été nettement établie.

La pathologie géographique connaît actuellement un regain d'activité dû à la fois à l'apparition de nouveaux marqueurs génétiques permettant de mieux connaître la susceptibilité aux maladies, mais aussi à des techniques plus fines d'analyse.

La surveillance des facteurs étiologiques est de plus en plus utilisée dans ce contexte, qu'il s'agisse de la pollution atmosphérique, des radiations, des produits industriels ou des médicaments. Il est encore trop tôt pour juger de l'efficacité de ces systèmes, souvent desservis par le délai qui s'écoule entre la modification de l'environnement et l'apparition de la pathologie qui peut lui être associée.

Des hypothèses peuvent aussi apparaître fortuitement au cours *d'une enquête étiologique portant sur un autre sujet :* tel est le cas de l'association tabac-cancer de la vessie, observée à l'occasion d'enquêtes centrées sur les cancers bronchiques. Ceci a conduit à multiplier les facteurs étudiés et parfois les maladies dans de vastes enquêtes que les Anglais désignent sous le terme imagé de « fishing expedition », encore que cette « pêche » soit parfois décevante.

Bien entendu de nombreuses hypothèses naissent en dehors du domaine proprement dit de l'épidémiologie, et il serait impensable que l'épidémiologiste ne soit pas à l'écoute de la recherche clinique et biologique ou psychologique.

A partir de ces hypothèses, on s'efforce de vérifier l'existence de liaisons statistiques dans des enquêtes dont la méthodologie sera envisagée au chapitre II. Nous examinerons ici leurs objectifs qui constituent les deux aspects principaux de la recherche étiologique : la recherche à visée explicative et la recherche à visée pragmatique définies par D. Schwartz [11].

Recherche explicative

La recherche explicative vise à établir des hypothèses causales permettant de comprendre l'étio-pathogénie des maladies, et par extension, le mécanisme de certains phénomènes physiologiques.

L'interprétation causale n'est pas toujours aisée, l'étude de la relation tabac-cancer bronchique en fournit un bon exemple.

Ainsi qu'on le rappelait ci-dessus, on a découvert, il y a une trentaine d'années, une importante augmentation de la mortalité liée aux épithéliomas bronchiques. Les enquêtes étiologiques ont montré que les cancéreux fumaient davantage, depuis plus longtemps, qu'ils inhalaient plus fréquemment la fumée. Mais l'interprétation de ce phénomène a soulevé des problèmes : certains ne voulant voir dans le tabac qu'un facteur situé en aval de la cause du cancer, les autres affirmant son rôle causal. Les recherches in vitro, l'expérimentation animale, semblent donner raison aux seconds.

De nombreuses différences en effet séparent les malades des non malades, elles peuvent porter sur les causes de la maladie mais aussi sur des facteurs liés à la cause, des artefacts introduits par des erreurs de technique... Le rôle de l'épidémiologiste consiste alors à rendre plus comparables les groupes étudiés, afin d'isoler les facteurs étiologiques susceptibles d'expliquer l'origine de la maladie étudiée. Cette tâche est difficile, elle aboutit souvent à l'incertitude, parfois à l'échec, et doit être accompagnée de recherches in vitro et d'expérimentations animales chaque fois que cela s'avère possible.

Recherche à visée pragmatique

Ces difficultés ont amené les épidémiologistes à adopter une attitude plus *pragmatique,* visant davantage à prévoir qu'à expliquer. Elle conduit à déterminer des indicateurs de risque permettant d'isoler des groupes dits « à haut risque », auxquels on applique des mesures visant à prévenir la maladie ou ses effets. Aux premières études faites sur la prévision de l'infarctus du myocarde à Framingham, ont succédé des recherches nombreuses, intéressant notamment la périnatologie.

L'étude du risque de prématurité peut en fournir un exemple. Les facteurs de risque isolés en France sont : l'existence d'un prématuré, d'un mort-né ou d'un avortement dans les antécédents; la parité (plus de 3 enfants); l'âge maternel (moins de 18 ans, plus de 40 ans); la classe sociale (immigrantes, ouvrières ou femmes d'ouvrier); les pathologies de la grossesse (cardiopathie, infections, métrorragies...); les pathologies locales (béance du col utérin, malformations génitales...).

La simple énumération de ces facteurs montre bien leur hétérogénéité : si certains jouent un rôle dans le déclenchement de l'accouchement, les autres ne sont que de simples indicateurs de risque. Leur combinaison permet d'isoler les groupes devant faire l'objet de divers types de prévention. On peut pour un risque moyen (antécédents obstétricaux défavorables, conditions de vie difficiles...) préconiser des mesures d'hygiène, le repos, une surveillance renforcée; lorsque des signes d'alarme apparaissent (béance du col, contractions isolées), on envisage des traitements à base de calmants et de progestatifs; si le risque augmente, on passe aux produits susceptibles d'arrêter les contractions utérines.

Les étapes de la recherche sont assez voisines de celles qui ont été décrites ci-dessus, mais elles en diffèrent à certains égards. Les hypothèses de départ sont souvent plus floues, moins précises que dans la recherche à visée causale. L'opération désignée sous le nom de « fishing expedition » est plus fréquente. Après avoir étudié les relations statistiques existant entre les facteurs et les maladies étudiées, l'épidémiologiste n'essaie pas d'isoler un petit nombre de facteurs étiologiques, mais au contraire d'utiliser tous ces facteurs pour établir une prévision, indiquant pour chacun des individus ou des groupes, la probabilité d'apparition de la maladie. Le seul objectif visé ici est l'efficacité de la prévision. Bien entendu une telle pratique n'est justifiée que dans la mesure où elle peut déboucher sur une politique de prévention réaliste.

ÉVALUATION DES INTERVENTIONS

Définitions

Ce troisième axe de l'épidémiologie est d'apparition plus récente, il s'est développé rapidement au cours des dernières années, au fur et à mesure que la multiplication des interventions et l'augmentation des dépenses de santé conduisaient à choisir entre différents types d'interventions.

On étudiera plus particulièrement celles qui sont destinées à prévenir les maladies ou leurs complications. On les classe généralement en trois groupes selon qu'il s'agit de prévention primaire, secondaire ou tertiaire. Les définitions de ces termes étant indiquées ci-dessous d'après le Vocabulaire de santé publique de l'OMS [7].

Prévention primaire : « tous actes destinés à diminuer l'incidence d'une maladie dans une population en réduisant le risque d'apparition de cas nouveaux ». Cette définition correspond à la définition traditionnelle de la prévention.

Prévention secondaire : « tous actes destinés à diminuer la prévalence d'une maladie dans une population, en en réduisant l'évolution et la durée ». Cette définition prend en compte certains aspects du traitement.

Prévention tertiaire : « tous actes destinés à diminuer la prévalence des incapacités chroniques dans une population en réduisant au minimum les invalidités fonctionnelles consécutives à la maladie ». Cette définition étend le concept de la prévention au domaine de la réadaptation.

L'évaluation des interventions est devenue un processus scientifique qui permet d'apprécier dans quelle mesure celles-ci ont atteint les objectifs qui leur étaient assignés. Ces derniers peuvent être très variés : prévenir ou guérir la maladie, contribuer au confort du malade, à la satisfaction de sa famille et du personnel soignant, répondre au besoin de la collectivité... On a donc essayé de systématiser le processus d'évaluation en décrivant différentes étapes : *évaluation de l'utilité, de l'efficacité*... Nous indiquons ci-dessous quelques-unes des définitions.

Utilité (en anglais efficacy) : « avantage que présente pour l'individu le service, le traitement, le médicament, la mesure de lutte ou de prévention recommandée ou adoptée » [6].

Efficacité (en anglais effectiveness) : « mesure dans laquelle un plan, un programme ou un projet a atteint ses objectifs dans les limites fixées pour la réalisation de cet objectif » [6].

Efficience (en anglais efficiency) ou capacité de rendement, c'est l'étude des moyens à mettre en œuvre pour arriver au résultat optima, à partir des mêmes ressources.

Les différents niveaux de l'évaluation

Au premier niveau se situe l'évaluation des méthodes d'intervention dans un contexte optimal d'utilisation. C'est ainsi que l'on évalue l'efficacité des nouveaux médicaments dans des services hospitaliers ou celle des méthodes de dépistage dans des laboratoires bien équipés. Au cours de cette phase, des améliorations techniques peuvent être apportées aux méthodes donnant lieu à de nouveaux essais. Ces recherches permettent souvent de mieux comprendre le mécanisme d'action des interventions et parfois d'éclairer la physio-pathogénie. Elles sont généralement conduites au moyen d'expérimentations réalisées de façon très rigoureuse.

Au second niveau se situe l'évaluation dans un contexte réel, compte tenu de l'infrastructure médicale, des connaissances et des résistances de la population, du coût...

Une telle évaluation peut reposer sur l'expérimentation, avec toutes les difficultés que celle-ci rencontre, en raison de la complexité de certaines interventions, en raison aussi du grand nombre de cas inclus, et des obstacles déontologiques. Ces difficultés conduisent souvent à préférer une approche chronologique.

C'est ainsi qu'en 1970, on s'est proposé de mesurer l'efficacité d'un programme de santé mis au point dans le domaine de la périnatologie en France. Pour le faire, deux enquêtes ont été menées en 1972 (début d'application du programme) et en 1976 sur des échantillons représentatifs des naissances. Elles ont permis de mesurer l'évolution de la mortalité et de la morbidité périnatales, ainsi que l'amélioration des méthodes de prévention, la pénétration des innovations dans la population, leur rôle dans les inégalités sociales...

Cette technique fondée sur l'observation appelle deux remarques : elle ne permet pas de rendre compte de l'efficacité d'une mesure particulière, elle ne permet pas davantage de séparer ce qui revient aux mesures de prévention ou aux modifications du contexte socio-culturel. Les inconvénients sont les mêmes lorsqu'on compare la politique pratiquée simultanément dans deux régions ou dans deux hôpitaux. Seule une expérimentation rigoureuse permet de mesurer l'efficacité d'une intervention ou d'un ensemble d'intervention. La supériorité des enquêtes reposant sur l'observation s'affirme par contre lorsqu'on souhaite mesurer l'impact d'une mesure.

Ce bref aperçu des axes dans lesquels se développe l'épidémiologie montre qu'il existe entre eux de nombreuses relations, schématisées sur la figure 1 :

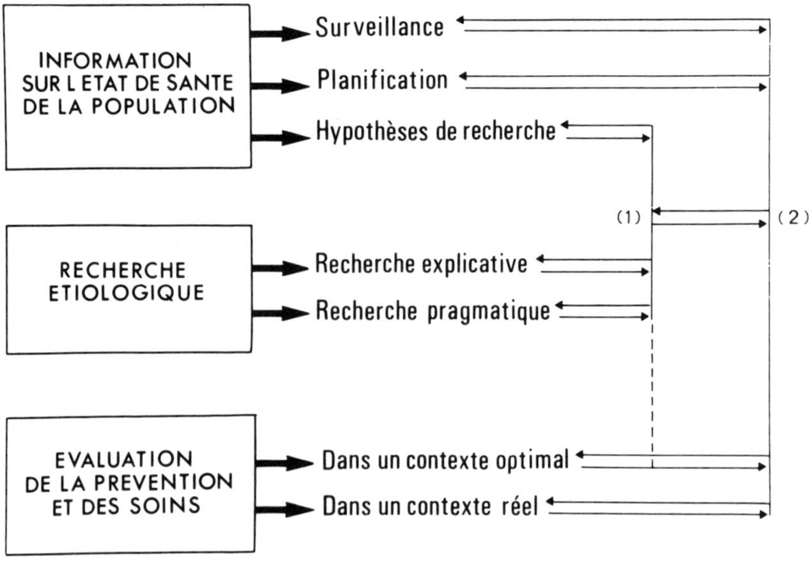

FIG. 1. — Représentation schématique des relations existant entre les trois grands axes de l'épidémiologie.

relations entre l'information et la recherche étiologique à travers la recherche des hypothèses [circuit (1)]; relations plus générales entre les trois axes [circuit (2)]. Il n'est pas surprenant que dans un cadre aussi vaste, l'épidémiologie entre en contact avec de très nombreuses disciplines biologiques, médicales mais aussi sociologiques, psychologiques et économiques. C'est, nous l'avons vu, dans l'unité de ses méthodes d'enquêtes et d'expérimentations, dans son approche statistique des problèmes qu'elle affirme le mieux son identité. L'épidémiologie est sans doute, comme le suggère D.E. Lilienfeld [3], une *méthode de raisonnement* sur les phénomènes de santé observés dans des populations humaines.

RÉFÉRENCES

[1] M. Jenicek — Introduction à l'épidémiologie. Préface de L. et G. Masse. 1 vol., Maloine, Paris, 1976.

[2] W. Holland — Inappropriate terminology. Int. J. Epidemiol., *12*, 5-7, 1983.

[3] D.E. Lilienfeld — Definitions of epidemiology. Amer. J. Epid., 1978, 107, 87-90.

[4] B. MacMahon, T.F. Pugh, J. Ipsen — Epidemiologic methods. 1 vol., Little Brown and Company, Boston, 1960.

[5] OMS : EURO — L'enseignement de l'épidémiologie en médecine et en santé publique : rapport sur un symposium. Copenhagen, 1968 (document EURO 0393, p. 2).

[6] OMS : Série de rapports techniques n° 535. Surveillance de l'environnement et de la santé en médecine de travail. Rapport d'un comité OMS d'experts. Copenhagen, 1973.

[7] OMS : J. Hogart — Vocabulaire de la santé publique. Bureau régional de l'Europe. 1 vol., Copenhagen, 1977.

[8] OMS : W.W. Holland, J. Ipsen, I. Kostrzewski — Measurement of level of health. WHO Regional publications, European Series n° 7. Regional Office for Europe, Copenhagen, 1979.

[9] D.L. Sackett — Clinical epidemiology. Am. J. Epidémiol., *89*, 125-128, 1969.

[10] D.L. Sackett — Epidemiology, clinical epidemiology and clinical research. I.E.A. XIth Scientific meeting, Vancouver, Canada, 1984.

[11] D. Schwartz — La recherche épidémiologique : pathologie industrielle, approche épidémiologique. Ph. Lazar éd., 1 vol., Flammarion, Paris, 1979, p. 167.

[12] J. Snow — On the mode of communication of cholera, 1 vol., 2nd ed, John Churchill, London, 1855. Reproduced in : Snow on cholera, The Commonwealth Fund, New York, 1936.

CHAPITRE II

ENQUÊTES ET EXPÉRIENCES

Les enquêtes épidémiologiques ont d'abord été mises au point à des fins d'information et de recherche étiologique. Mais elles s'appliquent aussi à certaines formes d'évaluation, un ouvrage récent en donne de nombreux exemples [3]. C'est aussi à des fins d'évaluation que les méthodes d'expérimentation se développent depuis une trentaine d'années.

LES ENQUÊTES ÉPIDÉMIOLOGIQUES

Enquêtes prospectives

Les enquêtes prospectives permettent de suivre un groupe de sujets (ou plus généralement d'unités statistiques), afin d'étudier les phénomènes qui les affectent au cours du temps. L'enquête prospective comporte deux phases essentielles : la phase initiale correspond au choix de la population et aux premières investigations; intervient ensuite une surveillance des cas inclus dans l'enquête.

Dans les enquêtes étiologiques, la première phase est destinée à mesurer l'exposition au facteur (x); on détermine ainsi un groupe témoin et un groupe exposé; la surveillance enregistre ensuite la fréquence de la maladie (m) dans les deux groupes. Mais il existe plusieurs variantes dans ce schéma général.

Exemple 1. Une enquête internationale a eu pour but d'étudier la relation existant entre les irradiations et la survenue de leucémie. On a choisi un échantillon de femmes irradiées pour cancers génitaux (irradiation massive du bassin); ces femmes ont été suivies à l'aide d'examens répétés pendant plusieurs années [4].

Le facteur x est mesuré avant la maladie m au cours de la période où il se produit. En outre, ici, le facteur étiologique est apprécié directement sans passer par l'intermédiaire des déclarations de la femme.

Exemple 2. L'un de nous a effectué une enquête dans des maternités parisiennes afin d'étudier la relation existant entre la pathologie de la grossesse et les malformations congénitales de l'enfant. Vingt mille femmes ont été interrogées à la fin du troisième mois de la grossesse sur les médicaments consommés au premier trimestre, elles ont été suivies jusqu'à la naissance de l'enfant, lequel a fait l'objet d'un examen systématique [8].

Dans cet exemple, l'exposition au facteur x est effectivement mesurée avant que la maladie m soit décelée et ceci garantit l'objectivité des déclarations de la femme, qui ne connaît pas encore l'issue de sa grossesse. Mais l'information repose sur un interrogatoire a posteriori faisant une large place à la mémoire.

Le schéma ci-dessous résume la chronologie de ces enquêtes prospectives.

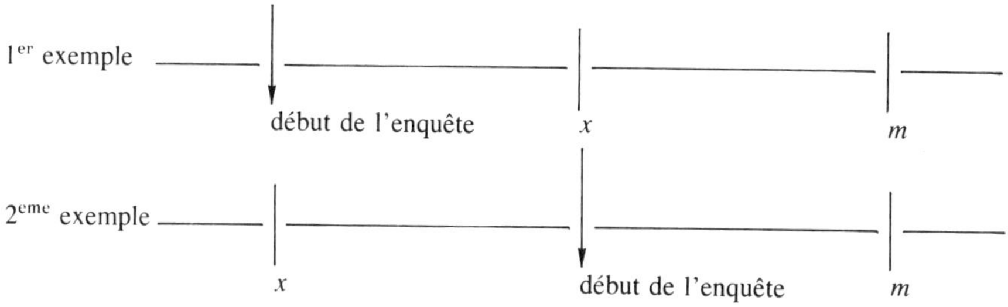

Il est donc nécessaire dans les enquêtes prospectives de prévoir une phase de surveillance. Elle comporte de nombreuses difficultés : inégalités dans les modalités du suivi des sujets exposés et non exposés, problèmes des perdus de vue.

Dans le deuxième exemple de nombreuses femmes ont été perdues de vue entre l'interrogatoire du premier trimestre et la naissance (30 % de l'effectif initial). Pour évaluer l'effet de ce phénomène il y avait lieu de tenir compte de la chronologie et des causes de disparition. Les femmes ont été perdues de vue en raison d'un avortement ou plus généralement parce qu'elles ont décidé d'accoucher dans un service ne faisant pas partie de l'enquête. Lorsque celle-ci a été réalisée, entre 1963 et 1968, le diagnostic intra-utérin de malformation restait exceptionnel et l'on peut admettre que la décision d'interrompre la grossesse ou d'accoucher dans un autre établissement n'était pas liée au diagnostic de malformation. Actuellement il en va différemment, et l'exclusion de ces femmes pourrait introduire de nombreux biais. Tel serait le cas si toutes les femmes ayant pris un produit suspecté d'être tératogène faisaient l'objet d'un diagnostic intra-utérin susceptible de conduire à l'interruption de la grossesse. La seule prise en compte des accouchements conduirait à ne trouver aucun enfant malformé chez les utilisatrices de ce produit et à conclure à l'absence de différence voire à un effet protecteur.

Les enquêtes prospectives peuvent être classées en fonction du type d'échantillonnage. Elles peuvent reposer sur l'ensemble de la population ou sur un échantillon représentatif de celle-ci. Toutefois, lorsque les groupes comparés sont très déséquilibrés (cent fois moins de sujets exposés que de sujets non exposés, par exemple, ou cent fois moins de sujets recevant le traitement A que le traitement B) on peut, après la première phase d'enquête, équilibrer les deux groupes en tirant au sort, par exemple, un sujet sur 100 ou un sujet sur 50 dans le groupe dont l'effectif est le plus important. Ceci conduit à suivre un nombre total de sujets moins élevé. Ces enquêtes, que D. Schwartz désigne sous le nom d'enquêtes de type II * par opposition au type I (population entière ou échantillon représentatif), sont plus utilisées dans les enquêtes d'évaluation que dans les enquêtes étiologiques. Dans ces dernières en effet, il est rare qu'on se limite à l'étude d'un facteur, les enquêtes sur le tabac portaient également sur l'alcool, les habitudes alimentaires... Dès lors, il devient à peu près impossible d'équilibrer les effectifs.

Les enquêtes prospectives sont assez fréquentes dans la recherche étiologique. On peut en citer de nombreux exemples.

Enquêtes réalisées entre 1950 et 1960, aux Etats-Unis et en Angleterre, sur plusieurs milliers d'hommes suivis pendant plusieurs années, pour étudier la relation entre l'usage du tabac et les cancers, notamment les cancers bronchiques.

* Cette dénomination s'applique à toutes les enquêtes prospectives dans lesquelles on contrôle l'effectif des sujets exposés et celui des témoins.

Enquêtes sur les facteurs de risque de maladie coronarienne dont le type reste l'enquête de Framingham.

Enquêtes faites depuis 1963 sur le rôle tératogène des facteurs exogènes et notamment des médicaments. Dans ces enquêtes, plusieurs dizaines de milliers de femmes ont été suivies aux Etats-Unis, en France, au Royaume Uni... tout au long de leur grossesse, et les enfants examinés à la naissance et parfois au cours des premières années de leur vie.

Enquêtes plus récentes sur les effets indésirables des contraceptifs oraux, par la surveillance de plusieurs milliers de femmes, notamment en Angleterre et aux Etats-Unis.

Les enquêtes prospectives d'évaluation se développent également.

Dans ce cadre entrent les nombreuses études sur l'efficacité des traitements. Elles appellent les mêmes réserves que toutes les enquêtes d'observation, car les groupes traités ne sont pas comparables et doivent faire l'objet d'un ajustement * en ce qui concerne la gravité de la maladie, l'âge, les caratéristiques sociales s'il y a lieu...

Dans ce cadre également, entrent toutes les enquêtes portant sur l'évaluation des services. Elles sont particulièrement nombreuses au cours de la grossesse et de l'enfance. Récemment, un système d'enquête prospective a été mis au point dans une cinquantaine de services français de gynécologie-obstétrique, pour enregistrer le déroulement de la grossesse, de l'accouchement et de l'hospitalisation néonatale. Cet enregistrement, qui couvre environ 80 000 grossesses par an, permettra entre autres objectifs, de comparer l'évolution des méthodes de prévention et celle de la morbidité néonatale dans différents services.

Dans l'ensemble, les enquêtes prospectives sont rigoureuses, elles sont compatibles avec tous les types d'investigation (interrogatoires, examens cliniques et biologiques). Mais elles sont souvent longues et onéreuses.

Enquêtes rétrospectives

Les enquêtes rétrospectives ont pour but d'étudier les liaisons existant entre un phénomène A, présent au moment de l'enquête et un phénomène B, antérieur, qui est le plus souvent appréhendé par l'interrogatoire.

Ces enquêtes sont très couramment utilisées en recherche étiologique et comportent plusieurs variantes.

Exemple 1. A. Stewart dans une enquête maintenant classique a étudié dans quelle mesure l'irradiation abdominale des femmes enceintes pouvait induire des leucémies chez leurs enfants [9]. Elle a recherché tous les décès par leucémie chez les enfants âgés de moins de 10 ans. A chaque enfant leucémique, elle a fait correspondre un enfant bien portant, de même sexe, né à la même époque, dans la même localité. Les mères de ces deux groupes d'enfants ont été interrogées sur les radiographies et autres irradiations pratiquées pendant la grossesse.

Le danger de ce type d'enquête réside dans le manque d'objectivité des réponses. On a pu constater en effet que les mères des leucémiques avaient donné des réponses plus précises que les autres à de nombreux égards.

Son échantillonnage par contre est rigoureux, il reconstitue en effet les conditions observées dans la première phase d'une enquête prospective; mais ici aussi l'existence de sujets perdus de vue peut introduire des biais.

Le schéma ci-dessous rend compte de cet exemple, x étant toujours le facteur et m la maladie.

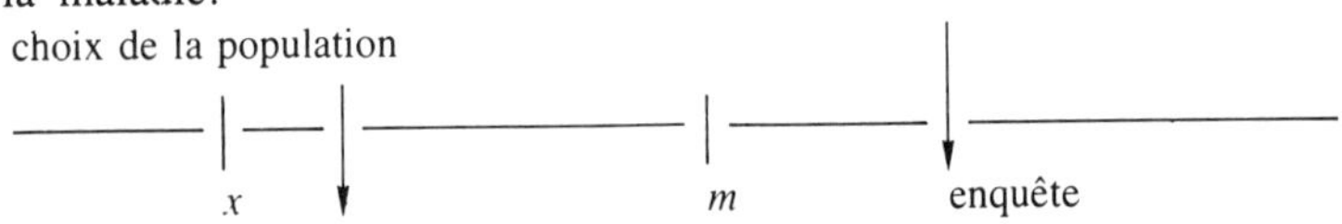

* Cette méthode consiste à éliminer l'effet d'un facteur, l'âge par exemple, en comparant les sujets traités et non traités appartenant à la même tranche d'âge. Diverses techniques permettent d'atteindre ce résultat, elles seront envisagées ultérieurement.

Exemple 2. Plusieurs enquêtes récentes ont eu pour objectif d'étudier la relation existant entre le cancer du sein et l'usage antérieur des contraceptifs oraux.

Ces enquêtes pourraient être réalisées à partir d'un registre des cancers, en comparant les cancéreuses habitant dans une zone géographique aux femmes non cancéreuses tirées au sort dans la population habitant la zone concernée. Comme précédemment l'échantillonnage serait rigoureux mais les données de l'interrogatoire discutables.

Les difficultés de ce type d'enquête conduisent souvent à les réaliser sur des populations hospitalières. Une d'elles est en cours en France [7], elle porte sur les cancers du sein histologiquement vérifiés et en cours de traitement initial dans une dizaine de services hospitaliers, il s'agit exclusivement de femmes âgées de 20 à 55 ans n'ayant pas d'autre cancer et à l'exclusion des femmes enceintes ou allaitant.

Le choix des témoins pose des problèmes importants, aussi a-t-il été décidé de les choisir de deux types différents.

Pour les témoins recrutés dans les hôpitaux à l'occasion d'une consultation ou d'une hospitalisation, des biais de recrutement sont à craindre : les sujets hospitalisés pour une affection bénigne diffèrent de ceux qui le sont pour une maladie grave. Ces derniers sont assez semblables à la population générale, les premiers appartiennent plus souvent aux catégories défavorisées : personnes isolées ayant de faibles revenus.

Il est donc nécessaire d'apparier * sur la gravité de la maladie. Les témoins des femmes ayant un cancer du sein pourraient donc être d'autres cancéreuses, des malades hospitalisés d'urgence... Les difficultés d'un appariement sur la gravité sont évidentes, celle des cancers du sein est variable, c'est pourquoi la décision de considérer uniquement les cancers du sein au cours de premier traitement a été prise. Elle permet en outre de faire l'enquête dès l'entrée dans les filières médicales. La même règle doit alors être appliquée aux autres cancers considérés comme témoins.

Les témoins non hospitalisés pourraient être tirés au sort dans la zone de recrutement des hôpitaux considérés, mais celle-ci est mal définie et variable dans le temps. Aussi recherche-t-on ces témoins dans l'entourage des cancers du sein, plusieurs solutions sont possibles :

— le tirage au sort, dans le « quartier » où habite la cancéreuse, d'une femme de même âge non atteinte d'un cancer du sein, représente une solution assez correcte mais difficile à réaliser;

— la désignation par la cancéreuse d'une amie, d'une voisine ou d'une collègue est également admise, cette solution peut conduire à un surappariement *, les femmes ayant des liens d'amitié peuvent s'influencer mutuellement dans le choix de la contraception.

Dans le domaine de l'évaluation, les enquêtes rétrospectives peuvent être utilisées pour évaluer a posteriori l'efficacité de deux thérapeutiques, en comparant par exemple les sujets guéris et les sujets non guéris, que l'on interroge sur la nature des soins, à moins que l'on ne puisse consulter utilement les dossiers médicaux des services. Elles sont également utilisées pour mesurer a posteriori l'activité des unités de soins ou de prévention en se fondant sur des archives ou des interrogatoires.

Cette méthode a été utilisée pour étudier l'efficacité du dépistage des cancers du col utérin. Elle peut consister, par exemple, à enregistrer l'ensemble des cancers du col dans une population habitant dans une zone géographique donnée, et à les comparer aux femmes du même âge habitant dans la même zone géographique. Les deux groupes sont interrogés sur les examens cytologiques effectués. La procédure volontairement simplifiée est en réalité plus complexe et de nombreuses questions se posent : doit-on considérer tous les cancers, la mortalité par cancer... ? Doit-on inclure tous les examens ou seulement ceux qui sont effectués chez des femmes ne présentant pas de symptômes « habituels » de cancers du col utérin ? Il y a là une ouverture nouvelle des enquêtes rétrospectives, mais elle est encore peu utilisée et mal définie.

* Pour la définition de ces termes, voir les chapitres sur l'échantillonnage.

Comme pour les enquêtes prospectives, il est possible d'établir une classification des enquêtes rétrospectives fondée sur l'échantillonnage. Elles peuvent en effet porter sur toute une population ou un échantillon représentatif (type I). Mais on peut aussi équilibrer les groupes étudiés (malades et témoins), en réalisant ce que D. Schwartz appelle les enquêtes de type III *. Cette pratique est extrêmement répandue et les enquêtes de ce type sont désignées, dans la terminologie anglo-saxonne, sous le nom de « case-control surveys » enquêtes cas-témoins.

En résumé les enquêtes rétrospectives sont plus courtes et moins onéreuses que les enquêtes prospectives. Elles présentent cependant des risques d'erreur liés à l'auto-sélection de la population (ils sont particulièrement importants en milieu hospitalier). En outre, si la détermination de A (événement présent) peut se faire par n'importe quelle méthode d'investigation, la détermination de B (événement passé), fait généralement appel à l'interrogatoire. Dans ce cas, on peut craindre que celui-ci manque d'objectivité, et que des sujets malades ne soient pas interrogés et ne répondent pas de la même manière que des témoins. Il en résulte des différences qui peuvent induire en erreur sur l'étiologie de la maladie.

Enquêtes transversales

Dans ces enquêtes, les unités statistiques qui composent l'échantillon font l'objet d'une investigation de courte durée destinée à appréhender des phénomènes présents au moment de l'enquête. Les recensements américains, au cours desquels on a demandé aux habitants d'indiquer les maladies qu'ils présentaient au cours d'une journée, constituent un exemple d'enquête transversale de morbidité. Les enquêtes portant sur le déroulement de l'accouchement peuvent être considérées comme des enquêtes transversales, cependant elles donnent une vision longitudinale d'un événement court et montrent bien la difficulté qu'il y a à séparer les enquêtes transversales proprement dites, des enquêtes prospectives de courte durée.

Les enquêtes transversales peuvent être répétées de façon à assurer une vision plus longitudinale des phénomènes. Dans ce cas, deux possibilités sont ouvertes, l'une consiste à répéter l'enquête chez les mêmes sujets et l'on glisse de nouveau vers l'enquête prospective, l'autre consiste à la faire sur des échantillons aléatoires successifs, de telle sorte que chaque sujet ne soit concerné qu'une fois.

On peut décider, par exemple, de tirer au sort 12 000 sujets dans une population, puis de subdiviser, par un nouveau tirage au sort, cet échantillon en 12 groupes de 1 000 sujets. Chaque mois, un des groupes désigné par le hasard fait l'objet d'une enquête pendant 24 heures, par exemple. L'étude est donc instantanée pour chaque sujet, mais elle permet de suivre la population pendant un an.

Telles qu'elles viennent d'être décrites, ces enquêtes sont surtout orientées vers l'information. Encore ont-elles un intérêt limité dans ce domaine : elles permettent, par exemple, d'apprécier la fréquence des cas de maladie présents au moment de l'enquête (prévalence) mais non la fréquence des nouveaux cas (incidence) en raison de la durée limitée de l'observation. Elles se prêtent mal à la recherche étiologique en raison du décalage existant généralement entre l'exposition au facteur et l'apparition de la maladie. Il en va de même pour l'évaluation.

* On se souvient que dans les enquêtes de type II on contrôlait l'effectif des sujets exposés et non exposés à un facteur étiologique alors que dans l'enquête de type III on contrôle l'effectif des malades et des témoins.

L'EXPÉRIMENTATION EN ÉPIDÉMIOLOGIE

L'expérimentation humaine est toujours limitée à l'évaluation, pour des raisons morales évidentes *; l'expérimentation consiste à appliquer une intervention délibérément choisie à des sujets ou à des groupes de sujets également choisis par l'expérimentateur. L'évaluation des résultats se fait par rapport à une situation de référence : on peut comparer une intervention à l'absence d'intervention ou à une autre intervention du même type.

Nous envisagerons d'abord les expérimentations fondées sur une répartition au hasard de l'intervention, appelées couramment essais contrôlés ou essais « randomisés » **.

Principe des essais randomisés

Cette méthode a été discutée de façon très complète dans le cadre d'un livre consacré aux essais thérapeutiques [10]. On se contentera donc d'en rappeler le principe avant d'envisager les essais d'intervention.

Les essais thérapeutiques sont généralement conduits sur un nombre limité de malades, quelques dizaines ou quelques centaines de cas; ce nombre est calculé en tenant compte, en particulier, de l'importance de la différence attendue. Les malades sont répartis en deux ou plusieurs groupes, par tirage au sort, chacun des groupes recevant un des traitements comparés. Les résultats des thérapeutiques sont appréciés de façon aussi comparable que possible. Pour renforcer cette comparabilité, on fait souvent en sorte que les malades ignorent à quel type de traitement ils sont soumis (essai anonyme) et, parfois, il peut en être de même pour le médecin (essai double anonyme également appelé « double aveugle » ou « double insu »).

D. Schwartz, R. Flamant et J. Lellouch [10] ont opposé à cette méthode souvent très rigide, et assez éloignée des conditions habituelles d'application des traitements, des méthodes plus souples. Elles ne cherchent pas à expliquer l'action des thérapeutiques, mais à mesurer celle-ci dans un contexte plus réel en tenant compte de leur acceptabilité, de leur coût... Ils ont ainsi opposé *l'attitude explicative à l'attitude pragmatique*.

Difficulté des essais randomisés dans le domaine de la prévention

*Les méthodes de prévention primaire et secondaire s'adressent à des sujets non malades****, ceci constitue un premier obstacle sur le plan déontologique. Il s'avère en outre que, dans certains cas, une faible partie seulement des sujets a besoin d'être protégée; si l'on est incapable de les repérer à l'avance, l'expérience doit porter sur l'ensemble de la population, c'est-à-dire sur un nombre très élevé de personnes, souvent plusieurs milliers.

D'autres difficultés des essais d'intervention résident aussi dans la multipli-

* Il arrive que des expérimentations puissent fournir des résultats intéressants dans le domaine de la recherche étiologique, mais celle-ci ne peut en aucun cas constituer leur objectif principal.

** De l'anglais *random* = hasard.

*** Ou à des sujets malades avant que ne soit fait le diagnostic de la maladie.

cité des critères de jugement et dans leur mesure. Si l'on veut évaluer l'efficacité d'une intervention dans un contexte réel, il faut en effet tenir compte, nous l'avons vu au chapitre I, de l'efficacité par rapport aux objectifs fixés, mais aussi du coût, des effets adverses, de la tolérance...

Certains de ces facteurs sont difficiles à apprécier, ils exigent un suivi souvent long de la population, des examens répétés qui rendent parfois difficile le maintien de la comparabilité des groupes comparés.

Un problème particulier mérite enfin d'être développé, il s'agit des *phénomènes de contamination entre les groupes sur lesquels porte l'expérience.*

Nous l'avons constaté dans une expérience portant sur la prévention au cours de la grossesse.

Il s'agissait d'appliquer à des femmes consultant dans une maternité et ne présentant aucun facteur de risque, deux politiques de prévention. Le premier groupe tiré au sort devait faire l'objet d'une prévention renforcée (1 consultation par mois au cours des deux premiers trimestres, et 2 ensuite, des échographies et dosages hormonaux répétés...). Le deuxième groupe devait être suivi selon les méthodes habituellement appliquées dans la maternité et dont les caractéristiques étaient rappelées dans le protocole. Par un phénomène de contamination lié au médecin mais aussi aux femmes enceintes, le protocole a été mal respecté et le mode de surveillance des deux groupes s'est fortement rapproché.

Le phénomène est encore plus net lorsqu'on désire étudier l'efficacité de moyens collectifs de prévention par l'information ou l'éducation. Cette constatation a conduit à *randomiser* non des sujets, mais des *unités collectives.* On a vu se multiplier les essais dans lesquels l'unité peut être le village, la ville ou l'hôpital. La répartition aléatoire de ces unités, en deux ou plusieurs groupes, assure leur comparabilité; elle permet en outre une meilleure tolérance des différences de prévention aussi bien par les sujets que par les expérimentateurs.

A titre d'exemple nous indiquons ci-dessous en les simplifiant volontairement la méthode utilisée dans deux essais randomisés en milieu professionnel.

1er exemple : Réalisé en France [1], il avait pour objectif de tester l'effet d'une intervention visant à réduire le niveau moyen des facteurs de risque de maladie cardio-vasculaire (tabac, cholestérol, poids). Les 160 services d'une administration ont été randomisés en deux groupes : un groupe d'intervention et un groupe témoin. Les sujets avaient au préalable fait l'objet d'un examen systématique et ils ont été ensuite inclus dans le groupe témoin ou dans le groupe d'intervention en fonction de leur appartenance au service. L'intervention a été personnalisée : les conseils hygiéno-diététiques étant donnés par un médecin. La décision de randomiser les services a donc été prise uniquement pour des phénomènes de contagion, il semblait en effet difficile de soumettre dans le même service certains sujets à une campagne de prévention, et pas les autres.

2eme exemple : Un autre essai ayant des objectifs voisins a été réalisé en Belgique [2]. 30 usines ont été randomisées en deux groupes. Dans le groupe auquel était appliquée la prévention on a mis en place des mesures collectives sous forme d'affiches, fascicules, conférences..., et des mesures individuelles chez les sujets reconnus comme étant à haut risque.

Ces essais comportent, nous le verrons, de nombreuses difficultés méthodologiques concernant en particulier la comparabilité des groupes et les méthodes d'analyse.

Expériences non randomisées

On peut être amené à renoncer à la randomisation des sujets ou des groupes pour des raisons diverses.

La première tient à la nature du problème posé. Si l'on souhaite étudier l'efficacité d'un insecticide répandu dans l'atmosphère, il est nécessaire que les zones comparées aient une certaine configuration : elles doivent être comparables mais suffisamment éloignées pour qu'existe entre elles une zone intermédiaire où l'insecticide puisse diffuser de l'une sans atteindre l'autre. Il est souvent difficile de trouver dans un pays trois zones (zone traitée, zone intermédiaire, zone témoin), il devient pratiquement impossible de trouver plusieurs zones permettant le tirage au sort.

Le même problème se pose lorsque les unités devant être randomisées sont peu nombreuses dans un pays (villes importantes par exemple) et relativement dissemblables.

Un exemple de ce type existe en Suisse où un essai de prévention de l'infarctus du myocarde par des méthodes d'éducation et d'information expérimentales a porté sur quatre villes (deux villes traitées et deux villes témoins). On a préféré à un tirage au sort d'intérêt très limité, un appariement portant sur les caractéristiques culturelles [6].

Il arrive aussi que, pour des raisons éthiques, il soit impossible d'imposer une randomisation. Tel a été le cas d'une expérience sur la fluorisation du sel destinée à prévenir la carie dentaire en Suisse. On a comparé des communes ayant adopté le système à celles qui ne l'avaient pas adopté [5].

Dans tous ces cas, la comparabilité des unités traitées et témoins est évidemment critiquable, mais on peut se demander si la randomisation aurait amélioré celle-ci de façon considérable car il s'agit d'un petit nombre d'unités hétérogènes, avec un maintien de la comparabilité difficile à garantir tout au long de l'expérience.

RÉFÉRENCES

[1] F. Cambien, J.L. Richard, A. Jacqueson, P. Ducimetière — Analyse des résultats d'un essai où des groupes ont été randomisés. L'essai parisien de prévention cardio-vasculaire. Rev. Epidém. et Santé Publ., 1981, *29*, 281-288.

[2] M. Dramaix, M. Kornitzer, G. de Backer, C. Thilly, F. Kittel, M. Graffar — Le projet belge de prévention des affections cardio-vasculaires. Rev. Epidém. et Santé Publ., 1981, *29*, 289-303.

[3] W.W. Holland, L. Karhausen Ed. — Health care and epidemiology, I vol., Henry Kimpton, London, 1978.

[4] G.B. Hutchinson — Leukemia in patients with cancer of the cervix uteri treated with radiations. A report covering the first 5 years of an international study. J. Nat. Cancer Institute, 1968, *40*, 951-982.

[5] T.M. Marthaler, M. Steiner, Ph. de Crousaz — Etudes suisses sur les effets de la prophylaxie de la carie dentaire chez les enfants. Rev. Epidém. et Santé Publ., 1981, *29*, 335-340.

[6] Programme national suisse de recherche n° 1A — Méthodes et stratégies d'évaluation du programme national suisse de recherche sur la prévention des maladies cardio-vasculaires. Rev. Epidém. et Santé Publ., 1981, *29*, 315-325.

[7] R. Renaud — Communication personnelle.

[8] C. Rumeau-Rouquette, J. Goujard, G. Huel, M. Kaminski — Malformations congénitales, risques périnatals. 1 vol., INSERM, Paris, 1978.

[9] A. Stewart, J. Webb, D. Hewitt — A survey of childhood malignancies. Br. Med. J., 1958, *1*, 1495-1508.

[10] D. Schwartz, R. Flamant, J. Lellouch — L'essai thérapeutique chez l'homme. 1 vol., Flammation, Paris, 2e éd., 1981.

CHAPITRE III

STATISTIQUES SANITAIRES

Les statistiques sanitaires constituent une base de données importante pour l'information et la recherche épidémiologique. Souvent mal connues et insuffisamment utilisées, parfois surestimées et considérées comme une fin en soi, elles sont rarement appréciées à leur juste valeur.

Avant de commencer une enquête ou un essai, il faut procéder à un bilan des informations existantes dans le domaine. Celui-ci permet en effet : d'éviter les études qui feraient double emploi avec des études déjà existantes; d'aider à l'établissement du protocole en fournissant des indications sur la fréquence des maladies étudiées; de faciliter l'articulation entre les nouvelles enquêtes et les systèmes d'information ou de recherche.

STATISTIQUES DE MORTALITÉ

Ces statistiques sont largement répandues dans le monde entier et constituent encore, en dépit de certaines insuffisances, une des sources essentielles de données épidémiologiques.

Enregistrement des décès en France.

En France, l'enregistrement des décès se fait dans le cadre des statistiques d'état civil qui comportent, aussi, l'enregistrement systématique des naissances, des mariages, des divorces, des naturalisations et des pertes de nationalité. Elles sont complétées par des recensements de la population qui ont lieu tous les six à huit ans.

L'enregistrement des décès est placé à l'échelon local sous la responsabilité des maires. La constatation du décès est obligatoirement effectuée par un médecin qui établit un *certificat de décès* nominatif portant mention de la cause de décès * (fig. 1).

La partie mentionnant la cause de décès est confidentielle. Elle est cachetée par le médecin et adressée au service d'état civil de la mairie qui sépare le *certificat médical de cause de décès* (qui reste cacheté), de la partie nominative. A l'aide de cette dernière, il

* Nous envisageons ici la procédure générale concernant les sujets vivants au moment de la déclaration de la naissance et non celle qui est utilisée pour les enfants mort-nés.

DÉPARTEMENT

d ______________________

CERTIFICAT DE DÉCÈS

(Partie à détacher et à conserver dans les Mairies)

A remplir par le Médecin

COMMUNE :

____

NOM ______________________

Prénoms ______________________

______________ *Age* ______________

Domicile ______________________

____

Le Docteur en médecine soussigné, certifie que la mort de la personne désignée ci-contre, survenue le ______________ *à* ______ *heure*, **est réelle et constante.**

La cause est indiquée dans le document confidentiel annexé **qui ne doit être ouvert que par le Médecin de la Santé Publique attaché à la Direction départementale des Affaires sanitaires et sociales.**

A ______________ le ______________

Signature.

RÉSERVÉ A LA MAIRIE

Le numéro d'ordre du décès sur le registre des actes de l'état civil à inscrire ci-contre **doit être reproduit au verso.**

N° D'ORDRE du décès

A remplir et à clore par le Médecin

COMMUNE	DATE DU DÉCÈS

Renseignements confidentiels et anonymes sur la cause du décès

I. — Cause du décès

a) *Cause immédiate de la mort :*

(Nature de l'évolution terminale, de la complication éventuelle de la maladie, ou nature de la lésion fatale en cas d'accident ou d'autre mort violente) (1).

____

____

qui est consécutive à :

b) *Cause initiale*

(Nature de la maladie causale ou de l'accident, du suicide, ou de l'homicide.)

____

____

II. — Renseignement complémentaire

État morbide (ou physiologique, grossesse par exemple) ayant contribué à l'évolution fatale (mais non classable en I comme cause proprement dite du décès)(2).

____

____

Une autopsie a-t-elle été pratiquée? OUI NON (3)

Signature ou cachet du médecin,

NOTE

Ce document qui ne peut être communiqué ni en original, ni en copie, sera détruit par les soins du médecin chargé d'établir la statistique des causes de décès dès qu'il y aura puisé les renseignements indispensables pour cette statistique.

(1) Mentionner ici le cas échéant le décès post-opératoire.
(2) Mentionner ici le cas échéant l'état mental pathologique qui a pu être à l'origine du suicide.
(3) Rayer la mention inutile.

EXEMPLES

Décès par maladie	Décès par accident	Décès par suicide	Décès par homicide
I. a) **Broncho-pneumonie** b) **Rougeole** II. **Rachitisme**	I. a) **Fracture du crâne** b) **Chute dans un escalier** II. **Éthylisme chronique**	I. a) **Plaie du cœur par balle** b) **Suicide par arme à feu** II. **État mélancolique**	I. a) **Section de l'artère fémorale** b) **Homicide par coup de couteau**

Mod. **3103.** - Berger-Levrault, Nancy **(C).**

FIG. 1. — Reproduction du certificat de décès utilisé en France.

Département : ....
Arrondissement : ....
Canton : ....
Commune : ....

Date du décès

Le .... 197...

1979
RÉPUBLIQUE FRANÇAISE

INSTITUT NATIONAL DE LA STATISTIQUE
ET DES ÉTUDES ÉCONOMIQUES

BULLETIN DE DÉCÈS

Adresser ce bulletin
dès l'enregistrement du décès
à la
DIRECTION DÉPARTEMENTALE
DE L'ACTION SANITAIRE
ET SOCIALE

N° de l'acte : ....
N° d'ordre du bulletin de décès ....

7

SPÉCIMEN

1 S'agit-il d'un enfant de moins d'un an ? oui ☐ non ☐ (1)

A. ***Renseignements relatifs au défunt :***

Ne rien écrire dans cette colonne

2 Domicile { Commune (2) : .... Département ou pays : .... N° et rue : ....

3 Sexe : masculin ☐ — féminin ☐ (1).

4 Né à { Commune (2) : .... Département ou pays : ....

5 Date de naissance (jour, mois, année) : ....

6 Activité professionnelle :
(Pour les retraités, indiquer ci-après la profession exercée au moment de la mise à la retraite suivie de la mention « retraité », même si le défunt a eu une autre activité durant sa retraite).

Profession : ....
Était-il salarié ? Oui ☐ — Non ☐ (1).
Activité de l'établissement (3) : ....

7 État matrimonial (1) :
Célibataire ☐
Marié(e) ☐ { Année de naissance du conjoint survivant : .... Année de célébration du mariage dissous par ce décès : ....
Veuf(ve) ☐ Année du veuvage : ....
Divorcé(e) ☐ Année du jugement de divorce : ....

8 Nationalité : ....

B. ***Circonstances du décès :***

9 Lieu de décès (1) :
1. Domicile, logement privé ☐ — 2. Hôpital (4) ☐ — 3. Sanatorium, préventorium, aérium ☐ — 4. Hôpital psychiatrique (5) ☐ — 5. Clinique privée ☐ — 6. Hospice, maison de retraite ☐ — 7. Maison de repos ou autre établissement sanitaire ☐ — 8. Voie ou lieu public ☐ — 9. Autres lieux ☐

10 Le décès a été constaté par (1) { le médecin traitant ☐ un médecin de l'état civil ☐

11 Le certificat médical confidentiel de décès a-t-il été fourni ? Oui ☐ — Non ☐ (1)
Si : Non, motif : ....

(1) Mettre une croix dans la case située à droite de la réponse qui convient.
(2) Pour PARIS, LYON et MARSEILLE, indiquer l'arrondissement.
(3) Indiquer de façon précise **l'activité ou la nature de l'établissement de travail.**
Exemples : mines, construction d'automobiles, commerce de vins en gros, épicerie de détail, transports routiers, S.N.C.F., élevage de bovins, administration communale, enseignement privé, etc.
(4) Non compris les quartiers psychiatriques des hôpitaux.
(5) Y compris les quartiers psychiatriques des hôpitaux.

1 A op.
1 B
2 A
2 B

Le Maire, le délégué ou le préposé à l'état civil :

Visa n° 79/007 de l'INSEE. Loi n° 51-711 du 7 juin 1951 modifiée sur l'obligation, la coordination et le secret en matière statistique.

IN 8 671506 0 15 F

FIG. 2. — Reproduction du bulletin de décès utilisé en France.

établit un *bulletin de décès* comportant des renseignements d'ordre démographique à l'exception du nom (fig. 2). Le bulletin de décès et le certificat médical de cause de décès sont adressés à la direction départementale des affaires sanitaires et sociales (DDASS). Aucun des deux documents n'est nominatif, leur correspondance est assurée par un numéro de code.

Le certificat médical de décès actuellement utilisé est inspiré du modèle recommandé par l'organisation mondiale de la santé (OMS) [11].

L'exploitation des données est faite par l'INSEE *, mais la codification et l'exploitation des causes de décès sont confiées à l'INSERM ** [5].

La *validité* des résultats est variable selon qu'on envisage le nombre des décès déclarés ou leur cause : le dénombrement des décès est réalisé de façon très rigoureuse, la déclaration des causes de décès reste par contre imprécise. Le tableau I indique la fréquence des causes de décès non spécifiées; de 1967 à 1976, elle passe de 13,4 % à 7,6 %. La fréquence des causes non spécifiées varie avec le lieu de décès. Mais elle est surtout liée à l'âge (tableau II).

Pour les enfants *mort-nés,* la procédure est différente. Sont considérés comme tels tous les enfants nés après 180 jours de gestation et morts au moment de la déclaration à l'état civil, dans les trois jours suivant la naissance. Le certificat de décès est nominatif mais ne porte pas mention de la cause de décès. L'exploitation des résultats sépare les mort-nés « de facto » (sans signe de vie à la naissance), des mort-nés « de jure » (nés vivants et morts avant la déclaration à l'état civil). Les désaccords qu'il peut y avoir sur l'appréciation de la durée de la gestation et sur celle des signes de vie à la naissance expliquent la moindre valeur de ce dénombrement.

Statistiques de mortalité internationales

Les définitions de la mortalité sont assez voisines des définitions ci-dessus sauf en ce qui concerne les morts fœtales.

D'après les recommandations des Nations Unies [9] : « la mort fœtale est le décès d'un produit de conception, lorsque ce décès est survenu avant l'expulsion ou l'extraction complète du corps de la mère, indépendamment de la durée de la gestation; le décès est indiqué par le fait qu'après cette séparation, le fœtus ne respire, ni ne manifeste aucun autre signe de vie, tel que battement du cœur, pulsation du cordon ombilical ou contraction effective d'un muscle soumis à l'action de la volonté. »

Cette définition ne tient pas compte de la distinction entre les produits d'avortement (très irrégulièrement enregistrés) et les mort-nés (enregistrés dans la plupart des pays). Or la limite qui sépare ces deux catégories de décès est variable puisqu'elle s'étend de trois mois à six mois selon les pays. Consciente de cette difficulté, l'Organisation mondiale de la santé a distingué les *morts fœtales précoces* (avant la fin de la 28eme semaine de gestation) des *morts fœtales tardives* [11].

La définition des naissances vivantes pose d'ailleurs d'autres problèmes car les signes de vie adoptés ne sont pas les mêmes dans tous les pays. En outre, un certain nombre d'entre eux, comme la France, prennent en considération l'état de l'enfant au moment de sa déclaration aux services de l'état civil.

La certification des causes de décès est faite selon des modalités variables, mais de nombreux pays utilisent ou s'inspirent d'un formulaire recommandé par

* Institut national de la statistique et des études économiques.
** Institut national de la santé et de la recherche médicale.

l'OMS où figurent, suivant un ordre strict, une cause immédiate de décès, une cause intermédiaire, une cause principale (ou initiale) et une ou plusieurs causes associées ayant contribué de manière indirecte au décès. Pour chacune de ces causes, il est demandé de mentionner l'intervalle approximatif entre le début du processus morbide et le décès.

Une étude récente réalisée dans les pays de la Communauté économique européenne [2] a montré que des divergences subsistent dans la certification et le traitement des causes de décès, en dépit du caractère relativement homogène des pays concernés. Nous en reproduisons ci-dessous quelques extraits.

Dans certains pays, il n'y a pas de rubrique pour la cause intermédiaire, la cause associée ou l'intervalle entre l'apparition de chaque cause et le décès. En Italie, aux Pays-Bas, en Belgique et au Luxembourg, les morts violentes sont certifiées dans une partie séparée du certificat, suivant des rubriques particulières et sans distinguer les 4 types de cause, excepté en Italie. De plus, en cas de décès d'une femme, en R.F.A., en Ecosse et en République d'Irlande, il faut préciser si la mort a eu lieu pendant une grossesse ou dans les mois qui suivaient un accouchement ou un avortement. Il semble que la nature et l'ordre des rubriques aient une influence sur la certification.

La cause de décès est certifiée par le médecin traitant ou par le médecin qui a constaté le décès. En cas de mort violente, il est fait appel à un médecin légiste et on procède à une enquête. En Angleterre et au Pays de Galles, en Irlande du Nord, en République d'Irlande et au Danemark, le coroner (ou le médecin assermenté) est chargé de certifier la cause pour toutes les morts violentes, les morts supposées iatrogènes, ou liées à certaines maladies professionnelles et, dans les Iles Britanniques, pour toutes les personnes n'ayant pas été vues par un médecin dans les 15 à 28 jours précédant la mort.

Le traitement des certificats de décès

La codification est généralement effectuée au moyen de la classification internationale des maladies de l'OMS [8]. Mais il n'en subsiste pas moins des différences dans l'application des règles de classement. L'OMS a en effet défini la cause initiale de décès comme : a) la maladie ou le traumatisme qui a déclenché l'évolution morbide conduisant directement au décès, ou b) les circonstances de l'accident ou de la violence qui ont entraîné le traumatisme mortel. Mais c'est le praticien qui doit indiquer l'enchaînement de la cause initiale, intermédiaire ou associée et ceci entraîne des divergences d'interprétation [2].

Lorsque des erreurs ou des imprécisions sont constatées au moment de la codification, un contact est pris avec le médecin certificateur dans de nombreux pays industrialisés et notamment au niveau des pays de la CEE. Toutefois, dans ce cadre, elle n'est pas prévue en Belgique et au Luxembourg et elle reste expérimentale en France.

La publication des causes de décès est faite à l'échelon international par l'OMS et les Nations Unies. Il s'agit de données regroupées, 150 causes de décès par sexe et groupes d'âges quinquennaux pour l'OMS, 50 causes de décès pour les Nations Unies. Les pays de la CEE publient des statistiques annuelles pour les causes principales de décès, suivant une liste très détaillée (code à 3 et partiellement 4 chiffres), en distinguant les 2 sexes et la mortalité avant 1 an, entre 1 et 4 ans et ensuite par groupes d'âges quinquennaux. Seule la France publie de manière régulière depuis 1968 des statistiques annuelles pour les causes immédiates et les causes associées. Les publications de chaque pays sont disponibles auprès des Offices statistiques nationaux (tableau I).

TABLEAU I

Noms et adresses des organismes responsables de la publication des causes de décès dans les Etats membres de la Communauté économique européenne [2].

Publications nationales

Statistisches Bundesamt, Gustav Streseman ring, 11, 6200 Wiesbaden 1, R.F.A.

Institut National de la Santé et de la Recherche Médicale, 101, rue de Tolbiac, 75013 Paris, France

Instituto Centrale di Statistica, Via Cesare Balbo, 16, I, 00100 Roma, Italie

Central Bureau voor de Statistiek, Prinses Beatrixlaan 428, Voorburg, Pays-Bas

Institut National de Statistique, rue de Louvain 44, 1000 Bruxelles, Belgique

Service central de la Statistique et des Etudes économiques, B.P. 304, L 2013, Luxembourg

Office of Population Censuses and Surveys, Medical Statistic Division, St-Catherine House, 10 Kingsway, London WC 2B 6JP, England

General Register Office, Statistic Branch, Ladywell Road, Edinburgh EH12 71 F, Scotland

General Register Office, Oxford House, 49-55 Chichester Street, Belfast 4HL-Northern Ireland

Central Statistics Office, Ardee Road Rathmines, Dublin 6, Ireland

National Board of Health, 1 St. Kongensgade DK 1264 Copenhagen K, Danemark

Office National de Statistique, 14, rue Lycourgou, Athènes, Grèce

Publications internationales

O.M.S., Genève, Suisse

O.N.U., Nations-Unies, New York, N.Y. 10017, U.S.A.

Utilisation des statistiques de mortalité en épidémiologie

Les statistiques de mortalité restent dans de nombreux pays une des bases fondamentales des études épidémiologiques.

Sur le plan de l'information, elles permettent une *surveillance* relativement efficace de la fréquence des maladies pour lesquelles la mortalité est importante. Tel est le cas pour les maladies du premier âge, les cancers, les affections cardio-vasculaires. Il en va de même pour certains types d'accidents. L'aide à la *planification et à la gestion* peut aussi bénéficier d'une information qui est utilisable à l'échelon national et local. On doit cependant regretter qu'elle soit trop souvent l'unique information utilisée, à défaut de données valables sur la morbidité.

La recherche étiologique a trouvé de nombreuses hypothèses en suivant l'évolution chronologique de la mortalité (nous l'avons montré au chapitre I) et sa répartition dans l'espace. On doit toutefois tenir compte des modifications qui peuvent intervenir dans les modalités d'enregistrement à l'intérieur d'un même pays, et des différences existant sur ce point entre différents pays.

L'évaluation des programmes de santé enfin repose souvent, comme la planification, sur une étude de l'évolution de la mortalité à l'échelon national et local et on pourrait répéter ici les réserves faites plus haut.

DÉCLARATIONS OBLIGATOIRES

Le but des déclarations obligatoires est avant tout opérationnel. Celles-ci ont d'abord concerné les maladies transmissibles : on se proposait, nous l'avons vu, de repérer les malades et leur entourage en vue de les isoler, et si possible de les traiter, ou de prendre des mesures préventives. Pour répondre à cet objectif, l'enregistrement devait être nominatif, exhaustif et obligatoire. La lourdeur du système conduisait inévitablement à la routine et aux sous-enregistrements, en dépit, et parfois à cause, de son caractère réglementaire.

Nous examinerons deux exemples, l'un ancien, l'autre récent, en indiquant des solutions permettant de pallier les lacunes qu'ils comportent; l'un concerne les maladies transmissibles, l'autre les handicaps d'origine congénitale.

Déclaration des maladies transmissibles

En France, le code de la santé fait obligation au médecin, ou au principal occupant des locaux occupés par le malade, ou aux membres de sa famille, de déclarer les maladies précisées par décret. La liste des maladies à déclaration obligatoire figure au tableau II [6].

Parallèlement, l'arrêté du 18 avril 1972 a créé des centres nationaux de référence chargés d'identifier les germes, de conserver des souches prototypes, de définir les antisérums de référence.

Les données concernant l'enregistrement des maladies sont adressées aux autorités sanitaires à l'échelon local (DDASS), au ministère de la santé responsable des mesures de prévention et de soins, à l'INSERM qui établit les statistiques de morbidité. L'OMS les reçoit dans le cadre de la surveillance internationale.

A l'échelon international, la plupart des états membres de l'OMS ont adhéré à une convention (règlement sanitaire international) par laquelle ils se sont engagés à signaler à l'OMS les maladies soumises au règlement (peste, choléra, fièvre jaune, variole). En outre, une résolution de l'assemblée mondiale de la santé, a fait obligation aux états membres de signaler les épidémies de grippe, de poliomyélite, de typhus à poux, de fièvre récurrente à poux et de paludisme. La diffusion des informations reçues par le siège de l'OMS se fait de façon quotidienne (télex adressés aux cinq centres régionaux) et hebdomadaires (relevés épidémiologiques hebdomadaires).

La valeur de ces enregistrements est extrêmement contestable, si l'on excepte quelques maladies très graves et notamment celles qui sont soumises à règlement. Nous indiquerons deux exemples de ces lacunes et les solutions qui ont été proposées.

La grippe représente une des maladies infectieuses les plus fréquentes : en 1971, aux Etats-Unis, on a estimé qu'elle avait été responsable de 206 millions de jours d'alitement. Or la déclaration de la grippe est loin d'être obligatoire dans tous les pays et un système d'information a été mis en place en 1977, sous l'égide de l'OMS. Il se propose essentiellement de repérer les premiers cas de maladie et de suivre l'évolution de l'épidémie en étudiant les caractéristiques du virus. Il ne tend pas à être exhaustif mais se veut rapide et est basé sur le volontariat : 93 centres nationaux sont répartis dans 63 pays, dont 36 pays en voie de développement. Ces centres effectuent une surveillance fondée sur des critères cliniques et épidémiologiques à l'aide d'un réseau d'informations : déclarations de décès,

TABLEAU II

Maladies à déclarations obligatoires en France [6].

Maladies à déclaration obligatoire

A. — DÉCRET DU 29 JANVIER 1960

1. Fièvres typhoïde et paratyphoïdes
2. a) Typhus exanthématique
   b) Autres rickettsioses
3. Variole
4. Scarlatine
5. Rougeole
6. Diphtérie
7. Suette miliaire
8. Choléra
9. Peste
10. Fièvre jaune
11. a) Dysenterie bacillaire
    b) Dysenterie amibienne
12. Toxi-infections alimentaires collectives
13. Méningite cérébro-spinale à méningocoques
14. Poliomyélite antérieure aiguë
    a) Formes paralytiques
    b) Formes encéphaliques
    c) Formes méningées
15. Trachome
16. Brucellose (fièvre ondulante ou mélitococcie)
17. Lèpre
18. a) Leptospirose ictéro-hémorragique
    b) Autres leptospiroses
19. Psittacose
20. Tétanos
21. Typhus récurrent (fièvre récurrente)
22. Coqueluche
23. Tularémie
24. Paludisme primaire autochtone
25. Toxicoses infectieuses des enfants du 1er âge en collectivité
26. Teignes

B. — DÉCRET DU 20 MAI 1964

27. Tuberculose

D. — DÉCRET DU 22 JANVIER 1973

28. Charbon

C. — DÉCRET DU 22 JANVIER 1973

29. Rage clinique
30. Hépatites présumées virales

Maladies vénériennes à déclaration obligatoire

(Article L 254 du Code de la santé)

— Syphilis
— Gonococcie
— Chancrelle ou chancre mou
— Maladie de Nicolas-Favre

Maladies à déclaration facultative

C Grippe épidémique
D Pneumonie et bronchopneumonie
E Erysipèle et autres streptococcies (sauf scarlatine)
F Oreillons
H Rubéole
I Varicelle
J Méningites présumées virales (non poliomyélitiques)
L Infections digestives à salmonelles autres que les fièvres typhoïde et parathyphoïdes
M Infections cutanéo-muqueuses à staphylocoques chez les sujets exerçant une profession susceptible d'entraîner des contaminations

consultations chez des « médecins sentinelles », absentéisme dans les écoles et au travail, occupation des lits d'hôpitaux, demandes à la sécurité sociale, interrogatoires d'échantillons de la population. Parallèlement ces centres isolent les souches, les analysent. Ils communiquent directement avec l'OMS. Dans le même temps, deux centres internationaux ont été créés, l'un à Atlanta, l'autre à Londres; ils étudient notamment les caractères antigéniques des souches lorsqu'une modification du sous-type antigénique est soupçonnée [1].

Les maladies à transmission sexuelle, et en particulier la gonococcie, sont également très fréquentes. Le nombre de cas de gonococcies aux Etats-Unis en 1974 varie de 1,3 à 2,7 millions selon les estimations, mais celles-ci sont très supérieures au nombre de cas déclarés qui était de 874 000 la même année [3]. Pour pallier cette insuffisance, des enquêtes ont été mises en place reposant sur les déclarations de médecins volontaires ou sur des examens systématiques. On peut citer à ce titre l'exemple de l'enquête franco-suédoise réalisée dans une zone administrative de chacun des deux pays.

Déclaration des handicaps d'origine congénitale

Depuis 20 ans, à la suite de l'augmentation accidentelle de fréquence des malformations, liées à l'usage du thalidomide, plusieurs pays ont institué un enregistrement des malformations congénitales reposant sur l'obligation légale ou le volontariat. Dans certains d'entre eux, le système a été étendu à l'ensemble des handicaps et des maladies invalidantes. C'est dans ce cadre que se situe, en France, l'institution des certificats de santé obligatoires de la première semaine de vie (fig. 3), du neuvième mois et du vingt-quatrième mois.

Ces certificats sont remplis par le médecin qui a procédé à l'examen. Les fiches sont nominales et transmises aux médecins de la protection maternelle et infantile du département qui font procéder à leur validation et à leur analyse. Celle-ci doit également fournir des éléments statistiques susceptibles d'être rassemblés pour établir des statistiques nationales. Il faut noter que les rubriques enregistrées dans les certificats dépassent très largement le cadre des handicaps pour envisager un certain nombre de facteurs de risque. Ceci ne semble pas en contradiction avec la loi mais a contribué à alourdir l'enregistrement.

Le bilan de cette opération a été établi. La couverture de la mesure est bonne pour le premier certificat (98 % des enfants nés vivants), elle l'est moins pour les autres [7].

La qualité de l'enregistrement est variable selon les questions, les pathologies de la grossesse sont très sous-estimées, les anomalies néonatales sont mieux décrites avec toutefois une sous-déclaration qui résulte de deux phénomènes : 1) la peur d'attacher à l'enfant un document administratif qui pourrait être utilisé contre lui, mais également contre ceux qui ont pratiqué l'accouchement; 2) l'établissement du certificat avant qu'un diagnostic soit porté; ceci est vrai en particulier pour les certificats remplis par les maternités alors que l'enfant fait l'objet d'un transfert au cours des premiers jours de la vie.

Des mesures ont été prises pour pallier ces inconvénients : transmission du certificat de médecin à médecin, destruction des fiches et « banalisation » * des fichiers donnant lieu à un traitement informatique.

Utilisation des déclarations obligatoires des maladies en épidémiologie.

Les déclarations obligatoires devraient constituer une base importante d'informations pour les épidémiologistes, leur permettant d'établir des statistiques

* Suppression des données permettant l'identification des sujets.

de morbidité pouvant aider à la surveillance de la population, à la gestion et à la planification des actions de santé à l'échelon national ou régional. Mais on peut craindre que la qualité de ces informations reste très insuffisante. Par contre, ces données peuvent dans certains cas constituer une bonne base de départ pour des études complémentaires. Il en est ainsi pour les certificats de santé, largement utilisés pour aider à l'enregistrement des malformations congénitales.

Celui-ci existe dans plusieurs régions de France (Bretagne, Ile de France, région Rhône-Alpes). Dans l'Ile de France, par exemple, les certificats de santé à la naissance sont complétés par des fiches remplies par les maternités et les services de néo-natologie. Ces fiches permettent d'enregistrer les cas non déclarés et de préciser certains points concernant la description de l'anomalie, les caractéristiques familiales, certains médicaments pris au cours de la grossesse. Un tel enregistrement permet d'établir une surveillance de la fréquence des malformations et un certain nombre de recherches étiologiques.

Le fait d'utiliser les déclarations obligatoires des maladies dans le cadre d'enregistrements rigoureux de la morbidité peut d'ailleurs contribuer à augmenter leur qualité et renouveler l'intérêt des praticiens chargés de les réaliser.

LES REGISTRES

On désigne sous le terme de registre un enregistrement exhaustif et permanent des nouveaux cas d'une maladie bien spécifiée, effectué à partir d'organismes de soins, dans une zone géographique donnée. Ils ont été réalisés pour des maladies dont le diagnostic peut être aisément établi sur des bases relativement objectives : tuberculose, cancer, infarctus du myocarde, malformations congénitales. Les premiers ont été ceux de la tuberculose au Danemark et du cancer au Connecticut.

Les registres du cancer se sont très largement développés depuis la dernière guerre mondiale. Réalisés au niveau de plusieurs Etats américains, ils ont revêtu en Europe un caractère national ou régional. Après un essai au cours des années cinquante, la France a pris un retard certain dans ce domaine, les premiers registres sont réalisés à l'échelon départemental dans le Doubs, le Bas-Rhin, le Calvados, la Côte d'Or et l'Isère. Des données très complètes sur les registres du cancer sont publiées sous l'égide de l'OMS *, du CIRC ** et de l'IACR *** dans « cancer in five continents » [10].

Les registres du cancer servent de base à des comparaisons dans le temps et dans l'espace. Parallèlement à l'étude de la mortalité, ils ont permis de repérer la tendance à la diminution des cancers digestifs et des cancers du col utérin dans les pays occidentaux, coïncidant avec l'augmentation du cancer du sein. De même ils ont été à l'origine de nombreuses études de pathologie géographique.

A partir de ces distributions des hypothèses étiologiques ont été dégagées, en étudiant la répartition d'un certain nombre de facteurs : cancers de la peau et ensoleillement, cancers digestifs et habitudes alimentaires, cancers bronchiques et pollution. Toutefois la coïncidence des distributions séculaires ou géographiques ne permet pas d'affirmer une liaison à l'échelon individuel.

* Organisation mondiale de la Santé.
** Centre international de Recherche contre le Cancer.
*** International Association of Cancer Registries.

PREMIER CERTIFICAT DE SANTÉ

A établir dans les huit jours suivant la naissance. Ne pas remplir les cases tramées.

4 17

C.E.R.F.A. N° 61-2105
Réponse obligatoire
Loi n° 70-633 du 15 juillet 1970
Loi n° 75-6 du 3 janvier 1975

ALLOCATAIRE Caisse ou organisme versant les Allocations familiales

101 N° allocataire à cet organisme *(s'il y a lieu)* 19

NOM Monsieur 1 *(1)* Madame 27 2 Mademoiselle 3

PRÉNOM 48

IDENTITÉ NATIONALE (N° de Séc. Soc.) 66 79

102 **PROFESSION** 17

ADRESSE PERSONNELLE 19 39 *Commune* 59

103 Code postal 17 Depart Commune 22 Circonscription 25

ENFANT **NOM** 27

PRÉNOM 47

DATE DE NAISSANCE 65 Jour Mois Année **SEXE** 71 **M** asculin **F** éminin *(1)*

LIEU DE NAISSANCE *Département* 72 *Commune* 74

104 *Maternité ou adresse* 17 0

Si naissance actuelle multiple *(nombre d'enfants)* 24 Nombre d'enfants vivant au foyer *(non compris le ou les nouveau-né[s])* 25

MÈRE **NOM de jeune fille** 27

NOM d'épouse 47

PROFESSION 67 **NATIONALITÉ** 69 **F** rançaise **A** utre *(1)*

Nom et adresse du médecin qui suivra l'enfant

CACHET

Je, soussigné(e) Docteur *(en majuscules)*

atteste que le certificat médical de cet enfant a été établi le 70 Jour Mois Année

SIGNATURE ▶

(1) Entourer le chiffre ou la lettre correspondant.

FIG. 3. — Reproduction du certificat de santé rempli pour tous

(N'inscrire qu'un seul caractère par case) **PARTIE MÉDICALE** *(Si oui, entourer le nombre)* (00)

105 ENSEMBLE DES GROSSESSES

Nombre total de grossesses y compris la grossesse actuelle (si ⩾ 9, inscrire 9) . . . 17 |_|

Nombre d'avortements spontanés. . . . . |_|

Nombre de mort-nés. . . . . |_|

Nombre de grossesses avec autres complications |_|

Pathologie antérieure à la grossesse. 01

Antécédents maladies { familiales / héréditaires . . . 02

(Si oui, préciser ci-dessous)

GROSSESSE ACTUELLE

Date début des dernières règles . 21 |_|_|_|_| Jour Mois

Âge de la mère . . . . . 25 |_|_|

Hémorragie 03

Œdème 04

Protéinurie contrôlée par dosage. 05

Hypertension (maxi > 14) 06

Diabète 07

Autre pathologie importante 08

(Si oui, préciser en clair ci-contre)

ACCOUCHEMENT

Terme en semaines . . . . 27 |_|_|

Présentation (sommet 1 - siège 2 - autres 3) 29 |_|

Durée du travail (en heures : *8 h = 08*) 30 |_|_|

(Si < 1 h, inscrire 00)

Rupture membranes plus de 6 h avant accouch.. 09

Accident pathologique au cours du travail . . 10

Signes de souffrance fœtale 11

Extraction opératoire par voie basse . . . 12

Césarienne. 13

Anesthésie générale avant la naissance . . 14

ÉTAT DE L'ENFANT A LA NAISSANCE

Poids (g) . . . 32 |_|_|_|_| Taille (cm) . . 36 |_|_|

P.C. (cm). |_|_| Coeff. d'Apgar . 40 |_|_|

Cris retardés (plus de 1 mn). 15

Respiration spontanée après plus de 5 mn . 16

PREMIÈRE SEMAINE *(si oui entourer)*

Alimentation au sein. 91

Une vaccination BCG a-t-elle été effectuée? . 94

Prélèvement pour dépistage hyperphénylalaninémie 98

Insuffisance respiratoire grave 17

État neurologique anormal 18

Infection 19

Ictère ayant nécessité exsanguino-transfusion . 20

Maladie hémolytique (incompatibilité sanguine). 21

Urgence chirurgicale 22

Autre pathologie de la première semaine . . . 23

(Si oui, préciser en clair ci-contre)

Enfant transféré *(si oui entourer)*. 93

(indiquer l'adresse) :

Enfant décédé *(si oui entourer)*. 92

CONCLUSION *(si oui entourer)*

ENFANT NÉCESSITE-T-IL :

UNE SURVEILLANCE MÉDICALE PARTICULIÈRE?. 95

UNE SURVEILLANCE SOCIALE PARTICULIÈRE? . . 96

MINISTÈRE DE LA SANTÉ

Les mentions portées sur le certificat sont couvertes par le secret médical et ne peuvent être utilisées à d'autres fins que celles de la Santé publique.

MALFORMATIONS CONGÉNITALES	suspectée	certaine
Anencéphalie	. . . .	25
Spina Bifida	26	27
Hydrocéphalie.	28	29
Malform. congén. du SN et de l'œil .	30	31
Malform. congén. appareil circulatoire	32	33
Malform. congén. appareil respiratoire	34	35
Malform. congén. appareil digestif .	36	37
Malform. congén. appareil génital .	38	39
Malform. congén. appareil urinaire .	40	41
Bec-de-lièvre, fente palatine . . .	42	43
Pieds-bots	44	45
Dysplasie de la hanche	46	47
Autres malf. congén. ostéo-muscul.	48	49
Trisomie 21 (mongolisme)	50	51
Autres malform. congén. multiples	52	53
Autres malformations	54	55
Tumeurs et hémopathies malignes .	56	57
Autres hémopathies.	60	61
Angiomes.	58	59
Autres	62	63

Mod. 3235. Berger-Levrault, Nancy (C).

les enfants nés vivants, au cours de la première semaine de vie.

Les registres du cancer ont également permis de réaliser des enquêtes cas-témoins (déjà envisagées au chapitre II). On fait correspondre à chaque cancer, enregistré dans une région donnée, un témoin qui peut être un cancer d'un autre type, ou un sujet non atteint tiré au sort dans la même région. Les témoins sont généralement appariés sur l'âge, le lieu d'habitat...

Les registres du cancer peuvent également servir à la recherche évaluative en procédant à des comparaisons dans le temps et dans l'espace, dont les résultats sont mis en relation avec les modifications de la technique ou de la stratégie du traitement et de la prévention. De même que pour la recherche étiologique, ces résultats sont souvent difficiles à interpréter : une diminution de l'incidence peut être liée à de multiples causes et notamment à une diminution de la qualité de l'enregistrement, à l'inverse une augmentation passagère peut traduire le succès d'une campagne de dépistage. Les registres ont également été utilisés comme base d'enquêtes cas-témoins. Les cas étant des cancers et les témoins des sujets non cancéreux pour lesquels on compare, par exemple, le nombre d'examens de dépistage antérieurs. Les registres constituent également un apport très utile aux essais d'intervention visant à comparer l'effet de deux méthodes de dépistage ou de traitement.

A ces objectifs multiples répondent des formes différentes d'enregistrement. Toutefois les variables sont généralement organisées en trois parties. La première décrit la nature du cancer (localisation et type) ainsi que les modalités de signalement (date, source), la deuxième doit permettre d'individualiser le sujet afin de repérer les doubles signalements et de vérifier si le cas entre bien dans la définition, notamment en ce qui concerne l'appartenance à la zone géographique. A côté de ces deux parties qui constituent l'élément de base : « le noyau de l'enregistrement », viennent se greffer de façon plus ou moins durable des variables permettant de réaliser les recherches étiologiques ou évaluatives décrites ci-dessus.

Les registres des malformations congénitales sont plus récents; mis en route après le drame du thalidomide, leur premier objectif a été de surveiller la fréquence des malformations congénitales afin de repérer les augmentations brutales qui s'étaient manifestées à plusieurs reprises. Celles-ci avaient permis de découvrir le rôle tératogène de la rubéole, puis du thalidomide, et des progestatifs de synthèse. De même, on espérait que l'enregistrement systématique des malformations permettrait de vérifier si certains accidents écologiques peuvent entraîner un risque embryonnaire (défoliants, radiations).

A côté de cette surveillance qualifiée parfois de monitorage (de l'anglais « monitoring »), les registres des malformations devaient, comme ceux du cancer, permettre d'étudier la répartition dans le temps et dans l'espace, et de procéder à des recherches étiologiques et évaluatives.

AUTRES SOURCES *

Elles sont multiples, il s'agit le plus souvent d'enregistrements effectués à des fins de gestion et comportant des informations plus ou moins développées sur l'état de santé de la population :

* Le lecteur pourra se référer au « Guide pratique d'utilisation des statistiques sanitaires », la documentation française, Paris, 1984.

— statistiques des assurances
— statistiques hospitalières
— enregistrements effectués par les médecins praticiens
— statistiques de la médecine du travail
— statistiques des forces armées

Leur dénombrement, leur description s'avèrent difficiles et elles sont inégalement exploitées par les épidémiologistes. Sans entrer dans un détail qui dépasserait les objectifs de ce manuel, nous nous limiterons à quelques informations sur les statistiques hospitalières.

Enregistrements hospitaliers

L'enregistrement des entrants et des sortants avec un petit nombre de rubriques : âge, sexe, nationalité, diagnostic, durée de séjour, lieu d'hospitalisation... représente la forme la plus ancienne et la plus répandue des enregistrements hospitaliers. L'exploitation des données sur ordinateur a permis quelques aménagements et on peut citer à cet égard une expérience de l'assistance publique à Paris avec son « thésaurus ». Il consiste en une séquence d'informations, chaque séquence correspond à une hospitalisation. Le processus est le suivant.

Le médecin inscrit sur une fiche à lecture optique les informations (maladies, examens, traitements) qu'il enregistre pour chaque malade sorti de son service. Le secrétariat recherche pour chaque item, dans un « thésaurus », le numéro de code correspondant et l'inscrit sur la feuille en chiffres normalisés, directement lisibles par l'ordinateur (1 à 35 items par malade). Les feuilles sont identifiées par un numéro de dossier du malade et le numéro GAMM * de son séjour. Elles sont exploitées parallèlement aux informations de type administratif relevées par ailleurs et identifiées par le numéro GAMM. L'exploitation des données permet de fournir des bilans d'activités et des listes par types de maladies [4].

Ce système peut aider à la gestion hospitalière. Il permet en outre de constituer des banques de données permettant par exemple, de répertorier des cas rares... Par contre son utilisation en matière d'étude de la morbidité est souvent impossible, en raison de la sélection des cas hospitalisés qui interdit de les rapporter à la population générale.

L'enregistrement détaillé du dossier médical conduit à la possibilité de remplacer l'observation médicale classique par un dossier entièrement traité par informatique. La forme la plus habituelle consiste à remplacer la fiche d'observation par un dossier décrivant de façon systématique les examens effectués et les résultats observés.

Une expérience de ce type a été mise en place en France par le comité consultatif d'informatique médicale (CCIM) en 1977. Parmi les différentes actions patronnées par le CCIM, l'une d'elles a conduit un groupe de services de gynécologie-obstétrique à réaliser un dossier commun décrivant les observations faites au cours de la grossesse, pour chacune des consultations, au cours de l'accouchement et de la période néonatale. Ces dossiers sont remplis par le personnel de la maternité, vérifiés et complétés par une sage-femme. Ils sont ensuite validés et analysés sur ordinateur.

Cette forme traditionnelle peut être modifiée sur plusieurs points. 1) On a d'abord essayé d'éviter la codification des données par l'introduction de données en clair. Cette tentative s'est heurtée à de nombreuses difficultés. 2) On a égale-

* Gestion administrative et médicale du malade.

ment remplacé la feuille de papier par des terminaux d'ordinateur. Ce système s'est avéré très utile pour la gestion hospitalière (comme pour celle des compagnies de transport ou des banques), mais il convient moins bien au personnel médical moins habitué à la manipulation du clavier. Il est coûteux car il suppose l'accès à l'ordinateur en temps réel *. Celui-ci permet alors de vérifier les réponses de façon extemporanée. Il signale celles qui sortent des fourchettes prévues ou sont incompatibles avec une autre réponse. Il décèle les examens non effectués ou ceux qui font double emploi et peut aider à la gestion du service. Il restitue les rubriques enregistrées dans les parties du dossier déjà remplies et rend possible un certain nombre de calculs rapides.

Il ne faut pas se dissimuler que la mise au point d'un tel enregistrement est souvent difficile, dans la mesure où elle oblige à une analyse très complète de toutes les éventualités. Elle s'adapte mieux aux situations assez stéréotypées qu'à celles qui présentent une très grande variété de cas.

L'informatisation du dossier médical offre de très grandes possibilités à la recherche étiologique et à l'évaluation. Celles-ci peuvent être faites à partir du dossier lui-même, mais il faut alors veiller à ne pas l'hypertrophier à des fins de recherches. Il est donc préférable que le dossier représente un tronc commun sur lequel viennent se brancher des enquêtes et des essais.

L'enregistrement détaillé mis en place par le CCIM sert de base à des enquêtes étiologiques sur les malformations congénitales et les facteurs de risque de pathologies néonatales, à des essais contrôlés sur les méthodes de prévention de la prématurité et de la souffrance fœtale. Les données de l'enregistrement de base sont utilisées pour l'établissement du protocole, elles fournissent une description de la population et de la fréquence des phénomènes étudiés, elles permettent de calculer le nombre de sujets... Il est souvent nécessaire de mettre au point une fiche spécifique à chaque recherche, elle comporte tous les éléments nécessaires qui ne figurent pas dans le dossier médical, celui-ci est utilisé pour fournir une description de base des cas. Cette procédure simplifie considérablement l'enregistrement des données.

RÉFÉRENCES

[1] F. Assaad, P. Bress, P. Delon — Surveillance internationale de la grippe. Rev. Epidém. et Santé Publ., 1977, *25*, 441-445.
[2] B. Blondel, P. Darchy, H.H. Bouvier-Colle — Statistiques des causes médicales de décès dans les pays de la CEE. Rev. Epidém. et Santé Pub., 1984, *32*, 78-79.
[3] G.Y. Causse — La surveillance des maladies transmises par voie sexuelle. Approche pratique. Rev. Epidém. et Santé Publ., 1977, *25*, 407-426.
[4] J. Chevallier, A.M. de Belleville-Sejourne — L'épidémiologie hospitalière en 1978 à l'Assistance publique de Paris. L'hôpital à Paris, 1978, *45*, 227-232.
[5] INSERM — Statistique des causes de décès. Résultats en France, I, 1978, 1 vol., INSERM, Paris, 1982.
[6] G. Martin-Bouyer — Prophylaxie des maladies transmissibles. Enc. Médico-Chir., 8005 M 10-5, Paris, 1975.
[7] Ministère de la Santé — 1er certificat de santé, statistiques année 1977, 1 vol., Paris, 1980.
[8] OMS — Classification internationale des maladies. Révision 1975, 2 vol., OMS, Genève, 1977, 1978.
[9] ONU — Manuel de statistiques de l'Etat civil : études méthodologiques, série F, n° 7, 1 vol., Bureau des Statistiques des Nations Unies, New York, 1955.
[10] J. Waterhouse, C. Muir, P. Correa, J. Powell — Cancer incidence in five continents. 1 vol., IARC Scientific Publications N° 15, Lyon, 1976.
[11] WHO — Manual of mortality analysis. WHO, Geneva, 1977.

* Toutefois ces deux questions peuvent évoluer très vite avec l'emploi des mini ou des micro-ordinateurs.

DEUXIÈME PARTIE

MÉTHODES D'ÉCHANTILLONNAGE

Chapitre IV

L'ÉCHANTILLONNAGE DANS UNE OPTIQUE DESCRIPTIVE

L'échantillonnage est l'ensemble des opérations amenant à définir la population visée par l'enquête et les unités statistiques, puis à choisir le ou les échantillons sur lesquels aura lieu effectivement l'enquête, le tout conduisant à un *jugement sur échantillon*.

Deux attitudes sont possibles en épidémiologie. 1) La première est descriptive, elle consiste à considérer que la population est la « vérité » que nous cherchons à atteindre. Cette vérité serait accessible si nous explorions exhaustivement toute la population, toutefois on doit parfois se contenter d'un échantillon, c'est-à-dire d'un sous-ensemble dont les unités sont tirées au sort ou choisies dans la population. Le problème se pose alors de savoir si l'observation de l'échantillon permet de décrire la population. 2) La deuxième consiste, à partir d'une observation ou d'une expérience réalisée sur un nombre limité de cas, à tirer une loi dont la validité serait supposée pour une infinité de situations qui débordent largement en nombre et en diversité celle qui a été expérimentée ou observée.

Ce chapitre examine l'optique descriptive qui est celle de l'information épidémiologique. Le sondage est en soi un instrument de connaissance et le but ici est simplement de décrire, sans aucune visée explicative, l'état d'une population. On voit là son intérêt pour la surveillance épidémiologique ou pour l'évaluation des moyens et des coûts d'une intervention publique, par exemple. Mais en outre, l'exposé de la méthode des sondages fournira des *instruments conceptuels* pour aborder d'autres circonstances du jugement sur échantillon : nous nous demanderons ce qu'est un bon échantillon et nous dégagerons les notions fondamentales de fluctuation, de représentativité, de biais et de significativité.

LA POPULATION

Le mot de *population* rappelle que la statistique a d'abord été démographique. Mais nous l'entendrons plus généralement comme un ensemble d'*unités* de nature très diverse : ce peut être un ensemble de personnes mais aussi un ensemble d'animaux ou de végétaux, ou encore des événements ou des objets matériels, voire même des objets abstraits (les différentes techniques imaginables pour diagnostiquer ou pour traiter une maladie, chaque posologie différente, chaque association d'actions constituant autant d'« unités » distinctes dans cette population).

Au départ de toute étude, se trouve la nécessité de *définir la population concernée*. Il faut pour cela spécifier d'une part la *nature* des unités à étudier (personnes, animaux, événements, etc.) et d'autre part le *champ* de l'étude.

Ainsi, pour une étude de la silicose, les unités statistiques seront des individus. Mais l'étude pourra être étendue à tous les habitants du pays, ou bien être restreinte à une région, à une tranche d'âge, à un secteur économique. S'il s'agit de décrire l'évolution de la maladie, le champ sera légitimement limité aux seules personnes atteintes. Alors que s'il s'agit d'évaluer la fréquence des atteintes, le champ devra englober les personnes indemnes*.

Des distorsions parfois graves peuvent résulter d'une mauvaise définition des unités statistiques ou d'une mauvaise délimitation du champ.

Il est classique par exemple, de décrire la morbidité dans une région, à partir des malades hospitalisés dans les établissements publics. Cette méthode conduit à une sous-estimation évidente des taux, variable d'ailleurs selon la gravité de la maladie et la classe sociale. Il n'y a pas correspondance entre l'objectif de l'enquête et le choix de la population.

Une attention particulière doit être portée au cas des *populations renouvelées*. Par exemple, si l'on s'intéresse aux personnes traitées dans certains établissements de soins, il faudra préciser si l'on entend considérer toutes celles présentes à un moment donné, ou celles qui ont été en traitement au moins un jour au cours d'une année donnée, ou encore celles dont le traitement a commencé au cours de l'année. Selon le cas, la procédure de sélection d'un échantillon devra respecter cette spécification.

Il advient aussi que les *unités à considérer constituent des groupes :* les individus appartiennent à des familles, les ouvriers à des entreprises; de même les consultations médicales effectuées par un médecin seront assez naturellement considérées ensemble; de même encore, les accidents survenus le même jour ont quelque chose en commun. Souvent nous devrons tenir compte de ces regroupements, qui sont autant d' « *unités collectives* ». Ils apparaîtront en effet, soit au stade de constitution de l'échantillon (nous parlerons alors de sondage en grappes) parce que pour constituer celui-ci, on partira d'une liste de familles, d'usines, de médecins, etc., soit lors de l'exploitation des données recueillies, parce qu'il faudra prendre en compte les relations ou les ressemblances entre les sujets qui forment une même unité collective, en raison des facteurs génétiques, de l'environnement, de la contagion, etc.

GÉNÉRALITÉS SUR LE SONDAGE

C'est le procédé qui consiste à n'observer qu'une partie (appelée *échantillon*) de la population étudiée, et à tirer de cette observation des enseignements sur la population entière. Une grandeur caractéristique de celle-ci (moyenne, fréquence, etc.) est dite *estimée* à partir de l'échantillon : on définit une fonction des observations, appelée *estimateur*; pour un échantillon donné, la valeur prise par cet estimateur est appelée *estimation*.

* On trouvera en annexe quelques exemples de populations couramment utilisées en épidémiologie descriptive.

Par exemple, la moyenne des âges dans l'échantillon constitue un estimateur de l'âge moyen de la population. Si dans notre enquête nous trouvons 24,3 comme « moyenne-échantillon », nous dirons que la « moyenne-population » a 24,3 comme estimation. Cela veut dire que nous continuons à ignorer quel est l'âge moyen dans la population, mais que nous pensons pouvoir faire comme s'il était de 24,3 environ.

L'intérêt des sondages est évident. N'observer qu'une partie de la population permet d'aller plus vite et coûte moins cher. En outre, une meilleure attention peut être portée à chaque observation : questionnaires plus détaillés, examens plus techniques, enquêteurs plus qualifiés, contrôles plus minutieux.

Au total, *triple avantage* de délai, de coût et de qualité, par rapport à un recensement de toute la population. *En contrepartie* il y a une incertitude quant à la possibilité d'extrapoler à la population entière les résultats trouvés pour l'échantillon : celui-ci est-il assez « ressemblant » ?

Plusieurs méthodes sont utilisables pour sélectionner les unités qui constituent l'échantillon.

Il est bien certain que si l'on veut 200 observations, et que pour cela on prend les 200 premières personnes rencontrées dans la rue par exemple, cet échantillon a toutes chances de très mal représenter la population : certaines catégories peu accessibles (impotents, sédentaires, ruraux isolés, etc.) seront sous-représentées ou même totalement absentes.

Il faut éviter les *biais de sélection* (ou de recrutement). Ceux-ci résultent soit de circonstances matérielles (lieux d'habitat, heures de présence au domicile, etc.), soit de facteurs médicaux, psychologiques ... Ces derniers viennent aussi bien des sujets (éviter les enquêtes par volontariat) que des enquêteurs, qui auront une prédilection, même inconsciente, pour certaines personnes plutôt que d'autres (par exemple pour les femmes, les jeunes, les personnes bien habillées, les habitants des rez-de-chaussée, etc.).

Différentes méthodes de sondage

Il y a trois catégories de sondages.

Sondage empirique : on se fixe, ou on fixe à l'enquêteur, le nombre de personnes à interroger. De plus pour atteindre, autant que faire se peut, toutes les catégories de populations à couvrir par l'enquête, on impose des *quotas,* c'est-à-dire le nombre de sujets sur lequel portera l'enquête, pour chaque catégorie.

Par exemple, on exigera d'avoir 50 agriculteurs, 150 ouvriers de l'industrie, 30 étudiants, 30 ingénieurs, 40 professions libérales, etc. Ou encore, on demandera que l'échantillon contienne tant d'enfants de moins de dix ans, tant de dix à quinze ans, etc.

Sondage aléatoire : on tire au sort les individus de l'échantillon parmi tous ceux de la population. En pratique, cela suppose que l'on dispose d'une liste où soit répertoriée toute la population (recensement démographique, annuaire, fichiers administratifs, etc.). Cette liste constitue une *base de sondage.*

Sondage pseudo-aléatoire : faute de disposer d'une base de sondage, on décide de prendre les personnes se trouvant dans une situation donnée au regard d'un critère que n'est pas aléatoire, mais qui est supposé indépendant du phénomène à étudier.

Par exemple, on prend tous les gens nés le 15 avril, d'une année quelconque *. Ou bien on utilise la « méthode des itinéraires » : on dit à l'enquêteur « vous marchez 100 mètres vers le Nord-Ouest; vous entrez dans la première maison à droite; s'il y a plusieurs étages, vous allez au deuxième; s'il y a plusieurs logements, vous prenez le troisième en partant de la gauche, etc. »

Cette dernière méthode permet d'échapper en partie à la subjectivité de l'enquêteur, tout comme la méthode aléatoire. Mais elle est souvent compliquée (itinéraires).

En fait *la méthode aléatoire est préférable à toute autre* lorsqu'elle est possible. Elle seule permet d'échapper complètement au choix humain et de déterminer, grâce au calcul des probabilités, la précision du sondage. Aussi est-ce cette méthode qui est étudiée dans les chapitres qui vont suivre.

Indépendamment du procédé utilisé, la détermination de l'échantillon peut aussi bien porter sur les unités objet de l'étude que sur des groupes qu'elles constituent. Dans le premier cas, appelé *sondage élémentaire,* les individus sont tirés *directement* dans une base de sondage où ils ont été recensés préalablement . Dans le second cas, appelé *sondage en grappes,* ils sont tirés *indirectement,* et appartiennent à l'échantillon si l'unité collective dont ils font partie est tirée.

Par exemple, la base de sondage est une liste de familles : on tire un échantillon de familles et on interroge les membres de ces familles. Ou encore, on tire un échantillon d'écoliers dans un établissement scolaire et l'on fait porter l'enquête sur tous leurs frères et sœurs.

Il est du reste possible de combiner ces deux types de tirages. Par exemple, tirer un échantillon de communes, puis, pour celles retenues, dresser la liste des habitants et en tirer un échantillon. Cela constitue un *sondage « à deux degrés »*.

Qu'est-ce qu'une bonne méthode d'échantillonnage : la question du biais et de la dispersion

Une méthode est bonne si l'échantillon fournit des estimations égales aux valeurs prises dans la population par les paramètres à mesurer. On voit, sur la figure 1, que la moyenne $\bar{x}$ des neuf observations est un peu plus élevée que la moyenne $\bar{X}$ de la population toute entière. La question que nous nous posons est de savoir si un autre échantillon, de même taille et tiré dans les mêmes conditions (mais ne comprenant pas nécessairement les mêmes individus), reproduirait la même erreur, ou si cette erreur varierait d'un échantillon à l'autre : s'agit-il d'une erreur systématique du même type que celles que nous avons décrites ci-dessus en donnant des exemples de biais, ou d'une fluctuation d'échantillonnage ? Si on extrait d'une population plusieurs échantillons par sondage aléatoire, on constate que les moyennes diffèrent entre elles, mais ces variations ne sont pas systématiques, il s'agit de fluctuations qui aboutissent à une dispersion plus ou moins importante des « moyennes-échantillons » autour de la « moyenne-population ».

* Ce procédé ne convient évidemment pas pour de très jeunes enfants ou pour étudier des phénomènes sur lesquels peuvent influer, même longtemps après, le poids à la naissance ou les maladies du nourrisson. En revanche, pour observer par exemple les habitudes alimentaires des adultes, ou les circonstances des accidents du travail, on ne voit pas que ce mode de désignation de l'échantillon ait un inconvénient (sauf si l'on croit au zodiaque...).

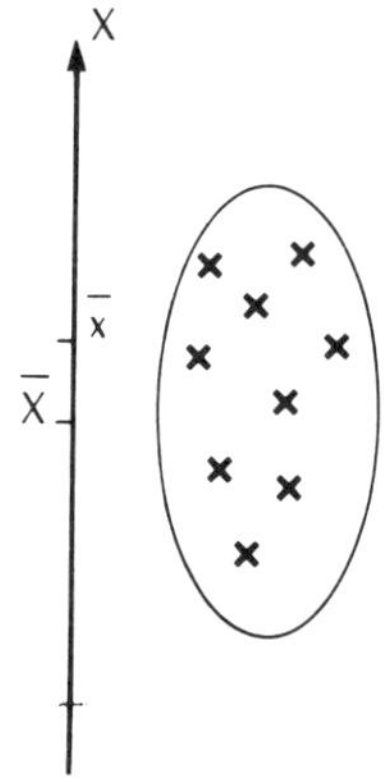

FIG. 1. — Schéma représentant la moyenne d'une population et d'un échantillon.

L'image que l'on peut donner est celle d'une carabine, dans un stand de foire : les impacts peuvent être plus ou moins groupés; qu'ils le soient ou non, ils peuvent être systématiquement déportés par rapport au centre de la cible (fig. 2).

Dans la théorie des sondages — et dans la pratique —, on s'attache d'abord à supprimer les biais. Ensuite, parmi diverses façons de tirer des échantillons non biaisés, on s'efforce de trouver celle qui minimise la dispersion.

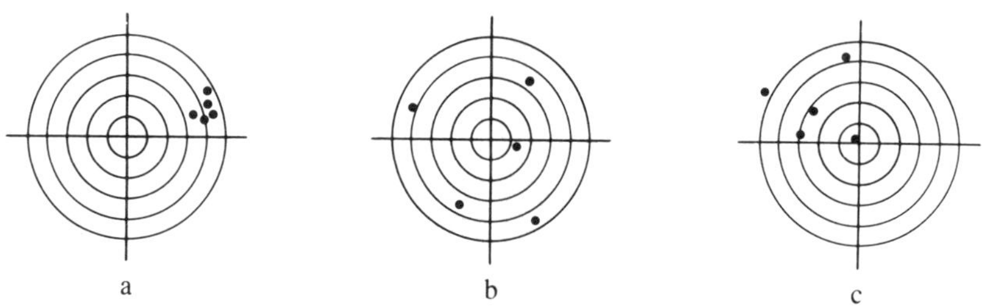

FIG. 2. — Représentation schématique de l'erreur systématique et de la dispersion.
a) Tir précis mais biaisé.
b) Non biaisé mais dispersé.
c) Tir à la fois biaisé et dispersé.

La première qualité d'un échantillon est donc d'être représentatif, c'est-à-dire de fournir des estimateurs non biaisés, pour cela il faut que tous les individus de la population aient une probabilité connue et non nulle de figurer dans l'échantillon *. Le sondage aléatoire assure seul cette condition. On notera qu'il n'est pas nécessaire que les probabilités soient égales. On tient compte de leur éventuelle inégalité en pondérant les réponses lors du dépouillement de l'enquête. Précisément, on pondère chaque réponse par l'inverse de la probabilité que l'individu correspondant avait d'être tiré. Cette règle est très générale.

Si l'échantillon est représentatif, l'estimateur est non biaisé, nous avons vu qu'il peut néanmoins s'écarter en plus ou en moins de la valeur vraie. Un autre échantillon s'écartera différemment, et sur de nombreux échantillons, les écarts positifs contrebalanceraient les écarts négatifs. Il reste que l'estimation s'écarte de

* Ce qui compte c'est la probabilité d'avoir une réponse. Un échantillon représentatif au moment du tirage peut ne plus l'être en fin d'enquête si des refus de répondre sont venus le déformer.

la valeur cherchée : nous voudrions que la valeur absolue de cet écart soit modérée. Si l'on peut affirmer qu'elle l'est, que l'écart est petit, du moins avec une forte probabilité, l'estimation sera dite *significative*.

LA BASE DE SONDAGE

Une base de sondage est un répertoire des individus appartenant au champ de l'enquête, ou bien d'unités collectives (unités administratives ou physiques) par lesquelles on peut avoir accès aux individus à étudier. Elle doit comporter tous les éléments nécessaires à la réalisation de l'enquête si celle-ci est exhaustive, ou du sondage.

Listes

L'existence même de ces listes pose un problème majeur.

Les listes de sujets sont difficiles à établir en France. Le recensement national est périmé avant d'être utilisable en raison des changements fréquents d'adresse. Les listes électorales sont incomplètes et souvent inexactes en ce qui concerne les adresses. Les listes d'abonnés au téléphone constituent une sélection de la population.

Les listes de logements sont constituées lors des recensements, elles sont plus faciles à tenir à jour que les listes d'individus. En effet, les variations sont moins importantes, et l'obligation du permis de construire permet de les compléter de façon à peu près satisfaisante. Une telle base peut être utilisée à deux fins. Si l'objet de l'étude est le logement, elle constitue une liste des unités étudiées. Si l'objet de l'étude est l'individu, elle consiste en une liste d'unités de sondage (grappes). Dans ce cas, deux types d'habitats posent des problèmes. Le premier concerne les résidences secondaires : si elles figurent dans l'échantillon au même titre que les résidences principales, la probabilité de figurer dans l'enquête est plus grande pour un sujet qui possède deux habitations. Le second concerne les logements meublés, en raison de la mobilité de la population, et les habitats collectifs.

Les listes administratives des départements ou des communes sont facilement accessibles, de même que celles des hôpitaux, des établissements scolaires, des entreprises, etc.

La base peut être enfin constituée par une carte géographique; cette technique est utilisée dans le sondage lorsqu'on ne dispose pas des listes précédentes. Des cartes à grande échelle ou des photographies aériennes, sont subdivisées en aires qui seront autant d'unités de sondage. Si la carte porte l'indication d'unités administratives telles que communes ou cantons, on peut évidemment les utiliser. On peut également tirer des aires, d'où le nom de sondages aréolaires, soit en se servant des lignes fournies par les cours d'eau, les chemins ... pour délimiter des zones naturelles, soit en délimitant des unités absolument artificielles par un quadrillage posé sur la carte. Dans d'autres cas enfin, on situe seulement sur la carte des points aléatoires et on détermine autour, par une figure géométrique, la zone échantillon.

Causes d'erreurs

La base peut être incomplète. Ce défaut est le plus fréquent et le plus grave. On doit toutefois distinguer deux cas. Lorsqu'on sait qu'elle est la partie de la population omise dans la base, il est possible de pratiquer des corrections.

J. Desabie indique dans son ouvrage [2] l'exemple d'un sondage, portant sur des sujets âgés de 18 ans ou plus, réalisé à l'aide des listes électorales qui ne comportaient alors que les sujets âgés de plus de 21 ans : chaque fois que le hasard désignait le chef de famille, on interrogeait les jeunes de 18 à 21 ans compris dans la famille.

Par contre, les omissions de types inconnus et non repérables sont sans remède, et il peut être nécessaire de modifier le plan de sondage pour les éviter.

La base peut comporter des répétitions. Apparemment le problème est moins grave, il devrait être possible en effet de repérer ces répétitions et de les éliminer. Ceci n'est pas toujours facile. Supposons par exemple que la base soit constituée par une liste d'individus dont certains sont répétés plusieurs fois : pour les repérer, il est nécessaire que les noms, les prénoms coïncident. Or les noms peuvent changer, les prénoms ne sont pas toujours indiqués dans le même ordre. Aussi doit-on s'appuyer sur d'autres données telles que la date de naissance...

La base peut comporter des renseignements insuffisants concernant les unités. Même si l'énumération des unités de sondage est complète, certaines de ces unités peuvent être rendues inutilisables faute de données suffisantes. Tel est le cas d'une liste d'individus où manqueraient les adresses de certains sujets.

LES « NON-RÉPONSES »

Nous envisagerons ici le cas des unités qui échappent entièrement à l'enquête. Il sera aisé d'extrapoler au cas de celles pour qui on a des réponses partielles.

Conséquences des non-réponses

Les « non-réponses » entraînent toujours, ou presque toujours, une erreur sur l'estimation d'un paramètre car elles ne se produisent pas au hasard. L'importance de l'erreur liée aux non-réponses peut être aisément chiffrée.

Soit N_1 le nombre de répondants
N_2 le nombre de non répondants
N le nombre total de sujets
$\overline{X}_1$ la moyenne mesurée chez les répondants
$\overline{X}_2$ la moyenne mesurée chez les non-répondants
$\overline{X}$ la moyenne mesurée pour l'ensemble de la population.

La proportion des répondants est $W_1 = \frac{N_1}{N}$

La proportion des non-répondants est $W_2 = \frac{N_2}{N}$

avec $W_1 + W_2 = 1$

L'importance de l'erreur est mesurée par :

$$\overline{X}_1 - \overline{X} = \overline{X}_1 - (W_1 \overline{X}_1 + W_2 \overline{X}_2)$$

en remplaçant W_1 par $1 - W_2$, on a : $\overline{X}_1 - \overline{X} = W_2 (\overline{X}_1 - \overline{X}_2)$

L'erreur croît avec la proportion de non-répondants W_2 et avec leur écart par rapport aux répondants $(\overline{X}_1 - \overline{X}_2)$.

Solutions au problème des non-réponses

La meilleure solution est évidemment de les éviter dans la mesure du possible. Les causes de non-réponses tiennent d'abord à la nature de l'enquête : les enquêtes postales viennent sans doute au premier rang avec un pourcentage très élevé de non réponses (50 p. 100 ou plus), arrivent ensuite les examens sur convocation; les résultats des enquêtes à domicile sont meilleurs. Les qualités de l'enquêteur, la nature des examens et des questions interviennent également.

Les enquêtes complémentaires portant sur l'ensemble ou une partie des non-répondants constituent une méthode valable et fréquemment utilisée.

Pour les études de mortalité, certains pays ont effectué des enquêtes auprès des médecins traitants afin d'obtenir des précisions supplémentaires sur les causes de décès. Une telle technique est impossible à appliquer en France car le bulletin de décès ne porte pas le nom du mort afin de sauvegarder le secret médical.

Les enquêtes effectuées auprès des organismes de soins permettent plus facilement d'acquérir des éléments complémentaires lorsque ceux-ci figurent dans les archives médicales, toutefois l'oubli commence souvent dès ce stade.

Dans les enquêtes par interrogatoires et examens systématiques, on procède à des reconvocations. Celles-ci doivent parfois être nombreuses et il est nécessaire d'en prévoir le protocole et le budget dès le début de l'enquête. Elles se heurtent de toute façon à des obstacles, tels que les changements d'adresse des sujets, les absences prolongées du domicile. Il en résulte de nombreux retards, qui introduisent des différences parfois importantes entre les sujets examinés au cours de l'enquête principale et ceux qui ont fait l'objet d'une enquête complémentaire.

Les enquêtes complémentaires peuvent être faites sur un échantillon représentatif, en tirant au sort un certain nombre de non-répondants. Ceci pose le problème de l'estimation des paramètres, il sera envisagé au chapitre de la stratification dont il représente un cas particulier (chap. VI, annexe).

Quand doit-on réaliser l'enquête complémentaire ? Le plus vite possible si la situation évolue rapidement, en cas de variations saisonnières par exemple. Dans tous les cas, un court délai est toujours préférable pour sauvegarder l'homogénéité des investigations.

T. Dalenius [1] a proposé une méthode très rapide applicable, en particulier, aux enquêtes à domicile. L'enquêteur tire au sort le ou les individus à interroger. Pour ce faire, il classe les sujets dans un ordre donné, en fonction du sexe et de l'âge par exemple, puis il les numérote. Il donne aux sujets présents une probabilité plus grande d'être désignés en leur attribuant par exemple deux numéros consécutifs, tandis que les sujets absents n'en ont qu'un :

Père	absent	1
Fils aîné	présent	2, 3
Deuxième fils	présent	4, 5
Mère	présente	6, 7
Fille	présente	8, 9

Dans cet exemple, le père, qui est absent, a une chance sur 9 d'être désigné par la table de nombres au hasard, les autres ont deux chances. Cela revient à désigner d'emblée un échantillon de non-répondants dont la fraction de sondage est $K = 1/2$. L'analyse des résultats tient évidemment compte de cette particularité.

Les corrections intervenant au moment de l'analyse sont souvent discutables. Elles permettent néanmoins souvent de « rattraper » une partie des erreurs, et sont dans ce cas préférables à l'absence de redressement. Elles consistent à trouver, parmi les sujets qui ont répondu à l'enquête, ceux qui sont le plus proches des non-répondants et à substituer aux réponses des seconds, celles des premiers.

Lorsqu'on connaît des caractéristiques assez détaillées sur les sujets non-répondants, on peut faire correspondre à chacun d'eux un sujet répondant aussi proche que possible et compter deux fois son dossier. L'opération est d'autant plus valable que les caractéristiques ci-dessus sont liées à l'information recherchée. Une telle méthode est surtout utilisable en cas de non-réponses partielles.

On peut également subdiviser la population des répondants en sous-groupes ou strates, à l'intérieur desquels on double le nombre voulu de dossiers pour compenser l'absence des sujets faisant défaut. Une autre méthode consiste à pondérer les réponses obtenues dans chaque strate, par $\frac{N_i}{N_i'}$, N_i étant le nombre total de sujets dans la strate i, et N_i' le nombre de sujets répondants.

Dans d'autres cas, on extrapole les valeurs des non-réponses à partir des données des reconvocations successives. Cette méthode consiste à calculer la valeur moyenne de la variable pour les sujets qui ont répondu à la première reconvocation : en cas d'échec, on envoie une deuxième reconvocation et on calcule une deuxième valeur pour ceux qui s'y rendent, etc. Disposant ainsi de trois ou quatre valeurs, on peut, par extrapolation, faire une hypothèse sur les échecs définitifs. Ceci suppose évidemment que leurs causes ne soient pas totalement différentes de celles qui étaient à l'origine des échecs partiels.

Il est possible enfin de pondérer l'échantillon des répondants en fonction de leur probabilité de répondre; cette méthode a été utilisée dans les enquêtes à domicile : elle part du principe que, parmi les sujets répondant à l'enquête, il y a un excès de sujets présents à leur domicile de façon permanente. Pour avoir une représentation exacte de la population, il faut donc faire une pondération qui atténue ce phénomène. Supposons que l'on effectue une enquête à domicile le soir à 20 heures pendant 6 jours. Chaque sujet est visité une seule fois, un jour tiré au hasard. Au cours de l'interrogatoire, on lui demande combien de fois au cours de ces 6 soirées il était à son domicile à 20 heures. Les sujets présents tous les soirs ont une probabilité égale à 1 de figurer dans l'échantillon, ceux présents 3 soirs sur 6 ont une chance sur 2 d'y figurer, ceux présents 2 soirs ont une chance sur 3 ... Lors de l'analyse, il faut donner le poids 1 aux sujets présents tous les soirs à leur domicile et le poids 2 aux sujets présents 3 soirs sur 6. Cette méthode est intéressante sur le plan théorique, mais elle semble impossible à généraliser aux diverses sources d'information. On voit mal, en outre, comment peut être réglé le sort des sujets absents pendant 6 soirées.

ANNEXE

EXEMPLES DE POPULATIONS

POPULATIONS D'INDIVIDUS DÉFINIES SUR UNE BASE TERRITORIALE

Les enquêtes à but descriptif sont très souvent réalisées sur la population d'un pays ou d'une région et elles portent en général sur des individus.

En France, l'enregistrement de la mortalité, des interruptions volontaires de grossesse et des maladies transmissibles, se fait sur une base nationale. Les enregistrements des cancers et des malformations congénitales sont établis dans quelques départements.

La définition de la population peut poser un problème : s'agit-il des sujets présents sur le territoire considéré ou des habitants ? Dans le premier cas, on enregistre par exemple les cancéreux à l'endroit où ils sont traités (parfois loin de leur domicile), dans le second ils sont enregistrés à leur lieu d'habitat. La deuxième façon de procéder est la seule valable : il est relativement facile de connaître la population habitant sur un territoire, plus difficile d'apprécier le nombre de sujets effectivements présents car il est soumis à des variations importantes. Quant à la solution qui consisterait à rapporter les cancers traités dans la région à la population des habitants de cette région, elle ne permet évidemment pas de définir une fréquence de la maladie. Celle-ci serait trop liée à l'existence d'un centre anti-cancéreux dans une ville ou dans un département.

Ces exemples montrent que la définition des unités entrant dans l'enquête ou dans l'enregistrement à but descriptif doit être très stricte. Il nous semble souhaitable, s'il s'agit d'individus : 1) de définir exactement leur sexe, leur date de naissance, leur lieu d'habitat, voire leur ethnie ou tout autre caractère entrant dans la définition; 2) de s'assurer que la définition est bien la même pour les sujets malades et non malades lorsqu'on réalise un enregistrement de la morbidité.

Les enregistrements réalisés sur des populations importantes posent un problème de non-réponses dont l'étendue rend souvent très discutable la valeur des statistiques, tel est le cas pour les maladies infectieuses et les interruptions volontaires de grossesse.

AUTRES POPULATIONS

Population de sujets définis sur des bases professionnelles

L'intérêt de statistiques portant sur les maladies et les facteurs professionnels n'est pas à démontrer. Or de tels enregistrements sont rarement réalisés. On ne peut que le regretter.

La définition de la population serait un peu plus difficile ici en raison, d'une part de son instabilité et, d'autre part, de l'hétérogénéité existant entre les différents groupes qui constituent une entreprise : ateliers de production, bureaux, personnels de vente ...

Il est donc nécessaire dans un tel cas de définir non seulement le sexe, l'âge des sujets, mais aussi les conditions d'exercice de la profession ...

Clientèle des organismes de prévention et de soins

Leur utilisation est fréquente en matière d'épidémiologie descriptive. Elles ne permettent généralement pas d'apprécier la morbidité d'une population et doivent être réservées à la gestion. Dans quelques cas cependant, il est possible de décrire la morbidité d'une population définie sur des bases territoriales en utilisant les statistiques de ces organismes. Soit que la population soit convoquée pour des examens systématiques, soit que dans une zone donnée on rassemble l'ensemble des informations sur tous les malades traités dans tous les organismes de soins.

RÉFÉRENCES

[1] T. DALENIUS — Sampling in Sweden. 1 vol., Almgreist and Wiksell, Stockholm, 1957.

[2] J. DESABIE — Théorie et pratique des sondages. 1 vol., Dunod, Paris, 1966, p. 114.

Chapitre V

SONDAGES ÉLÉMENTAIRES ESTIMATION D'UNE VARIABLE

Il s'agit d'un sondage à un degré, dans lequel les unités sont tirées au sort parmi l'ensemble des unités répertoriées dans la base.

PRINCIPE DU TIRAGE AU SORT

Pour garantir l'objectivité d'un tirage d'échantillon, il est essentiel d'éliminer tout élément subjectif et par là toute méthode basée sur un choix humain. Il est pratiquement impossible de constituer un échantillon aléatoire sans recourir au vrai hasard, par tirage à pile ou face par exemple. L'utilisation des tables de nombres au hasard permet d'effectuer plus facilement cette opération. Ces tables sont évidemment constituées grâce à des moyens mécaniques ou électroniques car, si l'on demandait à un individu de citer des nombres au hasard, on constaterait qu'il en est incapable. Les tables se présentent en général sous la forme indiquée ci-dessous (table 1).

Table 1

Extrait d'une table de nombres au hasard

26518	39122	96561	56004	50260	68648	85596	83979	09041
36493	41666	27871	71329	69212	57932	65281	57233	07732
77402	12994	59892	85581	70823	53338	34405	67080	16568
83679	97154	40341	84741	08967	73287	94952	59008	95774
71802	39356	02981	89107	79788	51330	37129	31898	34011
57494	72484	22676	44311	15356	05348	03582	66183	68392
73364	38416	93128	10297	11419	82937	84389	88273	96010
14499	83965	75403	18002	45068	54257	18085	92625	60911
40747	03084	07734	88940	88722	85717	73810	79866	84853
42237	59122	92855	62097	81276	06318	81607	00565	56626
32934	60227	58707	44858	36081	79981	01291	68707	45427
05764	14284	73069	80830	17231	42936	48472	18782	51646
32706	94879	93188	66049	25988	46656	35365	13800	83745
22190	27559	95668	53261	21676	98943	43618	32110	29340
81616	15641	94921	95970	63506	22007	29966	38144	62556

Le mode d'utilisation d'une table est simple. Soit à tirer 100 sujets dans une base comportant 1 000 individus. On numérote ces derniers de 000 à 999. Puis dans une table de nombres au hasard, on prend les 100 premiers nombres de 3 chiffres en éliminant les répétitions. Ainsi dans la table ci-dessus, les 3 premières unités de l'échantillon peuvent être les numéros 265, 364, 774, si on lit la table de haut en bas en commençant en haut et à gauche et en prenant les chifres par groupes de trois colonnes*.

D'autres méthodes visant à se substituer au tirage au sort ont été décrites, c'est ainsi qu'on peut désigner les unités en fonction de la position qu'elles occupent dans un fichier. On désigne au hasard la première unité, soit le numéro 5 par exemple. Si le sondage est au dixième, on choisit la quinzième puis la vingt-cinquième unité, etc. Il faut noter que ce sondage dit systématique est, en dépit de sa simplicité apparente, une forme de sondage en grappes et c'est à ce chapitre que nous en reprendrons l'étude.

Les deux modes de tirage qui viennent d'être évoqués confèrent à tous les individus de la population une même probabilité d'être désignés par le sort. Des tirages à probabilités inégales sont tout aussi concevables; nous laissons de côté cette possibilité, dans un premier temps, mais l'envisagerons dans les chapitres suivants.

L'échantillon obtenu par ces méthodes permet d'avoir une estimation des valeurs vraies de certaines caractéristiques de la population et notamment des principaux paramètres d'une distribution : la moyenne, la variance, la fréquence...

ESTIMATION D'UNE VARIABLE QUANTITATIVE

Intervalle de confiance

Soit une population dont les caractéristiques sont inconnues. On désignera par :

N le nombre d'unités statistiques (le nombre d'individus par exemple),
$\overline{X}$ la moyenne (inconnue) d'une variable (le taux de cholestérol par exemple),
σ^2 la variance (inconnue) de cette variable.

Dans cette population, on tire (avec égales probabilités) un échantillon représentatif de n sujets qui permet d'estimer les caractéristiques précédemment définies :

$\bar{x}$ est l'estimateur de $\overline{X}$
s^2 est l'estimateur de σ^2

Une moyenne est estimée sans biais ** par la moyenne homologue calculée sur l'échantillon. Toutefois, ces estimations diffèrent des valeurs vraies dans la population en raison des fluctuations d'échantillonnage. Aussi définit-on, autour des valeurs observées sur l'échantillon, un intervalle de confiance dans lequel on peut situer les valeurs vraies, mais inconnues, avec un risque d'erreur connu.

On se propose d'estimer $\overline{X}$ à partir de la moyenne $\bar{x}$ observée sur l'échantillon. Supposons que nous connaissions $\overline{X}$; nous tirons dans la population plu-

* En fait, les nombres figurant dans la table, apparaissant par hypothèse au hasard et indépendamment les uns des autres, l'ordre dans lequel on les considère n'a aucune importance : la table peut aussi bien être lue verticalement qu'horizontalement, ou en diagonale, ou en sautant un chiffre sur deux, etc. La seule règle est de se fixer à l'avance la façon dont elle sera lue.

** Dans la formulation du calcul des probabilités, « sans biais » veut dire que l'espérance mathématique de la variable aléatoire considérée est égale à la valeur vraie du paramètre à estimer.

sieurs échantillons de dimension n; nous constatons que leurs moyennes $\bar{x}_1$, $\bar{x}_2$, $\bar{x}_3$... s'écartent plus ou moins de $\bar{X}$. Pour un tel échantillon de n sujets, la moyenne observée $\bar{x}$ est aléatoire et suit une loi normale de moyenne $\bar{X}$ et de variance $\frac{\sigma^2}{n}$ *, cette expression étant la variance de l'estimateur $\bar{x}$, soit $V_{\bar{x}}$ **.

Cela permet de déterminer un intervalle de fluctuation à l'extérieur duquel se trouve $\bar{x}$ avec une probabilité α. Cet intervalle est :

(1) $$\boxed{\bar{X} \pm \varepsilon_\alpha \frac{\sigma}{\sqrt{n}}}$$ Intervalle de fluctuation

ε_α étant la variable normale réduite correspondant au risque α (table 2, p. 47).

Par exemple, pour un risque d'erreur de 5 %, $\varepsilon_\alpha = 1{,}96$

Dans cet intervalle, la différence absolue entre $\bar{X}$ et $\bar{x}$ est donc inférieure à $\varepsilon_\alpha \frac{\sigma}{\sqrt{n}}$

(2) $$\boxed{|\bar{X} - \bar{x}| < \varepsilon_\alpha \frac{\sigma}{\sqrt{n}}}$$

Dans cette formule apparaît l'écart-type de l'estimateur $\bar{x}$: $\sigma_{\bar{x}} = \sqrt{V_{\bar{x}}} = \frac{\sigma}{\sqrt{n}}$.

Nous pourrions calculer l'amplitude de cet intervalle si nous connaissions la variance σ^2. Or, elle est inconnue. Mais il est possible de l'estimer à son tour à partir des données observées sur l'échantillon :

l'estimateur de σ^2 est $s^2 = \frac{\Sigma (x - \bar{x})^2}{n - 1}$ avec $v_{\bar{x}} = \frac{s^2}{n}$ (***).

L'intervalle suivant va constituer l'intervalle de confiance :

(3) $$\boxed{\bar{x} \pm \varepsilon_\alpha \frac{s}{\sqrt{n}}}$$

Il ne faut pas confondre l'intervalle de confiance avec l'intervalle de fluctuation, lequel permet de situer toutes les valeurs possibles de $\bar{x}$ résultant d'un échantillonnage aléatoire. L'intervalle de confiance permet de faire une hypothèse ou plus exactement un pari sur la valeur de $\bar{X}$ avec un risque d'erreur α. Il indique la précision du sondage.

* Ceci, du moins, lorsque n est suffisamment grand. C'est le cas en pratique, dès que l'on a quelques dizaines d'observations.

** Ces données et celles qui vont suivre sont plus largement développées dans l'ouvrage de D. Schwartz [1].

(***) Ayant noté $V_{\bar{x}}$ = variance de $\bar{x}$, nous notons $v_{\bar{x}}$ = estimateur de cette variance.

Il y a lieu de bien distinguer entre : σ^2 variance de X dans la population qui mesure l'inégalité des valeurs de X entre les unités de cette population indépendamment de tout sondage; la variance de $\bar{x}$ qui vaut $\frac{\sigma^2}{n}$ et qui mesure les fluctuations possibles de la variable aléatoire $\bar{x}$ lors du sondage; et l'estimateur de σ^2, qui est s^2, d'où celui de qui est $\frac{s^2}{n}$.

Celle-ci dépend de deux éléments, d'une part la dispersion de X dans la population, d'autre part le nombre d'unités contenues dans l'échantillon. La précision du sondage est d'autant meilleure que la variance est plus faible et l'échantillon plus grand (il faut bien noter que c'est l'effectif de l'échantillon et non celui de la population qui intervient ici).

Nombre de sujets nécessaire

Pour un écart e que l'on se fixe et pour un risque α que l'on décide d'accepter (la probabilité que l'erreur excède un certain seuil), le nombre de sujets nécessaires se déduit très aisément de la formule (3) :

$$n = s^2 \left(\frac{\varepsilon_\alpha}{e}\right)^2 \quad \text{car} \quad e = \varepsilon_\alpha \frac{s}{\sqrt{n}}$$

Cela permet de déterminer la taille de l'échantillon d'une enquête future. Bien entendu, l'enquête n'étant pas faite, s n'est pas encore calculable : on prend alors une valeur trouvée par exemple lors d'une précédente enquête.

Validité des formules

Les formules que nous venons de donner supposent que l'on ait affaire à une loi normale pour $\bar{x}$, ce que l'on admet en pratique si $n \geqslant 30$. Elles supposent également que, les unités échantillonnées étant tirées successivement, celles déjà sorties continuent à participer aux tirages suivants (d'où le nom de tirage avec remise). On est pratiquement dans ce cas, même si on ne remet pas les unités tirées, lorsque la taille de la population est très grande par rapport à celle de l'échantillon, de telle sorte que sa composition reste identique à mesure qu'on prélève les unités, comme si on remettait dans la population les unités déjà tirées. Lorsque N n'est pas grand par rapport à n et que le tirage est fait sans remise, l'estimateur $\bar{x}$ reste le même (et n'est pas biaisé). Mais l'expression de la variance est modifiée, au lieu de :

$$V_{\bar{x}} = \frac{\sigma^2}{n}, \text{ on a } V_{\bar{x}} = \frac{N-n}{N-1} \cdot \frac{\sigma^2}{n} \# \frac{N-n}{N} \cdot \frac{\sigma^2}{n}$$

$$\text{au lieu de } v_{\bar{x}} = \frac{s^2}{n}, \text{ on a } v_{\bar{x}} = \frac{N-n}{N} \cdot \frac{s^2}{n}$$

Le terme correctif $\frac{N-n}{N}$ peut s'écrire $(1-f)$ où $f = \frac{n}{N}$ est la fraction de sondage.

Ce terme $1 - f$ est appelé « facteur d'exhaustivité ». On voit aisément que dans un sondage sans remise, la variance est moindre. Toutefois, la réduction est négligeable si n est petit par rapport à N, puisque f est alors voisin de O. Par contre, on remarque que, si on tirait tous les individus de la population, on aurait $n = N$. La variance de l'estimateur serait nulle, il n'y aurait en effet aucune incertitude sur $\bar{X}$.

ESTIMATION D'UNE VARIABLE QUALITATIVE

Intervalle de confiance

Nous envisagerons uniquement une variable qualitative à deux classes, par exemple malade ou non malade. Le fait de s'intéresser spécialement à une catégorie d'une variable qui en comporte plus de deux se ramène immédiatement à ce cas.

Soit N le nombre d'individus dans la population
P la proportion (inconnue) de sujets malades
Q la proportion (inconnue) de sujets non malades ($P + Q = 1$)
Soit n le nombre d'individus dans l'échantillon
p est l'estimateur de P
q est l'estimateur de Q.

De même que précédemment, on suppose P connu et on tire dans la population plusieurs échantillons de taille n permettant d'observer les pourcentages p_1, p_2, p_3... Les pourcentages observés fluctuent selon une loi binomiale de moyenne P, la variance de l'estimateur p étant donnée par la formule $V_p = \frac{PQ}{n}$.

Toutefois, lorsque n est assez grand et p suffisamment éloigné de O comme de 1, il est possible de substituer à la loi binomiale une loi normale. Si nous supposons ces conditions réalisées, le problème est très voisin du précédent.

L'intervalle de fluctuation dans lequel se trouve p pour un risque d'erreur α est :

(4) $$\boxed{P \pm \varepsilon_\alpha \sqrt{\frac{PQ}{n}}}$$ Intervalle de fluctuation

Dans cet intervalle, la différence entre P et p vérifie donc :

(5) $$\boxed{|\mathrm{P} - p| < \varepsilon_\alpha \sqrt{\frac{PQ}{n}}}$$

$\frac{PQ}{n}$ étant inconnu peut être remplacé par son estimation $\frac{pq}{n-1} \# \frac{pq}{n}$.

La formule de l'intervalle de confiance est donc :

(6) $$\boxed{p \pm \varepsilon_\alpha \sqrt{\frac{pq}{n}}}$$

Nombre de sujets nécessaire

Le nombre d'observations nécessaires pour une précision e souhaitée est :

$$n = pq \left(\frac{\varepsilon_\alpha}{e}\right)^2 \qquad \text{car} \qquad e = \varepsilon_\alpha \sqrt{\frac{pq}{n}}$$

L'approximation normale n'est possible que si np et nq sont supérieurs à 5. Dans les autres cas, il faut utiliser les formules exactes de la loi binomiale.

Les formules de la variance et de l'intervalle de confiance telles qu'elles ont été établies supposent en outre que N soit grand par rapport à n, ou que le tirage soit fait avec remise, sinon on doit utiliser les termes correctifs déjà définis :

au lieu de $V_p = \frac{PQ}{n}$, on a $V_p = \frac{N-n}{N} \cdot \frac{PQ}{n}$

au lieu de $v_p = \frac{pq}{n}$, on a $v_p = \frac{N-n}{N} \cdot \frac{pq}{n}$

ANNEXE

EXEMPLES D'ESTIMATION

D'une proportion

Supposons que l'on veuille estimer la proportion P de personnes immunisées contre un certain virus parmi les habitants d'une ville. Ceux-ci sont au nombre de $N = 34\ 612$. Nous en tirons un échantillon au 1/50eme, soit $n = 692$. Les personnes ainsi désignées par le sort sont soumises à un examen : 241 s'avèrent immunisées. La proportion observée $p = \frac{241}{692} = 0{,}348$ est une estimation de la proportion inconnue P. Nous pouvons admettre que 34,8 % de la population est immunisée, soit 12 045 personnes. *L'intervalle de confiance,* pour un risque d'erreur de 5 % est donné par :

$$e = 1{,}96 \sqrt{\left(1 - \frac{1}{50}\right)\frac{0{,}348 \cdot 0{,}652}{692}} = 1{,}96\sqrt{0{,}000321} = 0{,}0351$$

Nous pouvions négliger le facteur d'exhaustivité, qui est très proche de 1 : nous aurions trouvé $e = 0{,}0355$, ce qui est pratiquement la même chose. En définitive les 2 bornes de l'intervalle de confiance sont :

0,348 − 0,035 # 0,31

0,348 + 0,035 # 0,38.

Si l'intervalle ainsi trouvé nous paraît trop grand, autrement dit la précision insuffisante pour l'objet que nous avons en vue, nous pouvons chercher quelle aurait dû être la taille de l'échantillon. Supposons que nous voulions « serrer » P à ± 1 % (toujours au niveau de confiance 95 %) :

$$n = 0{,}348 \cdot 0{,}652 \cdot \left(\frac{1{,}96}{0{,}01}\right)^2 = 8\ 716$$

On devrait donc tirer au sort 8 716 sujets (en fait un peu moins, si l'on tenait compte du facteur d'exhaustivité).

D'une moyenne

Pour estimer le poids moyen d'une population de 28 000 individus on a tiré au sort un échantillon au 1/20eme soit n = 140, on a pesé chacun de ces individus et on a obtenu les résultats suivants :

$$\Sigma x = 8\ 918$$

$$\Sigma x^2 = 571\ 135$$

La moyenne est $\bar{x} = \frac{8\ 918}{140} = 63{,}7$ k

L'intervalle de confiance de la moyenne, pour un risque d'erreur de 5 % est donné par $e = 1{,}96 \sqrt{\frac{s^2}{n}}$ (si on néglige le facteur d'exhaustivité)

$$s^2 = \frac{\Sigma x^2 - \frac{(\Sigma x)^2}{n}}{n - 1} = \frac{571\ 135 - \frac{(8\ 918)^2}{140}}{139} = 22$$

$$e = 1{,}96 \sqrt{\frac{22}{40}} = 0{,}78$$

Les deux bornes de l'intervalle de confiance sont donc 62,92 - 64,48.

Si on avait voulu avoir une meilleure précision, par exemple obtenir une estimation à ± 0,25, la taille de l'échantillon aurait du être

$$n = 22 \left(\frac{1{,}96}{0{,}25}\right)^2 = 1\ 352$$

TABLE 2

Table de l'écart-réduit (loi normale) (*).

La table donne la probabilité α pour que l'écart-réduit égale ou dépasse, en valeur absolue, une valeur donnée ε, c'est-à-dire la probabilité extérieure à l'intervalle (− ε, + ε).

α	0,00	0,01	0,02	0,03	0,04	0,05	0,06	0,07	0,08	0,09
0,00	∞	2,576	2,326	2,170	2,054	1,960	1,881	1,812	1,751	1,695
0,10	1,645	1,598	1,555	1,514	1,476	1,440	1,405	1,372	1,341	1,311
0,20	1,282	1,254	1,227	1,200	1,175	1,150	1,126	1,103	1,080	1,058
0,30	1,036	1,015	0,994	0,974	0,954	0,935	0,915	0,896	0,878	0,860
0,40	0,842	0,824	0,806	0,789	0,772	0,755	0,739	0,722	0,706	0,690
0,50	0,674	0,659	0,643	0,628	0,613	0,598	0,583	0,568	0,553	0,539
0,60	0,524	0,510	0,496	0,482	0,468	0,454	0,440	0,426	0,412	0,399
0,70	0,385	0,372	0,358	0,345	0,332	0,319	0,305	0,292	0,279	0,266
0,80	0,253	0,240	0,228	0,215	0,202	0,189	0,176	0,164	0,151	0,138
0,90	0,126	0,113	0,100	0,088	0,075	0,063	0,050	0,038	0,025	0,013

La probabilité α s'obtient par addition des nombres inscrits dans les marges.

Exemple : pour ε = 1,960 la probabilité est α = 0,00 + 0,05 = 0,05.

Table pour les petites valeurs de la probabilité.

α	0,001	0,000 1	0,000 01	0,000 001	0,000 000 1	0,000 000 01	0,000 000 001
ε	3,29053	3,89059	4,41717	4,89164	5,32672	5,73073	6,10941

(*) Daprès Fisher et Yates, Statistical tables for biological, agricultural, and medical research (Oliver and Boyd, Edinburgh).

RÉFÉRENCE

[1] D. SCHWARTZ — Méthodes statistiques à l'usage des médecins et des biologistes. 1 vol., Flammarion, Paris, 1970.

Chapitre VI

LA STRATIFICATION

PRINCIPE

La précision d'une estimation s'exprime, nous l'avons vu, à l'aide de la variance de l'estimateur, laquelle est de la forme $\frac{\sigma^2}{n}$. La présence de σ^2 au numérateur signifie que la fluctuation de l'échantillonnage est d'autant plus forte que les valeurs de la variable étudiée sont plus dispersées dans la population. On peut dire, de façon imagée, que cela laisse au hasard une liberté plus ou moins grande pour amener des estimations qui s'écartent éventuellement beaucoup de la moyenne vraie. Mais l'effectif de l'échantillon figure au dénominateur : les hasards du tirage tendent à se compenser lorsque le nombre d'observations est élevé. Autrement dit, le hasard, qui est aveugle, contrarie sa propre errance lorsqu'on le laisse jouer un grand nombre de fois. La précision du sondage s'améliore donc lorsqu'on augmente n. Or c'est là un procédé coûteux. Une autre façon de faire serait de limiter la liberté de choix que nous laissons au hasard pour la désignation de chaque unité échantillonnée. C'est justement là le but de la stratification.

La stratification consiste à diviser la population étudiée en sous-populations ou *strates* plus homogènes. Par plus homogène, on entend que la variance à l'intérieur des diverses strates est sensiblement inférieure à la variance totale de la population. A l'intérieur de chaque strate, on effectue un sondage aléatoire. Comme, dans chacune de ces strates, la variance est petite, chacun de ces sondages partiels est précis. Puis on juxtapose les estimations relatives à toutes les strates pour obtenir une estimation globale meilleure que ne l'aurait donné un unique sondage simple dans la population tout entière.

Les strates sont définies au moyen des caractères de la population : subdivisions géographiques ou économiques, sexes, groupes d'âges, etc. On peut utiliser simultanément plusieurs critères (stratification multiple), toutefois, pour l'exposé du principe de la stratification, ce chapitre se bornera à la stratification simple (sur un seul critère).

Dans son principe, la stratification a pour effet de réduire la variance des estimateurs. A ce but principal, elle permet aussi d'en adjoindre d'autres. Elle permet notamment de mieux répartir l'échantillon entre différentes sous-populations qui présentent chacune un intérêt propre, et qu'on appelle pour cela

« domaines d'étude », de manière à obtenir pour chacune une estimation satisfaisante d'une moyenne ou d'une fréquence.

Par exemple, si on étudie la fréquence des nouveaux cas de cancers dans un échantillon de 500 000 sujets tirés avec équiprobabilité dans toute la population, cette fréquence ne peut être appréciée pour les individus les plus jeunes, car chez eux, le nombre de cas n'est pas suffisamment élevé. En stratifiant sur l'âge on peut « surreprésenter » les jeunes et en réunir le nombre voulu.

Le gain de précision dû à la stratification sera d'autant plus grand qu'il existe une liaison plus forte entre le critère servant à la stratification et la variable étudiée. On sait par exemple qu'entre 0 et 16 ans, la taille des individus est extrêmement liée à l'âge. Si on effectue, pour estimer la taille moyenne une stratification sur l'âge, on a une faible dispersion de la taille à l'intérieur de chaque strate. La fluctuation d'échantillonnage dans chaque strate est faible. La moyenne calculée sur l'échantillon stratifié a, dès lors, une variance faible.

Considérons la distribution d'une population pour une variable X (par exemple la taille). Nous la représentons sur la figure 1a par un domaine qui s'étend plus ou moins le long de l'axe OX. Si on isole dans cette population, les individus d'une même classe d'un certain caractère Z lié à la taille (par exemple l'âge), ceci permet de segmenter la population en autant de parties que Z présente de classes.

Imaginons que nous tirions au sort 15 individus dans cette population sans tenir compte de Z. Les 15 observations pourraient se répartir au hasard comme l'indique la figure 1b : il apparaît dans cet exemple que l'échantillon est décalé vers les fortes valeurs de X. La moyenne $\bar{x}$ surestime donc $\bar{X}$. Dans le même temps, nous constatons que les observations se trouvent inégalement réparties entre les classes de Z. Elles sont plutôt en excès dans les classes correspondant à des valeurs élevées de X. Au contraire, comme le montre la figure 1c, nous aurions pu imposer que les 15 sujets à tirer soient obligatoirement pris de façon qu'il y en ait trois dans chacune des cinq strates définies par Z. Certes, il

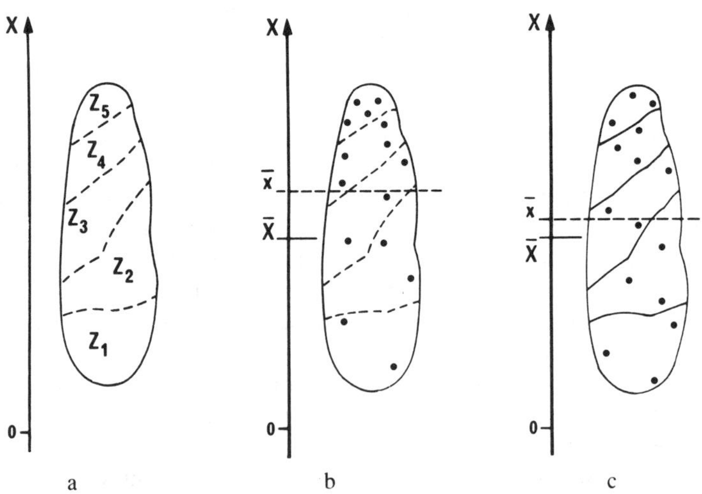

FIG. 1. — La stratification : représentation graphique :

a) la variable Z définit plusieurs strates dans la population;
b) sondage non stratifié : l'échantillon est libre de se déplacer d'une strate à l'autre;
c) sondage stratifié : les strates sont autant de compartiments étanches entre lesquels nous imposons la répartition de l'échantillon.

resterait possible que par malchance, les trois individus tirés dans une strate se trouvent dans le haut de celle-ci et que cela se produise pour les cinq strates. Cette circonstance est assez improbable; mais de toute façon, même ainsi, la fluctuation que l'on observe alors est limitée.

Le fait d'assigner le nombre d'observations à réaliser dans chaque strate limite le libre parcours de l'échantillon. Les calculs que nous évoquerons pages 54 à 58 confirment cela et nous mesurerons la réduction de variance qui y correspond.

La figure 2 oppose une stratification efficace, réalisée en fonction d'un caractère lié à la variable étudiée à une stratification non efficace, le caractère de stratification n'étant pas lié à la variable étudiée. Dans la figure 2a, les strates s'étagent à des niveaux différents de la variable X et chacune a par là-même, une faible dispersion interne. Dans la figure 2b, les « frontières » des strates sont parallèles à l'axe des X, elles ne limitent pas la course de l'échantillon dans cette direction.

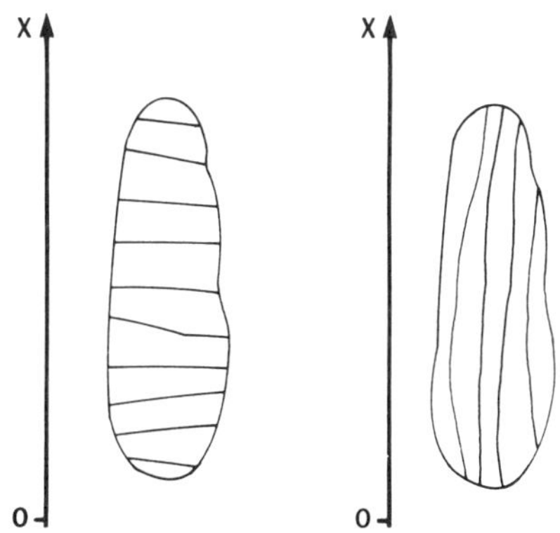

a b

FIG. 2. — Efficacité d'une stratification :

a) critère de stratification très efficace,
b) critère de stratification inefficace.

ESTIMATION DES PARAMÈTRES DANS UN ÉCHANTILLON STRATIFIÉ

Cas d'une variable quantitative

Lors d'un sondage stratifié, chaque strate est sondée indépendamment (en particulier les fractions, ou taux de sondage peuvent être différents, mais ce n'est pas nécessaire). Pour chaque strate i, il est possible de calculer, comme précédemment, l'estimateur de la moyenne, soit $\bar{x}_i$, et l'estimateur de la variance de $\bar{x}_i$, soit $v_{\bar{x}_i}$. Les estimateurs pour l'ensemble de la population sont alors calculés à partir de ceux relatifs aux différentes strates.

Les symboles employés pour la strate i et pour l'ensemble sont indiqués ci-après.

		Strate i	Ensemble stratifié
Population	Effectif Moyenne Variance	N_i $\overline{X}_i$ σ_i^2	$N = \Sigma N_i$ $\overline{X} = \frac{\Sigma N_i \overline{X}_i}{N}$ σ_s^2
Echantillon	Effectif de l'échantillon Estimateur de la moyenne Estimateur de la variance Variance de la moyenne Estimateur de cette variance	n_i $\overline{x}_i$ s_i^2 $V_{\bar{x}_i}$ $v_{\bar{x}_i}$	$n = \Sigma n_i$ $\overline{x}_s$ $V_{\bar{x}_s}$ $v_{\bar{x}_s}$
	Nombre de strates : k		

On envisagera ici le cas d'un tirage stratifié avec remise. Les formules de correction utilisées dans les tirages sans remise sont indiquées à la fin de ce paragraphe.

Estimateurs pour une strate. D'après ce que nous avons vu au chapitre précédent, la moyenne de l'échantillon $\overline{x}_i$ est un estimateur de $\overline{X}_i$, moyenne de la population située dans la strate. Cet estimateur a pour variance : $V_{\bar{x}_i} = \frac{\sigma_i^2}{n_i}$

variance qui est elle-même estimée par : $v_{\bar{x}_i} = \frac{s_i^2}{n_i}$ (*)

Estimateurs pour l'ensemble. La moyenne $\overline{X} = \frac{\Sigma N_i \overline{X}_i}{N}$ est estimée en remplaçant dans cette expression chaque $\overline{X}_i$ par l'estimation correspondante $\overline{x}_i$:

$$(1) \qquad \boxed{\overline{x}_s = \frac{\Sigma N_i \overline{x}_i}{N}} \quad \text{ou} \quad \boxed{\overline{x}_s = \Sigma \frac{N_i}{N} \overline{x}_i}$$

On observe que l'estimation de $\overline{X}$ *n'est pas* la moyenne simple de l'échantillon $\overline{x} = \frac{\Sigma x}{n} = \Sigma \frac{n_i}{n} \overline{x}_i$ Il n'en serait ainsi que dans le cas où toutes les strates seraient sondées avec le même taux (**).

Etant donné $\overline{x}_s = \Sigma \frac{N_i}{N} \overline{x}_i$ on peut estimer la variance de $\overline{x}_s$:

$$V_{\bar{x}_s} = V\left(\Sigma \frac{N_i}{N} \overline{x}_i\right)$$

(*) On rappelle que $s_i^2 = \frac{1}{n_i - 1} \Sigma (x_i - \overline{x})^2$. où la sommation est étendue à toutes les unités sondées de la strate i.

(**) C'est pour marquer cette différence que nous mettons un « s » (pour « stratifié ») à côté de $\overline{x}$ dans les formules. Noter toutefois que dans $\overline{x}_s$, s n'est pas un indice susceptible de prendre diverses valeurs, comme c'est le cas pour $\overline{x}_i$, où i désigne l'une quelconque des strates.

Le calcul des probabilités permet de démontrer que la variance d'une somme de variables indépendantes est égale à la somme de leurs variances. Or, nous avons supposé que les strates étaient sondées indépendamment les unes des autres. D'où :

$$V_{\bar{x}_s} = \Sigma\, V\left(\frac{N_i}{N}\bar{x}_i\right)$$

On démontre également que la variance de $a\,x$ dans lequel a est une constante est égale à la variance de x multipliée par a^2 d'où :

(2)

$$\boxed{\begin{aligned} V_{\bar{x}_s} &= \sum \frac{N_i^2}{N^2}\, V_{\bar{x}_i} \\ V_{\bar{x}_s} &= \sum \frac{N_i^2}{N^2} \cdot \frac{\sigma_i^2}{n_i} \end{aligned}}$$

Et, estimant à leur tour les variances σ_i^2, on obtient $v_{\bar{x}_s}$, estimateur de $V_{\bar{x}_s}$:

(3)

$$\boxed{\begin{aligned} v_{\bar{x}_s} &= \sum \frac{N_i^2}{N^2}\, v_{\bar{x}_i} \\ v_{\bar{x}_s} &= \sum \frac{N_i^2}{N^2} \cdot \frac{s_i^2}{n_i} \end{aligned}}$$

Cas particulier : si la fraction de sondage est uniforme pour toutes les strates : $\frac{n_i}{N_i} = \frac{n}{N}$, la formule (3) se simplifie :

(4)

$$\boxed{v_{\bar{x}_s} = \frac{1}{n} \sum \frac{N_i}{N}\, s_i^2}$$

Cas d'une variable qualitative

En raison des analogies de raisonnement, nous indiquerons brièvement le calcul pour une strate et pour l'ensemble en posant comme éléments nouveaux :

P_i : proportion inconnue pour la partie de la population située dans la strate i avec $Q_i = 1 - P_i$,

p_i : proportion pour la partie de l'échantillon située dans la strate i, p_i est l'estimateur de P_i avec $q_i = 1 - p_i$.

P : proportion (inconnue aussi) pour la population entière, avec $P = \Sigma \frac{N_i}{N} P_i$

Calcul pour une strate. La variance de p_i a pour formule :

$$V_{p_i} = \frac{P_i\, Q_i}{n_i}$$

Cette variance est elle-même estimée par :

$$v_{p_i} = \frac{p_i\, q_i}{n_i} \; *$$

Calcul pour l'ensemble. La proportion P est estimée par :

(5) $$p_s = \sum \frac{N_i}{N}\, p_i$$

La variance de cette proportion est égale à :

(6)
$$V_{p_s} = \sum \frac{N_i^2}{N^2}\, V_{p_i}$$

$$V_{p_s} = \sum \frac{N_i^2}{N^2} \cdot \frac{P_i\, Q_i}{n_i}$$

L'estimateur de cette variance s'exprime ainsi :

(7)
$$v_{p_s} = \sum \frac{N_i^2}{N_i}\, v_{p_i}$$

$$v_{p_s} = \sum \frac{N_i^2}{N^2} \cdot \frac{p_i\, q_i}{n_i} \; *$$

Simplification si le taux de sondage est uniforme :

(8) $$v_{p_s} = \frac{1}{n} \sum \frac{N_i}{N}\, p_i\, q_i$$

Cas d'un sondage exhaustif

Les formules ci-dessus sont valables pour des sondages avec remise. Si le tirage est exhaustif, les estimateurs d'une moyenne ou d'une proportion sont les mêmes [formules (1) et (5)]. Les variances sont en revanche un peu plus petites. Elles se déduisent des formules (3) et (7) en y faisant figurer des facteurs d'exhaustivité $(1 - f_i) = \left(1 - \frac{n_i}{N_i}\right)$:

(9) $$v_{\bar{x}_s} = \sum \frac{N_i^2}{N^2}(1 - f_i)\frac{s_i^2}{n_i} \quad \text{et} \quad v_{p_s} = \sum \frac{N_i^2}{N^2}(1 - f_i)\frac{p_i\, q_i}{n_i}$$

* $n_i - 1$ et non n_i au dénominateur si n_i est petit.

Dans le cas particulier où toutes les strates sont sondées au même taux $f_i = f = \frac{n}{N}$ le facteur d'exhaustivité est uniforme :

$$(10) \qquad v_{\bar{x}_s} = \frac{1-f}{n} \sum \frac{N_i}{N} s_i^2 \quad \text{et} \quad v_{p_s} = \frac{1-f}{n} \sum \frac{N_i}{N} p_i q_i$$

Exemple. On se propose, à partir d'une enquête portant sur $n = 500$ observations, d'estimer la moyenne $\bar{X}$ d'une variable X (consommation quotidienne individuelle d'un certain nutriment). La base de sondage comportant l'indication du lieu de résidence, nous définissons ainsi trois strates. Le même taux de sondage (285 pour un million) est utilisé dans les trois strates :

TABLEAU I

Exemple de sondage stratifié.

	Nombre d'habitants N_i	Nombre dans l'échantillon n_i	Σx T_1	Σx^2 T_2	$\bar{x}_i$	s_i^2
Grandes villes	523 000	149	12 223	1 418 817	82	2 812
Petites agglomérations	312 000	89	4 703	337 851	53	1 015
Zone rurale	918 000	262	11 798	648 180	45	448
Total	1 753 000	500	28 724	2 404 848	$\bar{x} = 57{,}4$ *	$s_2 = 1\ 512$ **

$* \ \bar{x} = \frac{\Sigma x}{n} = \frac{28724}{500} = 57{,}4$

$** \ s^2 = \frac{\Sigma x^2 - (\Sigma x)^2/n}{n-1} = 1\ 512$ avec $\Sigma (x - \bar{x})^2 = \Sigma x^2 - (\Sigma x)^2/n$

La variance de la moyenne est déduite de la formule (4).

$$v_{\bar{x}_s} = \frac{1}{n \cdot N} \sum N_i s_i^2 = \frac{1}{500 \times 1\ 753\ 000} \sum N_i s_i^2 = 2{,}51$$

alors que, sans stratification, nous aurions pu attendre une variance égale à $\frac{1\ 512}{500} = 3{,}02$

L'intervalle de confiance est donc réduit dans le rapport des écarts types : $\frac{\sqrt{2{,}51}}{\sqrt{3{,}02}} = 0{,}91$

Ou encore, pour la même précision que le sondage non stratifié, nous aurions pu, avec stratification, nous contenter de 415 observations.

GAIN DÛ À LA STRATIFICATION

Nous allons comparer la formule de la variance $V_{\bar{x}_s}$ avec celle de l'estimateur en cas de sondage simple $V_{\bar{x}}$, ceci directement pour le cas d'un sondage avec remise. Une démonstration analogue peut se faire pour le sondage sans remise. Rappelons d'abord une propriété générale de la variance lorsqu'on considère la réunion de plusieurs populations. Diviser la population en strates revient en effet à la considérer comme la réunion de celles-ci.

Variance en cas de réunion de plusieurs populations

Soit k populations (disjointes)	1...	i...	k	et leur	réunion
Effectif	N_1	N_i	N_k		N
Moyenne	$\overline{X}_1$	$\overline{X}_i$	$\overline{X}_k$		$\overline{X}$
Variance	σ_1^2	σ_i^2	σ_k^2		σ^2

La variance totale de x est égale à :

(11)
$$\sigma^2 = \frac{1}{N} \sum_1^N (x - \overline{X})^2$$

$\Sigma(x - \overline{X})^2$ étant étendu aux N unités de toutes les populations réunies; on montre que σ^2 a également pour expression :

(12)
$$\sigma^2 = \sum_1^k \frac{N_i}{N} \sigma_i^2 + \sum_1^k \frac{N_i}{N} (\overline{X}_i - \overline{X})^2$$

Les termes de chacune de ces deux sommes sont relatifs aux k populations.

La variance totale σ^2 de la variable X dans la réunion des populations est la somme de la variabilité interne (moyenne des variances) des populations et de la variabilité entre les populations (variance des moyennes).

Variance en cas de sondage stratifié

Rappelons que la variance de l'estimateur en cas de sondage non stratifié a pour expression :

$$V_{\bar{x}} = \frac{\sigma^2}{n}$$

La variance de l'estimateur en cas de sondage stratifié a pour expression :

$$V_{\bar{x}_s} = \sum \frac{N_i^2}{N^2} \cdot \frac{\sigma_i^2}{n_i}$$

D'après la formule (12) on a :

(13)
$$V_{\bar{x}} = \frac{1}{n} \sigma^2 = \sum \frac{N_i}{N} \cdot \frac{1}{n} \quad \sigma^2_i + \frac{1}{n} \sum \frac{N_i}{N} (\overline{X}_i - \overline{X})^2$$

On peut transformer l'expression $V_{\bar{x}_s}$ de façon à la rapprocher du premier terme de la formule ci-dessus. On a en effet $f_i = \frac{n_i}{N_i}$ et $f = \frac{n}{N}$ d'où $\frac{N_i}{N} \cdot \frac{1}{n_i} = \frac{f}{f_i} \cdot \frac{1}{n}$, en portant ces valeurs dans l'expression de $V_{\bar{x}_s}$, on a :

(14)
$$V_{\bar{x}_s} = \sum \frac{N_i}{N} \cdot \frac{f}{f_i} \cdot \frac{\sigma_i^2}{n}$$

Dans le cas particulier où le taux de sondage est uniforme, avec $f_i = f$, la formule ci-dessus est égale au premier terme du second membre (13).
On voit alors que $V_{\bar{x}}$ est égale à $V_{\bar{x}_s}$, augmenté de $\sum \frac{N_i}{N} (\overline{X}_i - \overline{X})^2$, qui est essentiellement positif : ce terme représente le gain dû à la stratification et $V_{\bar{x}_s} < V_{\bar{x}}$.

Dans le cas où les taux de sondage ne sont pas uniformes, le gain peut être moindre ou plus grand. Mais, lorsque le critère de stratification est corrélé à la variable étudiée, il faudrait des fractions de sondage très déséquilibrées pour qu'au lieu d'un gain on ait une perte de précision.

Hormis ce cas extrême, on a très généralement intérêt à stratifier, chaque fois qu'on le peut. Au pire, si le critère de stratification n'était pas lié à la variable étudiée, on ne gagnerait rien, mais on n'aurait rien perdu.

Lorsque les fractions de sondage sont égales, l'estimation de la variance se fait par la variance résiduelle et on aboutit au tableau classique d'analyse de la variance pour k strates (tableau II).

TABLEAU II

Tableau d'analyse de la variance

Origine (1)	Somme des carrés des écarts (2)	Nombre de degrés de liberté (3)	Variance (2)/(3)
Entre colonnes ou inter-strates	$\Sigma n_i (\bar{x}_i - \bar{x})^2$	$k - 1$	
Résiduelle ou intra-strates	$\Sigma\Sigma (x - \bar{x}_i)^2$	$n - k$	
Total	$\Sigma\Sigma (x - \bar{x})^2$	$n - 1$	

L'étude d'un tableau d'analyse de la variance montre bien que l'estimation de la variance résiduelle est inférieure ou égale à celle de la variance totale.

A titre indicatif, si la variable étudiée est linéairement corrélée au critère de stratification, avec un coefficient de corrélation ρ, la variance liée représente la proportion indiquée ci-après de la variance marginale. Or, c'est elle qui intervient dans la formule de la variance stratifiée. La réduction de l'intervalle de confiance est également donnée dans le tableau III.

TABLEAU III

Réduction de l'intervalle de confiance en fonction du coefficient de corrélation linéaire liant la variable étudiée au critère de stratification.

ρ	Variance liée	Réduction de l'intervalle de confiance
0	σ_x^2	0
0,25	$0,94\ \sigma_x^2$	− 3 %
0,50	$0,75\ \sigma_x^2$	− 13 %
0,75	$0,44\ \sigma_x^2$	− 34 %
0,90	$0,19\ \sigma_x^2$	− 56 %
1	0	− 100 %

Ce phénomène se produit pour des liaisons d'autres types que linéaires.

Une confusion est parfois faite entre le fait de stratifier et le fait d'utiliser des taux de sondage différents. Moduler les taux de sondage permet d'isoler significativement des domaines d'étude. Rien n'empêche, sans stratifier, de faire un sondage à probabilités inégales. La stratification est l'occasion commode de différencier les taux. Mais, même lorsqu'on adopte un taux de sondage uniforme, cela se traduit par un gain de précision (et nous verrons qu'on peut gagner plus encore en choisissant judicieusement des taux inégaux).

CHOIX DES STRATES

Nombre et limites des strates

Le choix du nombre de strates appelle deux remarques. La première est d'ordre théorique : il y a intérêt à stratifier au maximum. La seconde est d'ordre pratique : dans la réalité, le gain dû à la stratification plafonne assez rapidement. En d'autres termes, il semble que le gain obtenu en passant de 20 à 40 strates est plus réduit que celui qui a été acquis en passant de 10 à 20 strates. En pratique, on constitue rarement plus de 10 strates [2].

Le choix des limites de strates a été particulièrement étudié par T. Dalenius [1] et pose des problèmes difficiles. Mais souvent, en pratique, les limites de strates sont imposées par l'information disponible dans la base de sondage.

Choix des fractions de sondage

Lorsque les variances à l'intérieur des strates sont égales, on montre que, pour un nombre donné d'unités sondées, *la variance de l'ensemble* est minimale lorsque les fractions de sondage sont identiques.

Plus généralement, on peut se proposer de prendre des *fractions de sondages variables d'une strate à l'autre*. Cela peut être recherché (au prix peut-être d'une perte de précision sur les estimations d'ensemble) lorsqu'on souhaite une estimation significative pour un domaine d'étude particulier. Hormis ce cas, on cherche à optimiser la répartition de l'échantillon entre les strates, c'est-à-dire à rendre minimale la variance $v_{\bar{x}_s}$. Pour cela *les fractions de sondage doivent être proportionnelles aux écarts types**. Ceci se conçoit aisément de façon intuitive : lorsque la variance est élevée dans une strate, on y prend un nombre relativement plus grand de sujets pour réduire la fluctuation. Au contraire, dans une strate très homogène, un petit nombre d'observations suffit pour connaître avec précision la moyenne de la strate.

Ce cas général permet de comprendre le cas particulier où, les variances étant égales, on a intérêt à choisir des fractions de sondage identiques.

Lorsque le coût total de l'enquête est fixé et que le coût unitaire varie d'une strate à l'autre, on démontre l'utilité de choisir des fractions de sondage différentes : la fraction de sondage doit être d'autant plus élevée dans une strate que la variance est élevée et le coût unitaire faible.

$$\frac{n_i/N_i}{\sigma_i/C_i} = \text{constante} \tag{15}$$

* Aux *écarts-types*, et non aux variances !

C_i étant le coût à l'intérieur de la strate i, on a donc cette fois : f_i proportionnel à $\frac{\sigma_i}{C_i}$.

L'utilisation de fractions de sondage variables appelle quelques remarques. Lorsque les fractions de sondage sont variables : il n'est pas possible d'utiliser les formules simplifiées (4), (8) ou (10); si l'on étudie deux variables, il n'est pas certain que les mêmes fractions de sondage conduisent pour les deux à l'échantillon optimum; on a enfin intérêt à choisir des fractions de sondage simples pour faciliter les calculs (notamment multiples les unes des autres).

Exemple. On se propose de renouveler l'enquête de l'exemple précédent (p. 54) et pour cela, de répartir n = 500 observations entre les zones géographiques, de façon à rendre minimale l'estimation globale de la moyenne $\bar{X}$. L'enquête précédente indique comment la dispersion de x varie selon la zone.

	Nombre d'habitants N_i	Variance estimée s_i^2	Ecart type s_i	$N_i s_i$ (milliers)	n_i
Grandes villes	523 000	2 812	53	27 719	243
Petites agglomérations	312 000	1 015	32	9 984	88
Zone rurale	918 000	448	21	19 278	169
Total	1 753 000			56 981	500

Nous devrons trouver n_1, n_2 et n_3, tels que $n_1+n_2+n_3 = 500$ et que

$$\frac{n_1}{N_1 s_1} = \frac{n_2}{N_2 s_2} = \frac{n_3}{N_3 s_3} = \frac{500}{\Sigma N_i s_i}$$

A la suite d'égalités, qui exprime la formule (15), nous ajoutons également celle du rapport constitué par la somme des numérateurs et celle des dénominateurs. D'où $n_1 = N_1 s_1 . \frac{500}{\Sigma N_i s_i} = 27\,719 \times 0{,}00877 = 243$; etc. (le calcul figure dans les dernières colonnes du tableau). Les fractions de sondage sont alors respectivement de 46, 28 et 18 pour 100 000, la fraction moyenne étant de 500/1 753 000 = 28,5 pour 100 000.

$v_{\bar{x}_s}$ est alors ramenée de 2,51 à 2,12.

RÉFÉRENCES

[1] T. Dalenius — Sampling in Sweden. 1 vol., Almgreist and Wiksell, Stockholm, 1957.

[2] J. Desabie — Théorie et pratique des sondages. 1 vol., Dunod, Paris, 1966, chap. 7.

ANNEXE

PROBLÈME DES « NON-RÉPONSES » ENQUÊTE COMPLÉMENTAIRE

On peut considérer que la population étudiée est divisée en deux groupes, celui des sujets qui répondraient à l'interrogatoire ou subiraient les investigations, les « répondants », et celui des sujets qui refuseraient de répondre ou échapperaient pour diverses raisons aux investigations, soit N_1 et N_2 l'effectif de ces deux groupes avec $N_1 + N_2 = N$. Ceci suppose donc le classement *a priori* de tout individu dans l'un de ces deux groupes, indépendamment du fait qu'il soit pris ou non dans l'échantillon. Bien entendu, l'appartenance d'un individu à l'un de ces deux groupes n'apparaît qu'après le sondage, l'échantillon se divise alors en un échantillon de « répondants » d'effectifs n_1 et un échantillon de « non-répondants » d'effectifs n_2; on a $n_1 + n_2 = n$.

Les notations utilisées seront les suivantes :

	Répondants	Non-répondants
Effectif du groupe	N_1	N_2
Moyenne	$\overline{X}_1$	$\overline{X}_2$
Effectif de l'échantillon	n_1	n_2
Estimateur de la moyenne	$\overline{x}_1$	$\overline{x}_2$

Il faut noter que $\overline{x}_2$ est inconnu.

Le problème qui se pose est d'estimer la moyenne générale dans la population et la variance de cet estimateur, soit $V_{\overline{x}}$.

Estimation de la moyenne

On a : $\overline{X} = \frac{N_1}{N} \overline{X}_1 + \frac{N_2}{N} \overline{X}_2$

dont l'estimateur est : $\overline{x} = \frac{n_1}{n} \overline{x}_1 + \frac{n_2}{n} \overline{x}_2$

Parmi les n_2 sujets on en tire au sort n'_2. On met alors tout en œuvre pour obtenir des réponses (*) et on peut calculer la moyenne $\overline{x}'_2$, cette valeur est un estimateur de $\overline{x}_2$ donc de $\overline{X}_2$.

Il convient souvent de faire ceci très vite, de façon à saisir à temps des situations en évolution rapide ou encore à éviter les déformations de mémoire qui se produisent lorsqu'on interroge après un certain temps les gens sur leurs souvenirs. On doit aussi supposer que l'insistance manifestée lors de cette seconde enquête ne modifie pas la sincérité des personnes interrogées.

(*) Nous supposons ici que tous les individus du sous-échantillon répondent. On pourrait aussi examiner le cas où il y aurait des non-réponses à la deuxième enquête et envisager une troisième enquête; et ainsi de suite.

D'après les réponses dont nous disposons après la deuxième enquête l'estimateur de la moyenne est :

$$\bar{x}_r = \frac{n_1}{n}\,\bar{x}_1 + \frac{n_2}{n}\,\bar{x}'_2$$

Si l'on négligeait le fait que certains n'ont pas répondu, en estimant $\bar{X}$ par $\bar{x}_1$,, nous voyons qu'on obtiendrait en général un résultat différent, dans la mesure où $\bar{X}_2$ est différent de $\bar{X}_1$, c'est-à-dire lorsque les « non-répondants » diffèrent des autres, on commettrait ainsi une erreur systématique (de sens inconnu). Il est donc essentiel d'obtenir une estimation de $\bar{X}_2$.

Estimation de la variance (*)

Si tous les sujets avaient répondu, la variance de l'estimateur $\bar{x}$ serait :

$$V_{\bar{x}} = \frac{N-n}{N} \cdot \frac{\sigma^2}{n}$$

où σ^2 est la variance dans la population d'ensemble.

On démontre que la variance $V_{\bar{x}_r}$ *de l'estimateur* $\bar{x}_r$ est supérieure à $V_{\bar{x}}$ et s'exprime ainsi :

$$\boxed{V_{\bar{x}r} = \frac{N-n}{N}\left[\frac{\sigma^2}{n} + \frac{N_2}{N} \cdot \frac{1-K}{K} \cdot \frac{\sigma_2'^2}{n}\right]}$$

Dans cette formule, $K = \frac{n'_2}{n_2}$ est la fraction de sondage parmi l'échantillon des sujets qui n'ont pas répondu à la première enquête, et σ'^2_2 est la variance dans le groupe des « non-répondants » (**).

On doit alors se demander quelle est la fraction de sondage optimum pour constituer ce sous-échantillon, compte tenu du coût de l'enquête, soit :

— C_1 le coût unitaire de l'enquête chez les répondants,

— C_2 le coût unitaire de l'enquête sur le sous-échantillon. Ce deuxième coût est en général plus élevé que le premier (plusieurs visites de l'enquêteur, parfois en dehors des heures ouvrables; examen plus long, plus difficile...).

On montre que :

$$K = \frac{C_1}{C_2} \cdot \frac{N}{N_1}$$

La fraction de sondage doit être élevée si le pourcentage des non-réponses au cours de la première enquête est élevé, c'est-à-dire si N_1 est faible par rapport à N. *Par ailleurs, la fraction de sondage doit être d'autant plus faible que le prix de la deuxième enquête est plus élevé par rapport à la première.*

(*) Voir, pour plus de détails, l'ouvrage de W.G. COCHRAN [1].

(**) Il n'est pas paradoxal de constater une augmentation de variance bien que nous ayons distingué deux groupes en strates dans la population, alors que nous avons vu, dans le chapitre sur la stratification, que celle-ci se traduisait, pour un effectif d'échantillon donné, par une réduction de la variance. Ici, la situation est différente : d'une part, l'échantillon final comprend moins d'observations que celui initialement désigné; d'autre part, la répartition de la population en deux strates n'apparaît qu'après coup et n'a donc pu être utilisée pour atténuer les effets du hasard lors du tirage au sort.

Sur un plan général on peut retenir les conclusions suivantes.

— La constitution d'un sous-échantillon est certainement une technique intéressante mais elle n'est praticable que si le pourcentage des « non-réponses », lors de la première enquête n'est pas trop élevé. En outre, son coût est souvent plus important que celui de la première enquête.

— La portée de cette méthode reste limitée lorsque, comme c'est souvent le cas, le coût de la seconde enquête est sensiblement plus élevé que celui de la première.

— La première enquête doit donc être faite avec beaucoup de soin afin d'éviter les « non-réponses ». Il est préférable d'inclure d'emblée moins de sujets dans l'échantillon afin que les enquêteurs puissent les rechercher avec plus de soin.

RÉFÉRENCE

[1] W.G. COCHRAN, Sampling techniques, Wiley, 2e ed., New-York, 1963.

CHAPITRE VII

SONDAGES EN GRAPPES

On ne dispose pas toujours, comme base de sondage, d'une liste des unités. Mais on peut disposer d'une liste de groupes d'unités. Chacun de ces groupes, unité d'ordre supérieur appelée « grappe », contient une ou plusieurs des unités qui nous intéressent. Ainsi peut-on avoir une liste de logements, tout en ignorant qui les habite : les habitants d'un logement qui forment un « ménage » seront désignés ensemble par un sondage portant sur les logements. De même un service hospitalier constitue une grappe de malades, etc.

Au lieu de distinguer dans la population deux niveaux : les unités (individus) et la population tout entière, nous considérons ici trois niveaux : les individus, les grappes et la population entière. Cette dernière pourra donc être regardée à la fois comme un ensemble de grappes et comme un ensemble d'individus.

Un sondage en grappes consiste à choisir (au hasard) un échantillon de ces unités collectives, ou grappes, puis à mener l'étude sur tous les individus que contiennent les grappes tirées.

Cette méthode présente d'abord deux avantages de commodité : le tirage se fait dans une base de sondage moins étendue, dont il est plus facile de disposer; la concentration de plusieurs enquêtes au même endroit se traduit par un gain de temps et une économie.

En ce qui concerne la précision des estimations issues d'un tel sondage, cette façon de faire peut, *selon les cas, se révéler avantageuse ou comporter des inconvénients graves*. C'est ce que nous allons examiner.

PARAMÈTRES DANS LA POPULATION ET APERÇU SUR LA VARIANCE

A chaque unité statistique* (chaque individu par exemple) est attachée une variable statistique X (son âge, son poids, etc.). De même à chaque unité collective**, à chaque grappe, peut être attachée la moyenne des X de tous les individus qui constituent cette grappe. Si celle-ci est repérée par l'indice i, la variable statistique correspondante sera notée $\overline{X}_i$. Ainsi, l'âge moyen des individus d'une famille caractérise cette famille de la même façon que l'âge d'un individu caractérise cet individu.

* Nous les désignons ainsi, car c'est à leur niveau que sont exprimés les résultats.
** Appelées aussi unités de sondage.

Les notations utilisées au cours de ce chapitre sont indiquées ci-dessous.

	Effectif	Moyenne	Variance
Ensemble de la population des unités statistiques	N (nombre d'unités statistiques)	$\overline{X}$	σ^2
ième grappe	N_i (nombre d'unités de la grappe)	$\overline{X}_i$	σ_i^2
Population des grappes	N_g (nombre de grappes)	$\overline{X}$	σ_g^2 *
Echantillon des unités statistiques	n		
Echantillon des grappes	n_g	$\overline{x}_g$	
Variance de $\overline{x}_g$			$V_{\bar{x}_g}$
Estimateur de cette variance			$v_{\bar{x}_g}$

Dans ce type d'échantillonnage, ou bien une grappe échappe en totalité à l'échantillon ou bien elle est retenue tout entière. Dans ce dernier cas N_i est le même pour la population et l'échantillon, on a donc :

$$N = \sum_{1}^{Ng} N_i \quad \text{et} \quad n = \sum_{1}^{ng} N_i$$

Les moyennes

Si on considère la population comme un ensemble des unités statistiques, la moyenne a pour expression :

(1) $$\overline{X} = \frac{1}{N} \sum x$$

Si on considère la population comme un ensemble de grappes, la moyenne a pour expression :

(1') $$\overline{X} = \sum \frac{N_i}{N} \overline{X}_i$$

Elle est donnée par la moyenne des $\overline{X}_i$ pondérés par l'effectif de leur grappe respective. Notons que $\sum \frac{N_i}{N} \overline{X}_i = \frac{1}{N} \sum x$ (la première somme est étendue à l'ensemble des grappes, la seconde à l'ensemble des unités statistiques); aussi avons-nous adopté la même notation $\overline{X}$ dans le tableau précédent.

* Variance entre les grappes ou variance inter-grappe.

Les variances

De même qu'au chapitre précédent, on peut considérer que la variance totale s'analyse en deux termes :

Variance totale = variance inter-grappes + variance intra-grappes.

$$\sigma^2 = \sum \frac{N_i}{N} (\overline{X}_i - \overline{X})^2 + \sum \frac{N_i}{N} \sigma_i^2$$

$$\sigma^2 = \sigma_g^2 + \sum \frac{N_i}{N} \sigma_i^2.$$

La variance intra-grappes est la moyenne pondérée des variances internes des diverses grappes.

La variance σ_g^2 est la variance entre les moyennes des différentes grappes pondérées là aussi par leur effectif respectif. Elle exprime l'inégalité des diverses moyennes de grappes $\overline{X}_i$ entre elles.

(2)
$$\boxed{\sigma_g^2 = \sum \frac{N_i}{N} (\overline{X}_i - \overline{X})^2}$$

Avant de voir, avec plus de détails, les formules qui permettent de calculer la précision du sondage en grappe, reprenons la présentation graphique du chapitre précédent : la population, plus ou moins étendue le long de l'axe OX, est subdivisée en grappes. Un point, sur la figure 1, marque la moyenne $\overline{X}_i$ de chaque grappe. Dans les grappes échantillonnées (en grisé) tous les individus sont observés et donc $\overline{X}_i$ est connue sans erreur *. Le hasard peut nous faire prendre une grappe plutôt qu'une autre. Ce serait sans conséquence si leurs deux moyennes étaient égales. Sinon, la fluctuation d'échantillonnage dépendra de l'inégalité des moyennes de grappes. Nous pouvons donc nous attendre à ce que dans la variance de la moyenne estimée, seule intervienne la *variance inter-grappes*. Celle-ci mesure la liberté laissée au hasard. L'inégalité de x dans les grappes ne lui offre aucune marge de liberté, puisqu'il ne lui est laissé aucun choix entre les unités statistiques qui constituent une même grappe.

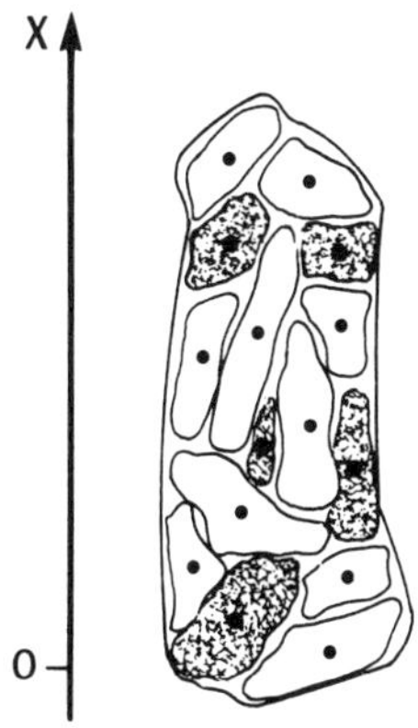

FIG. 1. — Prélèvement d'un échantillon de grappes dans une population.

Quant au dénominateur, dans l'expression de la variance, ce ne sera pas n, le nombre d'unités statistiques, mais n_g, le nombre de grappes. En effet, il exprime le fait que le hasard, comme nous le suggérions au chapitre précédent, en prélevant successivement des

* Sans erreur de sondage, mais il peut bien entendu y avoir des erreurs d'observation.

unités pour constituer l'échantillon, le fait aveuglément et finit par contrarier sa propre errance. Ceci se produit au prorata du nombre de fois où l'on fait jouer le hasard : au prorata de n, pour un sondage élémentaire, et de n_g pour un sondage en grappes.

CAS OÙ LES GRAPPES ONT LA MÊME TAILLE

Dans ce cas, $N_i = \dfrac{N}{N_g} = N'$, pour toutes les grappes. Alors $n = N'n_g$.

Nous supposons aussi que le sondage est fait de telle sorte que toutes les grappes aient la même probabilité d'être tirées.

Estimateurs

Nous allons d'abord indiquer les formules d'estimation qui découlent très facilement des formules (1′) et (2). Observons d'abord que, dans ce cas, la formule (1′) devient : $\overline{X} = \dfrac{1}{N_g} \overline{X}_i$. La moyenne de X est la moyenne simple des moyennes des grappes. Ignorant alors leur caractère d'unités collectives, nous pouvons considérer celles-ci comme des individus caractérisés par une certaine variable notée $\overline{X}_i$, variable dont il importe peu qu'elle se trouve déterminée par un calcul de moyenne intérieur à ladite unité collective *.

Dès lors, nous sommes en présence d'un sondage simple (portant sur les grappes) auquel nous appliquons les formules du chapitre V.

En cas de sondage avec remise**, l'estimateur de $\overline{X}$ est :

(3)
$$\boxed{\bar{x}_g = \frac{1}{n_g} \sum \overline{X}_i = \frac{1}{n} \sum x}$$

L'expression $\Sigma \overline{X}_i$ est la somme étendue aux n_g grappes échantillonnées (et non, comme dans la formule (1′), aux N_g grappes de la population), tandis que Σx est la somme étendue aux n unités statistiques de l'échantillon.

La variance de cet estimateur est :

(4)
$$\boxed{V_{\bar{x}_g} = \frac{\sigma_g^2}{n_g}}$$

Elle est elle-même estimée par :

(5)
$$\boxed{v_{\bar{x}_g} = \frac{1}{n_g} \cdot \frac{1}{n_g - 1} \sum (\overline{X}_i - \bar{x}_g)^2}$$

* De même que pour caractériser un individu par son poids il n'est pas nécessaire de considérer que ce poids résulte d'un calcul : l'addition des poids de toutes les cellules et autres constituants de son corps.

** On rappelle que dans un tel sondage, une même unité, une même grappe, peut être tirée plusieurs fois. Si cela se produit, il convient de la faire figurer dans les sommations autant de fois qu'elle figure dans l'échantillon.

Les sondages sans remise font intervenir le facteur d'exhaustivité $1 - f$.

(6) $$\boxed{V_{\bar{x}_g} = (1 - f)\,\frac{\sigma_g^2}{n_g}}\ ^{*}$$

(7) $$\boxed{v_{\bar{x}_g} = (1 - f)\,\frac{1}{n_g}\cdot\frac{1}{n_g - 1}\sum(\overline{X}_i - \bar{x}_g)^2}$$

Comparaison d'un sondage élémentaire et d'un sondage en grappes

La précision d'un sondage dépend de la variance σ_g^2.

Nous avons rappelé au début de ce chapitre que la variance totale σ^2 était égale à la somme de la variance inter-grappes σ_g^2 et de la variance intra-grappes. σ^2 étant fixé, la précision d'un sondage en grappes est d'autant meilleure que σ_g^2 est petit et que la variance intra-grappes est grande. Des grappes très hétérogènes (variance intra-grappes grande) sont dites efficaces; des grappes très homogènes (variance intra-grappes petite) conduisent à un sondage de mauvaise qualité. (figure 2).

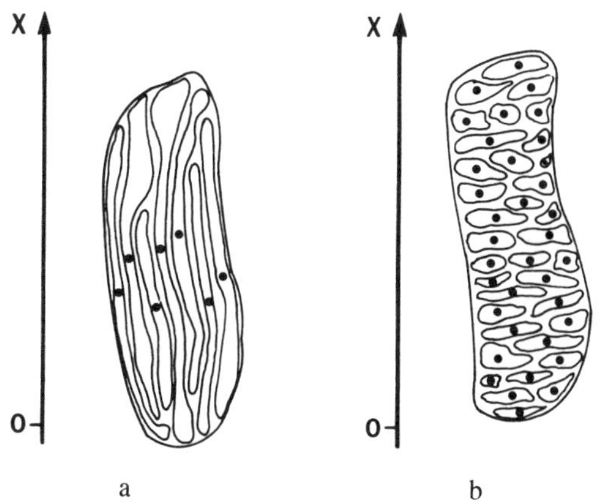

FIG. 2. — Efficacité d'un sondage en grappes :

a) grappes efficaces : les moyennes des grappes sont peu dispersées;

b) grappes inefficaces : les moyennes des grappes sont aussi dispersées que les valeurs individuelles.

Un exemple de grappes hétérogènes peut être fourni par les ménages, s'il est question d'étudier une variable liée au sexe. Pour d'autres études (alimentation entre autres), le ménage constitue une grappe trop homogène.

Afin de voir de façon plus précise ce qu'il faut entendre par grappe homogène ou bien hétérogène, prenons comme référence le cas où les grappes seraient des échantillons aléatoires des unités statistiques. Imaginons que l'on procède en deux temps. On constitue d'abord les grappes dans la population en tirant au sort les unités statistiques. Dans cette population découpée en grappes on tire ensuite au sort un échantillon de grappes.

* La formule exacte est : $V_{\bar{x}_g} = \frac{N_g - n_g}{N_g - 1}\cdot\frac{\sigma_g^2}{n_g} \# (1 - f)\,\frac{\sigma_g^2}{n_g}$

La variance $\sigma_g{}^2$ des moyennes de grappes est la variance $V_{\bar{x}}$ d'un échantillon de taille N′, soit $\frac{\sigma^2}{N'}$. Dès lors, d'après la formule (4) :

$$V_{\bar{x}_g} = \frac{\sigma_g{}^2}{n_g} = \frac{\sigma^2}{n_g N'} = \frac{\sigma^2}{n}$$

Nous trouvons là la variance $V_{\bar{x}}$ de la moyenne d'un sondage simple. Tout se passe avec ce sondage en grappes comme si l'on avait affaire à un sondage élémentaire.

En résumé : *le sondage en grappes est aussi précis (pour un même nombre d'unités statistiques) qu'un sondage élémentaire lorsque les grappes sont aussi hétérogènes que si elles avaient été constituées au hasard.*

Si un groupement des unités statistiques en grappes conduit à des grappes plus hétérogènes que ne le voudrait le hasard, le sondage en grappes est plus précis que le sondage simple.

A l'opposé, si les grappes sont plus homogènes que si elles étaient constituées au hasard, le sondage simple serait préférable.

CAS OÙ LES GRAPPES SONT DE TAILLES DIFFÉRENTES

Lorsque les grappes sont d'effectifs N_i inégaux, elles peuvent être tirées avec égale probabilité. Mais on emploie souvent un tirage avec des probabilités inégales, proportionnelles à la taille des grappes.

Tirage des grappes avec égale probabilité

Notons que, si l'on s'est fixé le nombre de grappes n_g, la taille des grappes qui sortent au tirage n'est pas déterminée, donc n est aléatoire. Cela peut être un inconvénient pratique, car l'organisation de l'enquête peut s'en trouver compliquée. En outre, cet aléa se retrouve dans une relative imprécision des estimateurs.

Pour établir les formules d'estimation, nous utilisons le procédé esquissé au paragraphe précédent, selon lequel nous associons à chaque grappe une variable statistique. Les formules qui suivent se déduisent alors de celles relatives à un sondage élémentaire. Remarquons en effet que, dans la population, nous avons :

$$\bar{X} = \frac{1}{N}\sum x = \frac{1}{N_g \bar{N}} \sum_i N_i \bar{X}_i = \frac{1}{N_g} \sum_i Y_i = \bar{Y}$$

où $\bar{N} = \frac{N}{N_g}$ est le nombre moyen d'unités statistiques par grappe, et où nous posons $Y_i = \frac{N_i}{\bar{N}} \bar{X}_i$ *. Nous sommes ramenés à estimer, au moyen d'un échan-

* La variable auxiliaire Y_i utilisée ici a une signification concrète dans le cas où x est une grandeur extensive, c'est-à-dire où la somme des x de plusieurs unités statistiques garde un sens. Il en est ainsi sur le plan économique lorsqu'on étudie par exemple la consommation, le revenu... Si x est un revenu. $N_i \bar{X}_i$ est la masse des revenus de la grappe i. Ainsi la précision du sondage dépend de la plus ou moins grande inégalité des « masses » des diverses grappes. Nous ferons une observation analogue à propos des sondages à plusieurs degrés. Sur le plan médical une remarque analogue pourrait être faite dans les études de consommation médicale par exemple. En matière de morbidité le sens concret et simple de Y_i apparaît moins nettement.

tillon équiprobable de taille n_g, la moyenne d'une certaine variable Y attachée à chacune des N_g grappes considérées.

Soit : $\bar{y} = \frac{1}{n_g} \sum Y_i$, ce qui s'écrit encore :

(8) $$\boxed{\bar{x}_g = \bar{y} = \frac{1}{n_g} \sum_i \frac{N_i}{\bar{N}} \bar{X}_i}$$

Dans cette formule, la somme Σ est étendue aux n_g grappes de l'échantillon. En pratique, il est fréquent qu'on ne connaisse pas $\bar{N}$. On le remplace alors par son estimation sur l'échantillon $\bar{n} = \frac{n}{n_g}$. D'où

(8') $$\boxed{\bar{x}_g = \frac{1}{n} \sum_i N_i \bar{X}_i = \frac{1}{n} \sum x}$$

Σx est ici la somme des n valeurs observées. Autrement dit, la moyenne simple de l'échantillon estime $\bar{X}$. Ceci ne nous surprend pas, puisque les individus ont une probabilité d'être tirés égale à la probabilité que la grappe à laquelle ils appartiennent soit tirée. Et cette probabilité est la même pour toutes les grappes, donc aussi pour tous les individus.

En cas de tirage avec remise, la variance de $\bar{x}_g$, c'est-à-dire de $\bar{y}$, est alors donnée par :

(9) $$\boxed{\begin{aligned} \bar{x}_g &= \frac{1}{n_g} \sum Y_i \\ V_{\bar{x}_g} &= \frac{1}{n_g} VY_i \\ v_{\bar{x}_g} &= \frac{1}{n_g} \cdot \frac{1}{n_g - 1} \sum (Y_i - \bar{x}_g)^2 \end{aligned}}$$

En cas de tirage sans remise on fait comme précédemment intervenir le facteur :

$$1 - f = \frac{N_g - n_g}{N_g}$$

Avec ou sans remise, la variance $V_{\bar{x}_g}$ est fonction à la fois de l'inégalité de niveau des grappes et de leur inégalité de taille. Sauf le cas où le niveau $(\bar{X}_i)$ et la taille (N_i) seraient négativement corrélés, assurant une sorte de compensation, cette variance est d'autant plus élevée que les effectifs de grappes sont plus dissemblables.

En résumé : *nous avons montré plus haut que les grappes devaient être de moyennes aussi proches que possible (variance intra-grappes élevée, variance inter-grappes faible). Nous aboutissons maintenant à la conclusion que les effectifs des grappes doivent être aussi voisins que possible.*

Ces deux conclusions partielles peuvent être ainsi rassemblées : *les grappes doivent être aussi semblables que possible.*

Tirage des grappes avec des probabilités proportionnelles à leur effectif N_i

Ceci se produit lorsqu'on effectue, par exemple, un sondage par la méthode des totaux cumulés (voir plus loin). C'est aussi le cas lorsque toute une grappe se trouve désignée par le tirage d'un de ses membres. Le sondage parmi les unités statistiques donne ainsi une plus grande chance de sortie aux grappes les plus importantes.

Par exemple, pour une étude d'enfants d'âge scolaire, on prélève un échantillon d'élèves dans les fichiers des écoles et lycées; puis on observe non seulement les élèves tirés, mais aussi leurs frères et sœurs. Dans ces conditions, une famille de quatre enfants (et donc chacun de ces quatre enfants) a une probabilité de figurer dans l'échantillon quatre fois plus forte qu'une famille d'un seul enfant.

L'enquête ne peut être dépouillée comme un recensement * : la valeur observée pour une unité statistique doit être pondérée par l'inverse de sa probabilité de sortie. N_i intervient alors au dénominateur, s'éliminant là où, dans les formules précédentes, il figurait au numérateur. La moyenne d'ensemble est estimée par la formule simple :

(10)
$$\boxed{\bar{x}_g = \frac{1}{n_g} \sum \bar{X}_i}$$

Nous voyons que la taille des grappes n'intervient plus dans cette formule. L'estimateur est la moyenne simple (non pondérée) des moyennes $\bar{X}_i$ des grappes de l'échantillon. Cette formule est identique à celle que nous avions pour des grappes de même taille p. 65. La variance prend aussi la même expression (formules 4 et 6 avec les estimateurs des formules 5 et 7).

EXÉCUTION PRATIQUE DU SONDAGE EN GRAPPES

Si les grappes étaient des échantillons au hasard des unités statistiques et si elles avaient toutes la même taille (du moins approximativement), la réalisation pratique du sondage ne poserait pas de problèmes particuliers. Il faudrait évidemment que la grappe soit parfaitement définie.

Des difficultés plus importantes surgissent nous l'avons vu lorsque les grappes ne sont pas de même taille ou sont très différentes les unes des autres ou que chacune d'elles est trop homogène.

Problème des tailles différentes

Nous avons montré que les formules d'estimation du sondage simple ne peuvent plus s'appliquer et que l'inégalité des grappes entraîne une moindre précision. Pour remédier à cet inconvénient, on peut se ramener à des grappes à peu près égales en subdivisant les plus grosses avant d'effectuer le sondage. Par

* C'est-à-dire comptant chaque individu pour 1.

exemple, si les grappes sont des communes, on conservera comme telles les plus petites, mais on éclatera les grandes villes en quartiers ou arrondissements qui pourront être tirés séparément.

Toutefois, cette méthode n'est pas toujours utilisable et on est souvent amené à accepter des grappes de tailles différentes. Nous avons indiqué alors que deux solutions étaient possibles.

La première consiste à tirer les grappes avec des probabilités égales, la réalisation du tirage au sort ne comporte pas de modalités particulières. La moyenne $\overline{X}$ est estimée par la moyenne simple de l'échantillon. Mais la variance risque d'être grande. On peut toutefois y remédier en combinant le tirage en grappes avec une stratification selon la taille des grappes.

La deuxième consiste à tirer les grappes avec des probabilités inégales. On utilise le plus souvent la méthode des totaux cumulés dont le principe est indiqué dans l'exemple suivant :

Soient les grappes A, B, C... dont les effectifs sont notés colonne 2; dans la colonne 3 on indique les effectifs cumulés et dans la colonne 4 les intervalles qui les séparent. On peut ensuite utiliser les deux méthodes habituelles pour effectuer le sondage (sondage au hasard ou sondage systématique).

Grappes	Effectifs	Effectifs cumulés	Intervalles
A	110	110	001 à 110
B	84	194	111 à 194
C	202	396	195 à 396
D	210	606	397 à 606
E	103	709	607 à 709
F	141	850	710 à 850
G	180	1 030	851 à 1 030
H	207	1 237	1 031 à 1 237

La table des nombres au hasard permet de désigner des nombres aléatoires. Supposons que le premier soit 0589. Il tombe dans l'intervalle qui désigne la grappe D. Si le deuxième est 0118, il tombe dans l'intervalle qui désigne la grappe B...

Ou encore, un tirage systématique à partir du premier nombre au hasard 60 tiré entre 001 et 300 désignerait la grappe A, ainsi que le 360 (grappe C) puis le 660 (grappe E)... si l'on tire de 300 en 300. Une grappe d'effectifs N_i a alors une probabilité $\frac{N_i}{300}$ de figurer dans l'échantillon.

Une grappe a, dans ce cas, d'autant plus de chances d'être tirée que son effectif est important et la valeur observée pour une unité statistique doit être pondérée par l'inverse de sa probabilité de sortie ainsi qu'on l'a déjà indiqué.

Lorsqu'il s'agit d'un sondage aréolaire on peut être amené à tirer des surfaces avec probabilités proportionnelles à leurs aires sans que celles-ci soient estimées de façon précise. Si les zones sont dessinées sur une carte on a proposé de marquer sur celle-ci des points aléatoires (dont les coordonnées sont données par une table de nombres au hasard) et on retient dans l'échantillon la surface sur laquelle est tombé un point. Il est évident que cette méthode donne aux surfaces les plus grandes une plus forte probabilité de figurer dans l'échantillon.

Problème de l'hétérogénéité ou de l'homogénéité des grappes

Les grappes peuvent être sensiblement différentes les unes des autres. Il faut ou bien renoncer au tirage en grappes et tâcher de faire un sondage ordinaire sur les unités statistiques directement, ou bien compenser l'effet de grappe. Pour ce faire il est généralement possible de stratifier la base de sondage (constituée par les grappes) : les grappes sont réunies en strates dans lesquelles on procède au tirage par la méthode habituelle. La base doit contenir tous les éléments de stratification, c'est-à-dire un ou plusieurs caractères corrélés à la variable X étudiée. On peut aussi compenser les inconvénients dus à l'inégalité des grappes soit en stratifiant sur leur effectif, soit en les tirant avec probabilité proportionnelle par la méthode des totaux cumulés.

La stratification permet donc, dans un cas semblable, d'utiliser un sondage en grappes qui autrement serait tout à fait déconseillé.

L'homogénéité de chaque grappe quant au caractère étudié peut conduire à n'examiner qu'une unité statistique choisie au hasard dans chaque grappe. En réalité cette technique s'apparente aux tirages à deux degrés. Mais nous allons en dire un mot car elle est très simple et peut être réalisée sur le terrain lorsque les grappes sont petites. On peut utiliser par exemple la méthode de Kisch.

Supposons que les grappes soient composées de 1 à 3 sujets. L'enquêteur numérote pour chaque foyer les habitants en fonction du sexe et de l'âge.

Foyer de 3 habitants : père 1
fils 2
mère 3

Il dispose d'une table envisageant pour chaque foyer A, B, C... les différentes possibilités :

	1 habitant	2 habitants	3 habitants
A	1	1	1
B	1	2	2
C	1	1	3
D	1	2	1
E	1	1	2
F	1	2	3

Si la grappe (le foyer) comporte un seul membre il porte évidemment le numéro 1 et doit être interrogé. Si la grappe comporte 2 habitants on interrogera

le premier pour la grappe A
le deuxième pour la grappe B...

L'avantage de cette technique réside dans le fait qu'il n'est pas nécessaire de connaître à l'avance la composition de chaque grappe de la population. Mais elle est limitée aux grappes de petites dimensions.

Cas de deux caractères étudiés simultanément. Il est possible que les grappes soient efficaces relativement à un caractère et très dissemblables relativement à un autre. Dans ce cas, à moins qu'on puisse pallier ce défaut par une stratification sur ce deuxième caractère, une étude simultanée des deux caractères risque d'être fragile.

Quelques considérations propres aux enquêtes de santé. Le phénomène de l'homogénéité des grappes pose un problème particulier lorsqu'il s'agit de maladies infectieuses facilement transmissibles. Le phénomène se retrouve lorsqu'on étudie une maladie d'origine génétique. Il en va de même pour les affections de l'enfant liées aux caractéristiques de la mère. Ces faits constituent des phénomènes intéressants à étudier dans des grappes telles que la fratrie par exemple. L'étude des grappes, en tant que telles, c'est-à-dire des phénomènes propres à ces grappes, n'entre pas dans le cadre de ce que nous avons dit ici.

LE SONDAGE SYSTÉMATIQUE

Il s'agit d'un sondage élémentaire. Aucun regroupement des unités statistiques n'est a priori constitué. Cependant, nous verrons que ce mode de sondage revient à constituer de telles grappes, bien qu'elles n'apparaissent à aucun moment.

Principe : les unités statistiques sont rangées, ou listées dans la base de sondage et l'on parcourt celle-ci de bout en bout en prélevant une unité sur k (k étant l'inverse du taux de sondage). Auparavant, la première unité à retenir a été tirée au sort parmi les k premières.

Par exemple, une caisse de sécurité sociale, pour faire une étude de ses allocataires tire un échantillon au 1/50ᵉ parmi les dossiers de remboursement de l'année écoulée. Une table de hasard donne un nombre aléatoire entre 1 et 50 : supposons que $a = 37$. On retiendra le 37ᵉ dossier, le 87ᵉ, le 137ᵉ, le 187ᵉ, etc. Chaque dossier a une chance sur 50 d'être tiré : c'est un échantillon équiprobable.

Notons qu'il serait incorrect de prendre *par principe* le 1ᵉʳ dossier puis le 51ᵉ, le 101ᵉ, etc. car alors les autres auraient une probabilité nulle d'être dans l'échantillon. De même, il serait incorrect de prendre le 25ᵉ, le 75ᵉ, etc. aussi bien que le 50ᵉ, le 100ᵉ, etc. Le premier doit être tiré *au sort*, les autres en découlent.

Le très gros avantage de ce mode de tirage est sa grande simplicité. Il est facile de le confier à des exécutants peu qualifiés, ou de le programmer sur une machine. Il présente en revanche un inconvénient notable : il n'existe aucun moyen de connaître la variance des estimateurs; donc on ne sait rien de la précision du sondage.

Quoi qu'il en soit, ce procédé est très largement employé. Il importe toutefois d'être attentif au fait que, selon les circonstances, la fluctuation d'échantillonnage peut être très grande ou très petite. Le tirage systématique peut aussi bien être catastrophique qu'excellent.

Si l'on tire le nombre aléatoire a, les individus occupant les positions a, $a + k$, $a + 2k$, $a + 3k$,... sont tirés ensemble. Pour toute autre valeur de a, aucun n'aurait été pris. Ils forment donc en fait une grappe. Il y a ainsi, virtuellement, k grappes dans la population : une correspondant à chaque valeur de a entre 1 et k. Que les unités d'une même grappe n'appartiennent à aucune collectivité identifiée n'empêche pas que leur sort soit lié en ce qui concerne le tirage de l'échantillon.

Le tirage systématique est un sondage en grappes où l'on tire une seule grappe : $n_g = 1$. Il suffit de se reporter aux formules (5) ou (7) pour voir que le calcul de $V_{\bar{x}_g}$ est impossible.

Supposons maintenant que la base de sondage se présente dans un ordre tel qu'il y ait une périodicité, et que cette périodicité soit un multiple ou un sous-multiple du « pas » de sondage k. Par exemple, des individus ont été numérotés, de telle sorte que le numéro soit pair pour les hommes et impair pour les femmes. Si k est pair, l'échantillon ou bien comprendra seulement des hommes ou bien seulement des femmes (selon que a sera lui-même pair ou impair). Dans des cas moins extrêmes, on obtiendra ou bien des individus pour lesquels X est généralement petit ou bien pour lesquels X est généralement grand. C'est que, à cause de la périodicité, tous les individus de la même grappe sont très ressemblants. Nous sommes dans le cas d'une grappe inefficace.

A l'inverse, supposons que la base de sondage ait été triée par valeurs croissantes — ou décroissantes — d'un caractère corrélé à X. Etant donné que l'une quelconque des grappes que l'on considère est disséminée d'un bout à l'autre de la base, les valeurs de X dans cette grappe couvriront à peu près tout le champ des valeurs possibles de X : σ_i^2 est voisin de σ^2. Donc σ_g^2 est toute petite. Nous pouvons être assurés que $v_{\bar{x}_g}$ sera faible (bien que nous ne sachions pas la calculer). Ceci explique le grand usage fait du tirage systématique, dans la pratique, notamment lorsqu'on est en mesure d'ordonner la base de sondage préalablement au tirage.

ANNEXE

SONDAGE EN GRAPPES : EXEMPLE NUMÉRIQUE

Supposons que, pour une enquête, $n_g = 6$ grappes aient été tirées avec égale probabilité, sur un total $N_g = 300$. Le facteur $1 - f = 0{,}98$ vaut pratiquement 1 et sera négligé. Une variable X ayant été observée, on a pu dresser le tableau suivant :

N° de grappe i	Effectif N_i	Masse T_1	Somme des carrés T_2	Moyenne $\overline{X}_i = \dfrac{T_1}{N_i}$	T_1^2	Y_i	$\overline{X}_i^2$
1	18	308	6 045	17,1	94 864	13,01	292,41
2	12	223	4 669	18,6	49 729	9,42	345,96
3	11	232	5 372	21,1	53 824	9,80	445,21
4	44	846	18 165	19,2	715 716	35,75	368,64
5	25	471	9 960	18,8	221 841	19,90	353,44
6	32	698	16 618	21,8	487 204	29,49	475,24
Total	142	2 778	60 829	116,6	1 623 178		2 280,90

La moyenne est $\bar{x}_g = \dfrac{2\ 778}{142} = 19{,}56$. Pour en calculer la variance, il nous faut calculer V_Y. Mais il n'est pas nécessaire de faire explicitement apparaître les valeurs de Y (elles ont été portées, à titre indicatif, à droite du tableau ci-dessus). En effet, $V_Y = \dfrac{1}{\overline{N}^2} V_{T_1}$, où $\overline{N} = \dfrac{142}{6} = 23{,}7$ est la taille moyenne d'une grappe.

D'où $v_{T_1} = \frac{1}{5} \cdot \left(\sum_1^6 T_1^2 - \frac{(\Sigma T_1)^2}{6} \right) = \frac{336\ 964}{5} = 67\ 393$, d'où $v_y = 120$ et enfin $V_{\bar{x}_g} = 120/6 = 20$. L'écart-type vaut donc 4,47 : le sondage est peu précis.

A titre de comparaison, imaginons que les mêmes résultats proviennent d'un sondage simple. Nous aurions eu comme variance :

$$v_{\bar{x}} = \frac{1}{142} \cdot \frac{1}{141} \left(60\ 829 - \frac{2\ 778^2}{142} \right) = 0{,}3237 \text{ soit un écart-type de } 0{,}57.$$

Nous voyons que le sondage en grappes a, dans ce cas, multiplié par 8 l'intervalle de confiance.

Maintenant, supposons que les mêmes résultats aient été obtenus à l'issue d'un tirage des grappes avec les probabilités proportionnelles à leur effectif. Nous aurions calculé

$$\bar{x}_g = \frac{116{,}6}{6} = 19{,}43 \text{ avec :}$$

$$v_{\bar{x}_g} = \frac{1}{n_g} \cdot \frac{1}{n_g - 1} \left(\Sigma\ \bar{X}_i^2 - \frac{(\Sigma\ \bar{X}_i)^2}{n_g} \right)^2 = \frac{1}{6} \cdot \frac{1}{5} \left(2\ 280{,}90 - \frac{116{,}6^2}{6} \right) = 0{,}50.$$

(Nota : T_2, utilisé pour le calcul dans le cas du sondage élémentaire, ne sert pas en cas de sondage en grappes. En tiennent lieu ici, selon le cas, $\Sigma\ T_1^2$ ou $\Sigma\ \bar{X}_i{}^2$).

Nous voyons que l'inégale taille des grappes est d'un effet désastreux lors d'un sondage équiprobable. Les probabilités proportionnelles rattrapent, dans le cas de cet exemple, l'essentiel de cet inconvénient. Même ainsi, on n'atteint pas tout à fait la précision du sondage simple, car les grappes considérées ici sont un peu trop homogènes.

CHAPITRE VIII

SONDAGES A PLUSIEURS DEGRÉS *

PRINCIPE

Principe du sondage à deux degrés

Un tel sondage consiste à procéder en deux étapes : d'abord un premier sondage désigne un échantillon d'unités collectives, comme pour un sondage en grappes, puis, dans chacune des unités ainsi prélevées, un second sondage ne retient que certaines des unités statistiques à étudier.

Exemple 1. Au lieu de tirer directement un échantillon de ménages parmi tous les ménages français, on tire un échantillon de communes; puis, dans chacune de ces communes, on prélève un échantillon de ménages.

Exemple 2. Pour une étude portant sur des ouvriers, on choisit un échantillon d'usines et pour chacune de celles-ci on ne retient qu'une partie des ouvriers.

Les « unités collectives » qui participent au premier tirage sont appelées *unités primaires*, ou en abrégé U.P. (dans les exemples ci-dessus : les communes, les usines).

Les unités statistiques étudiées sont dites *unités secondaires,* pour marquer qu'elles n'apparaissent qu'au second sondage. En abrégé, nous écrirons U.S.

Le tirage des U.P. est le premier degré du sondage, et celui des U.S. le second degré. Le tirage en grappes est donc un cas particulier de sondage à deux degrés, où le second degré consiste en un recensement au sein des U.P. échantillonnées.

Avantages d'un sondage à deux degrés

Ce sont d'abord ceux du sondage en grappes.

La concentration de plusieurs enquêtes au même endroit permet une économie de temps ou de crédits.

* En raison des difficultés d'estimation dans ce type de sondage, nous indiquerons seulement quelques principes et un exemple.

Il n'est pas nécessaire de disposer d'une base de sondage qui se compose de toutes les U.S. : une fois déterminé l'échantillon primaire, on ne dresse que pour chaque U.P. tirée la liste des U.S.

Les U.P. peuvent être — comme les grappes — efficaces ou non; ceci conduit à énoncer une règle analogue : les U.P. doivent être aussi semblables que possible. Elles doivent être de tailles voisines (dans les deux exemples au début, les communes et les usines sont des unités de dimensions très différentes). Elles doivent être aussi hétérogènes que possible.

Il existe en outre des avantages propres aux sondages à plusieurs degrés.

Par comparaison à un sondage en grappes où l'effet de grappe serait défavorable, l'existence d'un second degré de sondage permet d'atténuer l'effet de grappe en répartissant (supposition faite que l'on se soit fixé le nombre total d'U.S. à interroger) les enquêtes sur un plus grand nombre d'U.P. Cet étalement diminue l'économie évoquée ci-dessus et il faut en général trouver un moyen terme.

D'autre part, l'existence du sondage secondaire permet de réduire à un nombre acceptable les enquêtes à effectuer au niveau d'une même U.P., soit qu'on ne dispose que d'un enquêteur par U.P., soit que l'on veuille éviter d'importuner trop la personne interrogée qui répondrait pour l'ensemble de l'U.P.

Lorsque les U.P. sont de tailles très variables, on procède souvent de la façon suivante : on prélève toutes les grosses U.P. et on y tire les U.S. avec un taux de sondage modéré; on tire un échantillon primaire d'U.P. moyennes dont les U.S. sont sondées à un taux plus fort; on tire encore un échantillon de petites U.P. avec un taux faible, mais on retient toutes leurs U.S.

Cette méthode consiste donc en une stratification des U.P. sur la taille, ce qui compense en partie l'inconvénient dû à leur inégalité.

ESTIMATIONS DES PARAMÈTRES

Les seules formules correctes que l'on sache établir concernent en général non pas l'estimation d'une moyenne *, mais celle d'une masse : $X = \Sigma X_{\alpha\beta}$

Si l'on connaît le nombre total d'U.S. dans la population, on a, par division, l'estimation de la moyenne. En revanche, si ce nombre est inconnu, et c'est un cas fréquent, l'enquête en fournit une estimation. Mais le quotient des deux estimations n'est pas une estimation correcte de la moyenne. En pratique, on néglige ce fait, ce qui n'est pas grave si le nombre d'U.P. et d'U.S. dans l'échantillon est assez grand. Mais il faut savoir que les formules ne sont qu'approximatives.

Nous allons donner les formules d'estimation de la somme de X **. Les notations sont indiquées ci-dessous; pour la population, nous prendrons de grandes lettres et des indices grecs; pour l'échantillon, de petites lettres avec des indices latins.

* Sauf le cas envisagé au paragraphe ci-dessous.

** Nous ne considérons ici que le cas où le tirage primaire est un sondage simple. Le cas des sondages stratifiés évoqué à la fin du paragraphe précédent donnerait lieu à des formules plus compliquées qui se déduisent de la combinaison de celles du chapitre VI et des présentes formules appliquées à chaque strate distinctement.

	Population	Echantillon
Numéro de l'U.P. Numéro de l'U.S.	α β	i j
Nombre d'U.P. Nombre d'U.S. dans l'U.P.α Nombre d'U.S. dans l'U.P.i Nombre total d'U.S.	M N_α N_i $N = \sum_{\alpha=1}^{M} N_\alpha$	m n_i $n = \sum_{i=1}^{m} n_i$
Variable	$X_{\alpha\beta}$	x_{ij}
Masse (somme) pour une U.P. Somme pour toute la population	X_i X	x_i x

Cas où les U.P. sont tirées avec des probabilités égales

On suppose, pour ce paragraphe, que les deux degrés du sondage ont lieu *sans remise*.

Masse

La masse ou somme des X pour une U.P. échantillonnée est :

$$X_i = \sum_{\beta} x_{i\beta}, \text{ qui est estimée par : } x_i = \frac{N_i}{n_i} \sum_j x_{ij}$$

La même formule, appliquée au premier degré, donne pour l'estimation de la masse totale X :

$$x = \frac{M}{m} \sum_i x_i$$

ou :

(1)
$$\boxed{x = \frac{M}{m} \sum_i \frac{N_i}{n_i} \sum_j x_{ij}}$$

soit encore :

$$x = \sum \frac{1}{f_1} \cdot \frac{1}{f_{2.i}} \sum_j x_{ij}$$

où f_1 est le taux de sondage primaire et $f_{2,i}$ le taux secondaire pour l'U.P. n° i. Autrement dit, l'estimation x de X est obtenue en totalisant les x_{ij} de toutes les U.S. échantillons pondérées par l'inverse du « taux final » (produit du taux primaire et du taux secondaire).

Premier cas particulier : si toutes les U.P. sont, au second degré, sondées au même taux f_2, on a :

$$x = \frac{1}{f} \sum_{ij} x_{ij} \qquad \text{avec} \qquad f = f_1 \cdot f_2$$

On remarque que, quelle que soit leur U.P., toutes les U.S. ont même probabilité f d'être tirées. La formule d'estimation est la même que pour un sondage simple. La différence entre celui-ci et le sondage à deux degrés apparaît dans l'expression de la variance.

Deuxième cas particulier (caractère qualitatif) : pour estimer le nombre d'individus présentant un certain caractère, on prend la variable $X_{\alpha\beta}$ qui vaut 1 si l'U.S. (α, β) présente le caractère et 0 sinon. La formule ci-dessus se transforme alors : la proportion $p_i = \frac{1}{n_i} \sum_j x_{ij}$ dans l'échantillon estime la proportion $P_i = \frac{1}{N_i} \sum_\beta x_{i\beta}$ pour l'ensemble de l'U.P. i.

Le nombre total X d'individus présentant le caractère est alors estimé par :

$$x = \frac{M}{m} \sum N_i p_i$$

Variances

La variance de l'estimateur est la somme de deux termes : le premier représente la variabilité entre U.P., le second fait intervenir la variablilité entre les U.S. d'une même unité primaire.

L'estimateur de cette variance est donné par la formule :

$$v_x = \frac{M^2}{m} \cdot \frac{M - m}{M} s^2 + \frac{M}{m} \sum \frac{N_i^2}{n_i} \cdot \frac{N_i - n_i}{N_i} s^2_{2.i} \qquad (2)$$

formule dans laquelle : $s^2 = \frac{1}{n - 1} \sum_i (x'_i - \bar{x}')^2$

avec : $x'_i = \frac{N_i}{n_i} \sum_j x_{ij}$ et $\bar{x}' = \frac{1}{m} \sum_i x'_i$

$$s^2_{2,i} = \frac{1}{n_i - 1} \sum_j (x_{ij} - \bar{x}_i)^2.$$

Cas où les U.P. sont tirées avec des probabilités proportionnelles à leur taille

Cette méthode fournit des estimations plus précises que la précédente. Elle suppose, toutefois, que l'on connaisse le nombre d'U.S. de chaque U.P. de la base de sondage. En pratique, elle reste applicable lorsque ce nombre n'est connu qu'approximativement. Ainsi, on sonde des villes avec des probabilités proportionnelles non pas à leur population à la date de l'enquête, mais à celle du précédent recensement, négligeant l'évolution intervenue depuis.

Au premier degré de sondage, on tire donc un échantillon de m U.P. (méthode des totaux cumulés). Les formules que l'on va examiner correspondent à un tirage avec remise. La même U.P. peut être désignée plusieurs fois.

Au second degré, on tire, avec probabilités égales, un même nombre $n_i = n_o$ d'U.S. dans chaque U.P. échantillon. Cette fois-ci, le tirage peut être exhaustif.

Chaque U.S. de la population a donc une même probabilité d'être désignée : $m \frac{N_i}{N} \cdot \frac{n_0}{N_i} = m \frac{n_0}{N} = \frac{n}{N}$ et le sondage se dépouille comme un recensement (on dit aussi que l'échantillon est autopondéré).

L'estimation de X est :

$$x = \frac{N}{mn_0} \sum_{ij} x_{ij} = \frac{N}{n} \sum_{ij} x_{ij} \tag{3}$$

dont la variance est elle-même estimée par :

$$v_x = \frac{N^2}{m\,(m-1)} \sum_i (\bar{x}_i - \bar{x})^2 \tag{4}$$

Cette forme particulièrement simple ne fait intervenir que la dispersion entre U.P. Comme nous l'avons vu à propos de la stratification, la variance entre sous-populations (ici celles constituées par les U.P.) est inférieure à la variance totale et ceci explique ce que nous annoncions au début de ce paragraphe : cette méthode de sondage est plus précise.

Il est à noter que la moyenne $\bar{X}$ des $X_{\alpha\beta}$ est estimée ici sans biais (c'est le seul cas dans ce chapitre) par la moyenne de l'échantillon :

$$\bar{x} = \frac{1}{n} \sum_{ij} x_{ij} \tag{5}$$

ceci est dû à ce que, m étant fixé et n_0 aussi, l'effectif de l'échantillon n'est pas aléatoire. Mais cela correspond au fait que l'on connaît les N_α et donc N.

Si l'on n'a que des probabilités A_α approximativement égales à $\frac{N_\alpha}{N}$, $\bar{x}$ est légèrement biaisé, ce que l'on néglige en pratique.

Le cas exposé ci-dessus est d'un emploi fréquent. De façon plus générale, si le nombre n_i d'U.S. tirées varie selon l'U.P. i, la masse totale X peut être estimée par :

$$x = \frac{1}{m} \sum_i \frac{1}{A_i} \frac{N_i}{n_i} \sum_j x_{ij} \tag{3'}$$

L'expression de la variance est plus compliquée, mais là encore ne fait intervenir que la somme des x_{ij} au niveau de chaque U.P. et non les x_{ij} individuellement :

$$v_x = \frac{1}{m\,(m-1)} \sum_i \left[\frac{N_i}{A_i\, n_i} \sum_j x_{ij} - x \right]^2 \tag{4'}$$

Sondages à trois degrés et plus

Suivant le même principe, on conçoit que l'on puisse avoir des unités d'ordres différents, emboîtées les unes dans les autres. Un sondage qui consiste à tirer successivement des échantillons à ces différents niveaux sera dit à trois, quatre, ... degrés.

Ainsi, on peut tirer un échantillon primaire de cantons, parmi les communes desquels on tire un échantillon secondaire. Un troisième degré de sondage consiste ensuite à désigner, pour ces communes, un échantillon de logements.

Les sondages à deux et trois degrés sont de pratique courante. A quatre ou cinq degrés, ils sont plus rares.

D'une manière générale, les estimateurs de moyennes et de proportions sont obtenus en pondérant chaque observation par l'inverse du taux de sondage final. Par mesure de simplicité, on s'arrange souvent pour que, si les taux successifs (aux 1er, 2eme et 3eme degrés, etc.) varient selon les strates ou les U.P., leur combinaison donne uniformément le même taux final.

Les formules de variances se compliquent vite, au point que les auteurs renoncent à les calculer. Certains plans de sondage permettent néanmoins ce calcul. Une méthode assez générale et robuste consiste à « spliter » l'échantillon. Des indications complémentaires pourront être trouvées dans l'ouvrage de J. Desabie [1].

EXEMPLE

L'Unité 149 de l'INSERM a réalisé en 1972, 1976 et 1981, trois enquêtes nationales destinées à évaluer l'évolution de la pathologie périnatale et des méthodes de prévention. L'enquête avait lieu dans les maternités après la naissance de l'enfant. Le plan de sondage fournit un exemple pratique de sondage à deux degrés.

Principes

L'enquête est une succession d'enquêtes régionales dont le détail a été publié par ailleurs [2]. Nous envisagerons uniquement le plan de sondage à l'intérieur d'une région.

Fraction de sondage :

En 1972, le nombre de sujets nécessaire avait été estimé à 10 000 pour l'ensemble du pays, ce qui représentait une fraction de sondage de l'ordre de 1/80 (le nombre de naissances prévu en 1972 était d'environ 800 000). Pour des raisons pratiques, il avait été décidé que l'enquête durerait 20 jours dans chaque région. Ces vingt jours peuvent être considérés comme un sondage au 1/20 puisqu'ils représentent environ le 20eme de l'année *. Pour obtenir la fraction de sondage au 80eme, il fallait donc tirer au sort un quart des naissances dans chaque région. Pour cela il a été décidé d'adopter la procédure suivante.

Premier degré de sondage, on tirait au sort :
— 1 maternité sur 4 dans les établissements de moins de 20 lits;
— 1 maternité sur 2 dans les établissements de 20 à 39 lits;
— toutes les maternités de plus de 40 lits étaient retenues.

* La fraction de sondage exacte est calculée à la fin de l'exemple.

Le deuxième degré de sondage avait également des fractions de sondage variables selon les strates, calculées de telle sorte que la fraction globale soit de 1/4. Ceci conduisait donc à :

— retenir toutes les naissances dans les établissements de moins de 20 lits;
— tirer au sort 1 naissance sur 2 dans les établissements de 20 à 39 lits;
— 1 naissance sur 4 dans les établissements de plus de 40 lits.

Cette procédure permet de dépouiller le sondage comme un recensement sans utiliser de formule de pondération. Elle présente tous les avantages des sondages à fraction de sondage variable : éviter une trop grande dispersion de l'échantillon en limitant le nombre des petits établissements, ne pas soumettre ceux-ci à une procédure de tirage au sort difficile à vérifier en raison de leur éloignement.

Les modalités du tirage au sort pouvaient reposer sur l'utilisation d'une table de nombres au hasard ou une méthode systématique. Cette dernière a été retenue car la base de sondage ne présentait aucune caractéristique cyclique; elle permettait en outre une vérification plus aisée sur les registres d'accouchements des maternités qui sont établis dans un ordre chronologique rigoureux.

Réalisation pratique

Dans la base de sondage, les établissements étaient classés selon leur appartenance au secteur public ou au secteur privé, puis selon leur nombre de lits; si deux services avaient le même nombre de lits, ils étaient rangés selon l'ordre alphabétique du nom de la ville où ils étaient implantés.

Pour effectuer le tirage au sort de la maternité (1er degré de sondage), on a attribué un ou plusieurs des chiffres de la série 0, 1, 2, 3, aux maternités en fonction de la catégorie à laquelle elles appartenaient.

Ces numéros sont distribués aux maternités en suivant la progression de 0 à 3. Pour tirer au sort 1 maternité sur 4 (maternités de moins de 20 lits), on attribue 1 chiffre à chaque maternité ayant moins de 20 lits. Pour tirer au sort 1 maternité sur 2 (cas des maternités de 20 à 39 lits) on attribue 2 chiffres à chaque maternité de 20 à 39 lits.

Au début de l'enquête nous avons tiré au sort un nombre compris entre 0 et 3, le 3 a été désigné. Il suffisait alors d'inclure dans l'enquête tous les établissements ayant le chiffre 3 dans le numéro attribué. On trouvera au tableau I un exemple de cette procédure qui permet de désigner un seul nombre au début de l'enquête et qui s'avère simple à appliquer dans un sondage de ce type, puisqu'il suffit de numéroter de façon continue les établissements des différentes strates et dans le cas particulier des différentes régions.

Problèmes des erreurs dans la base de sondage. La liste des maternités, en dépit des vérifications et des mises à jour, comportait quelques erreurs. Il y a donc eu de rares établissements récemment fermés, ouverts, ou mal classés après que le tirage au sort ait été effectué. Les établissements fermés ont été retirés de l'échantillon, les établissements ouverts ajoutés à la fin de la liste de la région et numérotés à la suite. En cas de changement de catégorie, l'enquête a été faite en tenant compte uniquement de la catégorie initiale. Cette dernière façon de procéder a entraîner en 1972 une seule erreur grave avec un excès de naissances dans une maternité considérée comme ayant 10 lits et en ayant en fait une quarantaine, un redressement a été opéré en retenant 1 naissance sur 4 lors de l'analyse.

TABLEAU I

Exemple de feuille de tirage au sort systématique.

Secteur	Numérotation pour tirage	Nombre de lits	Etablissements
Public	2	2	Hôpital Rural C
	3	2	Hôpital Rural de O
	0	4	Hôpital de M
	1	8	Hôpital de la R
	2	9	Hôpital de R
	3	10	Hôpital de C
	0	11	Hôpital de L
	1	12	Hôpital de R
	2	15	Hôpital de B
	3	16	Hôpital de Ch
	0	17	Hôpital de M
	12	20	Hôpital de Me
	30	22	Hôpital de Br
	12	22	Hôpital de S J
	30	22	Hôpital de Th
	12	24	Hôpital de A
	30	24	Hôpital de J
	12	25	Hôpital de P
	30	29	Hôpital de Co
	1230	50	Hôpital de S
	1230	52	Hôpital de L
	1230	58	Hôpital de N
	1230	80	Hôpital de P
Privé	1	4	Clinique St P
	2	8	C. de V
	3	11	C. A
	0	11	C. Les R
	12	22	C. P
	30	24	C. C
	12	25	C. F
	30	30	C. Ste-M
	12	32	C. St-G
	30	33	C. G
	12	34	Poly C
	3012	75	C. F.

TABLEAU II

Nombre de naissances en France et dans les enquêtes en 1972, 1976, 1981.

		1972	1976	1981
Nombre de naissances	en France (a)	885 616	726 036	811 508
	dans l'enquête (b)	11 363	4 734	5 577
Fraction de sondage	observée (b/a)	0,0128	0,0065	0,0069
	théorique	0,0137	0,0068	0,0068

Fraction de sondage théorique et observée. Le tableau II indique pour les 3 enquêtes nationales successives le nombre de naissances et les fractions de sondage, on note qu'en 1976 et en 1981, il avait été décidé de réduire de moitié l'effectif.

En 1972 la fraction de sondage était de :

$$\frac{1}{4} \times \frac{20}{366} = 0,0137$$

En 1976 et en 1981 elle était deux fois moindre :

$$\frac{1}{8} \times \frac{20}{366} = 0,068$$

Il existe une bonne concordance entre la fraction de sondage théorique et le résultat observé.

RÉFÉRENCES

[1] J. Desabie — Théorie et pratique des sondages. 1 vol., Dunod, Paris, 1966.

[2] C. Rumeau-Rouquette, C. du Mazaubrun, Y. Rabarison Ed. — Naître en France, 10 ans d'évolution. 1 vol. INSERM, Paris, 1984.

Chapitre IX

L'ÉCHANTILLONNAGE DANS UNE EXPÉRIMENTATION

L'expérimentation consiste à provoquer un phénomène dans l'intention de l'étudier. L'évaluation d'une intervention conduit à répartir la population en sous-groupes; dans le cas le plus simple il y en a deux, dont l'un est soumis à un type d'intervention * et l'autre à un autre type d'intervention, ou pas d'intervention du tout.

Les différentes notions évoquées au long des chapitres IV à VIII se retrouveront ici, dans un cadre différent toutefois. La différence est celle qui sépare les deux branches de la statistique que l'on appelle « estimation » et « test d'hypothèse ». Dans un cas, il s'agissait de répondre à la question « combien vaut... ? » : la réponse était numérique. Maintenant, la question posée est « est-ce-que... ? » : la réponse est « oui » ou « non ».

Ce chapitre concerne d'abord les expériences ou « essais comparatifs » portant sur des individus; puis, nous envisagerons ceux qui portent sur des groupes d'individus ou unités collectives. Enfin nous étudierons en annexe l'expérimentation des méthodes de dépistages dont certaines phases posent des problèmes spécifiques.

CHOIX DE LA POPULATION ET DES « SUJETS BONS POUR L'ESSAI »

Il dépend à la fois des objectifs de l'essai et de la nature des interventions. C'est par leur étude que nous allons commencer, avant d'examiner les populations le plus souvent concernées.

Objectifs des essais et nature des interventions

Les objectifs peuvent être, selon la distinction établie par D. Schwartz [9], pragmatiques ou explicatifs. *L'optique pragmatique* conduit à observer les effets positifs ou négatifs des interventions dans un contexte aussi proche que possible de la réalité; on conclut en faveur de la méthode la plus efficace, sans chercher à expliquer les raisons de cette efficacité. Elle amène à réaliser l'expérimentation sur un échantillon représentatif de la population à laquelle on désire extrapoler les

* Nous désignerons sous ce terme les interventions destinées à améliorer l'état de santé de la population, mais nous examinerons plus particulièrement celles qui visent à la prévention, qu'il s'agisse d'interventions de type médical, social...

résultats. Les essais portant sur l'efficience des procédures sont généralement de type pragmatique. *L'optique explicative* au contraire conduit à s'interroger sur les mécanismes qui expliquent les effets d'une intervention, et à mettre en évidence des lois générales valables dans un grand nombre de populations. Les essais destinés à ce type de recherche peuvent être conduits sur des populations particulières, plus accessibles, et sélectionnées de telle sorte qu'elles permettent de juger l'efficacité dans des conditions optimales.

La nature des interventions est à l'origine d'un certain nombre de contraintes.

Les méthodes de *prévention primaire* * doivent être expérimentées sur des sujets non malades. Les essais incluent un nombre élevé de sujets, lorsque l'événement que l'on désire prévenir est rare. Nous avons vu (chap. II) que l'on remédie en partie à cet inconvénient en faisant l'essai sur des sujets à haut risque. En outre, les structures médico-sociales de prévention sont peu nombreuses dans la population générale, et il est souvent difficile à l'épidémiologiste de trouver les interlocuteurs susceptibles de conduire avec lui les expériences, et d'en appliquer les résultats. L'expérimentation des méthodes de dépistage rencontre les mêmes difficultés.

Les méthodes de *prévention secondaire* * et *tertiaire* * posent parfois moins de problèmes pratiques, en raison du regroupement des populations dans les organismes de soins. Mais ceci conduit à favoriser les essais réalisés dans ces centres au dépend de ceux qui pourraient être conduits sur des sujets traités à domicile, et auxquels les conclusions de l'expérience ne pourront pas toujours être extrapolées.

Différents types de populations

Populations recrutées dans les organismes de soins.

Il peut s'agir d'hôpitaux ou de cliniques, mais aussi d'établissements pour handicapés... Ces centres disposent d'une infrastructure médico-sociale qui leur permet de participer à l'organisation des essais, et ensuite d'en appliquer les résultats. Les essais de prévention primaire qui s'adressent à des sujets non malades sont rarement possibles dans le cadre des organismes de soins, si l'on excepte ceux qui peuvent être conduits dans des consultations réservées à la prévention.

A l'intérieur d'un organisme de soins, il est possible de réaliser différents types d'expérimentation.

Les centres les mieux équipés en spécialistes et en matériel sont particulièrement désignés pour comparer l'efficacité des interventions dans des conditions optimales d'application. C'est donc là que l'on peut réaliser les essais à visée *explicative*. Le fait que les populations traitées dans ces centres représentent une sélection très particulière ne constitue pas une entrave dans la mesure où l'on recherche des lois relativement stables.

Les expériences à but *pragmatique* peuvent également être réalisées dans le cadre des organismes de soins, sous réserve toutefois que leur recrutement ne se modifie pas trop rapidement. Les résultats d'un essai de ce type dépendent, en effet, de la gravité de la maladie, du contexte socio-culturel, les conclusions quant

* Voir définition au chapitre I.

à la supériorité d'une méthode de prévention ne peuvent être extrapolées qu'à une population très semblable à celle où a été réalisée l'expérience.

Des auteurs anglais ont réalisé, il y a quelques années, un essai comparant deux groupes de cancers du sein, les uns faisant l'objet d'une irradiation post-opératoire systématique, les autres étant irradiés à la demande (lors de l'apparition de récidives locales) [7]. Les taux de survie identique conduisaient à préférer la deuxième politique qui épargnait l'irradiation à une proportion non négligeable de malades. Mais cette politique impliquait une surveillance très attentive; si le centre avait modifié son recrutement en traitant des femmes moins bien informées ou moins disponibles, elle aurait comporté certains risques pour les patientes.

Populations définies sur des bases administratives ou professionnelles.

Ces populations permettent d'expérimenter tous les types de prévention et notamment les méthodes de prévention primaire qui s'adressent à des sujets non malades. Mais, ainsi que nous le signalions ci-dessus, les structures médico-sociales de prévention sont peu nombreuses à ce niveau.

Dans la population générale, le législateur a prévu, en France, une surveillance obligatoire et systématique de la femme enceinte et du jeune enfant. Mais celle-ci est faite de façon très inégale et très dispersée puisque les généralistes, les spécialistes et les hôpitaux y participent. Les sujets scolarisés et les travailleurs sont en principe suivis par les médecins scolaires et les médecins du travail. Ces médecins qui assurent souvent un nombre limité de vacations ont été jusqu'ici peu disponibles pour participer à la recherche.

Il s'avère souvent difficile de s'appuyer sur les structures existantes pour mettre en place des expérimentations. Mais il est également difficile de mettre en place une infrastructure ad hoc, pour la durée de l'essai.

Ces problèmes conduisent donc à réaliser des expérimentations relativement simples, ne nécessitant pas la mise en place d'investigations particulières, utilisant si possible les compétences des structures habituelles de prévention. De telles conditions sont beaucoup plus compatibles avec des essais à visée pragmatique qu'avec des essais à visée explicative.

Les expérimentations les plus anciennement réalisées dans la population sont des essais de vaccins, que l'on pratique à l'occasion des séances de vaccinations en modifiant le moins possible le cours de celles-ci. Les effets peuvent être jugés par des examens sérologiques réalisés sur des échantillons représentatifs de taille réduite. L'efficacité à long terme est mesurée par la fréquence de la maladie, celle-ci étant appréciée par une enquête ad hoc ou par les systèmes habituels de surveillance épidémiologique.

Plus récemment sont apparus toute une série d'essais visant à comparer des méthodes de prévention des cardiopathies ischémiques [6]. Un certain nombre d'entre eux sont faits en collaboration avec des médecins du travail dans le cadre professionnel. C'est ainsi qu'à Paris, des essais ont été conduits dans le cadre d'une administration par le GREA (Groupe d'étude sur l'épidémiologie de l'athérosclérose) [2]. Ils ont été enivsagés au chapitre II.

Dans les cas qui viennent d'être étudiés et en dépit de l'objectif très pragmatique des essais, il est rare que l'ensemble de la population intéressée soit concernée et que l'on tire dans celle-ci un échantillon représentatif. Cette façon de procéder peut poser des problèmes quant à la généralisation des résultats de l'essai.

Il arrive de plus que la population se modifie entre le moment où commence l'essai et celui où ses résultats sont applicables. Ces modifications peuvent être liées à une évolution dans la composition de la population (par entrée et sortie des individus) ou à une évolution des conditions de vie.

Ce type d'objection peut s'appliquer à certains essais sur la prévention de l'infarctus du myocarde dont les conclusions sont connues à un moment où la composition de la population et ses conditions de vie se sont sensiblement modifiées. En outre, il est possible que l'échantillon soumis à une surveillance régulière présente des caractéristiques particulières. Le même processus peut se produire pour des essais relativement courts dans une population très instable : tel est le cas de certains groupes professionnels dont le recrutement peut se modifier considérablement entre la mise en œuvre de l'essai et la généralisation des résultats.

Sujets « bons pour l'essai »

Après avoir défini la population sur des bases générales, il convient de spécifier les conditions d'inclusion dans l'essai. Cette phase doit intervenir avant le tirage au sort sinon elle pourrait entraîner des biais. Plusieurs clauses sont à prendre en considération :

— générales : par exemple, le sexe, l'âge, la nationalité;

— cliniques : sujets présentant des facteurs de risque ou des indications ou contre-indications aux interventions étudiées;

— éthiques : sujets donnant un consentement éclairé;

— opérationnelles : sujets susceptibles d'un suivi compatible avec l'essai, ou comprenant le français...

Ces éléments peuvent être appréciés à travers un exemple où nous examinerons successivement la définition de la population et celle des sujets « bons pour l'essai ».

Objectifs : comparer l'efficacité et l'acceptabilité de deux contraceptifs oraux (C.O.). Il s'agit d'un essai de type plus pragmatique qu'explicatif, la notion d'acceptabilité en particulier, se réfère à un contexte précis.

Définition générale de la population : femmes consultant dans un hôpital pour contraception.

Définition des sujets « bons pour l'essai » :

— clause générale : âge compris entre 14 et 44 ans;

— clause clinique : pas de contre-indications ni d'indications pour l'un ou l'autre des produits, pas d'utilisation d'un autre C.O. depuis au moins 6 mois, pas d'utilisation d'autres méthodes contraceptives;

— clause éthique : femmes acceptant de participer à l'essai;

— clause opérationnelle : femmes susceptibles de répondre au questionnaire initial et à ceux du suivi, lieu d'habitat compatible avec les modalités du suivi.

RÉPARTITION DES SUJETS EN SOUS-GROUPES

Nous envisagerons ici le cas simple où les unités sont réparties en deux groupes A et B. Nous renvoyons aux ouvrages spécialisés pour les cas plus complexes dans lesquels on compare simultanément plusieurs interventions sur plusieurs groupes de sujets [4]. Le problème des essais où le sujet est pris comme son propre témoin est envisagé au chapitre suivant.

Avantages et inconvénients du tirage au sort

La répartition de l'échantillon en deux groupes par tirage au sort est la *seule méthode susceptible d'assurer une bonne comparabilité de ces groupes.* Tous les deux sont ainsi représentatifs de l'échantillon initial et ils ne diffèrent entre eux que par les fluctuations dues au hasard. Si l'un des groupes fait l'objet d'une intervention A et l'autre d'une intervention B, on peut admettre que les différences enregistrées ultérieurement sont bien liées à l'intervention, sous réserve que la comparabilité soit maintenue tout au long de la surveillance.

Cet avantage tout à fait fondamental est cependant à mettre en balance avec un certain nombre d'inconvénients.

Le tirage au sort peut apparaître comme une *entrave à la liberté,* et il renforce l'effet contraignant de l'expérimentation. Nous n'aborderons pas ici les aspects éthiques qui dépassent largement les problèmes d'échantillonnage. Il faut seulement souligner qu'ils ont conduit à renoncer à la randomisation dans certaines études dont le principe expérimental était admis.

On rappellera à cet égard l'essai de fluorisation du sel mené en Suisse sous deux réserves : seuls les cantons qui le souhaitaient adoptaient la mesure, et dans ceux-ci les commerçants devaient vendre à la fois du sel fluoré et du sel non fluoré [5].

La répartition des sujets au hasard *occulte un certain nombre de faits intéressants* à étudier, notamment la dynamique selon laquelle les nouvelles mesures de prévention se répandent spontanément dans la population. Dans un essai randomisé, celle-ci apparaît de façon très partielle dans l'étude des sujets ne suivant pas le protocole. Mais on comprend aisément qu'une telle appréciation soit extrêmement biaisée ! De toutes façons, le caractère expérimental, s'il est connu, biaise aussi le processus de diffusion des méthodes de prévention.

Le choix entre une expérience randomisée ou non randomisée dépend donc des objectifs, la première permet de mesurer l'efficacité médicale d'une intervention, la seconde sa couverture *. Ce choix dépend également de la nature de l'intervention : la randomisation est plus facile à appliquer aux mesures médicales ponctuelles (administration d'un médicament ou d'un vaccin) qu'aux mesures d'hygiène (repos, alimentation).

Méthodes de randomisation

Comme dans les sondages, l'utilisation d'une *table de nombres au hasard* reste la méthode la plus valable.

Si les sujets figurent dans une liste disponible au début de l'essai et qu'on veuille constituer deux échantillons A et B d'effectifs égaux, on numérote les unités de 0 à n, puis on lit dans la table $\frac{n}{2}$ nombres au hasard consécutifs **.

Si tous les sujets ne sont pas disponibles au début de l'essai, et si leur liste se constitue au fur et à mesure que celui-ci se déroule, il faut utiliser une autre

* Compte tenu de la réserve faite ci-dessus.

** Ces nombres doivent avoir, on s'en souvient, autant de chiffres que le nième nombre de l'échantillon. Les nombres ayant une valeur supérieure du nième nombre de l'échantillon sont rejetés.

technique. On peut, par exemple, se servir des caractéristiques paires et impaires des nombres au hasard.

Supposons qu'une colonne de nombres au hasard comporte successivement les nombres 7, 4, 6, 9, 6, 2..., la première unité qui est incluse dans l'essai se voit affecter le nombre 7 impair, elle entre dans le groupe A, la deuxième se voit affectée le nombre 4 pair, elle entre dans le groupe B, la troisième dans le groupe B également...

Il est possible d'utiliser une méthode assimilable aux *sondages systématiques,* sous réserve que la liste des unités n'ait pas de composante cyclique; les sujets sont numérotés de 1 à *n* au fur et à mesure qu'ils entrent dans l'essai et on décide, par exemple, que les unités impaires constitueront le groupe A et les unités paires le groupe B. Cette technique présente un inconvénient : la liste est établie par l'expérimentateur qui sait à l'avance si le sujet sera affecté au groupe A ou B. Il peut donc « influencer le hasard » en modifiant l'ordre d'inscription ou en n'admettant pas certains sujets dans l'expérience. Au contraire, dans les deux méthodes précédentes utilisant la table de nombres au hasard, on peut faire en sorte que l'expérimentateur ignore à quel groupe appartient le sujet. Il suffit pour cela de lui remettre une série d'enveloppes cachetées sur lesquelles figure le numéro d'enregistrement, à l'intérieur est indiqué le groupe du sujet.

La répartition des sujets en deux groupes par choix raisonné, n'assure pas davantage la comparabilité de deux échantillons qu'elle n'assurait la représentativité d'un seul. Il en est ainsi lorsqu'on répartit les sujets selon la première lettre du nom, il est tout à fait évident que l'origine des noms influe sur leur orthographe pour constituer des grappes qui ne sont pas comparables.

PROBLÈMES DES SUJETS QUI NE SUIVENT PAS LE PROTOCOLE *

Indications et contre-indications

Il arrive que des interventions puissent être contre-indiquées ou au contraire indiquées pour certaines personnes. Il est possible également de prévoir que certains sujets se plieront difficilement aux conditions de l'essai. Il convient dans tous les cas de *procéder à leur exclusion avant leur répartition en sous groupes.*

Supposons que l'on procède différemment, en répartissant d'abord les sujets en deux groupes A et B (A est soumis à une intervention et B ne l'est pas, c'est le groupe témoin). L'élimination a posteriori conduit à éliminer dans le groupe A les sujets ayant une contre-indication et dans le groupe B ceux ayant une indication. Les deux groupes ne sont plus comparables.

Sujets échappant à l'intervention prévue

En dépit de ces précautions, il arrive que certains sujets ne soient pas soumis à l'intervention désignée par le tirage au sort. Cette erreur dans l'application du

* Voir en particulier l'ouvrage de D. Schwartz, R. Flamant et J. Lellouch [9] et l'article de R. Peto et coll. [8].

protocole peut entraîner des différences sensibles dans l'interprétation des résultats. De tels phénomènes sont incompatibles avec l'optique de recherche. Mais ils peuvent revêtir un certain intérêt dans un essai à visée pragmatique, s'ils traduisent un échec de l'intervention, dû par exemple à une résistance de la population, et c'est à ce titre qu'ils doivent être enregistrés et utilisés comme variable d'analyse. Cette position, par contre, est impossible à défendre si les défections proviennent d'une mauvaise organisation de l'essai. Or, il est souvent difficile de faire la distinction entre ces deux éventualités.

Problèmes des sujets échappant à la surveillance

Un processus d'auto-sélection peut intervenir lors du *suivi* des échantillons. Il est rare en effet que les résultats d'une intervention puissent être appréciés immédiatement, il faut donc procéder à une surveillance systématique des unités. Il est possible que des cas échappent à cette surveillance, ceci entraîne la constitution de nouveaux échantillons qui ont toute chance de ne pas être représentatifs de la population initiale. Il est de plus à craindre que cette sélection ne soit pas la même dans les deux groupes A et B, et qu'elle soit fonction des résultats de l'intervention.

On peut imaginer, par exemple, que le groupe B soumis à une méthode plus récente de prévention soit mieux suivi et ne compte pas de sujets perdus de vue, alors que le groupe A en comporte. Si cette auto-sélection se fait en fonction du résultat, positif ou négatif, de l'intervention, on assiste à une distorsion de l'échantillon.

	Répartition en 2 groupes		Surveillance		
Population	A	B	A	B	Résultat
$n = 400$	$n_A = 200$	$n_B = 200$	31	56	–
			129	144	+
			$n_A = 160$	$n_B = 200$	

Supposons que 40 sujets soient perdus de vue au cours de la surveillance dans le groupe A, alors que le groupe B est entièrement suivi : la répartition observée montre qu'il n'y a pas de différence significative entre les deux groupes. Si l'on suppose que l'effet est positif chez les sujets perdus de vue, le pourcentage de réussite est de $\frac{169}{200} = 85\ \%$, si l'effet est négatif, il est de $\frac{129}{200} = 65\ \%$.

Dans les cas où l'auto-sélection des sujets suivis se fait en fonction de l'intervention et de ses résultats, il est indispensable d'obtenir des informations sur tous les sujets. Si cela s'avère impossible, on peut, en suivant le raisonnement ci-dessus, faire des hypothèses sur leur répartition et essayer de voir dans quelle mesure les résultats s'en trouvent modifiés.

ESSAIS PORTANT SUR DES UNITÉS COLLECTIVES

Ce sont sans doute les essais de vaccins qui ont les premiers été réalisés sur de telles unités, qu'il s'agisse d'écoles, de quartiers d'une ville ou de villages, qui étaient répartis de façon aléatoire en deux groupes A et B soumis, par exemple, à deux types de vaccins.

Depuis, d'autres essais, destinés à étudier les modifications des conditions de vie, ont été également réalisés sur des unités collectives [10]. Il nous a donc semblé intéressant d'envisager ce type d'essai, bien qu'il pose de nombreux problèmes méthodologiques qui ne sont pas résolus et se rattachent aux problèmes généraux des échantillonnages en grappes.

Raisons de ce type d'essai

Le choix d'unités collectives est obligatoire lorsque les interventions sont appliquées de façon collective. Il peut s'agir d'une modification de l'environnement physique : abaissement du niveau sonore dans des ateliers, pulvérisation d'insecticides sur des aires géographiques, adjonction de produits dans l'eau potable... Il peut également s'agir de campagnes d'information réalisées par la voie des média par exemple.

Il en va de même si les interventions appliquées de façon individuelle ont un effet collectif. Tel est le cas des vaccinations puisque la progression de certaines épidémies dans une population dépend de la proportion de sujets porteurs d'anticorps.

Supposons que l'on réalise un essai de vaccin en répartissant aléatoirement les habitants de villages en deux groupes dont l'un est vacciné et l'autre reçoit un placebo. Il est possible que la fréquence de la maladie que l'on désire prévenir diminue de façon considérable dans le groupe vacciné, mais aussi dans le groupe non vacciné qui est protégé par l'augmentation du nombre des porteurs d'anticorps.

Sans aller jusqu'à parler d'un effet collectif, certaines interventions engendrent des *phénomènes de « contamination »*.

Lorsque dans une collectivité donnée, on ordonne à un certain nombre de sujets tirés au sort de suivre un régime et de cesser par exemple de fumer, il est fréquent que ceux qui n'ont pas reçu la consigne en soient informés et la suivent, parfois aussi bien que les intéressés. L'effet inverse peut d'ailleurs se produire, le refus d'un sujet de suivre le régime conseillé peut entraîner le refus global d'une communauté.

La contamination se fait souvent au niveau du corps médical qui a beaucoup de mal à donner des conseils d'hygiène différents à des sujets présentant les mêmes caractéristiques. Nous en avons décrit un exemple au chapitre II, il portait sur les conditions de surveillance de la grossesse. On se souvient qu'il s'était avéré pratiquement impossible d'appliquer des politiques différentes à des femmes enceintes ayant des caractéristiques analogues. La tendance était d'intensifier la prévention chez les femmes qui devaient faire l'objet d'une surveillance ordinaire [1]. Il n'est pas impossible que cette tendance réponde à un schéma de pensée collectif dans certains services hospitaliers.

Dans de tels cas, il peut être préférable de s'adresser à des unités collectives plutôt que de persister dans une expérimentation individuelle qui se révèle très biaisée par les réactions des sujets.

En dehors des cas précédents, il est enfin possible que la randomisation d'unités collectives s'avère *plus facile*. Il est parfois plus aisé d'avoir accès à une liste de grappes qu'à une liste de sujets. En outre, ces unités sont moins nombreuses et le travail matériel de la répartition aléatoire s'en trouve simplifié. Enfin la randomisation, moins perceptible à l'échelon des collectivités, est souvent mieux vécue qu'à l'échelon individuel. Ce phénomène a été envisagé au chapitre II à propos du 1er exemple d'essai de prévention des maladies cardio-vasculaires.

Caractéristiques des unités collectives et randomisation

La définition des unités peut être fondée sur des caractères géographiques, administratifs, professionnels ou sanitaires. Le choix dépend de la nature du problème, et il peut être imposé par le caractère collectif de l'intervention : une information collective donnée par les mass-média (journaux, télévision) amène à constituer des unités géographiques; les modifications touchant les conditions de travail sont expérimentées sur des usines, des ateliers ou toute autre unité formée sur les lieux de travail...

Ces unités collectives peuvent être de nature extrêmement variée. Il s'agit parfois de petites unités, nombreuses, et relativement homogènes, leur randomisation en deux groupes ne pose pas de problèmes particuliers.

Un essai de ce type a récemment été réalisé en Egypte, à Alexandrie [11]. Il portait sur 33 388 écoliers, les classes ont été réparties en 2 groupes par tirage au sort. Le premier groupe recevait un vaccin anti-typhoïdique par voie orale, le deuxième groupe recevait un placebo.

Mais il peut s'agir d'unités collectives de grande dimension, très différentes entre elles. On peut remédier à cet inconvénient en constituant des strates homogènes, à l'intérieur desquelles les unités sont réparties en deux groupes par tirage au sort. Si le nombre des unités est faible, on s'efforce de constituer des paires dans lesquelles l'appartenance au groupe A ou B est encore déterminée par tirage au sort.

Un essai de prévention de l'infarctus a été réalisé en Belgique [3]. Il porte sur des usines qui ont été appariées, le tirage au sort a désigné l'usine où la méthode de prévention est appliquée et l'usine témoin (voir chapitre II).

Dans de tels cas, on a parfois préféré renoncer à la randomisation. Mais il nous semble cependant qu'elle comporte toujours un avantage en supprimant les biais liés à un choix raisonné.

Problème des unités qui ne suivent pas le protocole

Ce problème doit être examiné au niveau des unités et à celui des individus.

Pour les unités collectives, les règles sont les mêmes que celles indiquées ci-dessus : exclusion avant la randomisation des unités présentant des contre-indications ou des indications, application du protocole à toutes les unités restantes en évitant de les perdre de vue pendant la surveillance.

Pour les individus inclus dans ces unités, deux éventualités sont à considérer.

Le protocole peut prévoir que tous les individus doivent faire l'objet de la méthode d'intervention prévue. Tel est le cas pour les vaccinations par exemple : dans les zones où l'on pratique le vaccin, tous les sujets doivent être vaccinés; dans les zones où l'on donne un placebo, tous les individus doivent le recevoir. Ce protocole doit être appliqué de façon stricte au moment de l'intervention, et ultérieurement pendant la surveillance.

Le protocole, au contraire, peut laisser une certaine latitude aux individus. Tel est le cas lorsqu'on expérimente des campagnes d'information par les mass-media, par exemple. Il est à noter que ce type d'essai permet d'étudier l'impact d'une mesure de prévention.

Il arrive enfin que la *composition des unités collectives se modifie* au fur et à mesure que se déroule leur inclusion dans l'essai.

Supposons que, dans un essai portant sur des dispensaires, on décide de comparer deux politiques de prévention, en incluant tous les sujets consultant au cours d'une période de un an. Les dispensaires sont répartis aléatoirement en deux groupes A et B. Il est possible que leur clientèle se modifie en fonction de la politique appliquée : les groupes A et B, comparables au début de l'expérimentation, ne le sont plus à la fin.

Ce phénomène complique considérablement l'interprétation des résultats, mais il permet d'apprécier la clientèle potentielle d'une nouvelle mesure de santé.

Les unités dont la définition est fondée sur le lieu d'habitat ont une composition relativement stable. Celle-ci varie davantage si l'unité est constituée sur des bases professionnelles; les consultations hospitalières, les services médicaux, représentent des grappes dont la composition peut se modifier considérablement au cours d'un essai.

ANNEXE

L'EXPÉRIMENTATION DES MÉTHODES DE DÉPISTAGE

L'expérimentation d'une méthode de diagnostic ou de dépistage comprend schématiquement trois phases : étude de la valeur diagnostique, comparaison de la nouvelle méthode à celles déjà existantes et enfin étude des effets sur l'état de santé de la population de l'application du dépistage. Les deux premières phases posent des problèmes particuliers d'échantillonnage et sont envisagées dans cette annexe. Les problèmes de la troisième phase sont ceux de toute évaluation d'une intervention et ont été envisagés dans le chapitre qui précède.

Etude de la valeur diagnostique

Le principe général en est la comparaison des résultats de la méthode de dépistage observés dans un groupe de sujets malades aux résultats observés dans un groupe de sujets non malades afin d'évaluer les caractéristiques de la méthode et notamment sa sensibilité et sa spécificité. Il s'agit bien d'une expérience mais la méthode de dépistage n'est pas appliquée par randomisation.

Soit un groupe de malades et de non malades sur lesquels on procède à l'essai d'une méthode de dépistage. Ils peuvent être classés après cet essai en 4 groupes (tableau I).

TABLEAU I

Exemple : type de résultats pour l'étude de la valeur diagnostique d'un test de dépistage.

		Situation de référence	
		malades	non malades
Dépistage	positif négatif	$1-\beta$ β	α $1-\alpha$

Nous verrons au chapitre XIII que α exprime la probabilité qu'un sujet non cancéreux soit reconnu comme cancéreux (faux positif) et que β exprime la probabilité qu'un sujet cancéreux ne soit pas reconnu comme tel (faux négatif). L'estimation de ces deux erreurs constitue l'élément de base pour l'appréciation de la valeur diagnostique d'un test de dépistage.

Cette évaluation se fait en général selon une optique pragmatique, c'est-à-dire sur la population à laquelle on souhaite appliquer la méthode ou sur un échantillon représentatif de celle-ci. Si la maladie est rare, on applique une fraction de sondage différente afin d'égaliser par exemple le nombre de malades et de non malades. Ceci est d'autant plus important qu'il est souvent difficile d'appliquer la méthode de dépistage expérimentée à des sujets non malades.

La définition des malades et des non malades est délicate dans ce type d'étude. S'il n'existe pas de définition précise de la maladie permettant de séparer sans ambiguïté les malades des non malades, on doit se donner des critères de définition en début d'étude. Ils doivent être indépendants de la méthode de dépistage, faire l'objet d'un consensus et permettre de définir une entité nosologique dont le dépistage présente un intérêt. Il arrive parfois qu'il soit impossible d'arriver à des critères permettant de définir nettement deux groupes et on est alors amené à constituer trois groupes (« sûrement malade », « sûrement non malade », état intermédiaire). Il est important de faire intervenir ce groupe intermédiaire dans la comparaison, car la seule comparaison du groupe « sûrement non malade » au groupe « sûrement malade » amène une surestimation de la valeur diagnostique du test de dépistage.

Exemple : Pour évaluer la valeur diagnostique d'un test de dépistage du cancer du sein on définira d'abord la population à laquelle on souhaite l'appliquer : femmes françaises âgées de 20 à 65 ans ne présentant pas de signes cliniques manifestes de cancer du sein (en effet lorsqu'une femme présente des signes patents de cancer du sein le problème n'est plus celui du dépistage).

Une fois cette définition donnée, on peut décider à fin d'évaluation, d'appliquer la méthode à un groupe de femmes ne présentant pas de cancer du sein (en fonction par exemple de critères cliniques, radiologiques et anatomo-pathologiques). Pour sélectionner ce groupe de femmes l'idéal serait de constituer un échantillon représentatif de françaises. Si ceci s'avère très difficile à réaliser on peut faire porter l'étude sur plusieurs échantillons provenant de zones géographiques différentes. A ce groupe de femmes non malades on fera correspondre un groupe de femmes porteur d'un cancer du sein ne présentant pas de signes cliniques patents, quel qu'ait été le mode de diagnostic (à l'exclusion du test évalué).

Les principes généraux de l'étude, tels qu'ils viennent d'être définis, correspondent à un objectif pragmatique d'évaluation d'un test de dépistage en vue d'une application en population. C'est en fonction de cet objectif que les cancers avec signes cliniques manifestes ont été exclus (ils ne posent pas de problèmes de dépistage), que tous les autres types de cancers du sein ont été gardés (en pratique on cherche à dépister tous les cancers et pas uniquement quelques types histologiques), que le groupe sans cancer peut comporter des femmes avec tumeur bénigne du sein. On aurait pu être plus restrictif sur la définition du type de cancer si l'objectif de l'application ultérieure de la méthode avait été de dépister des formes de cancer particulières.

En résumé l'étude de la valeur diagnostique conduit à un schéma sensiblement différent de celui utilisé dans l'expérimentation des interventions. Au lieu d'appliquer deux interventions à des groupes comparables de sujets, on applique ici la même technique à des malades et à des non malades.

Comparaison des valeurs diagnostiques de deux ou plusieurs méthodes de dépistage

La façon la plus habituelle de procéder est d'appliquer les techniques simultanément aux sujets de l'étude, on dit alors que *le sujet est son propre témoin*. Si les techniques ne peuvent être appliquées simultanément, l'ordre dans lequel elles le sont doit être tiré au sort lorsque les résultats d'une méthode peuvent influencer l'interprétation des résultats de l'autre. Puis on compare les résultats observés chez les malades et les non malades (tableau II) et, bien entendu, on retrouve le même problème que celui vu au paragraphe précédent, lié à la définition de la maladie, compliqué du fait que le résultat de la comparaison des deux tests de dépistage peut être en faveur de l'un ou de l'autre en fonction de la définition de la maladie. Il faut prendre soin que le classement malades-non malades ait été fait indépendamment des tests de dépistage à comparer.

Par contre on peut accepter de faire porter l'étude sur des échantillons non représentatifs ou sur des populations particulières dans la mesure où il ne s'agit plus ici d'estimation des caractéristiques d'un test mais de comparaisons des résultats de plusieurs tests faits chez les mêmes sujets.

TABLEAU II

Exemple : type de tableaux de résultats pour la comparaison de valeurs diagnostiques.

Sujets malades				
		Examen A		
		+	−	Total
Examen B	+	a	b	m_1
	−	c	d	m_2
	Total	m_3	m_4	
Sujets non malades				
		Examen A		
		+	−	Total
Examen B	+	a'	b'	m'_1
	−	c'	d'	m'_2
	Total	m'_3	m'_4	

Pour évaluer les valeurs diagnostiques respectives de trois examens (A, B et C) dans le dépistage de l'hypotrophie fœtale (définie comme un poids de naissance insuffisant compte tenu de l'âge gestationnel), on les a appliqués, en 1982, dans un hôpital parisien, à l'ensemble des femmes présentant une suspicion d'hypotrophie, du fait de signes cliniques. La comparaison des non hypotrophes de l'étude à l'ensemble des non hypotrophes nés à la maternité pendant la même période montre une différence importante concernant le poids de naissance qui est plus faible chez les non hypotrophes de l'étude. Une telle façon de faire nous a conduits vraisemblablement à sous-estimer les capacités de dépistage des tests dans la mesure où la différence entre sujets hypotrophiques et non hypotrophiques est moindre au niveau de la population étudiée que celle que l'on peut attendre dans la population générale, elle est moins gênante au niveau de la comparaison des tests.

RÉFÉRENCES

[1] G. Breart, J. Goujard, B. Blondel, F. Maillard, C. Chavigny, C. Sureau, C. Rumeau-Rouquette — A comparison of two policies of antenatal supervision for the prevention of prematurity. Int. J. Epidem., 1981, *10*, 241-245.

[2] F. Cambien, J.L. Richard, A. Jacqueson, P. Ducimetière — Analyse des résultats d'un essai où des groupes ont été randomisés. L'essai parisien de prévention cardio-vasculaire. Rev. Epidém. et Santé Publ., 1981, *29*, 281-288.

[3] M. Kornitzer, G. de Backer, M. Dramaix, C. Thilly — The belgian heart disease prevention project : modification of the coronary risk profile in an industrial population. Circulation, 1980, *61*, 18-25.

[4] J. Lellouch, P. Lazar — Méthodes statistiques en expérimentation biologique. 1 vol., Flammarion, Paris, 1976.

[5] T. Marthaler, M. Steiner, Ph. de Crousaz — Etude suisse de la prophylaxie de la carie dentaire chez les enfants. Rev. Epidém. et Santé Publ., 1981, *29*, 335-340.

[6] OMS EURO — Méthodologie des essais multifactoriels de prévention des cardiopathies ischémiques. Rapport d'un groupe de travail. Copenhague, 1974. [Document EURO 8202 (6)].

[7] R. Paterson, M.H. Russel — Clinical trials in malignant diseases. Part III. Breast cancer evaluation of post-operative radiotherapy. J. Fac. Radiol., 1959, *10*, 175.

[8] R. Peto, M.C. Pike, P. Armitage, N.E. Breslow, D.R. Cox, S.V. Howard, N. Mantel, K. Mc. Pherson, J. Peto, P.G. Smith — Organisation et analyse des essais thérapeutiques comparatifs comportant une longue surveillance des malades. Rev. Epidém. et Santé Publ., 1979, *27*, 165-225.

[9] D. Schwartz, R. Flamant, J. Lellouch — L'essai thérapeutique chez l'homme. 1 vol., Flammarion, Paris, 2e éd., 1981.

[10] Symposium on the C.H.D. prevention trials — Design issue in testing life style intervention. Amer. J. Epidemiol., 1978, *108*, 85-111.

[11] M.H. Wahdan, Ch. Serie, R. Germanier, A. Lackany, Y. Cerisier, N. Guerin, S. Sallam, P. Geoffroy, A. Sadek el Tankawi, P. Guesry — Controlled field trial of live oral typhoid vaccine Ty21A. Communication personnelle.

Chapitre X

NOMBRE DE SUJETS NÉCESSAIRE POUR UNE EXPÉRIENCE

La répartition aléatoire d'une population en deux sous-échantillons va nous permettre d'aborder le problème des comparaisons. Elle donne lieu en effet à un nombre très élevé de possibilités. Et il faut se demander si leur comparaison fournit des résultats extrapolables à l'ensemble des échantillons que l'on pouvait constituer à partir de cette population.

Nous avons également souligné à plusieurs reprises que les résultats n'ont de valeur que s'ils sont susceptibles d'une extrapolation à une population voisine, voire à la même population quelques mois ou quelques années après le début d'une expérience. Mais, il est également possible que l'on considère que les résultats d'un essai aient une valeur universelle, ce qui revient à admettre que les échantillons sont représentatifs d'une population infinie. Tel est le cadre de la recherche explicative.

Toutes ces constatations nous amènent donc à considérer que la différence observée entre les deux échantillons comparés n'est qu'une estimation d'une différence D vraie mais inconnue, sur laquelle on désire faire une hypothèse avec un risque d'erreur donné. C'est le problème que nous allons envisager ici, en nous interrogeant sur le nombre de sujets nécessaire dans une expérience.

Nous envisagerons d'abord le cas très usuel où l'on compare deux groupes A et B, puis nous examinerons ensuite deux cas particuliers : le sujet comme son propre témoin, la randomisation après stratification. Nous envisagerons enfin page 98 une autre méthode utilisable dans une optique pragmatique.

Ce chapitre fait de larges emprunts à l'ouvrage de D. Schwartz, R. Flamant et J. Lellouch : L'essai thérapeutique chez l'homme [1].

COMPARAISON DE DEUX GROUPES DE SUJETS

Supposons une population d'effectif N, dans laquelle on tire au sort deux groupes, le premier reçoit une intervention A déjà connue, le deuxième une intervention nouvelle B dont on veut tester l'efficacité par rapport à A.

Comparaison de deux moyennes : test unilatéral

Supposons que l'effet de l'intervention soit mesuré par une variable quantitative continue (délai de survie par exemple). Les notations suivantes seront adoptées :

		Intervention *A* (témoins)	Intervention *B*
Population	Moyenne Variance	$\overline{X}_A$ σ^2	$\overline{X}_B$ σ^2
Echantillon	Effectif Estimateur de la moyenne	n_A $\overline{x}_A$	n_B $\overline{x}_B$

On admettra que la variance σ^2 est identique dans les deux populations.

On désire vérifier si les sujets soumis à l'intervention *B* ont un délai de survie plus élevé que les témoins. Il s'agit d'un test unilatéral, puisque le sens de la différence attendue est défini; nous allons donc envisager successivement deux cas :

$$\overline{X}_B - \overline{X}_A = 0 \quad \text{et } \overline{X}_B - \overline{X}_A > 0$$

Plaçons-nous dans l'hypothèse $\overline{X}_B - \overline{X}_A = 0$

Si on tire plusieurs échantillons, on constate que $(\overline{x}_B - \overline{x}_A)$ fluctue autour de 0 selon une loi normale de moyenne 0 et de variance :

$$V_{\bar{x}_d} = \frac{\sigma^2}{n_B} + \frac{\sigma^2}{n_A} \quad \text{(fig. 1).}$$

Cette différence ne dépasse que 2,5 fois sur 100 la valeur :

$$1{,}96 \sqrt{\frac{\sigma^2}{n_B} + \frac{\sigma^2}{n_A}}$$

D'une façon plus générale, on parie avec un *risque* α, *risque de première espèce,* qu'elle ne dépassera pas la limite :

$$(\overline{x}_B - \overline{x}_A)_L = \varepsilon_{2\alpha} \sqrt{\frac{\sigma^2}{n_B} + \frac{\sigma^2}{n_A}} \text{ (*) (**)}$$

Plaçons-nous maintenant dans l'hypothèse $\overline{X}_B - \overline{X}_A > 0$

La différence $(\overline{x}_B - \overline{x}_A)$ fluctue d'un échantillon à l'autre selon une loi normale de moyenne $\overline{X}_B - \overline{X}_A = D$ et de variance $\frac{\sigma^2}{n_B} + \frac{\sigma^2}{n_A}$ (fig. 1).

* Les tables ont été construites pour le test bilatéral. Dans celles-ci le risque 5 p. 100 par exemple correspond à 2,5 p. 100 à une extrémité de la courbe. Pour obtenir $\alpha = 5$ p. 100 à une extrémité on doit choisir un risque bilatéral 10 p. 100, soit 2α.

(**) L est l'abscisse de L_2 sur la figure 1.

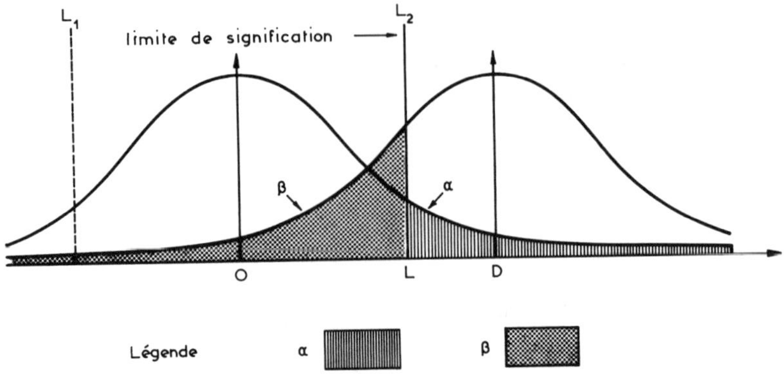

FIG. 1. — Test unilatéral.

Toutes les fois que les fluctuations d'échantillonnage conduiront à une différence $(\bar{x}_B - \bar{x}_A)$ inférieure à la limite $(\bar{x}_B - \bar{x}_A)_L$ on conclura que la différence n'est pas significative alors qu'on est maintenant dans l'hypothèse $\bar{X}_B - \bar{X}_A > 0$. Cette éventualité se produit chaque fois que la différence tombe dans l'aire ombrée. Ce risque d'erreur est *le risque* β *de deuxième espèce,* il conduit à ne pas déceler une différence qui existe réellement.

Si l'on veut que ce risque d'erreur soit au plus égal à β il faut que :

$$(\bar{X}_B - \bar{X}_A) - (\bar{x}_B - \bar{x}_A)_L \geqslant \varepsilon_{2\beta} \sqrt{\frac{\sigma^2}{n_B} + \frac{\sigma^2}{n_A}}$$

Etant donné que :

$$(\bar{x}_B - \bar{x}_A)_L = \varepsilon_{2\alpha} \sqrt{\frac{\sigma^2}{n_B} + \frac{\sigma^2}{n_A}}$$

on a :

(1) $$\boxed{\bar{X}_B - \bar{X}_A \geqslant (\varepsilon_{2\alpha} + \varepsilon_{2\beta}) \sqrt{\frac{\sigma^2}{n_B} + \frac{\sigma^2}{n_A}}}$$

D'où :

(2) $$\boxed{\frac{1}{n_B} + \frac{1}{n_A} \leqslant \frac{1}{(\varepsilon_{2\alpha} + \varepsilon_{2\beta})^2} \cdot \frac{(\bar{X}_B - \bar{X}_A)^2}{\sigma^2}}$$

Si $n_A = n_B = n$, on a :

$$2\,n = (\varepsilon_{2\alpha} + \varepsilon_{2\beta})^2 \cdot \frac{4\,\sigma^2}{(\bar{X}_B - \bar{X}_A)^2}$$

$\overline{X}_A$ et $\overline{X}_B$ sont les moyennes vraies dans la population. Elles ne sont pas connues. Cependant le nombre de sujets nécessaire dépend de la différence $\overline{X}_B - \overline{X}_A$. Si cette différence est grande, le nombre de sujets nécessaire est petit; si elle est faible, le nombre de sujets nécessaire est grand. Il faut donc se fixer une différence limite Δ, telle qu'une différence $\overline{X}_B - \overline{X}_A$ égale ou supérieure à Δ soit décelable dans l'enquête, avec les risques fixés. On doit, en outre, avoir une idée sur $\overline{X}_A$ grâce à une enquête antérieure par exemple.

La variance σ^2 supposée identique dans les deux groupes est également inconnue. On l'estime à partir des données d'une enquête antérieure ou d'une pré-enquête, une estimation approximative étant suffisante.

Les formules qui viennent d'être étudiées ont permis d'établir des tables qui donnent le nombre de sujets nécessaire.

La table 1 (p. 99) indique le nombre de sujets nécessaire dans chaque groupe pour comparer deux moyennes en cas de test unilatéral. On suppose que le nombre de sujets est identique dans les deux groupes. Le cas où les effectifs sont inégaux dans les deux groupes ne sera pas envisagé ici car il est rare dans les essais, et nous l'étudierons avec le nombre de sujets nécessaire dans une enquête.

Nous utilisons dans le cas de l'expérimentation les formules de variance établies dans les chapitres sur les sondages. Toutefois, nous les prenons toujours sans facteur d'exhaustivité.

Pourtant, il advient souvent que l'expérimentation porte sur une fraction importante, voire sur la totalité de la population. Un échantillon témoin, même s'il ne fait l'objet d'aucune intervention, est observé et à ce titre est englobé dans l'expérience : par exemple, tous les N individus sont répartis entre deux groupes égaux A et B. On devrait s'attendre à ce que la variance de $\bar{x}_A$ soit de la forme :

$$V_{\bar{x}_A} = \left(1 - \frac{1}{2}\right) \frac{\sigma^2}{N/2}$$

De plus, on pourrait penser que, si le groupe A comporte un excès de valeurs élevées de x*, ce sera le contraire pour B : $\bar{x}_A$ et $\bar{x}_B$ devraient être négativement corrélées. Or, nous calculerons la variance de $(\bar{x}_B - \bar{x}_A)$ comme si ces deux moyennes étaient indépendantes.

C'est qu'en fait le problème que nous nous posons ne porte pas sur un paramètre de la population réelle (finie), mais sur une loi universelle c'est-à-dire sur un paramètre d'une population idéale infinie, faite de tous les possibles : la population réellement observée n'est que la réalisation d'un de ces possibles. Cette population — et donc aussi les deux groupes — est alors un échantillon de l'urne infinie : $1 - f = 1$. De même, dans cette urne infinie, les deux sous-échantillons A et B n'ont aucune raison de s'équilibrer autour d'un point fixe que constituerait la moyenne d'ensemble : $\bar{x}_A$ et $\bar{x}_B$ ne sont donc pas corrélées.

Comparaison de deux pourcentages : test unilatéral

Soit à comparer le pourcentage de malades dans deux groupes A et B ayant été soumis à deux interventions relevant de la prévention primaire. Soit A l'intervention connue et B la nouvelle intervention dont on veut évaluer l'efficacité. Les notations utilisées sont les suivantes.

* Excès dû au hasard de l'échantillonnage, indépendamment de l'écart systématique dû à la différence de traitement entre A et B.

		Intervention A	Intervention B
Population	Pourcentage de malades	P_A	P_B
	Pourcentage de non-malades	Q_A	Q_B
	Variance	$P_A Q_A$	$P_B Q_B$
Echantillon	Effectif	n_A	n_B
	Pourcentage de malades	p_A	p_B
	Pourcentage de non-malades	q_A	q_B

De même que précédemment on envisage successivement

$$P_B - P_A = 0 \qquad \text{et} \qquad P_B - P_A > 0$$

La formule ne pourrait pas se déduire directement de la formule (1). On utilise un changement de variable arc sin $\sqrt{p}$: si, dans une population, pour une variable qualitative à deux classes, où le pourcentage étudié est P, on tire n individus, la variable arc sin $\sqrt{p}$ fluctue normalement autour de arc sin $\sqrt{P}$ avec la variance $\frac{1}{4n}$. On a donc :

$$\text{arc sin } \sqrt{P_B} - \text{arc sin } \sqrt{P_A} \geqslant (\varepsilon_{2\alpha} + \varepsilon_{2\beta}) \sqrt{\frac{1}{4n_B} + \frac{1}{4n_A}}$$

d'où :

(3)
$$\boxed{\frac{1}{n_B} + \frac{1}{n_A} \leqslant 4 \frac{(\text{arc sin } \sqrt{P_B} - \text{arc sin } \sqrt{P_A})^2}{(\varepsilon_{2\alpha} + \varepsilon_{2\beta})^2}}$$

P_B et P_A étant inconnus on peut, ici encore, fixer Δ telle qu'une différence $(P_B - P_A)$ supérieure à Δ soit décelable dans l'enquête, avec les risques fixés. Il faut en outre avoir une valeur approximative de P_A.

La table 3 (p. 101) indique le nombre de sujets nécessaire lorsque $n_A = n_B = n$.

Test bilatéral

Lorsque le sens de la différence n'est pas précisé, le nombre de sujets est un peu plus élevé, et il est donné par les formules (4) [établie selon les mêmes principes que (2)] et (5) [établie selon les mêmes principes que (3)]; seuls les dénominateurs diffèrent entre (2) et (4), et (3) et (5).

(4)
$$\boxed{\frac{1}{n_B} + \frac{1}{n_A} \leqslant \frac{1}{(\varepsilon_\alpha + \varepsilon_{2\beta})^2} \cdot \frac{(\overline{X}_B - \overline{X}_A)^2}{\sigma^2}}$$

(5) $$\frac{1}{n_B} + \frac{1}{n_A} \leqslant 4 \frac{(\text{arc sin } \sqrt{P_B} - \text{arc sin } \sqrt{P_A})^2}{(\varepsilon_\alpha + \varepsilon_{2\beta})^2}$$

LE SUJET COMME SON PROPRE TÉMOIN

Il s'agit d'essais dans lesquels on applique successivement au même individu les 2 interventions comparées A et B, l'ordre dans lequel elles sont appliquées étant fixé de façon aléatoire, à l'aide d'une table de nombres au hasard.

Le nombre de sujets nécessaire est généralement moindre.

Lorsqu'on compare deux groupes d'effectifs égaux n, pour une variable quantitative (test unilatéral), l'effectif total est donné par la formule :

$$2\,n = (\varepsilon_{2\alpha} + \varepsilon_{2\beta})^2 \cdot \frac{4\,\sigma^2}{(\overline{X}_B - \overline{X}_A)^2}$$

Lorsque le sujet est son propre témoin, on compare la moyenne des différences d_i à 0, avec un nombre de sujets égal à :

(6) $$n' = (\varepsilon_{2\alpha} + \varepsilon_{2\beta})^2 \cdot \frac{{\sigma_d}^2}{(\overline{X}_B - \overline{X}_A)^2}$$

— σ_d^2 est la variance de cette différence : $\sigma_d^2 = \sigma_A^2 + \sigma_B^2 - 2\,\varrho\sigma_A\sigma_B$

— ϱ est le coefficient de corrélation entre X_A et X_B. Si on suppose que $\sigma^2 = \sigma_A^2 = \sigma_B^2$, on arrive à :

$$\sigma_d^2 = 2\sigma^2\,(1 - \varrho)$$

La formule donnant le nombre de sujets nécessaire devient :

(7) $$n' = (\varepsilon_{2\alpha} + \varepsilon_{2\beta})^2 \cdot \frac{2\,\sigma^2\,(1 - \varrho)}{(\overline{X}_B - \overline{X}_A)^2}$$

Le nombre de sujets est donc inférieur :

$$n' = 2\,n\,\frac{1 - \varrho}{2}$$

Le gain dépend de la corrélation existant entre les deux réponses. Si le sujet est semblable à lui-même, ϱ est positif, plus il est grand plus le gain est important. Si ϱ est négatif le gain est moindre et peut dans un cas extrême être nul*.

Cette constatation fixe les limites d'utilisation de ce type d'essai. Il faut y ajouter une condition importante : pour qu'une telle expérience soit possible, il faut que l'effet de la première intervention ne modifie pas celui de la seconde.

* Si la variable étudiée est qualitative à 2 classes, le gain concernant le nombre de sujets nécessaire peut être apprécié en première approximation par la même formule.

On conçoit aisément que de tels essais soient surtout utilisés pour comparer des méthodes de dépistage ou des interventions dont les conséquences sont de courte durée*.

GAIN DÛ A LA STRATIFICATION

Si les deux échantillons à comparer ont été obtenus après stratification, cette technique conduira, au moment de l'analyse, à faire les comparaisons en utilisant, non pas la variance calculée sur l'ensemble de l'échantillon, mais la variance tenant compte de la stratification qui est inférieure à la première (cf chap. VI).

Dans le cas particulier où les fractions de sondage sont identiques, et où les variances à l'intérieur des strates sont également identiques, l'estimation de la variance se fait par la variance résiduelle du tableau classique d'analyse de la variance indiqué au chapitre VI et que nous rappelons ci-dessous pour un nombre de strates égal à k.

TABLEAU I

Tableau d'analyse de la variance

Origine (1)	Somme des carrés des écarts (2)	Nombre de degrés de liberté (3)	Variance (2)/(3)
Inter-strates	$\Sigma\, n_i\, (\bar{x}_i - \bar{x})^2$	$k - 1$	—
Résiduelle ou intra-strates	$\Sigma\, \Sigma\, (x - \bar{x}_i)^2$	$n - k$	—
Totale	$\Sigma\, \Sigma\, (x - \bar{x})^2$	$n - 1$	—

Nous avons vu que la variance résiduelle est la variance liée, qui représente les fluctuations de X pour une valeur donnée de la variable de stratification Z. En posant σ'^2 = variance liée on a :

$$\sigma'^2 = \sigma^2\,(1 - \rho^2)$$

En pratique on dispose rarement ici de tous les éléments nécessaires pour calculer le nombre de sujets. On procède donc par étapes : 1) on calcule d'abord le nombre de sujets en utilisant une estimation de la variance ne tenant pas compte de la stratification, ce qui conduit à une surestimation du nombre de sujets nécessaire; 2) on reprend ensuite le calcul dès que les premières données de l'étude permettent d'aboutir à une estimation de la variance résiduelle.

Cette procédure peut également être utilisée si l'on a des doutes sur l'estimation de la variance qui a permis de calculer le nombre de sujets nécessaire.

* Les problèmes relatifs à l'utilisation de ces essais sont développés dans le livre de D. Schwartz, R. Flamant et J. Lellouch [1].

NOMBRE DE SUJETS NÉCESSAIRE DANS UNE OPTIQUE PRAGMATIQUE

D. Schwartz, R. Flamant et J. Lellouch, ont défini une autre méthode destinée à comparer deux groupes d'individus randomisés dans une optique pragmatique, estimant que l'absence de conclusion (correspondant à l'absence de différence significative *) pouvait avoir un caractère gênant. Nous ne développerons pas ici cette méthode qui figure dans leur ouvrage [1]. Rappelons seulement qu'elle conduit à définir trois risques :

α risque de première espèce
β risque de deuxième espèce
γ risque de conclure à une différence de sens contraire de celle qui existe.

Si l'on compare deux interventions A et B, et que l'on veuille conclure dans tous les cas : $\alpha = 100\ \%$ et $\beta = 0$. Dès lors c'est γ qui permet de fixer le nombre de sujets nécessaire : $n = n_A = n_B$.

Si la variable comparée est quantitative :

$$n = (\varepsilon_{2\gamma})^2 \cdot \frac{2\,\sigma^2}{(\overline{X}_B - \overline{X}_A)^2}$$

Si la variable est qualitative :

$$n = \frac{(\varepsilon_{2\gamma})^2}{2\,(\text{arc sin}\,\sqrt{P_B} - \text{arc sin}\,\sqrt{P_A})^2}$$

* Ceci est la base même des tests reposant sur l'hypothèse nulle. Si la différence est significative, on conclut à la supériorité d'une des interventions avec un risque d'erreur α. Si la différence n'est pas significative, on ne conclut pas.

Table 1

Nombre de sujets nécessaire, par groupe, pour la comparaison de deux moyennes (attitude explicative, test unilatéral, $\alpha = \beta = 5\ \%$ et $n_A = n_B$). Source : D. Schwartz, R. Flamant et J. Lellouch, 1970 [1].

$\frac{\Delta}{\sigma} \times 100$	0	1	2	3	4	5	6	7	8	9
10	2164,6	1788,9	1503,2	1280,8	1104,4	962,0	845,6	749,0	668,1	599,6
20	541,1	490,8	447,2	409,2	375,8	346,4	320,2	296,9	276,1	257,4
30	240,5	225,2	211,4	198,8	187,3	176,7	167,0	158,1	149,9	142,3
40	135,3	128,8	122,7	117,1	111,8	106,9	102,3	98,0	94,0	90,2
50	86,6	83,2	80,0	77,1	74,2	71,6	69,0	66,6	64,3	62,2
60	60,1	58,2	56,3	54,5	52,8	51,2	49,7	48,2	46,8	45,5
70	44,2	42,9	41,8	40,6	39,5	38,5	37,5	36,5	35,6	34,7
80	33,8	33,0	32,2	31,4	30,7	30,0	29,3	28,6	28,0	27,3
90	26,7	26,1	25,6	25,0	24,5	24,0	23,5	23,0	22,5	22,1
100	21,6	21,2	20,8	20,4	20,0	19,6	19,3	18,9	18,6	18,2
110	17,9	17,6	17,3	17,0	16,7	16,4	16,1	15,8	15,5	15,3
120	15,0	14,8	14,5	14,3	14,1	13,8	13,6	13,4	13,2	13,0
130	12,8	12,6	12,4	12,2	12,1	11,9	11,7	11,5	11,4	11,2
140	11,0	10,9	10,7	10,6	10,4	10,3	10,2	10,0	9,9	9,7

Exemple : Pour $\frac{\Delta}{\sigma} \times 100 = 25$, on lit, à l'intersection de la ligne 20 et de la colonne 5 : $n = 346{,}4$. Pour des risques α et β autres que 5 %, multiplier par le coefficient lu dans la table 5.

Condition d'application : la valeur finale de n doit être assez importante (au moins 30).

TABLE 2

Nombre de sujets nécessaire, par groupe, pour la comparaison de deux moyennes (attitude explicative, test bilatéral, $\alpha = \beta = 5\ \%$ et $n_A = n_B$). Source : D. Schwartz, R. Flamant et J. Lellouch, 1970 [1].

$\frac{\Delta}{\sigma} \times 100$	0	1	2	3	4	5	6	7	8	9
10	2599,1	2148,0	1805,0	1538,0	1326,1	1155,2	1015,3	899,3	802,2	720,0
20	649,8	589,4	537,0	491,3	451,2	415,9	384,5	356,5	331,5	309,0
30	288,8	270,5	253,8	238,7	224,8	212,2	200,5	189,9	180,0	170,9
40	162,4	154,6	147,3	140,6	134,2	128,3	122,8	117,7	112,8	108,2
50	104,0	99,9	96,1	92,5	89,1	85,9	82,9	80,0	77,3	74,7
60	72,2	69,8	67,6	65,5	63,5	61,5	59,7	57,9	56,2	54,6
70	53,0	51,6	50,1	48,8	47,5	46,2	45,0	43,8	42,7	41,6
80	40,6	39,6	38,7	37,7	36,8	36,0	35,1	34,3	33,6	32,8
90	32,1	31,4	30,7	30,0	29,4	28,8	28,2	27,6	27,1	26,5
100	26,0	25,5	25,0	24,5	24,0	23,6	23,1	22,7	22,3	21,9
110	21,5	21,1	20,7	20,4	20,0	19,6	19,3	19,0	18,7	18,4
120	18,0	17,7	17,5	17,2	16,9	16,6	16,4	16,1	15,9	15,6
130	15,4	15,1	14,9	14,7	14,5	14,5	14,0	13,8	13,6	13,5
140	13,3	13,1	12,9	12,7	12,5	12,4	12,2	12,0	11,9	11,7

Exemple : Pour $\frac{\Delta}{\sigma} \times 100 = 25$, on lit, à l'intersection de la ligne 20 et de la colonne 5 : $n = 415{,}9$. Pour des risques α et β autres que 5 % multiplier par le coefficient lu dans la table 5.

Condition d'application : la valeur finale de n doit être assez importante (au moins 30).

TABLE 3

Nombre de sujets nécessaire, par groupe, pour la comparaison de deux pourcentages (attitude explicative, test unilatéral, $\alpha = \beta = 5\ \%$ et $n_A = n_B$). Source : D. Schwartz, R. Flamant et J. Lellouch, 1970 [1].

P' \ P	5 %·	10 %	15 %	20 %	25 %	30 %	35 %	40 %	45 %	50 %
5 %	—	584,3	182,5	95,4	60,9	43,2	32,6	25,7	20,8	17,3
10 %	584,3	—	938,2	268,8	132,8	81,4	55,8	41,1	31,6	25,2
15 %	182,5	938,2	—	1244,4	341,1	163,5	97,7	65,7	47,5	36,0
20 %	95,4	268,8	1244,4	—	1505,6	402,2	188,6	110,7	73,3	52,3
25 %	60,9	132,8	341,1	1505,6	—	1723,0	451,7	208,5	120,7	79,0
30 %	43,2	81,4	163,5	402,2	1723,0	—	1896,9	490,1	223,3	127,8
35 %	32,6	55,8	97,7	188,6	451,7	1896,9	—	2027,1	517,5	233,2
40 %	25,7	41,1	65,7	110,7	208,5	490,1	2027,1	—	2113,9	533,9
45 %	20,8	31,6	47,5	73,3	120,7	223,3	517,5	2113,9	—	2157,3
50 %	17,3	25,2	36,0	52,3	79,0	127,8	233,2	533,9	2157,3	—
55 %	14,6	20,5	28,2	39,1	55,6	82,7	132,1	238,1	539,4	2157,3
60 %	12,4	17,0	22,7	30,3	41,2	57,6	84,5	133,5	238,1	533,9
65 %	10,7	14,3	18,6	24,1	31,6	42,2	58,3	84,5	132,1	233,2
70 %	9,2	12,1	15,4	19,4	24,8	32,0	42,2	57,6	82,7	127,8
75 %	8,0	10,3	12,8	15,9	19,7	24,8	31,6	41,2	55,6	79,0
80 %	7,0	8,8	10,8	13,1	15,9	19,4	24,1	30,3	39,1	52,3
85 %	6,0	7,5	9,0	10,8	12,8	15,4	18,6	22,7	28,2	36,0
90 %	5,2	6,3	7,5	8,8	10,3	12,1	14,3	17,0	20,5	25,2
95 %	4,3	5,2	6,0	7,0	8,0	9,2	10,7	12,4	14,6	17,3

P et P' sont les poucentages dans les deux groupes, déterminés à partir de la différence $|P' - P|$ qu'on veut déceler avec les riques fixés, et de la connaissance, soit d'un de ces pourcentages, soit de la « zone » où l'on travaille $\left(\frac{P + P'}{2}\right)$. Si P et P' dépassent simultanément 50 %, on utilise leurs compléments. Pour des risques α et β autres que 5 %, multiplier le résultat par le coefficient lu dans la table 5.

Condition d'application : la valeur finalement lue pour n, après utilisation éventuelle de la table 5 doit être assez grande (au moins 20 en première approximation).

TABLE 4

Nombre de sujets nécessaire, par groupe, pour la comparaison de deux pourcentages (attitude explicative, test bilatéral, $\alpha = \beta = 5\ \%$ et $n_A = n_B$). Source : D. Schwartz, R. Flamant et J. Lellouch, 1970 [1].

P' \ P	*5 %*	*10 %*	*15 %*	*20 %*	*25 %*	*30 %*	*35 %*	*40 %*	*45 %*	*50 %*
5 %	—	701,6	219,2	114,6	73,1	51,8	39,1	30,8	25,0	20,7
10 %	701,6	—	1126,5	322,7	159,5	97,7	67,0	49,3	38,0	30,2
15 %	219,2	1126,5	—	1494,0	409,9	196,3	117,3	78,9	57,0	43,2
20 %	114,6	322,7	1494,0	—	1807,9	482,9	226,4	133,0	88,0	62,8
25 %	73,1	159,5	409,9	1807,9	—	2069,0	542,4	250,3	145,0	94,8
30 %	51,8	97,7	196,3	482,9	2069,0	—	2277,6	588,5	268,1	153,5
35 %	39,1	67,0	117,3	226,4	542,4	2277,6	—	2434,0	621,3	280,0
40 %	30,8	49,3	78,9	133,0	250,3	588,5	2434,0	—	2538,3	641,0
45 %	25,0	38,0	57,0	88,0	145,0	268,1	621,3	2538,3	—	2590,4
50 %	20,7	30,2	43,2	62,8	94,8	153,5	280,0	641,0	2590,4	—
55 %	17,5	24,6	33,9	47,0	66,8	99,3	158,6	285,9	647,6	2590,4
60 %	14,9	20,4	27,2	36,4	49,5	69,2	101,5	160,3	285,9	641,0
65 %	12,8	17,1	22,3	28,9	37,9	50,7	70,0	101,5	158,6	280,0
70 %	11,1	14,5	18,4	23,4	29,7	38,4	50,7	69,2	99,3	153,5
75 %	9,6	12,3	15,4	19,1	23,7	29,7	37,9	49,5	66,8	94,8
80 %	8,4	10,5	12,9	15,7	19,1	23,4	28,9	36,4	47,0	62,8
85 %	7,2	9,0	10,8	12,9	15,4	18,4	22,3	27,2	33,9	43,2
90 %	6,2	7,6	9,0	10,5	12,3	14,5	17,1	20,4	24,6	30,2
95 %	5,2	6,2	7,2	8,4	9,6	11,1	12,8	14,9	17,5	20,7

P et P' sont les pourcentages dans les deux groupes déterminés à partir de la différence $| P' - P |$ qu'on veut déceler avec les risques fixés, et de la connaissance, soit d'un de ces pourcentages, soit de la « zone » où l'on travaille $\left(\frac{P + P'}{2}\right)$. Si P et P' dépassent simultanément 50 %, on utilise leurs compléments. Pour des risques α et β autres que 5 %, multiplier le résultat par le coefficient lu dans la table 5.

Condition d'application : la valeur finalement lue pour n, après utilisation éventuelle de la table 5, doit être assez grande (au moins 20 en première approximation).

TABLE 5

Nombre de sujets nécessaire. Coefficient par lequel il faut multiplier le résultat lu dans les tables 1 à 4 quand les risques choisis diffèrent de 5 %. Source : D. Schwartz, R. Flamant et J. Lellouch [1]

Attitude explicative, test unilatéral

α / β	10 %	5 %	2,5 %	1 %	0,5 %	0,05 %
10 %	0,607	0,791	0,971	1,202	1,375	1,932
5 %	0,791	1	1 201	1,457	1,646	2,251
2,5 %	0,971	1,201	1,420	1,698	1,901	2,548
1 %	1,202	1,457	1,698	2,000	2,220	2,915
0,5 %	1,375	1,646	1,901	2,220	2,452	3,180
0,05 %	1,932	2,251	2,548	2,915	3,180	4,003

Attitude explicative, test bilatéral

α / β	10 %	5 %	2,5 %	1 %	0,5 %	0,05 %
10 %	0,659	0,809	0,955	1,145	1,286	1,748
5 %	0,833	1	1,162	1,371	1,525	2,025
2,5 %	1	1,182	1,358	1,583	1,749	2,281
1 %	1,214	1,414	1,605	1,849	2,028	2,598
0,5 %	1,371	1,583	1,785	2,042	2,230	2,827
0,05 %	1,875	2,121	2,355	2,649	2,861	3,533

RÉFÉRENCE

[1] D. SCHWARTZ, R. FLAMANT, J. LELLOUCH — L'essai thérapeutique chez l'homme. 1 vol., Flammarion, Paris, 2e éd., 1981.

CHAPITRE XI

L'ÉCHANTILLONNAGE DANS LES ENQUÊTES ÉTIOLOGIQUES

Il constitue une phase essentielle et difficile, de sa qualité dépendent l'interprétation des résultats et leur validité.

Le choix de la population doit tenir compte à la fois des objectifs de l'étude et des processus d'auto-sélection. Ces derniers sont importants, car la répartition des sujets en deux groupes (exposés et non exposés) n'est évidemment pas réalisée par l'épidémiologiste, elle s'effectue spontanément. Les deux groupes diffèrent donc par de nombreux caractères.

L'échantillonnage qui conduit à choisir les sujets qui entrent dans l'enquête, à les apparier... doit également tenir compte de ces processus d'auto-sélection.

CHOIX DE LA POPULATION OBJECTIF PRAGMATIQUE OU EXPLICATIF

Objectif pragmatique

On détermine des facteurs de risque afin de prendre des mesures de prévention (vaccination, surveillance renforcée, dépistage...) dans les populations dites à haut risque. Il est souvent nécessaire de réaliser l'enquête sur la population visée ou sur un échantillon représentatif de celle-ci. C'est indispensable lorsque les facteurs de risque ont une composante socio-culturelle importante qui varie selon la population.

Nous avons montré récemment que les indicateurs de risque de prématurité n'étaient pas exactement les mêmes dans les villes et dans les zones rurales. La durée des trajets, le fait d'habiter un étage élevé sans ascenseur étaient des indicateurs valables seulement dans les villes. De plus, les ouvrières avaient un risque plus élevé de prématurité dans les villes que dans les zones rurales, et les cadres un risque plus faible.

De plus, il y a lieu de s'assurer que les résultats de l'enquête restent applicables à la population lorsqu'ils sont disponibles, c'est-à-dire après la fin de l'étude. Ceci implique que le délai séparant le début de l'enquête de l'application des résultats ne soit pas trop long et que la population ne se modifie pas trop vite.

A cet égard, les groupes de migrants doivent être étudiés avec de grandes précautions. Leur origine se modifie, on l'a vue récemment en France avec l'arrivée de populations issues par exemple de Turquie. Leurs facteurs de risque évoluent au fur et à mesure que leur durée de séjour augmente, mais cette évolution est variable selon l'origine, les groupes sociaux.

Objectif explicatif

Si l'objectif de l'enquête est la recherche explicative et si la relation étudiée a un caractère universel, on peut admettre qu'elle puisse être recherchée sur n'importe quelle population, sous réserve que celle-ci ne comporte pas de biais trop importants d'auto-sélection.

De telles relations existent : il semble bien que le tabac soit une des causes des cancers bronchiques dans toutes les populations, que le thalidomide ait été à l'origine de phocomélies dans tous les pays où le produit a été consommé...

Ces relations cependant sont loin d'être simples, car bien souvent l'origine des maladies est multifactorielle : des facteurs ethniques, des facteurs d'environnement entrent en jeu, expliquant que les relations causales ne soient pas exactement les mêmes dans toutes les populations. L'exemple des maladies transmissibles est intéressant à cet égard : on observe fréquemment qu'une cause commune est loin de produire les mêmes effets dans des environnements différents.

C'est donc de la répétition des enquêtes sur des populations différentes que naît l'idée que la relation découverte a bien un caractère général. Encore faut-il s'assurer que le résultat n'est pas lié à un « biais » d'échantillonnage du type de ceux qui seront examinés ci-dessous.

Les diverses populations utilisées dans les enquêtes étiologiques sont généralement des populations humaines et l'on retrouve ici les trois cas envisagés à l'annexe du chapitre IV : populations définies sur des bases territoriales, groupes professionnels, clientèle des organismes de soins et de prévention.

CHOIX DE LA POPULATION ET PHÉNOMÈNES D'AUTO-SÉLECTION

Un des rôles essentiels de l'épidémiologiste consiste à éviter les biais qui conduisent à des résultats ne traduisant la réalité, mais créés par le mode d'enquête. Au niveau du choix de la population, le risque de biais majeur est lié à l'auto-sélection de la population de l'étude. L'auto-sélection se définit comme l'ensemble du processus, indépendant de l'épidémiologiste, qui conduit le sujet à faire partie de la population d'étude. Le terme d'auto-sélection est pris ici dans son sens de choix *par le sujet*. Il s'oppose à la notion de choix *par l'épidémiologiste* qui est le propre de l'expérimentation. Ainsi définie, l'auto-sélection peut influencer le niveau observé d'exposition aux facteurs de risque, mais aussi celui de la maladie et, ce qui est le plus grave dans les enquêtes étiologiques, la relation entre les facteurs de risque et la maladie.

Exposition aux facteurs de risque

Elle résulte de processus complexes. Il y a une auto-sélection conduisant les individus à résider dans une zone géographique et administrative donnée; elle peut donc les amener à être plus ou moins exposés à un facteur de risque lié au milieu physique, à la pollution, aux habitudes alimentaires... Une autre auto-sélection les conduit dans un groupe professionnel, et par là à un poste de travail comportant des caractéristiques qui peuvent être des facteurs de risque.

Dans ce cadre général le sujet opère son propre choix d'habitudes de vie : fumer, boire de l'alcool, manger plus ou moins... Celui-ci est d'ailleurs en large partie déterminé par le groupe social et le groupe familial auxquels il appartient. Mais il est également induit par les conseils d'hygiène émanant du corps médical et dont les mass-media se font largement l'écho. Il en va de même pour l'exercice d'une profession. Dans ce dernier cas, le corps médical peut encore intervenir pour interdire certaines professions (visite à l'embauche) ou pour conseiller certains aménagements. Ces derniers sont prévus dans de nombreux pays pour les femmes enceintes.

Il est important de séparer ce qui est lié à la décision du sujet de ce qui est lié aux prescriptions ou aux conseils du corps médical que nous désignerons sous le terme de *« biais d'indication »*. En effet, pour recommander ou interdire une pratique, le médecin anticipe souvent sur les résultats : il interdit la consommation de tabac aux individus qui présentent des symptômes bronchiques, il peut surveiller de façon plus attentive les femmes enceintes qui ont déjà eu une naissance prématurée, leur demander de cesser une activité professionnelle fatigante, et donc modifier la relation existant entre travail fatigant et issue de la grossesse.

Le tableau I page 122 illustre cet exemple en indiquant la répartition des femmes en l'absence d'indications et en présence d'indications médicales : nous avons supposé que le médecin n'intervient pas lorsque le travail est aisé, et qu'il intervient lorsque le travail est pénible et qu'il y a un antécédent de prématurité.

Le tableau Ia donne la répartition des femmes en fonction des antécédents et des conditions de travail.

Le tableau Ib indique le taux de prématurité dans les groupes ci-dessus.

Le tableau Ic indique les taux de prématurité en fonction des caractéristiques du travail.

Il est clair dans cet exemple que l'indication médicale qui a conduit à supprimer l'effet du travail dans un groupe exposé réduit la différence entre les taux de prématurité des femmes qui ont un travail aisé et de celles qui ont un travail pénible. Mais il apparaît également que l'anticipation n'est pas parfaite puisque le médecin ne dispose pour prendre sa décision dans ce cas, que d'indicateurs de risque de prématurité.

Les biais d'indication seront étudiés de façon plus détaillée au chapitre des enquêtes d'évaluation, nous voulions cependant montrer qu'ils ne sont pas absents des enquêtes étiologiques dans la mesure où les facteurs de risque peuvent donner lieu à des interventions médicales. En dehors même d'une intervention directe, le rôle des campagnes de prévention, celui des mass-media peuvent amener les individus à modifier un facteur de risque en anticipant sur des résultats supposés ou réels.

Auto-sélection liée à la maladie

La maladie conditionne le choix d'un lieu de traitement ou de surveillance médicale; elle peut également influencer le choix d'une profession ou d'un lieu

TABLEAU I

Exemple de biais d'indication.

a) Répartition des femmes en fonction des antécédents et des conditions de travail.

	En l'absence d'indication médicale			Avec indication médicale		
	Antécédent de prématurité			Antécédent de prématurité		
	non	oui	total	non	oui	total
Travail aisé	600	100	700	600	100	700
Travail pénible	200	100	300	200	0	200
Total	800	200	1 000	800	100	900

b) Relation entre la prématurité, les antécédents de prématurité et le travail.

	En l'absence d'indication médicale			Avec indication médicale		
	à terme	prématuré	total	à terme	prématuré	total
Travail aisé						
pas d'antécédent	570	30 (5 %)	600	570	30 (5 %)	600
antécédent	90	10 (10 %)	100	90	10 (10 %)	100
Travail pénible						
pas d'antécédent	180	20 (10 %)	200	180	20 (10 %)	200
antécédent	75	25 (25 %)	100	0	0	0
Total	915	85	1 000	840	60	900

c) Relation entre la prématurité et les conditions de travail tous antécédents confondus.

	En l'absence d'indication médicale			Avec indication médicale		
	à terme	prématuré	total	à terme	prématuré	total
Travail aisé	660	40 (5,7 %)	700	660	40 (5,7 %)	700
Travail pénible	255	45 (15 %)	300	180	20 (10 %)	200
Total	915	85	1 000	840	60	900

d'habitat. Elle intervient chronologiquement après l'exposition comme le rappelle le schéma ci-dessous où x symbolise l'exposition et m la maladie avec la position des enquêtes prospectives (P) et rétrospectives (R).

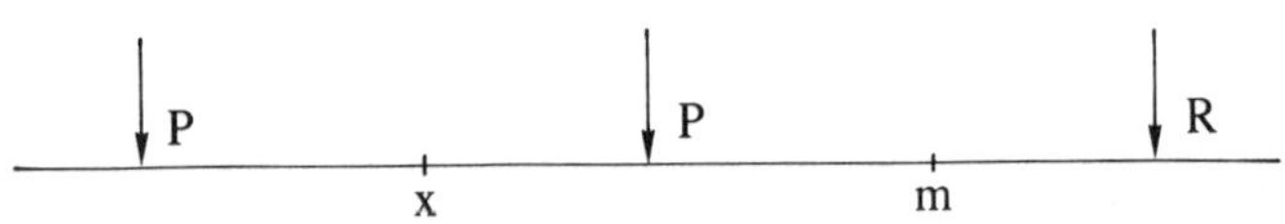

Dans ces conditions la sélection résultant de la maladie peut être également liée au facteur étudié.

Les sujets hospitalisés d'urgence, ceux qui ont des maladies graves sont généralement traités dans certains établissements publics, quelle que soit leur classe sociale. Les patients atteints de maladies bénignes, hospitalisés dans les mêmes établissements, représentent souvent une sélection de sujets plus pauvres et plus isolés. La comparaison des deux groupes fait apparaître des différences sociales liées au recrutement hospitalier. Elles perturbent l'analyse des relations existant entre catégorie sociale et maladie. Elles perturbent indirectement l'étude des facteurs étiologiques liés à la catégorie sociale : profession, habitat, habitudes de vie...

Auto-sélection et résultats de l'enquête

L'auto-sélection peut donc interférer avec les conclusions de l'enquête étiologique. Il est possible de résumer ainsi ces processus.

A la fin d'une enquête étiologique, les sujets sont répartis en 4 groupes (tableau II).

TABLEAU II

Répartition des cas en fin d'enquête

	Témoins	Malades	Total
Non-exposés	n_{00}	n_{10}	$n_{.0}$
Exposés	n_{01}	n_{11}	$n_{.1}$
Total	$n_{0.}$	$n_{1.}$	n

L'analyse d'un tel tableau de contingence se fait par comparaison du pourcentage de sujets malades chez les exposés et les non exposés, dans une enquête de type I ou II

$$\left(\frac{n_{10}}{n_{.0}} \quad \text{et} \quad \frac{n_{11}}{n_{.1}}\right)$$

Dans une enquête de type I ou III elle se fait en comparant les pourcentages de sujets exposés parmi les malades et les non malades.

$$\left(\frac{n_{11}}{n_{1.}} \quad \frac{n_{01}}{n_{.0}}\right)$$

Les processus d'auto-sélection des sujets peuvent avoir pour effet de déséquilibrer l'effectif d'un de ces quatre groupes.

Supposons que dans une population de 100 individus la répartition réelle soit celle indiquée au tableau IIIa. Une enquête réalisée dans une population sélectionnée peut donner la répartition indiquée au tableau IIIb : tous les malades sont inclus dans l'enquête, la moitié des « témoins » exposés aussi, par contre un dixième seulement des témoins non-exposés seront sélectionnés. Les résultats s'en trouvent entièrement modifiés.

TABLEAU III
Exemple d'un processus d'auto-sélection

	a) Répartition réelle			b) Répartition après sélection		
	Témoins	Malades	Total	Témoins	Malades	Total
Non-exposés	56	24	80	6	24	30
Exposés	14	6	20	7	6	13
Total	70	30	100	13	30	43

Le processus d'auto-sélection envisagé ici est le plus grave puisqu'il affecte particulièrement l'effectif d'un seul des quatre groupes, c'est-à-dire que l'auto-sélection se fait en fonction du facteur et de la maladie. Si l'auto-sélection était seulement fonction de l'exposition, conduisant à inclure dans l'enquête la moitié des exposés (qu'il soit malade ou non), la fréquence de l'exposition observée au niveau de l'enquête serait inexacte, mais la fréquence de la maladie chez les exposés et chez les non exposés ne serait pas biaisée. De la même façon, un processus d'auto-sélection conduisant à ne retenir que la moitié des malades entraînerait un biais dans l'estimation de la fréquence de la maladie, mais la fréquence de l'exposition chez les malades et les non malades n'en serait pas modifiée. Dans ces deux derniers cas, la relation exposition/maladie peut être appréciée, à condition toutefois que n'intervienne pas le processus décrit au tableau I.

CHOIX DE LA POPULATION SELON LE TYPE D'ENQUÊTE

Enquêtes prospectives

Elles peuvent porter sur une cohorte comportant à la fois des sujets exposés et non exposés. Le terme de cohorte est pris ici dans le sens d'un ensemble d'individus ayant vécu un événement semblable pendant la même période de temps. Ces enquêtes sont en général de type I.

Certaines enquêtes ont été faites sur un groupe professionnel, la première enquête prospective sur le rôle du tabac a été réalisée sur 41 000 médecins anglais [2], une étude sur les risques de cardiopathies ischémiques est actuellement conduite dans une administration française [3]. D'autres enquêtes ont porté sur des populations hospitalières, tel que le cas de l'enquête de l'INSERM sur l'étiologie des malformations congénitales [7]. On a parfois eu recours à des volontaires [4]. Les enquêtes portant sur une zone géographique sont rares, l'enquête de Framingham est une des principales, elle a permis l'étude des facteurs de risque de maladie coronarienne [8].

Le moment du choix de la population de l'enquête est variable. Il peut intervenir avant l'exposition et dans ce cas il n'en dépend pas directement. Mais cette technique implique souvent une longue surveillance; elle est rarement utilisée en dehors de quelques cas privilégiés.

En général, le choix de la cohorte se fait après le début de l'exposition. Les phénomènes d'auto-sélection sont alors moins bien cernés. On se trouve en présence de 2 groupes, exposé et non exposé, dont il faut essayer de reconstituer l'histoire.

Dans une enquête prospective portant sur les cancers liés à l'usage du tabac, on peut définir une cohorte (membres d'une profession par exemple) et pratiquer un interrogatoire pour déterminer les 2 groupes (fumeurs et non fumeurs). Certains sujets peuvent s'être arrêtés de fumer, si on les inclut dans le groupe des non-fumeurs, un biais de sélection est à craindre s'ils se sont arrêtés de fumer parce qu'ils présentaient des facteurs de risque de cancer. Il est donc préférable de constituer 3 groupes, les non-fumeurs, les sujets qui se sont arrêtés de fumer et les fumeurs actuels.

Lorsque le choix de la cohorte intervient après l'exposition, il est possible qu'il y ait déjà des malades dans la population choisie. On se contente généralement de les exclure de la population suivie, puisque l'on est dans le schéma d'une enquête prospective. Ceci n'est pas toujours sans inconvénient.

Si l'on étudie les effets de la consommation d'alcool dans une population d'hommes de 20 à 50 ans, indemnes de grandes complications (delirium, cirrhose) au début de l'enquête prospective, il y a pour les plus âgés une sélection évidente : les plus fortes consommations d'alcool ont pu entraîner une mort précoce ou une maladie grave. On ne trouve chez les hommes de plus de 40 ans que les survivants, la relation existant entre l'alcool et les pathologies peut en être modifiée.

Il y a donc intérêt à ce que le choix de la population n'intervienne pas trop tardivement après que de nombreux processus d'auto-sélection aient joué.

L'importance des biais liés au choix de la population est moindre dans les enquêtes prospectives portant sur une cohorte que dans les enquêtes rétrospectives. L'auto-sélection est liée à l'exposition au facteur étudié, mais elle ne peut être liée directement à la maladie dont le diagnostic n'est pas encore porté. Le dernier exemple qui vient d'être cité montre cependant qu'une certaine prudence s'impose. En dehors de ce cas, l'auto-sélection peut être liée indirectement à la maladie, notamment lorsque les facteurs de risque de la maladie étudiés sont connus et lorsqu'ils conduisent à des prescriptions particulières dans certains groupes (biais d'indication).

Le tableau I en donne un exemple, ce type de biais peut exister dans n'importe quel type de populations, mais les populations hospitalières et celles des organismes de soins en général comportent à cet égard des risques de biais importants. L'existence de services de consultations préventives permet d'y réaliser des enquêtes prospectives, mais leur recrutement peut être lié à la fois à la maladie et au facteur étudié.

On sait que l'issue d'une grossesse est très liée à l'issue des grossesses précédentes : les femmes qui ont mis au monde un enfant mort-né ont une probabilité 2 à 3 fois plus forte que les autres de répéter cette anomalie au cours de la grossesse suivante. Les mieux informées, les plus instruites peuvent être amenées à faire suivre leur grossesse dans un centre spécialisé, lorsqu'elles ont eu une anomalie obstétricale dans le passé. Une enquête prospective réalisée dans un tel centre pourrait aboutir à une relation « classe sociale privilégiée-mortinatalité », alors qu'elle est inverse dans la population générale.

Ce biais est lié à l'anticipation sur les résultats de la grossesse, mais ses effets sont moindres que ceux d'un biais direct. Ils sont liés à la qualité de l'anticipation et à l'importance de la sélection qu'elle entraîne.

Les cohortes définies à partir de groupes professionnels peuvent également entraîner ce type de biais.

Dans certaines professions on s'efforce de réduire au maximum les risques de mort subite en raison des dangers qu'elle ferait subir à un ensemble d'individus. La sélection médicale fondée sur l'âge, les facteurs de risque, les signes avant-coureur d'infarctus ou d'autres causes de mort subite peuvent entraîner l'élimination d'un certain nombre de sujets particulièrement exposés. Faire une enquête prospective sur les facteurs de risque d'infarctus dans une telle population peut conduire à des résultats atypiques.

Enquêtes prospectives portant sur des sujets exposés. Il arrive que l'ensemble des individus d'une communauté soient exposés. Tel est le cas dans certaines communautés définies sur des bases géographiques ou administratives, soumises par exemple à de fortes pollutions atmosphériques, ou dans des communautés professionnelles ayant des conditions de travail particulières.

Si les facteurs de risque ne sont pas distribués de façon homogène dans la population, on peut comparer des sujets ayant différents degrés d'exposition. C'est ainsi que dans une zone géographique donnée on comparera des communautés vivant dans des conditions voisines mais utilisant des réseaux de distribution d'eau plus ou moins riche en nitrate. Il s'agit d'enquête de types I ou II.

Des phénomènes d'auto-sélection peuvent se produire lorsqu'à l'intérieur de cette communauté, les individus peuvent modifier leur degré d'exposition; il peut y avoir un biais si cette modification se fait indirectement en fonction de la maladie. Dans l'exemple ci-dessus, il est peu probable que les sujets déménagent en fonction de la teneur de l'eau en nitrate; par contre si la pollution atmosphérique a des niveaux très différents dans une zone, il est possible que les habitants les plus exposés aux complications rhino-pharyngées aillent vers les endroits les moins pollués.

Ce risque de biais est encore plus net dans les groupes professionnels, où les sujets peuvent être déplacés des postes les plus pénibles et les plus dangereux vers des postes moins exposés, en fonction de leur état de santé et des signes précurseurs de la maladie étudiée.

Enquêtes prospectives portant sur des sujets exposés et non exposés n'appartenant pas à la même cohorte. Tel est le cas si tous les individus d'une communauté sont exposés de façon identique, ou si on souhaite dans les exemples précédents avoir un groupe de témoins non exposés. Il s'agit d'enquête de type II. Plusieurs techniques sont utilisables pour choisir les témoins.

On peut s'efforcer de reconstituer la cohorte d'origine. Ceci implique que l'on connaisse l'origine du groupe exposé et que l'on puisse à partir de là, redéfinir la cohorte. Cette méthode est difficile à utiliser.

Supposons que l'on désire étudier la relation existant entre un facteur x et une maladie m en comparant les ouvriers exposés travaillant dans une usine située dans une ville de moyenne importance aux témoins non exposés habitant la ville. Il est possible qu'il y ait dans cette usine une forte proportion de travailleurs étrangers et qu'il n'y en ait pas parmi les autres habitants de la ville. Pour reconstituer la cohorte d'origine, il serait nécessaire d'apparier, c'est-à-dire de faire correspondre à chacun de ces travailleurs un témoin non exposé de même origine. Si ceux-ci habitent encore dans leur pays d'origine, ils forment un groupe peu comparable. Il faudrait donc pousser plus loin l'appariement sur le lieu d'habitat, la date d'arrivée en France... et tout autre caractère susceptible d'être lié à la maladie.

Une autre solution peut conduire à la comparaison de 2 communautés différentes, l'une exposée, l'autre moins exposée ou non exposée. On peut par exemple comparer la fréquence d'une maladie dans 2 usines utilisant des méthodes différentes de prévention en matière d'exposition. De même on peut comparer deux zones géographiques soumises à une pollution de niveaux différents. Si les deux communautés sont suffisamment éloignées on diminue considérablement les échanges de populations précédemment signalés. Par contre on augmente les différences tenant au peuplement, aux conditions de vie d'où des enquêtes qui présentent à peu près les mêmes inconvénients que les études de pathologie géographique.

La figure 1 résume de façon schématique les trois types de populations qui viennent d'être envisagés.

Cohorte comportant des sujets exposés non exposés (témoins)	Exposés		Témoins
Cohorte comportant des sujets exposés à différents degrés (A, B, C)	Exposés A B C		
Sujets exposés et témoins n'appartenant pas à la même cohorte	Exposés		Témoins

FIG. 1. — Enquêtes prospectives : différents types de population.

Enquêtes rétrospectives

Elles peuvent porter sur des malades et des sujets non malades appartenant à la même population. Tel est le cas dans les enquêtes faites à partir des registres dans lesquels on compare, par exemple, des sujets atteints de cancer aux sujets résidant dans la même zone géographique. Il s'agit d'enquêtes de type I ou III.

Il y a une certaine analogie entre ce type de population et les cohortes précédemment envisagées dans les enquêtes prospectives. Il existe toutefois une différence essentielle, puisque la population est définie *après* l'apparition de la maladie. Les biais d'auto-sélection peuvent donc exister car celle-ci peut être liée à la fois au facteur étudié et à la maladie. Ils sont peu nombreux dans les populations définies sur des bases administratives; ils le sont davantage en milieu professionnel : les individus exposés et malades ayant tendance à s'éliminer de la population. Pour éviter ces biais, on s'efforce de *reporter la définition de la population à une période antérieure à la maladie*. Ces enquêtes sont relativement rares; A. Stewart [11] en a fourni un des premiers exemples. Elle a en effet fait correspondre à chaque enfant leucémique enregistré sur un registre du cancer, un enfant de même âge né dans la même commune.

Ce type d'échantillonnage pourrait être appliqué plus largement pour étudier l'étiologie des maladies de l'enfance et de l'adolescence sous réserve que les populations ne soit pas trop mobiles, si l'on doit recourir à des interrogatoires.

Dans une étude en cours *, nous avons entrepris une enquête rétrospective destinée à étudier la relation existant entre les conditions périnatales et les handicaps des enfants nés en 1972 et en 1976. Ces derniers sont enregistrés dans chaque département par des organismes spécialisés qui établissent un dossier portant sur les antécédents : lieu de naissance, existence d'une intervention, d'un transfert, poids de naissance... Les témoins sont constitués par un échantillon représentatif des naissances enregistrées en 1972 et en 1976 dans les mêmes départements. Les enfants sont appariés sur l'année de naissance. Ce procédé permet de reconstituer la cohorte de naissances. Toutefois les informations ne sont pas acquises par les mêmes sources; il s'agit des parents pour les handicapés et d'une enquête faite auprès de la mère aussitôt après la naissance pour les témoins. Ceci oblige à limiter l'information à des faits très objectifs et importants.

Au fur et à mesure qu'on s'éloigne de la naissance, l'intérêt qu'il y a à reconstituer une cohorte de naissances diminue, car elle peut être très hétérogène, les individus n'ayant plus en commun que la date et le lieu de naissance.

Les exemples qui viennent d'être cités reposent essentiellement sur des populations définies sur des bases administratives. Si les malades sont enregistrés dans des hôpitaux, il devient très difficile de reconstituer leur cohorte d'origine.

Enquêtes rétrospectives cas-témoins

Directement adapté de l'anglais « case-control survey », ce type d'enquête est le plus utilisé, il porte sur une population de malades auxquels on fait correspondre des témoins. Ces enquêtes sont fréquemment réalisées en *milieu hospitalier* et c'est là qu'on enregistre les biais les plus évidents.

Dans une enquête réalisée en 1956 *, l'un de nous a comparé des femmes hospitalisées pour cancer du col de l'utérus avec des malades atteintes d'affections bénignes. Nous nous attendions à observer chez les premières un niveau social plus bas et une parité plus élevée, car ce résultat avait été établi dans des travaux antérieurs. Notre enquête démontrait le contraire : les cancéreuses avaient bien un niveau social un peu plus bas que celui de la population française, mais les témoins se situaient largement au-dessous, et leur parité était plus élevée. Cette enquête qui aurait été intéressante pour évaluer le recrutement hospitalier, ne permettait pas de répondre à l'objectif de recherche étiologique qui lui était assigné, en raison des caractéristiques socio-économiques des témoins.

D'autres exemples montrent que les malades hospitalisés pour des affections graves viennent de plus loin et notamment des zones rurales, que les malades souffrant d'affections bénignes, recrutés dans la zone urbaine où est situé l'hôpital. Cette différence peut s'accompagner d'autres différences portant sur les habitudes alimentaires, la pollution et les conditions de vie.

Il est enfin classique d'observer en milieu hospitalier des associations plus fréquentes que ne le voudrait le hasard, entre des maladies. On pourrait en conclure que l'une d'elles favorise l'apparition de l'autre. En réalité, la probabilité d'être hospitalisé est liée, dans beaucoup de cas, au nombre des maladies ainsi, bien entendu, qu'à leur gravité.

Le recrutement hospitalier, et d'une façon plus générale celui des organismes de soins et de prévention, offre donc de multiples exemples de biais, car il est fondé à la fois sur la classe sociale, le lieu d'habitat et la gravité de la ou des maladies. Pour remédier à cet inconvénient, il a été proposé de prendre comme témoins différents types de malades.

* Non publiée.

On a ainsi apparié des cancers bronchiques à des témoins cancéreux, à des accidents de la circulation et à des malades atteints d'affections bénignes [1].

Cette méthode permet de déceler certains processus d'auto-sélection, mais elle laisse échapper ceux qui sont communs aux différentes morbidités.

Les enquêtes hospitalières ont d'ailleurs d'autres inconvénients tenant au fait que les témoins sont eux-mêmes des malades [9].

L'étude du rôle étiologique de l'alcool en est un bon exemple. Si on réalise une étude sur l'étiologie des cancers de l'œsophage à l'intérieur d'un hôpital, on peut, comme précédemment, prendre comme témoins d'autres cancers, des sujets accidentés ou atteints de maladies bénignes. Mais l'alcool entre aussi dans l'étiologie de ces maladies ou de ces accidents, en outre il peut constituer une raison supplémentaire d'hospitalisation. Les différences entre les cas de cancers de l'œsophage et les témoins se trouvent donc sous-estimées.

Pour pallier cette nouvelle difficulté, on a essayé de choisir des groupes témoins en dehors de l'hôpital, dans la zone géographique de son recrutement. Mais on s'est très vite aperçu que celle-ci variait selon la gravité de la maladie : les patients atteints d'affections très graves viennent de plus loin, et parfois de l'étranger, ce recrutement étant souvent modulé par le niveau d'information et le revenu.

Une autre technique a consisté à faire correspondre à chaque malade un témoin choisi ou tiré au sort parmi ses parents, ses amis, ses relations de bureau ou ses voisins. Ces techniques qui conduisent parfois à un surappariement doivent être utilisées avec beaucoup d'esprit critique et sont souvent difficiles à maîtriser.

Les remarques qui viennent d'être faites constituent autant de mises en garde contre les difficultés des enquêtes rétrospectives menées en milieu hospitalier. Cependant, il ne faudrait pas pour cela les rejeter. Les enquêtes menées récemment dans le domaine de la contraception montrent au contraire leur intérêt lorsqu'elles sont convenablement conduites.

La relation étiologique existant entre l'utilisation des contraceptifs oraux, les thromboses veineuses et les embolies pulmonaires a été démontrée par quatre enquêtes rétrospectives [5, 6,10, 12]. Il s'agissait d'affections graves entraînant l'hospitalisation ou la mort des sujets, donc relativement aisées à répertorier pour l'ensemble d'une région. En outre, le système de santé anglais permettait de définir des témoins dans la clientèle des médecins praticiens qui traitent ces femmes, clientèle enregistrée chez le praticien et beaucoup moins mobile qu'en France.

TECHNIQUES D'ÉCHANTILLONNAGE

Le choix de la population étant fixé dans ses grandes lignes, il reste à définir plus exactement les sujets qui entrent dans l'enquête, à fixer le nombre de sujets nécessaire et les modalités de leur choix si l'étude ne porte pas sur l'ensemble de la population, à décider d'un éventuel appariement.

Définition des sujets bons pour l'enquête

Elle présente de nombreuses similitudes avec la procédure utilisée pour les essais contrôlés.

Dans les enquêtes prospectives, la définition porte sur :

a) les caractères généraux de la population : sexe, âge ou date de naissance, lieu de naissance, lieu d'habitat, lieu et conditions de travail;

b) les clauses d'exclusion pour des raisons d'éthique ou des raisons opérationnelles (interrogatoire impossible, surveillance impossible...);

c) la définition de sujets exposés et non exposés;

d) la définition des malades qui doivent être exclus de l'enquête.

Pour les points a et b, il faut tout particulièrement veiller à ce que la définition soit la même chez les sujets exposés et non exposés; il est souhaitable que ces opérations soient faites avant que l'on sache si le sujet est ou non exposé. Il y a là un parallélisme évident avec la définition des sujets bons pour l'essai.

La définition des sujets exposés et non exposés entre dans le domaine des investigations et sera envisagée plus tard. Elle doit permettre une bonne distinction entre les deux groupes, faute de quoi chacun d'eux devient un mélange d'exposés et de non exposés, d'où une perte évidente de puissance. Cette définition doit surtout être indépendante de la maladie ou des facteurs liés à la maladie. Cette condition est plus difficile à réaliser qu'on le croit communément.

Lorsqu'on effectue une enquête sur les pathologies liées à la consommation d'alcool, il est souvent difficile de définir celle-ci par l'interrogatoire. On utilise souvent les signes d'imprégnation alcoolique, tremblement, comportement... qui peuvent constituer les premiers signes des pathologies que l'on étudie. Ceci tend à renforcer la liaison car on considère comme gros consommateurs d'alcool les sujets ayant des signes d'imprégnation même s'ils déclarent une quantité faible ou moyenne.

De la même manière, les malades doivent être définis indépendamment de l'exposition. Nous reviendrons sur ce point dans le suivi de l'échantillon.

Dans les enquêtes rétrospectives, la définition des sujets bons pour l'enquête est une opération relativement tardive qui intervient après l'apparition de la maladie même si on reconstitue a posteriori une cohorte. On court alors le risque d'utiliser la connaissance de l'exposition pour définir les malades. Cette erreur est grave car elle tend à renforcer une liaison éventuelle, voire à la créer.

Elle a été particulièrement importante dans des études rétrospectives portant sur des nouveau-nés porteurs d'un syndrome d'alcoolisme fœtal et des témoins. On a tenu compte de la consommation d'alcool élevée de la mère pour définir le syndrome. Cette pratique peut être utile dans les phases préliminaires des recherches. Mais les enquêtes doivent ensuite reposer sur une définition objective ne tenant pas compte de l'exposition.

Dans les enquêtes cas-témoins d'autres causes d'erreur sont à craindre si les deux groupes proviennent de populations différentes qui peuvent être examinées à des moments différents.

Choix des sujets

Si l'enquête n'est pas exhaustive, et si l'on décide de réduire le nombre d'individus, leur choix parmi les sujets bons pour l'enquête peut utiliser la méthode des sondages aléatoires ou reposer sur un choix raisonné.

Sondages aléatoires. Toutes les techniques décrites sont valables ici, aussi insisterons-nous sur deux d'entre elles, d'un usage plus spécifique.

La première consiste à équilibrer le nombre de sujets comparés, nous l'avons envisagée au chapitre II. Si une maladie est rare dans une population, on peut décider de faire porter l'enquête sur l'ensemble des malades et sur un échantillon aléatoire de non-malades; c'est une enquête de type III. De même, on peut, si l'exposition est rare, faire porter l'enquête sur la totalité des exposés et un échantillon aléatoire des non-exposés; c'est une enquête de type II.

Il s'agit donc d'une forme de sondage stratifié, la première strate étant, par exemple, celle des sujets malades, la deuxième celle des témoins. Les fractions de sondages sont établies de telle sorte qu'on aboutisse aux effectifs voulus dans chaque groupe.

S'il y a 10 fois plus de témoins que de malades on peut tirer au sort 1 sujet sur 2 chez les malades et 1 sur 20 chez les non-malades pour arriver à des effectifs égaux.

La deuxième technique conduit à réaliser une stratification a priori, ou un appariement pour améliorer la comparabilité des deux groupes.

Nous avons noté que les sujets exposés, par exemple, diffèrent par de nombreux caractères des sujets non-exposés : les fumeurs comportent plus d'hommes que les non-fumeurs, ils sont plus âgés... Ces différences sont connues, elles apportent peu ou pas d'éléments nouveaux dans la recherche. Il est préférable de les éliminer en tirant au sort les échantillons dans des sous-groupes homogènes par rapport à l'âge et au sexe, pour reprendre l'exemple ci-dessus. Il s'agit-là d'une stratification a priori. Elle est absolument compatible avec le contrôle du nombre de sujets exposés et non-exposés, ainsi que le montre l'exemple ci-dessous.

Supposons que l'on réalise une enquête sur les conséquences de l'habitude de fumer chez les femmes dans une population où on compte 20 % de fumeuses. On décide, pour équilibrer les groupes exposés et non-exposés, de tirer au sort 1 fumeuse sur 2 et 1 non-fumeuse sur 10. Constatant en outre que les femmes âgées de moins de 30 ans fument davantage que les autres, on procède de la façon suivante pour éliminer l'effet de l'âge : parmi les femmes âgées de moins de 30 ans on tire au sort 1 fumeuse sur 2 et 1 non-fumeuse sur 10; la même opération est répétée chez les femmes âgées de plus de 30 ans.

Il est également possible de réaliser un appariement en faisant correspondre à chaque sujet exposé un témoin de même âge.

Ces techniques sont largement utilisées dans les enquêtes rétrospectives, pour rendre plus comparables les malades et les témoins qui présentent souvent, nous l'avons vu, des différences considérables. Mais il arrive que la stratification, ou l'appariement, s'avèrent difficiles lorsque les groupes comparés (malades et témoins par exemple) sont très différents. Il se peut que l'on ne trouve pas le témoin correspondant à un malade pendant plusieurs semaines d'enquête. Or de tels délais posent des problèmes si le facteur temps joue un rôle dans l'enquête, ne serait-ce qu'en raison de l'évolution des modalités d'interrogatoire.

Autres méthodes d'échantillonnage. Les difficultés que l'on éprouve parfois à réaliser un sondage, l'ignorance des biais qu'entraînent les autres méthodes, font que l'on utilise des techniques très empiriques reposant sur un choix raisonné. On les justifie dans les enquêtes étiologiques en s'appuyant sur la stabilité des résultats.

Deux cas sont à distinguer.

S'il s'agit d'une enquête *prospective*, l'échantillonnage intervient avant l'apparition de la maladie; s'il y a sélection des sujets dans la population, elle n'est pas fonction de la maladie (aux biais indirects près). On peut donc laisser plus de liberté aux enquêteurs dans le choix des sujets, s'ils n'ont pas la possibilité de les intégrer tous dans l'enquête. Mais ce faisant, on aboutit à un échantillon non représentatif, ceci peut être gênant dans une optique pragmatique.

S'il s'agit d'une enquête *rétrospective,* cette façon de procéder est très dangereuse. Les sujets malades et non-malades différaient déjà en fonction des processus d'auto-sélection liés à la maladie et aux facteurs, leur différence s'accentue du fait de la sélection faite par les enquêteurs.

Dans une enquête hospitalière portant sur des cancers du col utérin et des témoins, décrite ci-dessus, nous avons constaté que les enquêteurs qui avaient sélectionné les témoins avaient tendance à choisir ceux qui restaient le plus longtemps hospitalisés, c'est-à-dire les plus défavorisés sur le plan social. Ils augmentaient ainsi les différences liées au recrutement hospitalier.

Il faut donc, dans les enquêtes rétrospectives, s'en tenir autant que possible aux méthodes de sondages aléatoires.

Dans l'ensemble on s'efforcera, dans tous les types d'enquête, d'adopter des méthodes d'échantillonnage rigoureuses et relativement simples à mettre en œuvre et à contrôler. *L'appariement* à cet égard mérite une mention spéciale. Les techniques très poussées d'appariement sont, nous l'avons noté ci-dessus, généralement utilisées pour rendre comparables des groupes qui diffèrent considérablement à l'origine. Elles sont complexes à mettre en œuvre et nécessitent souvent une pré-enquête. Le choix des critères d'appariement est difficile : ils doivent être liés à la fois à la maladie et aux facteurs étudiés, mais ils ne doivent pas être eux-mêmes objets d'étude puisque l'appariement les élimine de l'analyse.

D'une façon générale, nous croyons que les procédures d'appariement doivent être réservées à l'élimination de caractères peu nombreux et représentant des variables parasites évidentes. Il est souhaitable qu'ils n'engagent pas des procédures trop complexes qui risquent d'être mal appliquées. Il sera ensuite possible au cours de l'analyse d'améliorer la comparabilité des groupes en procédant à des ajustements. Il faut aussi éviter les risques de *surappariement* c'est-à-dire l'appariement sur des caractéristiques très liées au facteur que l'on étudie.

Exemple : Dans une enquête cas-témoins sur le rôle des contraceptifs oraux dans le cancer du sein, si l'on décide d'apparier les femmes cancéreuses à une amie de même âge désignée par elle, il y a risque de surappariement dans la mesure où elles ont pu s'influencer pour le choix d'une méthode contraceptive. Cet appariement revient, à apparier sur la méthode de contraception, ce qui va très au-delà de ce qui était souhaité.

Nombre de sujets nécessaire

Le calcul du nombre de sujets nécessaire implique, nous l'avons vu, une estimation de la différence que l'on souhaite apprécier, et la connaissance des paramètres étudiés (moyenne et variance ou fréquence). Il est aisé lorsqu'on désire comparer deux échantillons pour un seul caractère. L'opération devient plus malaisée voire impossible si la comparaison porte sur plusieurs caractères. Tel est souvent le cas dans les enquêtes étiologiques. On doit donc se contenter d'une approximation très grossière du nombre de cas.

Nous allons examiner le cas simple où l'on compare deux échantillons pour un seul caractère en l'absence d'appariement.

On peut utiliser ici les formules établies au chapitre X. Les tables indiquent le nombre de sujets nécessaire dans chaque groupe lorsque leurs effectifs sont égaux. Ceci correspond à un cas particulier des enquêtes de type II ou de type III. Si les effectifs sont inégaux on procède de la façon suivante.

Nous envisagerons seulement le cas d'un test unilatéral dans la comparaison de deux moyennes. La démonstration serait identique pour deux pourcentages ou dans le cas d'un test bilatéral. Le nombre de sujets est donné par la formule :

$$\frac{1}{n_B} + \frac{1}{n_A} \leqslant \frac{1}{(\varepsilon_{2\alpha} + \varepsilon_{2\beta})^2} \cdot \frac{(\overline{X}_B - \overline{X}_A)^2}{\sigma^2}$$

où n_B correspond par exemple au nombre de sujets exposés et n_A au nombre de témoins

$\overline{X}_B - \overline{X}_A$ étant la différence attendue.

Si on pose $K = \frac{1}{(\varepsilon_{2\alpha} + \varepsilon_{2\beta})^2} \cdot \frac{(\overline{X}_B - \overline{X}_A)^2}{\sigma^2}$

on a $\frac{1}{n_A} + \frac{1}{n_B} = K$. En remplaçant n_A par λn_B avec $\frac{n_A}{n_B} = \lambda$

on trouve $n_B = \frac{1}{K}\left(1 + \frac{1}{\lambda}\right)$

$n_A = \frac{1}{K}(1 + \lambda)$

d'où $n_B + n_A = \frac{1}{K}\left(2 + \frac{1}{\lambda} + \lambda\right)$

Pour un effectif total $n_A + n_B$ fixé, cette expression passe par un minimum pour $\lambda = 1$ c'est-à-dire $n_A = n_B$.

Le tableau I montre les répercussions du déséquilibre entre n_A et n_B sur l'effectif total pour diverses valeurs de λ (on a supposé $K = 0,02$).

TABLEAU I

Intérêt de la combinaison $n_A = \lambda\, n_B$ lorsque λ se modifie (ici $K = 0,02$)

	Témoins n_A	Exposés n_B	Total $n_A + n_B$
$n_A = n_B$	100	100	200
$n_A = 2\, n_B$	150	75	225
$n_A = 3\, n_B$	200	67	267
$n_A = 4\, n_B$	250	62	312
$n_A = 100\, n_B$	5 000	50	5 050

NON-RÉPONSES ET SUJETS PERDUS DE VUE

C'est un problème fondamental que nous examinerons en tenant compte de la chronologie.

Enquêtes prospectives

Dans les enquêtes prospectives, les non-réponses interviennent dans la première phase de l'enquête, c'est-à-dire au moment où l'on constitue l'échantillon avant que la maladie ne soit diagnostiquée. Les sujets peuvent ensuite être perdus de vue pendant la phase de surveillance avant que la maladie ne soit diagnostiquée, ou après le diagnostic de la maladie.

Au cours de la première phase de l'enquête, il arrive que les sujets refusent de répondre en fonction de leur exposition aux facteurs. Ceci introduit un nouveau facteur d'auto-sélection pour lequel il y a lieu de se reporter au début du chapitre sur le choix de la population. Si les non-réponses sont liées indirectement à la maladie, elles peuvent introduire, nous l'avons vu, un biais indirect.

Même si les biais directs sont rares dans cette première phase de l'enquête, il est cependant prudent de repérer les non-répondants par une fiche succincte, de les dénombrer et d'essayer de les définir par d'autres sources d'informations ou par une enquête complémentaire. On peut ainsi les comparer aux répondants pour quelques caractères fondamentaux.

Lorsque les non-réponses se situent dans une enquête portant sur des sujets exposés et des témoins qui n'appartiennent pas à la même communauté, elles peuvent largement contribuer à rendre ces groupes non comparables; ceci est d'autant plus grave que les échantillonnages à ce niveau sont souvent empiriques et qu'on ne dispose pas toujours des moyens permettant de repérer les non-réponses. Tel est le cas lorsqu'on demande aux enquêteurs de faire correspondre à chaque sujet exposé un sujet non exposé, sans qu'il ait à le tirer au sort dans une liste.

Au cours de la phase de surveillance, les sujets perdus de vue introduisent des erreurs graves s'ils le sont en fonction du facteur étudié et de la maladie.

Il n'est pas impossible que ce type d'erreur explique l'échec relatif des premières enquêtes prospectives destinées à étudier les complications des contraceptifs oraux. Quelques femmes prenant la pilule et atteintes de complications graves (infarctus du myocarde, embolies cérébrales) ont pu être perdues de vue et, compte tenu de la rareté de ces phénomènes, ce fait a pu dissimuler une relation qui a ensuite été prouvée par des enquêtes rétrospectives.

La surveillance représente donc une phase extrêmement importante dans une enquête prospective. L'idéal serait de suivre absolument tous les cas inclus dans l'enquête, ceci permettrait d'abord de mesurer plus exactement l'exposition au facteur, qui a pu s'intensifier ou au contraire diminuer, mais aussi et surtout d'éviter le biais qui vient d'être signalé, lorsque les sujets sont perdus de vue après l'apparition de la maladie.

La chose est relativement aisée si la surveillance est de courte durée et le début de la maladie facile à repérer. Tel est le cas dans les enquêtes prospectives sur la grossesse.

Le plus souvent la surveillance est longue, la population mobile, le début des maladies mal spécifié. Il est donc difficile de savoir si les sujets sont perdus de vue, après ou avant celui-ci. S'il est impossible de les suivre tous, il faut constituer des sous-échantillons aléatoires des sujets perdus de vue et tout mettre en œuvre pour avoir une surveillance aussi complète que possible.

Enquêtes rétrospectives

Le recrutement des sujets s'effectue en général après la survenue et le diagnostic de la maladie. Dans ces conditions, les non-réponses peuvent être liées à la fois au facteur et à la maladie étudiée introduisant un biais grave d'auto-sélection.

L'expérience montre que dans les enquêtes rétrospectives, les témoins refusent plus fréquemment de répondre aux enquêtes, ceci est particulièrement net lorsqu'ils doivent être interrogés à domicile alors que les malades le sont à l'hôpital. Ces enquêtes en outre reposent souvent sur des modalités d'échantillonnage empiriques qui ne permettent pas de repérer les non-réponses et d'avoir quelques informations sur elles.

Il faut donc mettre en œuvre tous les moyens pour minimiser le nombre de non-réponses. *Si celui-ci reste élevé ou si l'on craint un biais d'auto-sélection, des enquêtes complémentaires s'imposent.*

RÉFÉRENCES

[1] F. Denoix, D. Schwartz, G. Anguera — L'enquête française sur l'étiologie du cancer broncho-pulmonaire, analyse détaillée. Bull. Cancer, 1958, *45*, 1-37.

[2] R. Doll, A.B. Hill — Mortality in relation to smoking : ten years' observations of British doctors. Brit. Med. J., 1964, *1*, 1399 and 1460.

[3] P. Ducimetière, G. Bonnaud, J.R. Claude, J.L. Richard — Premiers résultats de l'enquête prospective parisienne sur les cardiopathies ischémiques. Arch. Mal. Cœur Vaisseaux, 1975, *68*, 167-172.

[4] E.C. Hammond, D. Horn — Smoking and death rates. Reports on forty-four months of follow-up of 187783 men. I, total mortality. J. Amer. Med. Ass. 1958, *166*, 1159.

[5] W.H.W. Inman, M.P. Vessey — Investigation of deaths from pulmonary, coronary and cerebral trombosis and embolism in women of child-bearing age. Brit. Med. J., 1968, *2*, 193-199.

[6] Royal College of General Practitioners. J. Roy. Col. Gen. Pract., 1967, *13*, 267.

[7] C. Rumeau-Rouquette, J. Goujard, H. Huel et M. Kaminski — Malformations congénitales, risques périnatals. 1 vol., INSERM, Paris, 1978.

[8] J. Truet, J. Cornfield, W. Kannel — A multivariate analysis of the risk of coronary heart disease in Framingham. J. Chron. Dis., 1967, *20*, 511-524.

[9] A.J. Tuyns, O.M. Jensen, G. Pequignot — Le choix difficile d'un bon groupe témoin dans une enquête rétrospective. Rev. Epidém. Santé Publ., 1977, *25*, 25-67.

[10] P.E. Sartwell, A.T. Masi, F.G. Arthes, G.R. Greene, H.E. Smith — Thromboembolism and oral contraceptives : an epidemiological case-control study. Amer. J. Epidemiol., 1979, *90*, 365.

[11] A. Stewart, J. Webb, D. Hewitt — A survey of childhood malignancies. Brit. Med. Journ., 1958, *1*, 1495-1508.

[12] M.P. Vessey, R. Doll — Investigation of relation between use of oral contraceptives and thromboembolic disease. A further report. Brit. Med. J., 1969, *2*, 651-657.

CHAPITRE XII

L'ÉCHANTILLONNAGE DANS LES ENQUÊTES D'ÉVALUATION

Avant que la technique des essais contrôlés n'ait été mise au point, l'évaluation reposait uniquement sur des enquêtes d'observation, elles continuent à jouer un rôle important à chaque fois que les essais s'avèrent impossibles pour des raisons éthiques ou pratiques. Ces enquêtes connaissent donc un assez grand développement, elles peuvent s'inspirer des enquêtes prospectives ou rétrospectives. Mais on utilise aussi des enquêtes chronologiques (avant-après) et des comparaisons de communautés. C'est à elles que nous consacrerons l'essentiel de ce chapitre après une introduction générale sur les enquêtes comparées aux essais.

ENQUÊTES OU ESSAIS

Une évaluation a pour objectif de répondre à une question du type suivant : « est-ce que l'intervention A permet d'améliorer l'état de santé ou les procédures médicales », et est-elle supérieure à l'intervention B. Nous nous interrogerons sur les problèmes que posent les enquêtes dans ce domaine. Nous verrons aussi dans quelle mesure elles peuvent apporter des connaissances originales sur les systèmes de santé et les procédures : pénétration des innovations dans la population et dans les différents groupes sociaux...

Evaluation des interventions

Le problème essentiel, déjà souligné au chapitre IX est celui de la comparabilité des groupes sur lesquels sont effectuées ces interventions.

Les essais examinés au chapitre IX présentent une grande variété qui n'est pas sans effet sur cette comparabilité.

— Le plus rigoureux est l'essai à visée explicative dans lequel les sujets sont suivis de façon absolument identique grâce à l'utilisation de la méthode double anonyme et sans aucun perdu de vue. Il permet réellement de répondre à la question : est-ce que le traitement

A est plus efficace que le traitement B dans des conditions données d'administration, sur des malades particuliers.

— L'attitude pragmatique rapproche l'essai des conditions réelles. Dans certains cas les sujets sont randomisés en deux groupes, mais on accepte que la surveillance puisse différer, et elle est alors un des éléments de la comparaison. Dans d'autres cas des phénomènes de contamination amènent à randomiser des unités collectives et nous avons vu les problèmes que cela pouvait poser sur le plan de la comparabilité des groupes et le maintien de cette comparabilité. Une évolution ultime revient à supprimer la randomisation. Un exemple de ce type d'essai a été évoqué au chapitre II. Dans tous ces cas, il s'agit cependant d'une expérience dans laquelle on provoque un phénomène dans l'intention de l'étudier.

Dans une *enquête d'observation,* il est plus difficile de séparer la recherche de la pratique. Ceux qui mettent en place une nouvelle technique (vaccin, dépistage, traitement) sont le plus souvent persuadés de son efficacité, même s'ils se proposent de la vérifier a posteriori. Dans certains cas, cependant, l'enquête est faite à la place d'une expérience jugée impossible. Elle devient alors très voisine d'une expérimentation non randomisée.

Quel peut être le rôle d'une enquête d'observation dans un jugement d'efficacité ? Elle est évidemment beaucoup moins rigoureuse qu'un essai randomisé. Quel que soit le type d'enquête adopté, les sujets qui ont reçu un type de prévention ne sont pas comparables aux autres. Des travaux récents ont montré que les innovations médicales se répandent dans la population selon des modalités qui n'ont rien à voir avec le hasard. Elles atteignent d'abord les couches instruites de la société; les habitants des zones urbaines, les sujets les plus jeunes, les femmes qui exercent une profession sont souvent plus favorables que les autres aux innovations médicales. Ce phénomène semble assez général puisqu'il concerne aussi bien l'usage des nouvelles technologies que le renouveau de certaines pratiques comme l'allaitement maternel.

Le tableau I montre, par exemple, que l'allaitement maternel qui progresse actuellement en France est plus fréquent dans les classes instruites et chez les femmes qui exercent une profession. Ce sont elles qui les premières avaient abandonné cette pratique lorsqu'elle régressait, il y a quelques dizaines d'années [7].

TABLEAU I

Allaitement au cinquième jour de la vie en fonction du niveau scolaire de la mère et de l'exercice d'une profession (Enquête nationale 1981, femmes nées en France métropolitaine).

	Effectifs	Allaitement %	p≤
Niveau scolaire			
primaire	680	37	
1er cycle secondaire	1 124	48	0,001
2eme cycle secondaire	879	59	
universitaire	448	71	
Exercice d'une profession			
non	1 133	46	0,001
oui	1 959	55	

Il existe donc un phénomène très net *d'auto-sélection de la population* vis-à-vis de l'adoption d'une innovation. Celui-ci étant rendu encore plus complexe par l'intervention du corps médical qui est loin d'avoir une attitude homogène vis-à-vis des nouvelles méthodes de prévention ou de traitement.

Dans l'exemple cité ci-dessus le renouveau de l'allaitement maternel est beaucoup plus sensible lorsque les femmes ont été suivies par un spécialiste au cours de leur grossesse que si elles ont uniquement consulté un généraliste, entre également en ligne de compte la taille de la maternité (tableau II). Si l'on souhaitait évaluer l'effet de l'allaitement au sein sur l'état de santé de l'enfant en comparant un groupe d'enfants nourris au sein à un groupe d'enfants nourris au biberon, on ne pourrait sûrement pas attribuer les différences aux seuls effets du type d'alimentation.

TABLEAU II

Allaitement au cinquième jour de vie en fonction des modalités de surveillance (Enquête nationale 1981, femmes nées en France métropolitaine).

	Effectifs	Allaitement %	p≤
Surveillance de la grossesse			
spécialiste	2 000	58	0,001
généraliste	253	35	
Nombre de lits de la maternité			
<20	638	43	
20-30	1 511	52	0,001
≥40	937	58	

L'indication médicale introduit ici une dimension nouvelle dans la mesure où elle est liée à l'effet escompté. Un exemple figure dans un article récent [6], il montre que des sujets souffrant de thrombose ont reçu plus souvent que les autres un traitement préventif à base d'anticoagulants. Cette association paradoxale s'explique vraisemblablement par le fait qu'il existait des signes faisant craindre au médecin la survenue d'une thrombose, et le poussant à administrer un traitement préventif.

De la même manière les contre-indications peuvent être à l'origine de difficultés d'interprétation.

Supposons que l'on compare l'effet de 2 contraceptifs oraux dont l'un (A) est susceptible de provoquer davantage d'effets secondaires que l'autre (B). Si (A) n'est administré qu'à des femmes tolérant parfaitement bien les C.O. et (B) à n'importe quelle femme, il est possible que ce dernier engendre apparemment davantage de complications.

Ceci explique les réserves qui peuvent être faites à l'utilisation des enquêtes prospectives et rétrospectives pour évaluer l'efficacité des méthodes de prévention, en effet, en raison du biais d'indication on peut craindre que les sujets ayant bénéficié d'une prévention aient de plus mauvais résultats que les autres.

C'est pour réduire ce biais que l'on a essayé de trouver des situations quasi expérimentales dans lesquelles une population est largement affectée par une intervention alors qu'une autre ne l'est pas, ou l'est à un moindre degré.

Il en est ainsi dans plusieurs enquêtes réalisées dans des maternités qui adoptent une politique très différente. Une enquête d'observation faite en 1979 [4] nous a permis ainsi de comparer les taux de prématurité dans une maternité A pratiquant une politique très active de prévention et dans une maternité B voisine. De même actuellement les taux de césarienne varient de 6 % dans certains établissements à 20 % dans d'autres, créant des situations relativement contrastées.

Ces situations ne sont pas très différentes des essais non randomisés, à l'intention près qui n'est pas ici de réaliser une expérimentation. Dans le même esprit on peut procéder à des enquêtes avant et après une intervention dans la population.

Observation des pratiques médicales

Elles représentent un secteur de recherche intéressant de l'épidémiologie évaluative. Il ne s'agit plus de comparer l'efficacité ou l'efficience de deux méthodes de prévention ou de soins, mais d'observer comment ces méthodes se répartissent spontanément dans la population, quels sont les « groupes leader », quel est le rôle des inégalités du corps médical ? Combien de temps met une innovation pour pénétrer dans une communauté et ensuite pour être abandonnée.

C'est ce type d'enquête qui a été conduit dans les exemples précédents portant sur l'allaitement. D'autres ont permis de comparer la pénétration de différentes méthodes de prévention : il a fallu 10 ans pour que la proportion de femmes ayant moins de 4 consultations prénatales (minimum légal) passe de 15 % à 4 %, par contre les examens échographiques sont passés de 11 % des femmes enceintes à 82 % en 5 ans entre 1976 et 1981 [8].

L'étude de ces phénomènes ne se limite pas à une simple description, des convergences peuvent être trouvées entre les résultats, des théories élaborées. Boltanski a montré ainsi, à travers une analyse des règles de puériculture, que le savoir pénétrait d'abord dans les classes sociales favorisées et se transmettait de haut en bas [3]. Nous avons assez largement vérifié cette hypothèse en étudiant les innovations médicales au cours de la grossesse. D'autres hypothèses ont été également émises. Ces recherches représentent un point de convergence entre l'épidémiologie, la psychologie et la sociologie. Les enquêtes épidémiologiques peuvent, dans ce domaine, apporter un élément quantitatif à l'étude sociologique des conséquences des activités médicales.

Mais il s'agit d'un domaine relativement nouveau qui n'est pas sans risque car les épidémiologistes maîtrisent mal les variables étudiées et les faits sociologiques ou psychologiques sous-jacents, leur analyse reste souvent superficielle. Il nous semble cependant que cette approche mérite d'être développée pour son intérêt propre et parce qu'elle assure une connaissance de base indispensable pour l'évaluation.

Les objectifs

Dans le chapitre IX, consacré à l'expérimentation, nous avons insisté sur l'intérêt de distinguer l'approche pragmatique et l'approche explicative. La distinction subsiste mais à des degrés différents selon qu'il s'agit de comparer 2 pratiques médicales ou d'étudier leur répartition.

La première éventualité est presque toujours de type pragmatique, il s'agit de mesurer l'effet d'une méthode de prévention ou de soins dans ses conditions habituelles d'emploi et les conclusions ont rarement un caractère général.

La deuxième peut être de type explicatif dans la mesure où l'on s'interroge sur des mécanismes qui rendent compte de l'impact de telle ou telle mesure.

Dans la suite de ce chapitre, nous insisterons davantage sur la comparaison des interventions que sur l'étude de leur distribution.

ENQUÊTES AVANT-APRÈS

Lorsqu'une nouvelle méthode de prévention ou de soins pénètre dans une population, il est possible, sous certaines conditions, de mesurer son effet sur l'état de santé en réalisant des enquêtes de type transversale avant et après son introduction. Ceci nécessite que le moment (t) où pénètre la méthode étudiée soit facilement repérable. Il faut aussi que la pénétration soit assez rapide pour que les caractéristiques de la population ne se modifient pas trop rapidement.

Ces enquêtes transversales permettent aussi de mesurer l'impact de l'innovation. Si on répète plusieurs fois l'opération, on peut mesurer la dynamique selon laquelle cette innovation pénètre dans la population. On arrive alors au schéma suivant :

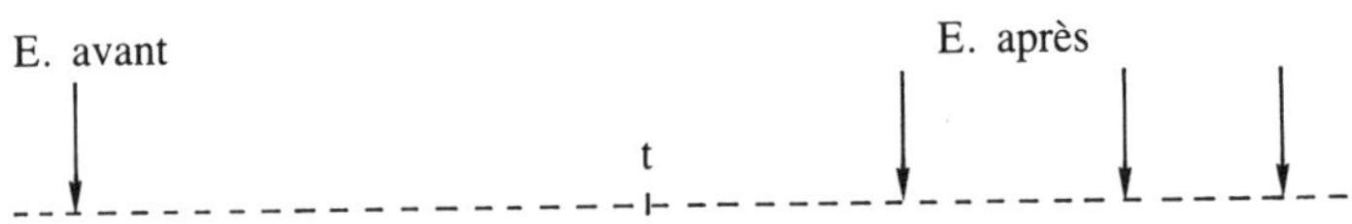

Exemple

En 1971, le gouvernement français a décidé de mettre en place une politique de prévention de la mortalité périnatale et des handicaps d'origine congénitale. Elle comportait 7 actions choisies après une étude de rationalisation des choix budgétaires :

— Formation et perfectionnement du corps médical.
— Développement de la recherche et du recueil de l'information.
— Prévention avant la grossesse (vaccination contre la rubéole).
— Renforcement de la surveillance médicale des femmes enceintes.
— Amélioration de la surveillance de l'accouchement.
— Réanimation des nouveau-nés en salle de travail.
— Equipement des services d'obstétrique et des centres néonataux de soins intensifs.

Leur mise en place s'est faite à partir de 1972 grâce à des mesures incitatives ou réglementaires. Il a été demandé à l'INSERM d'évaluer l'efficacité et l'impact de ces mesures dans une série d'enquêtes réalisées en 1972-1976 et 1981 [8].

Les trois enquêtes nationales ont été réalisées selon un protocole voisin, mis au point en 1971 par un groupe d'experts. Chacune d'elles a porté sur un échantillon représentatif des naissances, constitué par tirage au sort des établissements d'accouchements publics et privés, et pour ces établissements, par tirage au sort des accouchements. Ce sondage à deux degrés a permis de réunir 11 254 accouchements en 1972, 4 685 en 1975-1976 et 5 508 en 1981. L'enquête durait un mois dans chaque région et l'ordre de passage était établi de telle sorte que soit dispersé au maximum l'échantillon. Dans chaque région, un plan de sondage a été réalisé, il a été décrit au chapitre VIII.

Les femmes ont été interrogées sur le déroulement de leur grossesse, leurs conditions de vie et leur passé obstétrical, par des médecins et des sages-femmes; ceux-ci remplissaient en outre un dossier décrivant l'accouchement et la période néonatale. Les refus ont été peu nombreux : deux maternités en 1972 et aucune ensuite, et 1 % des femmes environ.

Les indicateurs de résultats ont ensuite été comparés entre les trois enquêtes; sans entrer ici dans le détail du choix des indicateurs et des résultats, nous en indiquons quelques-uns à titre d'exemple au tableau III.

De la même manière on a étudié l'impact des mesures : par exemple augmentation du nombre de consultations prénatales, introduction de la surveillance électronique de l'accouchement.

Enfin nous avons comparé les trois échantillons pour un certain nombre d'indicateurs démographiques et sociaux.

TABLEAU III

Comparaison des trois enquêtes nationales pour quelques indicateurs.

	1972	p≤	1976	p≤	1981
Indicateurs de résultats					
prématurité (A.G. ≤36 semaines)	8,2 %	0,001	6,8 %	0,001	55,6 %
poids <2 500 g	6,2 %	—	6,5 %	0,001	5,2 %
Indicateurs de l'impact des mesures de prévention					
nombre de visites prénatales					
<4	15,3 %		10,6 %		3,9 %
4	35,4 %		29,1 %		16,5 %
5-6	27,1 %	0,001	26,4 %	0,001	24,7 %
7 +	22,2 %		33,9 %		54,9 %
surveillance électronique de l'accouchement	6,4 %	0,001	31,0 %	0,001	70,6 %
Indicateurs démographiques					
nombre d'enfants antérieurs					
0	42,6 %		45,0 %		41,1 %
1-2	42,5 %	0,001	45,1 %	0,001	50,0 %
3 +	14,9 %		9,9 %		8,9 %
âge de la mère					
<20 ans	9,9 %		8,5 %		6,0 %
20-39 ans	87,7 %	0,001	90,4 %	0,001	93,1 %
40 ans +	2,4 %		1,1 %		0,9 %

Ces résultats illustrent le dilemme auquel on est confronté lors de l'analyse :

— il y a un progrès au niveau des indicateurs de résultats : la prématurité diminue depuis 1972 et les enfants de poids de naissance insuffisant sont moins nombreux depuis 1976;

— la surveillance de la grossesse et de l'accouchement s'améliorent;

— les caractéristiques démographiques de l'échantillon se modifient puisque l'effondrement de la natalité s'est produit au cours de cette période.

Nous verrons au chapitre XXX qu'un des rôles essentiels de l'analyse sera de déterminer si l'évolution favorable des indicateurs de résultats est liée aux mesures de prévention ou aux modifications démographiques observées. On est en effet en face d'une situation triangulaire caractéristique des enquêtes d'observation, elle est schématisée à la page suivante.

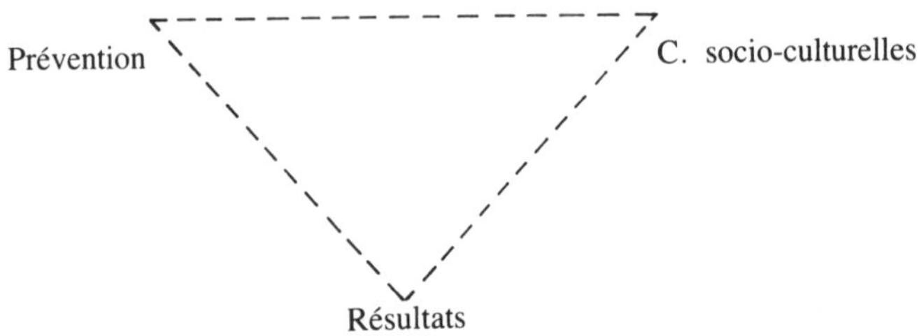

Modalités d'échantillonnage

Il faut avant tout que les modalités d'échantillonnage n'introduisent pas de différences artificielles entre les groupes comparés. Tel aurait été le cas si l'on avait réalisé les enquêtes précédentes dans des régions différentes en 1972, 1976 et 1981. Mais à côté de cet exemple caricatural, des causes d'erreur plus subtiles existent. Dans cet exemple il aurait suffit que le plan de sondage soit mal appliqué, ou qu'il y ait un nombre élevé de refus pour que l'échantillonnage introduise des différences artificielles entre les deux groupes. Pour éviter de telles erreurs, la définition de la population et les méthodes d'échantillonnage doivent être les mêmes au cours des enquêtes successives.

Il faut également, pour évaluer l'efficacité, que les caractéristiques des populations étudiées n'évoluent pas trop rapidement; sinon les enquêtes doivent être assez rapprochées pour éviter des différences trop importantes. Cette remarque est également valable si on veut étudier l'impact des mesures et son évolution. Cette analyse s'avère difficile dans une population qui elle-même se modifie trop rapidement.

Le choix de la population répond en général à une optique pragmatique, l'enquête est faite sur la population à laquelle on désire appliquer le résultat. Il peut s'agir d'une population de type administratif, professionnel ou hospitalier. On se méfiera toutefois des deux derniers, et notamment des populations hospitalières qui se modifient rapidement. Ces modifications peuvent se faire en relation avec l'introduction de la politique de prévention ou de soins que l'on souhaite étudier : une nouvelle technique peut attirer une nouvelle clientèle plus avertie, plus aisée, et les bons résultats enregistrés dépendent alors davantage du changement de clientèle que du changement de technique.

Les procédures d'échantillonnage sont de trois types.

a) On peut faire porter l'enquête sur la totalité de la population, il convient alors de définir très soigneusement les individus. Pour une zone géographique, il faut préciser s'il s'agit des sujets présents le jour de l'enquête, ou ayant leur résidence principale dans la zone et depuis combien de temps... La définition doit être la même au cours des deux enquêtes.

b) Si on désire réduire le nombre des sujets inclus dans les enquêtes successives, il est recommandé de procéder à un sondage aléatoire que l'on répétera au cours des enquêtes successives en suivant les mêmes modalités ou des modalités différentes. Dans ce dernier cas quelques précautions doivent être prises.

Dans l'exemple développé plus haut nous avons modifié la fraction de sondage pour réduire le nombre de sujets, ceci ne nuit nullement à la comparabilité des enquêtes, les tests de comparaison sont seulement un peu plus puissants entre 1972 et 1976 qu'entre 1976 et 1981. Le résultat aurait été différent si nous avions modifié seulement certaines fractions de sondage.

Nous aurions pu en outre modifier les modalités de tirage au sort, utiliser une table de nombres au hasard dans la première enquête, un sondage systématique dans la deuxième. Cette façon de procéder conduit dans les deux cas à un échantillon représentatif, sous réserve que la base n'ait pas de composante cyclique (voir chapitre VII) et elle est parfaitement acceptable.

Il faut donc en définitive s'assurer que les deux échantillons soient bien représentatifs de la population étudiée au moment des enquêtes successives et que les modifications des fractions de sondage ne changent pas la structure des échantillons.

c) Les techniques d'échantillonnage par choix raisonné, utilisant par exemple la méthode des quotas ou toutes autres techniques, sont beaucoup plus difficiles à utiliser car elles n'assurent pas toujours la représentativité de l'échantillon et sont plus difficilement reproductibles.

Les techniques d'appariement peuvent être utilisées pour améliorer la comparabilité des échantillons. L'enquête peut d'abord porter sur les mêmes individus. L'utilisation du sujet comme son propre témoin est classique dans les essais contrôlés, des variantes peuvent exister dans les enquêtes avant-après.

Dans les enquêtes nationales nous avons en 1972 et en 1976 fait porter l'étude sur le même échantillon de maternités en passant par tirage au sort de la fraction de sondage 1/4 à la fraction 1/8. Toutefois, dans le souci de maintenir la représentativité, nous avons pris en compte les ouvertures, fermetures et changements de catégorie des maternités.

Il aurait également été possible dans un autre type d'enquête, de comparer les grossesses successives des mêmes femmes. Elle suppose d'ailleurs qu'il y ait moins de différences entre deux grossesses d'une même femme et une grossesse de même rang chez deux femmes différentes. C'est l'inverse dans un certain nombre de cas.

COMPARAISON DE DEUX COMMUNAUTÉS

L'impact des mesures de prévention peut être très différent selon les communautés. Dans certains cas, ces situations permettent de procéder à une évaluation de leur efficacité ou de leur efficience.

Choix de la population

Les populations définies sur des bases administratives peuvent être utilisées dans la mesure où les deux communautés sont suffisamment semblables pour tous les caractères liés à la pathologie étudiée et dissemblables quant à la ou les mesures de prévention ou de soins.

De vastes communautés ont été comparées dans cette optique.

C'est ainsi que l'on a étudié la fréquence des accidents de la circulation dans différents états des Etats-Unis où la réglementation n'est pas la même [5]. L.S. Robertson et P.L. Zador ont trouvé une fréquence plus élevée des accidents dans les états où la délivrance du permis de conduire est plus précoce. Douglas et al. ont comparé la fréquence des accidents nocturnes chez les jeunes dans 3 états (le Michigan, le Maine et le Vermont) avant et après la réduction de l'âge d'accès aux boissons alcoolisées et dans 4 états témoins (la Pennsylvanie, le Texas, la Louisiane et l'état de New York). La fréquence des accidents s'est accrue dans le Maine et le Michigan et pas dans le Vermont.

En Europe plusieurs études ont porté sur les disparités entre pays de niveau comparable et ayant des systèmes de santé différents. C'est ainsi que la France et l'Angleterre ont sensiblement les mêmes taux de mortalité et de pathologie périnatale alors que le nombre de consultations prénatales est nettement plus élevé en Angleterre.

Ces comparaisons qui utilisent souvent les statistiques de routine, sont difficiles à interpréter, car de multiples différences existent entre ces communautés.

Les petites communautés sont plus faciles à décrire et à comparer dans le cadre d'enquêtes limitées. Le développement d'une épidémiologie de terrain à l'échelle des villages, des quartiers, pourrait permettre le développement de ce type d'évaluation. Il ne sera possible que si des différences s'affirment dans le cadre de la prévention. Dans ce contexte, proche de la recherche-action, on sera sans doute à la limite de l'observation et de l'expérimentation.

Populations définies sur des bases professionnelles. La modification des locaux et des postes de travail, les aménagements d'horaires..., constituent autant d'occasions de comparer les endroits où ces aménagements ont été apportés et les autres. Ici aussi les enquêtes avant-après peuvent être combinées avec l'approche spatiale.

Populations hospitalières. La comparaison des services hospitaliers pratiquant des politiques différentes peut fournir des situations intéressantes. Toutefois il est difficile de déterminer si les résultats obtenus diffèrent en raison de la politique ou du recrutement de ces services.

Sans doute les facteurs de recrutement peuvent être indépendants de la politique hospitalière et liés par exemple au lieu d'habitat, mais ils sont souvent liés à cette politique et interfèrent avec les résultats.

En outre ils sont souvent difficiles à cerner.

Nous avons souvent constaté que les maternités qui avaient une politique de prévention de la prématurité particulièrement active, enregistraient aussi davantage de menaces d'accouchement prématuré. De même, il y a plus de dystocies dynamiques dans les maternités où l'on pratique davantage de césariennes. Sans doute peut-on penser à un facteur de recrutement : les femmes ayant une menace d'accouchement prématuré ou des indicateurs de risque venant plus facilement consulter. L'explication est moins valable pour les dystocies dynamiques, surtout si l'on constate que les services ayant une proportion élevée de césariennes ne recrute pas davantage de femmes âgées, ou de femmes ayant des antécédents obstétricaux. Il devient donc difficile de décrire le recrutement à travers ces indicateurs dont la définition est liée à la politique de soins. On doit donc revenir aux indicateurs classiques (âge, antécédents, niveau social), plus objectifs, mais moins pertinents.

Procédures d'échantillonnage

La taille des communautés autorise souvent des enquêtes exhaustives. S'il n'en est pas ainsi, il faut, comme dans les enquêtes avant-après, veiller à ne pas introduire des différences nouvelles entre les 2 échantillons comparés. La constitution d'échantillons représentatifs est donc recommandée et les remarques faites précédemment sur ce sujet sont transposables ici : si l'on n'utilise pas la même méthode de sondage dans les deux lieux d'enquête, il faut veiller à ne pas modifier la structure de l'échantillon.

Les échantillonnages par choix raisonné présentent des causes d'erreur s'ils ne sont pas pratiqués de la même manière dans les deux groupes, et il faut se souvenir qu'ils sont parfois difficiles à reproduire.

Il faut enfin éviter au maximum les non-réponses qui introduisent des biais dans un échantillonnage rigoureux à l'origine.

L'appariement peut permettre de réduire les différences entre deux communautés. Mais il présente parfois des inconvénients :

— le premier serait d'utiliser pour le faire des indicateurs qui dépendent eux-mêmes de la politique adoptée (les menaces d'accouchement prématuré dans l'exemple ci-dessous);

— le deuxième est d'obliger à une pré-enquête si ces données ne sont pas immédiatement disponibles.

ENQUÊTES PROSPECTIVES PORTANT SUR UNE COHORTE

Il s'agit, à l'intérieur d'une communauté donnée, de définir deux groupes comparables dont l'un a reçu un type donné de prévention et l'autre non. Le problème est différent du précédent où l'on comparait deux communautés ayant chacune des sujets « traités » et « non traités ».

Exemple d'étude de l'efficacité

Supposons que l'on compare deux maternités, dans l'une (A) on pratique des césariennes pour 80 % des présentations par le siège et dans l'autre (B) pour 30 %. On peut définir la fréquence des pathologies néonatales observées pour accouchements par le siège dans chacune des communautés p_A et p_B, quel que soit le mode d'accouchement et en faire la comparaison. Il s'agit là de la comparaison de deux communautés.

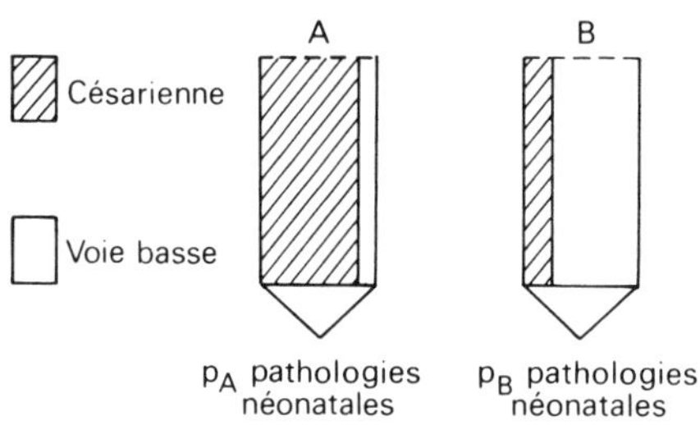

Le service A peut de plus s'interroger sur sa politique et décider de faire une enquête prospective en suivant les accouchements par le siège, et en comparant les pathologies périnatales, en cas de césarienne et en l'absence de césarienne.

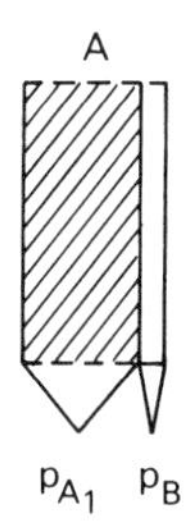

On est ici dans le schéma classique d'une enquête prospective.

A la fin de l'étude, l'analyse portera sur un tableau du type suivant (voir chapitre XI).

	Accouchement par voie basse	Césarienne	Total
Pas de pathologie néonatale	n_{00}	n_{10}	$n_{.0}$
Pathologie néonatale	n_{01}	n_{11}	$n_{.1}$
Total	$n_{0.}$	$n_{1.}$	

Tout phénomène qui interfère dans ce tableau au niveau d'une des cellules est susceptible d'introduire un « biais ». Parmi tous ceux-ci il faut rappeler l'importance du biais d'indication.

Biais d'indication

Il consiste à décider du traitement ou de la prévention en anticipant sur les résultats. Ce biais est plus ou moins grave selon le type d'intervention.

Dans l'exemple des césariennes pour présentation par le siège, ce biais intervient largement. Dans la maternité A, l'accoucheur pratique peu de césariennes, il y a tout lieu de penser qu'il réserve celles-ci aux cas pour lesquels se manifeste une souffrance fœtale, signe précurseur d'une pathologie néonatale. L'effectif n_{11} s'en trouve augmenté et l'on conclut qu'il y a davantage de pathologies dans le groupe césarisé.

La maternité B où les indications sont plus larges, n'observera peut-être pas la même différence.

Les biais d'indication semblent moins importants lorsqu'il s'agit d'une mesure systématique, telle que le dépistage du cancer du col utérin, pour lequel il est conseillé aux femmes de faire faire systématiquement des frottis en l'absence de tout symptôme.

On pourrait concevoir d'enregistrer les frottis au fur et à mesure qu'ils sont réalisés dans une zone géographique donnée en précisant leur motif : frottis systématique en dehors de toute indication, frottis fait pour une symptomatologie liée au cancer du col. Ces deux groupes de femmes seraient suivis et les cancers enregistrés à travers un registre du cancer par exemple. Dans le premier groupe (frottis systématique), on devrait s'attendre à trouver moins de cancers évolués et une moindre mortalité par cancer du col que chez les femmes n'ayant pas de frottis. Dans le second groupe (frottis sur indication), on s'attend au contraire à trouver davantage de cancers du col que chez les femmes n'ayant pas eu de frottis. En fait il est difficile de distinguer les frottis systématiques des frottis faits sur indication. La symptomatologie n'est généralement appréciée qu'à travers l'interrogatoire des femmes qui décrivent des symptômes souvent imprécis (pertes de nature mal précisée, dont la position par rapport aux règles est mal connue). Elle peut être exagérée par les cancérophobes ou au contraire minimisée. On ne dispose donc pas d'une information très précise pour isoler le groupe des frottis systématiques.

Autres biais liés à l'auto-sélection

Dans l'exemple précédent, même s'il était possible d'isoler totalement les dépistages systématiques faits en dehors de toute symptomatologie et de toute indication médicale, on n'échapperait pas au fait que les femmes ont choisi ou non d'avoir un examen. Ce choix n'est pas fait au hasard. Il dépend de l'aptitude des femmes à accueillir les innovations médicales; celle-ci est liée nous l'avons vu à l'âge, à la classe sociale. Mais ce choix dépend aussi du fait que l'individu ait plus ou moins peur de la maladie considérée. Crainte qui peut être liée à l'existence de facteurs de risque. On peut donc craindre que les sujets qui pratiquent un dépistage soient plus exposés que les autres à la maladie considérée, ou dans certains cas moins exposés.

Dans l'ensemble, la possibilité d'étudier l'efficacité d'une intervention à travers une enquête prospective reste limitée, elle doit être abordée avec un esprit très critique, car elle risque de conduire à des conclusions erronées même dans les cas qui sont apparemment les plus favorables.

Les enquêtes portant sur l'impact des mesures de prévention ou l'utilisation des services sont plus faciles à réaliser. Elles existent maintenant dans de nombreux services hospitaliers qui, grâce à des enregistrements systématiques et prospectifs, peuvent faire des recherches sur la durée de séjour, par exemple.

Nous avons récemment étudié les relations existant entre la durée d'hospitalisation des enfants en fonction de la gravité de la maladie, et de la catégorie sociale des parents, montrant que les hospitalisations de courte durée sont plus fréquentes dans les catégories sociales aisées et lorsque la mère exerce une profession.

Ce type d'enquête est très voisin de ceux que nous avons décrits au chapitre des enquêtes étiologiques prospectives et appelle les mêmes remarques en ce qui concerne l'échantillonnage.

ENQUÊTES RÉTROSPECTIVES

Elles consistent par exemple à comparer des malades et des non malades pour les conditions de préventions antérieures.

L'exemple du dépistage du cancer du col utérin peut être repris ici. On pourrait dans une région comparer les cancers du col d'un registre du cancer à des témoins tirés au sort dans la population. Pour ces deux groupes, on reconstituerait à travers l'interrogatoire le nombre de frottis et leurs indications. L'hypothèse à tester étant que les femmes ayant un cancer invasif ont eu moins de frottis de dépistage que les autres.

Une autre solution consisterait à mener l'enquête en milieu hospitalier en comparant des cancers du col à des témoins ayant une affection bénigne ou un autre cancer non gynécologique.

Ce type d'enquête peut cumuler tous les biais d'échantillonnage.

Les biais d'indication médicale sont du même type que précédemment, mais il est encore plus difficile ici de déterminer les motivations qui ont conduit à utiliser une méthode de prévention. En outre celles-ci peuvent être interprétées à travers la maladie actuelle.

Dans l'exemple ci-dessus on peut craindre que les femmes qui ont un cancer du col interprètent différemment les motifs de dépistage que ne le font les témoins.

Le phénomène est identique si l'on s'adresse aux médecins qui ont porté l'indication.

Il est bien connu que les indications de césarienne, évoquées dans le premier exemple d'enquête prospective, ne sont pas exactement les mêmes au moment où elles sont portées et le lendemain de l'accouchement lorsqu'une observation est remplie a posteriori.

Les autres biais d'auto-sélection concernent comme précédemment le choix de l'individu, en dehors des indications médicales précisées.

Là aussi il est difficile a posteriori de déterminer en quoi les femmes qui font faire des frottis systématiques diffèrent des autres. Sans doute peut-on essayer d'étudier les caractères qui les différencient en comparant ces deux groupes pour l'âge, les caractéristiques sociales..., mais on ne peut avoir qu'une approche très grossière du phénomène. De plus, les informations permettant cette étude sont acquises souvent très postérieurement à la date où ont été faits les frottis.

D'autres biais s'ajoutent ici, ils sont propres aux enquêtes rétrospectives et apparaissent très clairement dans les enquêtes hospitalières.

La comparaison d'un groupe de cancers du col hospitalisés à des témoins hospitalisés dans le même hôpital pose tous les problèmes envisagés au chapitre XI. Les deux groupes peuvent différer par la classe sociale, le lieu d'habitat et pour les facteurs de recrutement. La fréquence des frottis est également liée à ces caractères, et on retrouve ici le schéma classique du biais d'auto-sélection.

Les enquêtes rétrospectives nous semblent donc encore plus difficiles à utiliser que les enquêtes prospectives dans un objectif d'évaluation de l'efficacité.

Par contre, ici aussi, ces enquêtes ont pu être utilisées avec un certain succès pour étudier *l'utilisation des soins ou l'impact des nouvelles méthodes de prévention*. Ces thèmes entrent dans l'observation des pratiques médicales et nous ne l'envisagerons pas ici en détail. Il relève en effet beaucoup plus de la technique des enquêtes étiologiques. Sur le plan de l'échantillonnage, on peut faire une enquête de type I portant sur un échantillon représentatif.

Dans les enquêtes nationales sur la grossesse et l'accouchement, nous avons largement utilisé l'interrogatoire rétrospectif des femmes pour étudier, par exemple, les relations existant entre les caractéristiques des femmes et celles de la surveillance prénatale montrant que les mères appartenant aux catégories sociales défavorisées avaient une surveillance à la fois moins fréquente et de type plus traditionnel.

Ces enquêtes sont souvent menées dans de petites communautés, services hospitaliers par exemple, pour étudier l'activité des services; elles ont l'avantage de ne pas la modifier comme le ferait parfois des enquêtes prospectives [1]. Il peut s'agir d'études de types I ou III.

Les remarques faites sur l'échantillonnage des enquêtes étiologiques peuvent être reprises ici.

RÉFÉRENCES

[1] J. Asley — The application of retrospective studies to health care research. In : Health care and epidemiology. W.W. Holland and L. Karhausen ed., 1 vol., Henry Kimpton, London, 1978, ch. 6.

[2] B. BLONDEL — Les limites d'une politique de prévention basée sur le haut risque. Application à la période prénatale. Thèse de doctorat de 3e cycle, Paris, 1979.
[3] L. BOLTANSKI — Prime éducation et morale de classe. Cahiers du Centre de Sociologie européen, 1 vol., Paris, 1969.
[4] G. BREART, J. GOUJARD, B. BLONDEL et al. — A comparison of two policies of antenatal supervision for the prevention of prematurity. Int. J. Epidem., 1981, *10*, 241-245.
[5] M. MANCIAUX, O. JEANNERET — Les accidents atteignant les enfants et les adolescents : de la connaissance épidémiologique à l'action préventive. Rev. Epidém. et Santé Publ., 1983, *31*, 433-444.
[6] O.S. MIETTINEN — The need for randomization in the study of intended effects. Stat. in Med., 1983, *2*, 267-271.
[7] C. RUMEAU-ROUQUETTE, M. CROST — La fréquence de l'allaitement maternel augmente. Rev. Epidém. et Santé Publ., 1984, *32*, 341.
[8] C. RUMEAU-ROUQUETTE, C. DU MAZAUBRAN, Y. RABARISON Ed. — Naître en France, 10 ans d'évolution, I.N.S.E.R.M., Paris, 1984.

TROISIÈME PARTIE

MÉTHODES D'INVESTIGATION

Chapitre XIII

INVESTIGATIONS DANS UNE OPTIQUE DESCRIPTIVE MESURE DE L'ÉTAT DE SANTÉ

On entend ici par investigations l'ensemble des opérations permettant de rassembler les données destinées à mesurer l'état de santé d'une population. La première étape consiste à choisir les indicateurs en fonction des objectifs, des contraintes et d'un certain nombre de critères destinés à assurer leur qualité.

Les indicateurs possibles sont relativement nombreux. En effet, l'épidémiologie a d'abord concerné les événements les plus graves (la mort, la maladie), pour en arriver à tous les états intermédiaires qui séparent l'état de santé de l'état de maladie. Nous avons vu également que l'épidémiologie s'orientait de plus en plus vers une description des facteurs qui sont en relation avec la santé, qu'il s'agisse de facteurs de risque ou des indicateurs de besoin...

OBJECTIFS ET CONTRAINTES

Objectifs

Les informations recueillies dans une optique descriptive peuvent avoir des objectifs très variables (voir chapitre I). Ceux-ci conditionnent la nature des informations recueillies et les qualités que l'on exige des paramètres.

La surveillance épidémiologique d'une population a pour buts de dépister des augmentations accidentelles dans la fréquence d'une maladie, d'étudier l'évolution séculaire ou cyclique de celles-ci, elle fait appel à des indicateurs qui doivent être recueillis de façon très stable dans le temps.

L'aide à la planification des programmes de santé ou de la mise en place des nouvelles technologies requiert une information plus modulable faisant une large place à l'évaluation des besoins de la population et des spécialistes de santé.

L'aide à la recherche étiologique et évaluative souvent considérée comme une retombée de l'information devrait figurer plus souvent parmi les préoccupations initiales, pour aider à la définition de certains indicateurs. Ce besoin est tout à fait évident dans les registres et les enquêtes ad hoc.

Au-delà de ces objectifs factuels, il faut également prendre en considération l'approche explicative ou pragmatique.

La première consiste à donner une image de la santé aussi proche que possible de la réalité biologique. On est donc amené à pratiquer, pour chaque personne incluse dans l'enquête, une série d'examens systématiques de haut niveau.

Le second conduit à apprécier l'état de santé avec les moyens habituellement utilisés dans la population étudiée. Dans ce cadre entrent la description de la morbidité ressentie par l'individu, les pathologies perçues par les médecins au cours de leurs examens habituels.

Contraintes

Elles tiennent d'abord au fait qu'il s'agit d'une enquête. Cela oblige à renoncer aux examens douloureux ou gênants qui seraient utiles pour répondre à l'objectif explicatif. Mais cela amène aussi à une systématisation des interrogatoires et des examens qui peuvent nuire à la réalisation de l'objectif pragmatique.

Des enquêtes par interrogatoire du NCHS * ont pour objectif de décrire la morbidité ressentie par des individus en les interrogeant à leur domicile sur les maladies présentées au cours des semaines précédant l'interrogatoire. Le simple fait de poser les mêmes questions à tous peut modifier l'expression et parfois la nature de la morbidité décrite.

De même on conçoit aisément que des médecins praticiens, auxquels on demande d'enregistrer les affections qu'ils ont diagnostiquées utilisent dans le cadre de l'enquête des méthodes d'examen plus élaborées qu'ils ne le font habituellement.

Les contraintes tiennent aussi aux moyens disponibles (budget de l'enquête, qualification du personnel...).

NATURE DES INFORMATIONS

Les causes de décès, les maladies et certaines variables bio-cliniques constituent la base des enregistrements classiques dont les différentes sources ont été examinées au chapitre III. Nous ne reviendrons pas ici sur les causes de décès et nous envisagerons essentiellement les maladies et les variables bio-cliniques.

A côté de cette information traditionnelle, qui repose essentiellement sur les examens médicaux, on s'efforce de définir des indicateurs plus proches de la population : perception de besoins, expression de la demande et utilisation des services de santé.

Maladies, variables bio-cliniques et indicateurs de santé

La définition de certaines *maladies* est assez claire, en ce sens qu'un sujet malade peut être aisément distingué d'un sujet bien portant ou d'un sujet porteur d'une autre maladie. Il s'agit d'une information objective conforme à l'optique de recherche.

Le cancer en est un exemple, son diagnostic relève d'investigations bio-cliniques destinées à préciser la localisation de la tumeur, et d'examens histologiques qui différencient les tumeurs malignes des tumeurs bénignes. Les états intermédiaires (cancer in

* National Center for Health Statistics (U.S.A.).

situ) sont relativement aisés à distinguer des lésions malignes. Il faut enfin ajouter que l'on dispose souvent de méthodes de dépistage permettant d'examiner de vastes populations.

Dans un tel cas, l'épidémiologiste peut se contenter d'enregistrer les diagnostics formulés par les médecins, ou aller plus loin en pratiquant un dépistage systématique du cancer.

Dans d'autres cas la définition est imprécise : il est difficile de distinguer un sujet malade d'un sujet bien portant, ou bien la maladie constitue un ensemble très hétérogène.

L'infirmité motrice cérébrale (IMC) connue dans le vocabulaire anglo-saxon sous le terme de « cerebral palsy », en offre un exemple avec son association d'anomalies motrices très diverses (paralysies, raideurs...), d'anomalies sensorielles, de convulsions... qui correspondent à des lésions cérébrales. Ce syndrome est extrêmement hétérogène avec des formes de localisation et de gravité variables. Les limites en sont mal définies, on observe en particulier un certain désaccord sur le point de savoir s'il faut ou non y inclure les cas avec débilités mentales.

Une étape de plus est franchie avec une entité comme la « souffrance fœtale » pendant l'accouchement, définie à travers quelques-unes de ses manifestations telles que les anomalies du rythme cardiaque.

Ce dernier type d'information est difficilement utilisable dans le cadre d'une enquête de surveillance, dans la mesure où de nouvelles investigations viennent peut à peu améliorer les conditions de diagnostic.

Les enquêtes nationales de l'INSERM [8] en fournissent un exemple. En 1972, la souffrance fœtale était appréciée cliniquement par auscultation du rythme cardiaque fœtal et examen du liquide amniotique dans 94 % des cas. L'examen électronique du rythme cardiaque fœtal ne concernait que 6 % des accouchements, il y en avait 31 % en 1976 et 71 % en 1981. A la naissance, le score d'Apgar, qui prend en compte l'état respiratoire et neurologique, la coloration des téguments, n'était pas mesuré pour 14 % des enfants en 1972 et 1 % en 1976. Dans ces conditions très évolutives, la fréquence de la souffrance fœtale a peu varié (10 % en 1976 et 9 % en 1981), alors qu'on s'attendait logiquement à une diminution, compte tenu de la diminution de la prématurité et de l'hypotrophie fœtale, de l'augmentation du pourcentage de césariennes dans les accouchements difficiles et notamment pour les présentations par le siège, de la diminution de la durée de la dilatation.

Les caractéristiques bio-cliniques quantitatives, poids, taille, tension artérielle sont des variables qui figurent dans de nombreuses enquêtes d'information. On peut enregistrer les valeurs des variables pour chaque sujet, ou situer celui-ci par rapport à des valeurs de référence (« normes » de croissance par exemple). Sans entrer ici dans le détail de l'établissement des « normes » qui sera envisagé dans la dernière partie de cet ouvrage, nous voudrions montrer sur un exemple le caractère très relatif de celles-ci.

Supposons qu'une valeur biologique soit distribuée selon une loi de Laplace-Gauss. On peut décrire sa répartition à l'aide de la moyenne et de la variance, et il est possible à partir de ces deux paramètres de définir l'intervalle dans lequel se trouve situé 95 % de la population (la moyenne ± 2 écarts types). Les valeurs extérieures à cet intervalle sont donc peu fréquentes, mais on les considère souvent comme « anormales » sans en avoir la preuve. De plus, les « normes » évoluent au fur et à mesure que la distribution se modifie. Si la taille moyenne des Français augmente (variation séculaire), l'intervalle contenant 95 % de la population se déplace : tel sujet considéré comme ayant une taille anormale en 1910, ne le serait plus en 1980, et vice versa.

Dans ces conditions, il nous semble souvent préférable d'enregistrer, dans la mesure du possible, les valeurs des variables plutôt que de classer d'emblée les sujets par rapport à des « normes » qui ne s'appliquent pas toujours à la population étudiée.

Les indicateurs de santé * constituent un chapitre relativement nouveau. Ils sont nés du souci de définir des indices, permettant de résumer une information souvent complexe et, en ce sens, ils peuvent être assimilés à une forme du diagnostic. Toutefois, ils en diffèrent car le diagnostic correspond à une entité physiopathologique, alors que l'indicateur de santé est défini dans un but opérationnel, et se rapporte aussi bien à des individus sains qu'à des individus malades ou à des sujets ayant des facteurs de risque. Ils ont un aspect très pragmatique.

Certains indicateurs individuels mesurent les phénomènes pathologiques relatifs à un système, tels sont les indicateurs de santé dentaire. L'indice dentaire CAO correspond par exemple à la somme des caries, des pertes et des obturations [2].

D'autres indicateurs utilisent les scores obtenus par l'examen de plusieurs systèmes, Jenicek cite à cet égard les indicateurs d'aptitude physique, d'endurance, d'incapacité [5]; des indicateurs de santé physique et mentale, voir de santé sociale... ont été mis au point.

Il existe également des indicateurs susceptibles de mesurer le niveau de santé d'une population. L'un d'eux a été utilisé au Portugal [4] à partir de la consultation des experts des services de santé en 1960-1963 et 1968-1970. Il comporte les éléments ci-dessous :

Taux de mortalité maternelle.

Taux de mortalité infantile.

Proportion de mort de 1 à 4 ans.

Taux de mortalité par tuberculose respiratoire.

Taux de mortalité par gastrites et entérites.

Taux de mortalité par maladies infectieuses et parasitaires à l'exception des 3 précédentes.

Taux de mortalité par pneumonie.

Pourcentage de naissances sans assistance médicale.

Pourcentage de morts sans certificat de décès médical.

Cet indicateur a été utilisé après conversion des valeurs en une échelle conventionnelle et pondération pour mesurer l'état de santé dans 22 districts.

Besoins, demande et utilisation des soins

Les *besoins* en matière de santé peuvent être de différente nature [4].

Ils peuvent être définis par des organismes officiels et le corps médical, par rapport à une situation de référence souhaitée dans un laps de temps fixé : l'éradication du paludisme ou de la variole, l'abaissement du taux de mortalité infantile en sont autant d'exemples. Ces opérations ont été largement utilisées au cours des dernières décennies. Les besoins ont été mesurés à partir d'un certain nombre d'indicateurs de santé, les moyens disponibles recensés et les objectifs fixés ainsi que les ressources nécessaires. L'information épidémiologique joue un rôle important au niveau de la planification et de l'évaluation de ces actions.

* Voir aussi chapitre XX.

Ainsi conçus les besoins ne coïncident pas obligatoirement avec ceux des individus. Il s'agit-là d'une notion beaucoup plus complexe, indissociable du contexte socio-culturel et religieux. Les besoins de santé des individus peuvent être ou non exprimés, et lorsqu'ils le sont, c'est souvent auprès du corps médical, pour décrire un état que les sujets considèrent comme anormal par rapport à leur état habituel. Il peut s'agir d'un symptôme classique de maladie : douleur, tumeur, fièvre, toux... Il peut également s'agir de la perception d'un risque : contact avec un sujet infecté par exemple. Certains besoins peuvent être de nature sociale : besoin d'une aide ménagère, d'un appareil. A partir de ces besoins individuels, une *demande* peut ou non s'exprimer. Celle-ci est variable selon l'âge, la catégorie sociale, le lieu d'habitat. Elle est fortement influencée par les médecins qui constituent eux-mêmes un groupe très hétérogène. Il est souvent difficile de savoir ce qui dépend de la demande spontanée et de la demande induite. Aussi les enquêtes d'information utilisent souvent les indicateurs d'*utilisation* des systèmes de soins et de prévention, qui reflètent les besoins exprimés sous forme d'une demande qui a abouti à une utilisation. Celle-ci n'est donc qu'une forme biaisée des besoins. Les indicateurs d'utilisation permettent aussi de mesurer indirectement un certain nombre de phénomènes morbides. L'augmentation du nombre de consultations médicales donne une idée de l'importance d'une épidémie de grippe et de son évolution; la vente de certains médicaments relativement spécifiques est également un indicateur de morbidité.

L'expression des besoins et de la demande ont donné lieu à la mise au point d'indicateurs complexes. L'indice de santé physique de Belloc, Breslow et Hochstim [3] classe les sujets en catégories fondées sur l'existence de handicaps, de troubles chroniques mais aussi d'une sensation subjective d'énergie disponible.

D'autres indicateurs enfin tiennent compte du degré de dépendance, ils sont utilisés pour évaluer les besoins des handicapés et des personnes âgées.

Contrôle de l'échantillonnage

Lorsqu'on réalise une enquête descriptive, les informations que l'on doit recueillir doivent permettre non seulement de mesurer l'état de santé de la population au moyen d'investigations diverses qui viennent d'être envisagées, mais aussi de vérifier la qualité de la procédure d'échantillonnage. On enregistrera donc : 1) des données permettant de vérifier que le sujet appartient bien à la population d'enquête, 2) des données permettant de vérifier la procédure d'échantillonnage et 3) quelques données générales permettant de faire des vérifications par confrontation avec d'autres sources.

CRITÈRES DE CHOIX DES INFORMATIONS

Il n'existe pas d'indicateur idéal compte tenu des objectifs multiples et de la nature très variée des informations. Un certain nombre de critères ont cependant été proposés pour apprécier la qualité d'un indicateur. Certains sont propres à la plupart des mesures : exactitude, sensibilité, spécificité, précision, reproductibilité.

D'autres doivent être discutés dans l'optique particulière de l'épidémiologie descriptive : universalité, acceptabilité, disponibilité.

Qualités des mesures

L'exactitude est entendue dans son sens de conformité avec la réalité. La réalité bio-clinique n'est évidemment perçue qu'à travers un certain nombre d'examens. Certains considérés comme situations de référence servent de base pour apprécier l'exactitude.

Si l'on veut tester les méthodes de dépistage du cancer du col utérin par la réalisation de la méthode simple que constitue le frottis vaginal, on peut prendre comme situation de référence la biopsie du col utérin.

La comparaison entre la situation de référence et l'examen simplifié permet en particulier de mesurer la sensibilité et la spécificité de celui-ci. Ces deux notions seront examinées un peu plus loin.

La dispersion d'une mesure conditionne sa précision, elle dépend nous l'avons vu, de la taille de l'échantillon mais aussi des sources de variation liées aux instruments de mesure, aux enquêteurs et aux sujets examinés. Nous l'envisagerons dans ce chapitre en même temps que la reproductibilité qui lui est liée.

Le moment des examens, leur périodicité et la durée de l'enquête seront ensuite pris en considération.

Critères propres aux enquêtes descriptives

Certains critères qui ont trait aux concepts d'*universalité* ont été longuement discutés. Ils relèvent d'une conception très explicative de l'épidémiologie supposant l'existence d'un certain nombre de mécanismes universels dont les indicateurs de santé constitueraient l'approche. L'épidémiologie descriptive relève bien souvent d'une approche pragmatique, et les indicateurs ne peuvent être définis qu'en fonction d'un contexte médical et socio-culturel donné. Cette conception rend difficile les comparaisons dans le temps et dans l'espace. Aussi s'est-on efforcé de définir quelques indicateurs qui aient une valeur universelle, celle-ci cependant reste très relative.

Le poids de naissance représente un indicateur simple dont la mesure est recommandée dans tous les pays. Cette appréciation est faite dans des conditions très différentes, l'enfant est ou non pesé, s'il l'est ce peut être dans des conditions différentes. La signification même du poids de naissance peut être différente. Un poids inférieur à 2 500 g peut correspondre à une naissance avant terme ou à une hypotrophie fœtale, celle-ci peut s'expliquer par une pathologie du fœtus ou, comme c'est le cas dans certains pays, par une malnutrition maternelle. La définition des normes de poids sont également difficiles à fixer de façon universelle. Doit-on considérer comme norme le 3eme percentile de la distribution des poids en fonction du terme dans la population considérée. Ceci revient à accepter des « normes » beaucoup plus basses dans les pays où sévit la malnutrition que dans les autres. Peut-on au contraire appliquer les « normes » des pays industrialisés à l'ensemble des naissances ?

Les difficultés rencontrées pour un critère simple incitent à la prudence. Mais il est souhaitable de poursuivre les efforts qui visent à rassembler une information simple et relativement comparable dans tous les pays. Les travaux de l'OMS pour l'établissement des statistiques de causes de décès en sont un exemple. Sur une échelle plus restreinte, la tentative européenne d'une enregistrement minimal dans les hôpitaux correspond aux mêmes préoccupations [5].

L'objectivité au sens de qualité de ce qui est exempt de partialité et de préjugés relève ici de la même distinction entre une optique explicative et une optique pragmatique. Des indicateurs de santé reposant sur l'appréciation subjective des besoins des individus ont un intérêt indéniable dans l'appréciation de ces besoins dans un contexte médical, social et économique donné.

L'acceptabilité d'une enquête par un public et un corps médical de plus en plus sollicités pour participer aux enregistrements, enquêtes ou sondages en tout genre, doit être très soigneusement considérée. C'est un concept complexe dans lequel existent plusieurs niveaux.

L'acceptabilité proprement dite correspond au caractère de ce qui peut être accepté par la population. Un enregistrement des phénomènes de santé, une enquête descriptive comportent un certain nombre d'avantages et d'inconvénients. Au titre de ces avantages on peut attendre pour le groupe, et parfois pour l'individu, une amélioration de l'état de santé. Au titre des inconvénients figurent un partage d'une information en principe confidentielle, le coût, les contraintes résultant des enquêtes. L'acceptabilité doit être étudiée en fonction de ces différents critères, elle concerne aussi bien l'échantillonnage que les investigations, mais les inconvénients de ces dernières sont souvent plus perceptibles pour la population.

L'acceptation des investigations tient aux caractéristiques des individus, des enquêteurs et des investigations. Les modalités des investigations sont importantes à cet égard : une enquête postale induit un faible taux de participation, les enquêtes à domicile entraînent des résistances. Les investigations faites à l'occasion d'une consultation clinique ou d'une hospitalisation sont certainement les mieux tolérées, ceci explique en partie la forte concentration des études épidémiologiques en milieu hospitalier.

L'acceptation dépend aussi de la *nature des examens,* il va de soi que les examens gênants, ou entraînant la douleur, sont à juste titre rejetés et se justifient difficilement aux seuls fins de la recherche. La longueur des investigations intervient également, mais celle-ci doit être modulée avec le lieu d'investigation. Un sujet convoqué à un centre d'examen relativement lointain de son domicile peut se sentir frustré d'être soumis à un examen ou à un interrogatoire très bref. La réaction est voisine pour certaines enquêtes à domicile ayant nécessité la prise d'un rendez-vous au moyen d'une correspondance parfois abondante. Par contre, si l'interrogatoire ou l'examen sont réalisés par des médecins dans le cadre de leur consultation habituelle, il est préférable d'en réduire la durée.

L'acceptation tient enfin à la *présentation générale de l'enquête* dont les objectifs et les modalités des examens doivent être nettement précisés auprès des représentants ou des responsables de la population : autorités administratives, mairies s'il s'agit d'enquêtes à domicile, responsables hospitaliers et professionnels dans les autres cas. Il faut de la même manière que les enquêteurs acceptent l'ensemble du protocole et soient convaincus de l'utilité de l'enquête. Leur rôle est en effet primordial, dans la mesure où le résultat dépend essentiellement de la relation qui s'établit entre eux et les sujets inclus dans l'échantillon de l'étude.

SENSIBILITÉ ET SPÉCIFICITÉ *

Caractère qualitatif

Supposons que l'on souhaite déceler chez un sujet la présence ou l'absence d'un caractère (malade et non malade par exemple). Pour cela on dispose d'un examen A qui sert de référence mais qui est impossible à réaliser sur une large échelle dans le cadre de l'enquête envisagée. On envisage donc de substituer à l'examen A un examen B que l'on devra évaluer par rapport à la situation de référence. Pour cela on complète un tableau (tableau I) à double entrée qui exprime les risques d'erreur **.

α est la probabilité qu'un sujet non-malade (situation de référence) soit reconnu malade par l'investigation étudiée (faux positif);

β est la probabilité qu'un malade soit reconnu comme non-malade (faux négatif).

La spécificité de l'investigation est mesurée par $1 - \alpha$ et sa sensibilité par $1 - \beta$.

TABLEAU I

Sensibilité et spécificité : risques d'erreur dans le cas d'un caractère qualitatif

		Situation de référence	
		Malade	Non-malade
	Résultats +	$1 - \beta$	α
Investigation étudiée	Résultats −	β	$1 - \alpha$
	Total	1	1

Lorsqu'on a le choix entre deux méthodes d'investigation B et C pour remplacer A, il peut être souhaitable de les classer compte tenu des risques α et β.

Si les deux erreurs (faux positif et faux négatif) sont considérées comme équivalentes, il est possible de construire un index tenant compte de leur somme.

$$J = 1 - (\alpha + \beta) \text{ index de Youden}$$

Dans la pratique, cet index varie de $J = 0$ (si $\alpha = 0{,}5$ et $\beta = 0{,}5$) à $J = 1$ (si $\alpha = \beta = 0$). Il peut prendre des valeurs négatives (− 1 à 0) si le résultat de l'examen est lié négativement à la vérité, ce qui est inhabituel. Il est rare que les deux risques soient équivalents. Si on réalise, par exemple, un dépistage du cancer du col, le risque de ne pas dépister le cancer (faux négatif) est beaucoup plus important que le risque de pousser les investigations pour un cas bénin (faux positif) toutes considérations financières étant exclues, et on privilégiera la sensibilité.

* L'objectif de ce paragraphe est uniquement de décrire les éléments à prendre en compte pour choisir une investigation, le problème plus général de l'évaluation d'une technique diagnostique est vu au chapitre XXX.

** On pourra pour plus de détails se reporter à l'ouvrage de P. Armitage, section 16.3 en particulier [1].

Caractère quantitatif

Supposons que l'on souhaite dépister une maladie en mesurant une variable X chez des individus. Ceux-ci ont par ailleurs été classés en malades ou non-malades au moyen de tests plus élaborés. On établit la distribution de la variable dans les deux groupes : admettons que celle-ci suit une loi de Laplace-Gauss de variance σ^2 et de moyenne $\overline{X}_2$ chez les malades et $\overline{X}_1$ chez les non-malades.

La figure 1 correspond au cas où $\overline{X}_1$ et $\overline{X}_2$ sont très éloignés ($\overline{X}_2 > \overline{X}_1$), il n'y a aucun recouvrement des aires délimitées par les courbes en cloche. Les risques d'erreurs α et β sont presque nuls si la limite F séparant les malades et les non-malades est située à égale distance de $\overline{X}_1$ et de $\overline{X}_2$.

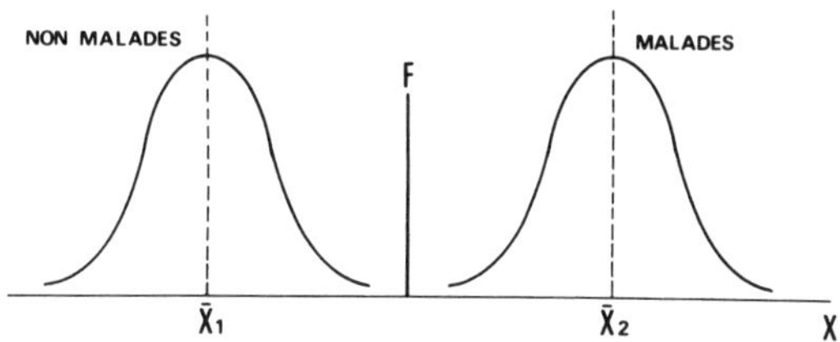

FIG. 1. — Sensibilité et spécificité dans l'étude d'un caractère quantitatif : cas où les distributions n'ont pas de partie commune.

Sur la figure 2, les moyennes des 2 distributions sont plus rapprochées, et ces dernières ont une partie commune. Si F est situé à égale distance entre $\overline{X}_1$ et $\overline{X}_2$, les risques α et β sont identiques. Si la limite séparant les malades des non-malades est en F_1 (fig. 2 a), la sensibilité est bonne, puisque presque tous les malades sont au-delà de cette frontière, mais la spécificité est mauvaise : beaucoup de non-malades sont considérés comme malades (α est grand). C'est l'inverse si la limite est en F_2 (fig. 2 b).

Dans le cas envisagé ci-dessus (distributions normales et variances égales à σ^2), la spécificité et la sensibilité dépendent de la distance Δ entre $\overline{X}_1$ et $\overline{X}_2$, et de la variance σ^2. Elles sont toutes les deux bonnes si Δ est grand devant σ.

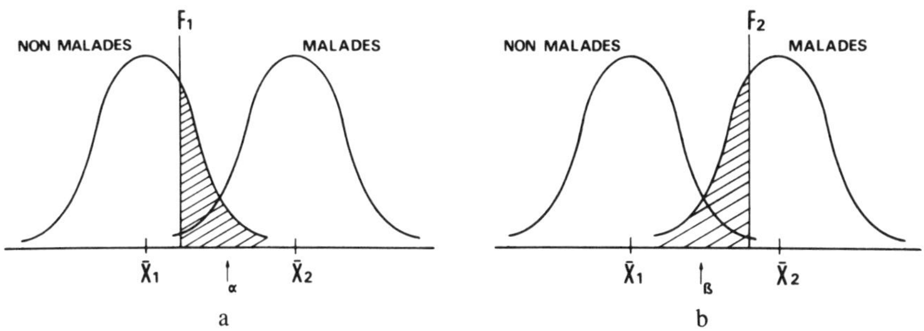

FIG. 2. — Sensibilité et spécificité dans l'étude d'un caractère quantitatif : cas où les deux distributions ont une partie commune.

a) Bonne sensibilité, mauvaise spécificité.
b) Bonne spécificité, mauvaise sensibilité.

DISPERSION ET REPRODUCTIBILITÉ

La même investigation répétée au même instant chez le même individu ne permet pas toujours d'observer le même résultat. Il y a en effet plusieurs sources de variation : les unes sont liées aux instruments de mesure, les autres à des facteurs humains.

Sources de variation

Les variations liées aux instruments de mesure sont les plus faciles à étudier. Elles le sont d'abord lors de la conception et de la fabrication des appareils, dont la précision est alors fixée sous réserve d'une utilisation correcte. Le contrôle de qualité permet ensuite de vérifier que les mesures effectuées restent bien dans les limites prévues. On peut ainsi repérer les variations plus grandes que ne le voudrait le hasard. Celles-ci peuvent permettre de déceler une augmentation de la dispersion ou un biais (erreur systématique).

Les facteurs humains sont infiniment plus complexes. Ils peuvent provenir du *sujet* sur lequel portent les investigations. Si l'on effectue des dosages biologiques, on sait que l'endroit du prélèvement joue un rôle important : le sang veineux a une composition différente de celle du sang artériel, les parasites sous-cutanés (microfilaires) se répartissent de façon inégale selon les parties du corps. On sait également que la tension artérielle n'est pas la même après un effort qu'après une période de repos. Ces sources de variation, qui ont pour effet d'augmenter la dispersion des résultats, sont relativement contrôlables sous réserve de réaliser les examens dans les mêmes conditions, chez tous les sujets. Le problème devient beaucoup plus difficile s'agissant d'un interrogatoire ou d'un entretien. Il arrive souvent, en effet, que le même individu ressente, au même moment, des sentiments contradictoires ou qu'il ait un éclairage différent sur ses souvenirs. Sa réponse à une question n'est qu'un aspect de la réalité parmi un certain nombre de possibles.

Les variations proviennent également de *l'examinateur*. Elles sont faciles à limiter dans les examens biologiques, lorsque son rôle se réduit au prélèvement. Elles sont plus importantes dans les examens cliniques ou paracliniques, où sa compétence, son degré d'attention, sa fatigue ... peuvent intervenir très largement. C'est dans l'interrogatoire que se manifestent les plus grandes variations entre les enquêteurs, voire pour un même enquêteur. Les réponses dépendent en large partie de la relation qui s'établit entre l'enquêteur et « l'enquêté » (nous le verrons au chapitre suivant) et celle-ci peut être liée à de multiples circonstances qui constituent autant de sources nouvelles de variation. Ici aussi, il est difficile de séparer la dispersion, due au hasard, des biais.

Mesure des sources de variation

Le principe est celui des plans expérimentaux, il consiste à contrôler un certain nombre de facteurs en faisant varier les autres.

Il est possible, par exemple, de faire un prélèvement de sang chez un individu donné, et de demander à un même laboratoire plusieurs dosages du même produit. Si l'on obtient des résultats différents, on peut imaginer un plan plus complexe tenant compte à la fois du technicien chargé de l'analyse et de l'appareil. Le tableau ci-dessous donne un exemple de plan expérimental étudiant l'influence de 3 techniciens et de 2 appareils.

TABLEAU II

Comparaison des résultats (moyennes) observés par trois techniciens A, B, C, utilisant deux types d'appareils (1 et 2)

	A		B		C	
	1	2	1	2	1	2
Valeurs moyennes des mesures	$\bar{x}_{1A}$	$\bar{x}_{2A}$	$\bar{x}_{1B}$	$\bar{x}_{2B}$	$\bar{x}_{1C}$	$\bar{x}_{2C}$
Variances	s^2_{1A}	s^2_{2A}	s^2_{1B}	s^2_{2B}	s^2_{1C}	s^2_{2C}

L'analyse de ce type de tableau sera évoquée dans la troisième partie, elle est envisagée dans des ouvrages spécialisés [1, 6]. Son principe est facile à comprendre : on étudie le rôle de l'instrument compte tenu de l'enquêteur en comparant $\bar{x}_{1A}$ à $\bar{x}_{2A}$, $\bar{x}_{1B}$ à $\bar{x}_{2B}$... On peut également comparer les enquêteurs pour un instrument.

Quand certains examens cliniques et les interrogatoires ne peuvent être répétés plusieurs fois, au même moment, chez le même individu, le plan précédent ne s'applique pas. On peut cependant comparer les résultats obtenus par plusieurs enquêteurs, après avoir tiré au sort les sujets qu'ils doivent examiner ou interroger. Ceux-ci sont donc en principe comparables et les différences éventuelles peuvent être attribuées aux enquêteurs. Comme précédemment, plusieurs sources de variation peuvent être étudiées de façon concomitante : lieu de l'enquête, circonstances...

PÉRIODICITÉ DES INVESTIGATIONS ET DURÉE DE L'ENQUÊTE

Les hommes sont soumis à des processus chronologiques complexes : leurs organes et leurs facultés se développent et vieillissent, ils sont soumis à des cycles parfois rapides (rythmes cardiaques), souvent circadiens * et parfois plus lents (rythmes menstruels). Ces processus s'inscrivent dans un milieu qui évolue de façon séculaire mais qui est également soumis à des rythmes circadiens ou saisonniers.

Pour décrire ces phénomènes, il serait nécessaire d'en réaliser une observation continue et de longue durée. Il arrive parfois que l'homme puisse faire l'objet d'une observation continue.

Une telle observation est envisageable sur de courtes périodes, grâce à des systèmes de monitorage, permettant d'étudier le rythme cardiaque, la tension artérielle, le rythme respiratoire, des éléments du sang... Les enregistrements continus portant sur de longues périodes sont rares, si l'on excepte quelques facteurs d'environnement (pollution, radiations ...).

* Caractérisés par une période de 24 heures.

Il existe un parallélisme entre une information continue et l'information exhaustive que nous avions envisagée lors de l'étude de la population. Mais les enquêtes continues sont encore plus rares que les enquêtes exhaustives et, bien souvent, l'on procède à des observations discontinues, pendant un laps de temps limité.

Observations discontinues

Les observations discontinues représentent une sorte de sondage dans le temps, l'unité de sondage étant un individu suivi pendant un laps de temps donné : une « unité temps » (UT).

Le choix des UT dépend de l'évolution du phénomène que l'on désire mesurer.

Nous supposerons d'abord qu'il s'agit d'un phénomène continu.

Si le phénomène est soumis à une évolution lente sans variation cyclique (tel est le cas de la croissance somatique en première approximation tout au moins), on peut se contenter de le mesurer à intervalles réguliers.

Si le phénomène a une allure cyclique, le choix du moment où il est mesuré revêt une très grande importance. Nous allons le montrer sur un exemple schématique dans lequel on suppose l'existence d'un cycle circadien qui se répète de façon identique tous les jours. La figure 3 illustre cet exemple.

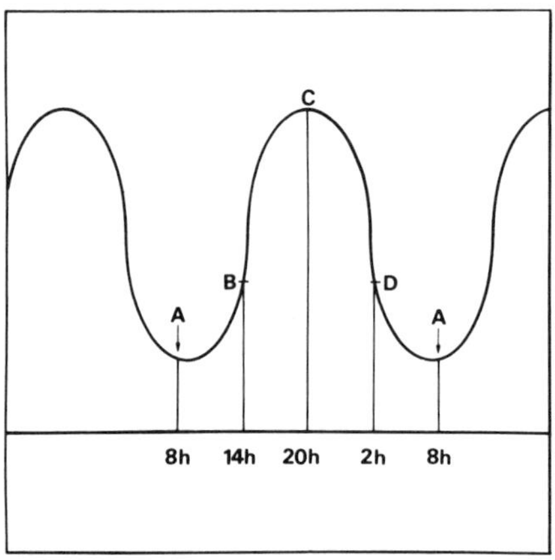

FIG. 3. — Illustration d'un cycle circadien.

Si l'on effectue un prélèvement par jour en tirant au sort l'horaire, la variance de l'observation est grande puisqu'elle ajoute aux variations entre individus les variations liées aux cycles.

Si l'on effectue le prélèvement tous les jours à la même heure (tirée au sort), chez tous les sujets (en A par exemple), on supprime la variabilité liée au cycle; le résultat est plus précis mais ne donne pas une idée du cycle.

Pour avoir une image plus complète de la réalité, il faudrait pratiquer des examens répétés (en A, B, C, D, par exemple) chez tous les sujets. Le nombre d'examens dépendant évidemment de l'allure générale du cycle.

Si l'on souhaite décrire un phénomène discontinu, une maladie de durée limitée par exemple, le problème est aussi complexe, car la fréquence des maladies dans la population varie sur de longues périodes. Elle est également affectée de variations cycliques, telles que les variations saisonnières.

Mais de plus il y a lieu ici de tenir compte de la durée du phénomène. Si on veut déceler tous les cas, il faut que le délai séparant deux investigations soit plus court que le plus court des épisodes de maladie. S'il n'en est pas ainsi, la probabilité que l'on a de déceler la maladie est proportionnelle à sa durée : la figure 4 illustre cette dernière éventualité.

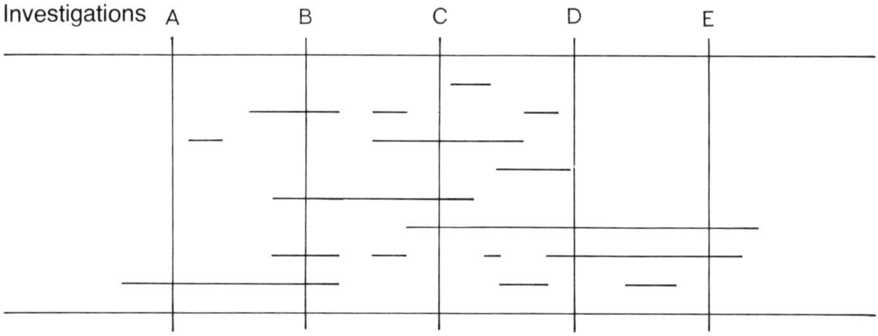

FIG. 4. — Détermination d'événements de durée variable au moyen d'investigations discontinues.

Durée de l'enquête

Les investigations peuvent se poursuivre pendant un délai plus ou moins long en fonction des objectifs de l'enquête. Pour déterminer celui-ci, il convient de tenir compte de l'évolution chronologique des événements étudiés : une composante saisonnière implique une observation d'au moins une année. Dans d'autres cas, on s'intéressera à la tendance générale pour enregistrer une augmentation ou une diminution de la morbidité, et l'enquête doit alors se poursuivre plusieurs années.

Il faut cependant se méfier de la tendance qui consiste à donner une certaine pérennité aux enregistrements et aux enquêtes d'information. Cette tendance présente des avantages lorsqu'il s'agit de systèmes difficiles et longs à mettre au point. Par contre elle présente tous les dangers d'un passage à la routine : oubli des objectifs, baisse de la qualité...

RÉFÉRENCES

[1] P. ARMITAGE — Statistical methods in medical research. 1 vol., Blackwell Scientific publications, Oxford, 1971-1977.

[2] L.J. BAUME — Principes généraux pour une standardisation internationale des statistiques sur la carie dentaire. Intern. Dent. J., 1962, *12*, 268-278.

[3] N.B. BELLOC, L. BRESLOW, J.R. HOCHSTIM — Measurement of physical health in a general population survey. Amer. J. Epidemiol., 1971, *92*, 328-336.

[4] W.W. HOLLAND, J. IPSEN, J. KORTRZEWSKY Ed. — Measurement of level of health. W.H.O., Copenhagen, 1979.

[5] M. JENICEK, R. CLEROUX — Epidémiologie. Principes. Techniques. Applications. 1 vol., Maloine, Paris, 1982.

[6] J. Lellouch, P. Lazar — Méthodes statistiques en expérimentation biologique. 1 vol., Flammarion, Paris, 1976.
[7] F.H. Roger — The minimum data set for hospital statistics in the EEC. Commission of the European Communities. EUR 7162 EN. Brussels, Luxembourg, 1981.
[8] C. Rumeau-Rouquette, C. du Mazaubrun, Y. Rabarison Ed. — Naître en France. 10 ans d'évolution. INSERM, Paris, 1984.

Chapitre XIV

LE QUESTIONNAIRE DANS UNE OPTIQUE DESCRIPTIVE *

Le questionnaire est une série de questions méthodiquement posées en vue d'une enquête. Primitivement inscrites sur un formulaire, elles sont également posées par l'intermédiaire d'un ordinateur. Les circonstances de l'interrogation sont variables, elle peut s'adresser aussi bien aux individus sur lesquels on désire acquérir des informations qu'à des intermédiaires et notamment aux médecins; elle peut se faire par contact direct ou par lettre.

NATURE DES INFORMATIONS

L'interrogatoire suppose pour le sujet interrogé deux temps distincts, il faut en premier lieu qu'il se remémore l'événement et en second lieu qu'il le décrive à l'enquêteur, ou qu'il le note lui-même, s'il s'agit d'une enquête par voie postale par exemple. La qualité des réponses dépend de très nombreux facteurs qui seront examinés dans ce chapitre, la nature de l'information demandée joue un grand rôle parmi ces facteurs, qu'il s'agisse du délai écoulé entre l'événement et l'interrogatoire ou de l'importance de l'événement.

Délai

Le National Center for Health Statistics (NCHS) a étudié l'effet de ce délai sur la qualité des réponses concernant un fait objectif : l'hospitalisation. La confrontation de ces réponses avec des données hospitalières montre que le pourcentage d'oublis augmente considérablement avec le temps (tableau I).

Il en va de même pour d'autres variables (les épisodes de maladies, les consultations, les médicaments) pour lesquelles l'oubli croît au fur et à mesure que le délai augmente. De plus ce phénomène commence très rapidement. Des enquêtes ont montré que les événements ayant eu lieu la semaine précédant l'interrogatoire étaient mieux rapportés que ceux qui se situent 2 semaines avant.

* On pourra se référer plus spécialement à l'ouvrage de A.E. Bennett et K. Ritchie [1], ainsi qu'aux publications du NCHS, dont quelques-unes figurent dans les références de ce chapitre.

TABLEAU I

Pourcentage d'hospitalisations non déclarées dans une enquête par interrogatoire, en fonction du délai séparant l'hospitalisation de l'interrogatoire [7].

Délai	Pourcentage d'hospitalisations non déclarées
1-10 semaines	3
11-20 semaines	6
21-30 semaines	9
31-40 semaines	11
41-50 semaines	16
51-53 semaines	42

Dans certaines circonstances, ce phénomène peut être compensé par un effet télescopique qui augmente fictivement les affections déclarées avec les délais les plus longs.

Desabie [3] le montre à partir d'un exemple emprunté à H. Nielson et J.O. Woolsey, dans lequel des personnes étaient interrogées sur les maladies et les blessures au cours des quatre dernières semaines. Pour les affections ayant nécessité une consultation médicale et un arrêt de travail, et pour celles-là seulement, le nombre de maladies déclarées est supérieur pour la deuxième et troisième semaine à celui déclaré pour la première semaine.

Ce résultat toutefois, n'est pas retrouvé dans les travaux récents du NCHS [9].

Importance de l'événement

L'importance de l'événement joue un rôle primordial. Ce résultat est extrêmement classique pour tout ceux qui étudient les phénomènes de mémorisation. Il n'y aurait pas lieu d'y insister ici, si ce fait n'allait à l'encontre d'un des objectifs de l'interrogatoire, qui est précisément de décrire les pathologies n'ayant pas fait l'objet d'une demande de soins. Or les recherches ont montré que les pathologies ayant donné lieu à des consultations médicales (tableau II) ou à des hospitalisations, sont mieux rapportées que les autres. Les hospitalisations elles-mêmes sont d'autant mieux rapportées qu'elles ont duré plus longtemps.

TABLEAU II

Pourcentage d'affections chroniques non décrites dans un interrogatoire, en fonction du nombre de consultations [8].

Consultations	Pourcentage de maladies non décrites
1	56
2	47
3	35
4	26
5 et plus	14

Dans l'ensemble les pathologies décrites sont celles que le sujet considérait comme importantes. Cependant une exception intervient pour certaines affections dont le diagnostic n'est pas connu du sujet ou qu'il rejette, tel est le cas du cancer en France ou des maladies mentales dans de nombreux pays. Signalons enfin que certaines affections chroniques bien tolérées sont parfois oubliées dans les réponses.

Nature de l'événement

Les questions portant sur les phénomènes de santé sont généralement bien tolérées surtout si elles sont posées en milieu médical. Certains événements cependant sont assez fréquemment dissimulés, tel est le cas des maladies vénériennes, des avortements et même parfois des épisodes dépressifs.

Les interrogatoires portant sur les conditions de vie, le sommeil, l'alimentation... sont également bien acceptés. Certaines circonstances (la grossesse, une maladie mise en relation avec l'hygiène de vie) favorisent encore cette tolérance. En ce qui concerne l'alimentation, Péquignot a montré que les réponses aux questionnaires permettaient une approche valable même s'il s'agit des habitudes alimentaires au cours du passé [2].

Cependant, dans le cadre de l'alimentation, la consommation des boissons alcoolisées est souvent sous-estimée, davantage sans doute par les femmes que par les hommes.

Les déclarations portant sur les facteurs économiques sont beaucoup plus sujettes à caution : la peur des ennuis pousse les personnes interrogées à refuser de déclarer le montant de leur revenu, alors que le souci de se valoriser les conduit souvent à surestimer leur niveau professionnel ou celui de leur conjoint.

Certaines questions appellent des réponses stéréotypées : tel est le cas du nombre de rapports sexuels lorsque les sujets ne sentent pas la nécessité de l'investigation; il en va différemment s'ils consultent pour une affection touchant, par exemple, à la procréation.

D'autres réponses sont faites au hasard, par un sujet soucieux de dissimuler son ignorance. Desabie [3] en cite un certain nombre d'exemples empruntés à des enquêtes d'opinion et insiste sur la nécessité de poser des questions « filtre » permettant d'abord de tester les connaissances du sujet, et ensuite seulement de l'interroger sur ses opinions.

CARACTÉRISTIQUES DES SUJETS INTERROGÉS

De nombreuses études ont essayé de déterminer si les caratéristiques personnelles des sujets interrogés jouent un rôle dans la qualité des réponses. Une revue récente établie par la National Center for Health Statistics [9] a montré que les résultats sont inconstants en ce qui concerne l'*âge,* et dépendent largement de la nature des pathologies, elles-mêmes variables avec l'âge. Il ne semble pas y avoir de différence très nette selon le *sexe*. Il est plus surprenant de constater que les résultats sont également variables si l'on étudie l'impact du *niveau d'instruction*. La revue précédemment citée montre que le pourcentage d'événements non signalés augmente, lorsque ce niveau s'abaisse, dans certaines enquêtes, mais cette différence n'est pas retrouvée dans d'autres enquêtes.

Nous avons récemment pu montrer, dans des recherches portant sur la grossesse, que les femmes ayant fait des études universitaires décrivent davantage d'épisodes pathologiques au cours de la grossesse. Mais ces femmes consultent davantage, et il est possible que la différence s'explique par une meilleure mémorisation acquise grâce à la consultation et aux soins qui en ont résultés.

Lors des interrogatoires en tête à tête, il semble que la qualité des réponses dépende essentiellement de la *relation* qui s'établit entre le sujet interrogé et celui qui pose les questions. Des chercheurs américains ont analysé ce phénomène en observant de façon systématique des interrogatoires et en demandant aux deux protagonistes de décrire leurs impressions.

CARACTÉRISTIQUES DE L'INTERROGATOIRE

Ces caractéristiques sont variables. L'interrogatoire peut se dérouler sous forme d'un dialogue entre l'enquêteur et la personne interrogée; il peut également s'agir d'un document rempli hors de la présence de l'enquêteur, qu'il ait été reçu par la poste ou remis personnellement avec des explications; il peut enfin s'agir d'un dialogue réalisé par l'intermédiaire d'un terminal d'ordinateur.

Le dialogue entre l'enquêteur et le sujet interrogé restant la forme la plus habituelle, et servant de base à toutes les autres formes, sera plus spécialement envisagé ici.

La feuille de papier est de très loin l'intermédiaire le plus utilisé entre celui qui pose les questions et son interlocuteur *. Son usage est pratiquement obligatoire dans les enquêtes par correspondance, il est très habituel dans les enquêtes sur le terrain (enquête à domicile par exemple), mais le magnétophone peut être employé dans ce cas, bien que l'exploitation des enregistrements reste difficile et longue. L'utilisation de terminaux n'est possible que dans des centres où l'on peut convoquer les sujets sur lesquels porte l'enquête.

Longueur de l'interrogatoire

La longueur de l'interrogatoire doit être modulée en fonction des conditions de l'entretien.

Dans des conditions optimales, l'interrogatoire d'un adulte peut durer 30 à 40 minutes. Ceci implique que l'enquêteur et le sujet interrogé disposent du temps nécessaire et que les conditions de l'entretien soient favorables. A cet égard, il est préférable qu'il n'y ait pas de témoins, et que l'installation soit relativement confortable. Si ces conditions optimales ne peuvent être réunies, il y a lieu bien souvent de réduire la longueur de l'interrogatoire.

Plan de l'interrogatoire

Le plan de l'interrogatoire comporte en général trois parties :

La première correspond à l'identification des sujets : nom, prénom, adresse... Elle doit être menée avec prudence si le questionnaire est nominatif,

* On rappelle d'ailleurs que le terme de questionnaire désigne également le formulaire sur lequel sont inscrites les questions.

et il faut dans ces conditions indiquer à la personne interrogée les précautions prises pour que ses réponses gardent un caractère confidentiel. Il est possible par exemple de faire figurer le nom sur un document (fiche ou carnet) indépendant du questionnaire proprement dit, en identifiant ce dernier par un numéro.

La deuxième partie sert à vérifier l'application du protocole. C'est dans ce cadre qu'entre la définition des unités statistiques, par exemple, le sexe, l'âge, le lieu de résidence. C'est là aussi que sont indiqués la filiation entre les unités statistiques et les unités de sondage et, s'il s'agit d'un sondage stratifié, les caractères sur lesquels a été réalisée la stratification... Enfin dans cette deuxième partie sont indiquées les conditions d'investigations (horaire et lieu d'interrogatoire, nom de l'enquêteur...).

Dans une enquête portant sur un échantillon représentatif, par tirage au sort des établissements hospitaliers, stratifiés selon leur importance et leur statut, on rappellera sur la fiche d'interrogatoire : le nom de l'établissement, sa capacité en lits, son statut afin de vérifier si les conditions d'échantillonnage ont bien été respectées. La date du tirage, la date de l'enquête et la qualité de l'enquêteur doivent compléter ces informations.

Ces indications ne sont pas toutes à demander au sujet interrogé et doivent être, dans la mesure du possible, indiquées à l'avance sur les fiches.

La troisième partie est consacrée à l'interrogatoire proprement dit, en fonction des objectifs assignés à l'enquête. Celle-ci à son tour comporte *plusieurs sections* dont l'ordre de succession est souvent difficile à fixer car il doit tenir compte des facteurs psychologiques qui conditionnent questions et réponses.

Il est difficile d'entrer dans le détail de cette troisième partie qui varie selon les enquêtes. Mais il est souhaitable que les premières questions semblent relativement « faciles » au sujet interrogé et établissent un bon contact avec l'enquêteur. On peut ensuite accroître la difficulté, pour la diminuer en fin d'interrogatoire, au moment où la fatigue commence à se faire sentir.

Dans un questionnaire posé à des femmes enceintes au 3eme mois de la grossesse [4], on commençait l'interrogatoire en expliquant à la femme les objectifs de l'enquête et en posant quelques questions faciles et assez générales sur la consultation prénatale au cours de laquelle elle était interrogée. On passait ensuite à la partie la plus difficile du questionnaire en demandant à la femme d'indiquer les maladies au cours de la grossesse et les médicaments pris. On posait d'abord des questions générales du type « avez-vous été malade ? avez-vous déjà consulté ? avez-vous été hospitalisée ? », et ensuite des questions détaillées sur les différentes pathologies observables au cours de la grossesse. On revenait enfin à des questions plus faciles concernant des événements plus importants; pour ces questions, la femme était aidée par des documents personnels, on lui demandait la liste des grossesses antérieures, la date du mariage (consignée dans le livret de famille), puis la profession du conjoint et les conditions de l'habitat. Tout au long de l'interrogatoire portant sur le premier trimestre de la grossesse, on s'efforçait de fournir à la femme des points de repère : à la date des dernières règles et à la date des consultations médicales intermédiaires, s'ajoutaient des événements spontanément mentionnés (date de certaines fêtes, date des vacances, événement familial ou professionnel...).

Qualités générales des questions

Le souci d'obtenir des réponses valables, sur le plan de la sensibilité et de la spécificité, doit conduire à rejeter les questions auxquelles les sujets répondent pratiquement au hasard, en raison de leurs connaissances insuffisantes, ou de leur défaillance de mémoire. Cela amène à proscrire, par exemple, les questions portant sur des événements trop éloignés : les réponses à la question : « quelles maladies avez-vous eues au cours de l'enfance ? » sont aisément prévisibles. Les remarques faites pages 167-168 doivent guider dans le choix des délais, en fonction de l'importance de l'événement.

Bien que le niveau d'instruction semble peu intervenir dans la mémorisation, il intervient dans la compréhension de la question. On devra donc se méfier des termes techniques, très répandus en médecine, et formuler les questions dans le langage habituel des sujets. Cette remarque est particulièrement importante si l'enquête a lieu dans des milieux défavorisés ou dans des pays en voie de développement.

On peut être amené dans ce dernier cas à utiliser des méthodes très empiriques afin de préciser les questions. C'est ainsi que dans un questionnaire portant sur la nutrition des enfants, on montre à la mère les produits, riz, œufs, poissons..., et les mesures utilisées, cuillère, bol...

La recherche d'une plus grande précision conduit à se méfier des questions très générales dans lesquelles on demande, par exemple, à une femme combien elle a eu d'enfants.

Les femmes comprennent parfaitement la question mais pas toutes de la même manière : certaines indiquent le nombre d'enfants vivants qu'elles ont mis au monde, d'autres incluent les mort-nés, quelques-unes comptent les enfants qu'elles ont eu du mari actuel sans ajouter ceux d'une première union. Il importe donc que l'on indique dans ce cas : nombre d'enfants nés vivants, nombre d'enfants mort-nés de la mère. Puis ensuite, si l'on veut avoir le détail : nombre d'enfants issus du mariage actuel, nombre d'enfants issus hors du mariage actuel, etc.

Il est enfin très important que la réponse ne soit pas *induite* par la question. Certains exemples tout à fait grossiers peuvent en être donnés, et ils sont plus fréquents qu'on ne le pense.

Ce type de question est souvent entendu : « vous aimeriez avoir davantage d'informations sur la contraception ? » ou « vous avez eu la grippe ? » ou encore « vous n'avez pas eu de maladie grave au cours du dernier mois ? ». De la même manière, il faut éviter les énumérations partielles qui orientent par trop les réponses; tel est le cas dans la question « avez-vous eu des maladies infectieuses comme la grippe par exemple ? ».

Questions fermées et questions ouvertes

Les questions fermées prévoient l'ensemble des réponses qui peuvent être faites, par exemple :

« avez-vous été hospitalisé ou non au cours du mois précédent ? »
« si oui, était-ce dans un hôpital privé ? public ? »
« pour quelle maladie ? » (suit une énumération de celles-ci).

Ces questions ont l'avantage d'obliger des sujets à réfléchir à des détails qu'ils oublieraient peut-être de mentionner spontanément. Elles diminuent les variations dues aux enquêteurs, s'ils sont obligés de les poser dans la forme exacte où elles sont rédigées. Elles facilitent enfin la codification faite en vue d'une exploitation informatique ultérieure.

Ces avantages sont à mettre en balance avec des difficultés et des inconvénients qui ne sont pas moindres. Rendre compte d'événements complexes, à travers une succession de questions fermées, est un travail difficile, qui peut conduire à appauvrir considérablement la réalité, tout en réalisant des questionnaires dont la longueur constitue un obstacle. Les questions fermées peuvent de plus induire des réponses ou provoquer des incompréhensions; sans aller jusque-là, elles offrent souvent une solution de facilité au sujet qui répond, car il est fréquent qu'il choisisse la réponse qui lui demande le moins de réflexion. C'est pourquoi les questions fermées sont toujours très difficiles à utiliser dans tous les interrogatoires portant sur des problèmes d'ordre psychologique.

Les questions ouvertes sont donc préférables, lorsqu'il s'agit d'une information complexe, difficile à analyser a priori sans l'appauvrir. Elles peuvent également être utilisées dans les domaines où des questions fermées peuvent provoquer des résistances, ou induire les réponses. Mais encore faut-il être conscient des difficultés de l'interprétation ultérieure, qui nécessite la mise au point, a posteriori, d'une grille de dépouillement, aussi difficile à adapter à la complexité de l'information que ne l'aurait été un questionnaire. On est souvent frappé en effet de la pauvreté des analyses faites à partir de ce type d'entretien.

Intérêt des explications portées sur le questionnaire

Le souci de limiter le nombre de pages, pour justifié qu'il soit, conduit parfois à rédiger des instructions, longues et détaillées, qui sont remises à part à l'enquêteur. Cette méthode comporte des dangers : l'enquêteur peut lire superficiellement les instructions, omettre de les emporter sur le lieu de l'enquête, il est en outre difficile de les consulter en interrogeant.

Il nous semble donc préférable de faire figurer le maximum d'explications sur le questionnaire : les questions doivent être, nous l'avons vu, très explicites, les instructions données à l'enquêteur sur la façon de poser les questions, doivent être notées avec des caractères typographiques spéciaux; des espaces blancs permettent à l'enquêteur de décrire certaines difficultés rencontrées, ou certaines réponses non prévues.

L'ensemble des points qui viennent d'être examinés montre les difficultés de la mise au point d'un interrogatoire. Il n'y a pas de recettes en ce domaine, et tout interrogatoire doit être précédé par une longue période de réflexion et d'essais, associant l'équipe responsable de l'enquête, des spécialistes du domaine et les enquêteurs.

CARACTÉRISTIQUES DE L'ENQUÊTEUR

Le *choix* de l'enquêteur a donné lieu à de nombreuses controverses : l'enquêteur doit-il avoir une culture médicale importante ou non, doit-il être ou non médecin ?

La réponse dépend évidemment du type d'enquête, mais l'expérience a montré que le médecin qui participe avec enthousiasme et compétence à un interrogatoire sur la morbidité est un bon enquêteur. Par contre, s'il considère ce travail comme une besogne secondaire et sans intérêt, il est souvent préférable de le remplacer par un technicien bien instruit des problèmes.

Le recrutement proprement dit se fait par diverses voies, il est souvent préférable de choisir des sujets déjà introduits dans le milieu sur lequel portera l'enquête et bien considérés dans ce milieu. Mais il peut être fâcheux pour certaines études qu'existe déjà une relation personnelle entre l'enquêteur et celui sur lequel portera l'enquête.

La *formation* des enquêteurs est une phase essentielle. Les étapes suivantes peuvent être envisagées : après un premier entretien personnel portant sur les buts généraux de l'étude, l'enquêteur reçoit le protocole de l'enquête et le questionnaire, il effectue ensuite les premiers interrogatoires avec l'aide d'un « instructeur » dans un milieu expérimental puis dans le milieu où il doit réaliser l'enquête.

Des réunions de travail permettent alors aux enquêteurs de vérifier leur bonne compréhension de l'enquête et de redresser ce qui doit l'être.

L'enquête proprement dite commence après cette phase; au cours des premiers mois, les questionnaires sont revus par l'instructeur qui signale les erreurs à l'intéressé. Lorsque l'interrogatoire est complexe, on est parfois amené à détruire les premières fiches remplies.

Pendant combien de temps peut-on conserver un enquêteur ? On a souvent tendance à former des enquêteurs effectuant ce travail à temps complet ou partiel pendant plusieurs années. Notre expérience avec des médecins enquêteurs a montré que le même sujet ne peut en général effectuer le même travail dans la même enquête pendant plus de un ou deux ans. Passée cette période, son travail devient monotone et, connaissant trop bien la routine de l'interrogatoire, voire les faiblesses de l'organisation, il devient, le plus souvent, un mauvais enquêteur. Le délai de un ou deux ans s'applique à un type particulier d'enquête mais il existe sans doute pour tous les types d'enquête une période limite.

Des travaux américains récents permettent de compléter ces données [7]. Ils ont montré en effet qu'un enquêteur n'améliore généralement pas ses performances au fur et à mesure qu'il acquiert de l'expérience, au cours d'une étude donnée tout au moins. Au bout de quelques semaines, son intérêt pour l'enquête diminue, qu'il soit ou non un enquêteur expérimenté. Or cet intérêt intervient dans la relation qui s'établit avec le sujet interrogé et conditionne la qualité de l'enquête. Il semble donc important de susciter l'intérêt de l'enquêteur en l'associant dans la mesure du possible à la validation des données et à l'analyse des résultats. Toutefois, il ne faut pas se dissimuler que cette procédure peut biaiser sa façon d'interroger et doit être utilisée avec précaution.

Annexe

EXEMPLES D'INTERROGATOIRES

Il existe une grande variété de questionnaires, les quelques exemples évoqués ci-dessous répondent à des objectifs précis et ne sauraient être généralisés. Nous n'avons pas d'autre but en les citant que d'illustrer ce chapitre à travers des situations concrètes.

1er exemple : un questionnaire envoyé par poste à 2 700 médecins [6]

Cette enquête a été réalisée par l'Unité 164 * de l'INSERM avec l'aide des instances régionales et départementales (DRASS et DDASS **); elle s'est déroulée de mai 1982 à septembre 1983 dans la région Nord-Pas-de-Calais.

Parmi les *objectifs* prioritaires de l'enquête, on peut signaler l'étude descriptive :

— de la morbidité diagnostiquée (à l'exclusion de celle des sujets hospitalisés) et en particulier de l'estimation de la prévalence et de l'incidence des maladies;

— des motifs de recours des sujets consultants;

— des conséquences des maladies (arrêt de travail...) et des handicaps et gênes dont est atteint le sujet;

— de la pathologie accidentelle.

L'échantillon était constitué par l'ensemble des médecins exerçant dans la région Nord-Pas-de-Calais. Les seules exceptions concernaient les médecins qui, du fait de leur mode d'exercice, ne voyaient des malades qu'en deuxième ressort (radiologistes, biologistes...) et naturellement les médecins qui ne voyaient pas de malades (tâches administratives ou de recherche uniquement...).

Les contacts suivants ont été établis avec les médecins (fig. 1).

Envoi du courrier	*Temps*	*Retour du courrier*
Premier envoi	– 5 semaines	
		Bulletin-réponse (premier envoi)
Relance	– 3 semaines	
		Bulletin-réponse (relance)
Questionnaires	– 1 semaine	
	0	*Enquête*
	Rappel + 2 semaines	Questionnaires
Appel téléphonique (échantillon des non répondants)	+ 5 semaines	Rappel

FIG. 1. — Différents contacts avec les médecins.

* Unité de Recherches sur l'Evaluation de l'Etat de Santé et des Systèmes de Soins et de Prévention.

** Direction Régionale de l'Action Sanitaire et Sociale, Direction Départementale de l'Action Sanitaire et Sociale.

MORBIDITÉ RÉGION NORD-PAS-DE-CALAIS

I. DATE : ⎵⎵ ⎵⎵ **198** ⎵

LIEU DE L'ACTE : Domicile du sujet ☐ Cabinet du médecin ☐ Consultation hospitalière ☐ Centre de soins ☐ Services d'accueil et réception des urgences ☐ Centre d'examen de santé ☐ Dispensaire ☐ Lieu de travail ☐ Autres ☐ :

CARACTÉRISTIQUES DU PATIENT :

- SEXE { M ☐ F ☐
- AGE { ⎵⎵ ans ; Si moins de 2 ans ⎵⎵ mois

- COMMUNE DE RÉSIDENCE : (code postal)
- NATIONALITÉ : Française ☐ Étrangère ☐
- STATUT MATRIMONIAL : Célibataire ☐ Marié ☐ Veuf ☐ Divorcé ou Séparé ☐

- ACTIVITÉ PROFES. ACTUELLE
  - OUI ☐ **Profession** *
  - NON ☐
    - Retraité ☐ Chômeur ☐ } **Dernière Profession** *
    - Femme au foyer ☐ Enfant ou étudiant ☐ Militaire du contingent ☐ } **Profession du Chef de Famille** *
    - Autre ☐

II. MOTIF DE RECOURS *(si le seul motif est un accident, passer directement au verso)*

	MOTIF PRINCIPAL	1er MOTIF ASSOCIÉ	2e MOTIF ASSOCIE
Motifs du recours : motif déclaré par le sujet *(plaintes, symptômes, syndromes, prévention...)*			
Diagnostic correspondant, éventuellement porté			
Ce diagnostic était-il **déjà connu avant aujourd'hui** *(Y compris par d'autres médecins)*	OUI ☐ NON ☐	OUI ☐ NON ☐	OUI ☐ NON ☐
SI OUI : - Ce diagnostic a été porté **pour la première fois** il y a :			
- moins d'une semaine	☐	☐	☐
- 1 semaine à 1 mois	☐	☐	☐
- 1 à 3 mois	☐	☐	☐
- 3 à 6 mois	☐	☐	☐
- 6 à 12 mois	☐	☐	☐
- plus d'un an	☐	☐	☐
- **Le précédent contact avec un médecin pour ce diagnostic a eu lieu il y a** : *(par exemple : 3 jours, 2 semaines, 7 mois...)* :			
- Nombre de recours **pour ce diagnostic depuis un an** *(y compris auprès d'autres médecins et hospitalisation exclue)*	⎵⎵	⎵⎵	⎵⎵
- **Y a t-il eu une ou des hospitalisations pour ce diagnostic depuis un an** :	OUI ☐ NON ☐ durée : ⎵⎵⎵ jours	OUI ☐ NON ☐ durée : ⎵⎵⎵ jours	OUI ☐ NON ☐ durée : ⎵⎵⎵ jours
- Il s'agit d'une simple surveillance	OUI ☐ NON ☐	OUI ☐ NON ☐	OUI ☐ NON ☐
- Il s'agit d'une manifestation aiguë de la maladie	OUI ☐ NON ☐	OUI ☐ NON ☐	OUI ☐ NON ☐
Hospitalisation demandée	OUI ☐ NON ☐	OUI ☐ NON ☐	OUI ☐ NON ☐

CONSÉQUENCES
- arrêt de travail OUI ☐ NON ☐ Nombre de jours :
- alitement OUI ☐ NON ☐ Nombre de jours :

ÉTAT DE SANTÉ : En dehors de l'épisode actuel, s'il est aigu, l'état de santé du sujet est-il modifié par :
- Alcoolisme OUI ☐ NON ☐
- Tabagisme OUI ☐ NON ☐
- Handicaps, gênes OUI ☐ NON ☐ } → **SI OUI** remplir l'encadré handicaps ou gênes au verso

* *y compris aide-familial (e) : aide le conjoint ou sa famille dans une affaire, un commerce, une exploitation agricole.*

FIG. 2. — Questionnaire rempli par les médecins.
Enquête de morbidité du Nord-Pas-de-Calais, 1982-1983 [6].

III.

NE REMPLIR QU'EN CAS D'ACCIDENT

1 **Date de l'accident**

2 **Lieu de l'accident** :

- Accident domestique ☐
- Accident de la circulation ☐
- Accident de sport ☐
- Accident sur le lieu de travail ou à l'école ☐
- Autres ☐

3 **S'agit-il d'un accident du travail ?** OUI ☐ NON ☐

4 **Cause** *(en clair)*

5 **Lésions ou séquelles**

- Siège :
- Gravité :
- Diagnostics :

6 **Type de soins**
- Hospitalisation immédiate ☐
- Soins ambulatoires ☐

7 **Est-ce le premier contact** pour cet accident ? OUI ☐ NON ☐

SI NON : Nombre de recours antérieurs pour cet accident **depuis un an** *(y compris auprès d'autres médecins)* : └─┴─┘

8 **Évolution attendue**
- Non prévisible pour l'instant ☐
- Récupération complète sans séquelle ☐
- Récupération avec séquelles mineures ☐
- Récupération avec séquelles majeures ☐
- Vraisemblablement fatale ☐

9. **Nature des séquelles**
- Esthétique ☐
- Motrice ☐
- Intellectuelle ☐
- Sensorielle ☐
- Autre ☐

10 **Accidents antérieurs** OUI ☐ NON ☐ COMBIEN : └─┴─┘

11 **En dehors de l'accident**, l'état du sujet est-il modifié par :

- Alcoolisme OUI ☐ NON ☐
- Tabagisme OUI ☐ NON ☐
- Handicaps, gênes OUI ☐ NON ☐ } → **SI OUI** : remplir l'encadré ci-dessous

IV.

NE REMPLIR QU'EN CAS DE HANDICAPS OU GÊNES

NATURE

Moteur ☐ Cardio-vasculaire ☐ Surdité ☐ Cécité ☐ Autre ☐

Préciser :

RESTRICTIONS DE L'ACTIVITÉ PRINCIPALE (professionnelle ou non)

Simples difficultés ☐
Réduction d'activité ☐
A dû cesser complètement son activité ☐
} Préciser :

ORIGINE : De naissance ☐
Acquis ☐

Si acquis : du fait de : - maladie ☐ - conditions de travail ☐ - accident du travail ☐ - autre accident ☐ - vieillesse ☐

BERGER LEVRAULT NANCY D1 11 12

N° 129744

Le questionnaire est reproduit figure 2. On note plus particulièrement les caractéristiques suivantes :

1. Il existe une fiche par consultation. Une solution alternative était de faire remplir un bordereau par médecin. Cette solution n'aurait été valable que pour un nombre très limité de consultations, et d'informations par consultation. L'unité principale d'analyse est la consultation, il est normal d'établir une fiche correspondant à chacune des unités.

2. L'identification de chacune des fiches est faite par la date de l'acte (jour, mois et année). Ce système garantit l'anonymat du médecin et du patient. Par contre s'il n'est pas complété par ailleurs, il ne permet pas d'identifier la fiche pour demander au médecin une information omise pour un patient donné. Pour le faire il aurait fallu que figurent sur chaque fiche :

numéro de code du médecin ☐☐☐

numéro de code du patient ☐☐

3. La quantité des informations demandées est limitée pour l'ensemble des cas, et ceci se justifie par les conditions de l'enquête postale étendue à un vaste échantillon. Les informations plus détaillées ne concernent qu'une partie de celui-ci (handicaps et accidents).

4. La présentation comporte des indications en clair évitant tout recours à des codes et des cases à cocher.

Dans l'ensemble cette fiche traduit le souci de simplifier au maximum le travail des médecins.

2ème exemple : un questionnaire adressé aux maternités pour enregistrer les cas de malformations congénitales [5].

Ce questionnaire constitue une des sources d'information utilisées dans le registre parisien des malformations congénitales. Il est remis aux sages-femmes des maternités participant au registre, la première partie peut être remplie à partir des dossiers hospitaliers, la deuxième l'est par un interrogatoire des mères.

Ce registre a pour *objectifs* de suivre l'évolution de la fréquence des malformations congénitales, de comparer celle-ci à l'évolution observée dans différents pays, de servir de base à des recherches. La deuxième partie du questionnaire correspond à ce dernier objectif.

Le protocole stipule que doivent être enregistrés :

— les enfants malformés qu'ils soient nés vivants ou mort-nés;

— les fœtus issus d'un avortement thérapeutique pour malformation.

Une fiche doit être établie pour tout enfant dont la malformation a été décelée pendant la période néonatale, que ce soit à la maternité ou au centre de transfert.

Les taux de malformation sont calculés de plusieurs manières :

— en rapportant le nombre d'enfants malformés nés dans les maternités au nombre total d'enfants nés dans les maternités;

— en rapportant le nombre d'enfants malformés, nés de résidents à Paris, au nombre total de naissances de résidents à Paris;

— les avortements thérapeutiques sont décomptés à part;

— les grossesses gémellaires font l'objet d'analyses spéciales.

ENQUÊTE EUROPÉENNE – I.N.S.E.R.M. U-149
REGISTRE DES MALFORMATIONS

Identification — Année — Maternité — N° de l'enfant

1 [0 1] 3 [M P] 5 [ ] 7 [ ] 9 [ ]

1re PARTIE

ENFANT

Date de naissance .... J 12 [ ] M 14 [ ] A 16 [ ]

Sexe : M. 1, F. 2, n. sp. 3 .... 18 [ ]

Si naissance multiple, rang : naissance unique 0, 1° jumeau 1, 2° jumeau 2 .... 19 [ ]

Nombre d'enfants malformés .... 20 [ ]

Poids de naissance en grammes .... 21 [ ]

Age gestationnel en semaines (1° J.D.D.R.) .... 25 [ ]

Etat : vivant 1, mort-né 2, interruption thérapeutique 3 .... 27 [ ]

Si diagnostic anténatal de malf., mode : amniocentèse 1, échographie 2, autre 4 ..... 28 [ ]

Age en semaine au diagnostic .... 29 [ ]

En cas de transfert de l'enfant dans un autre service, *en clair :* 31 [ ]

- Hôpital ______
- Chef de service ______
- Date du transfert ______ J 33 [ ] M [ ]

En cas de mort fœtale ou néonatale :

- Examen anatomique : non fait 0, réalisé 1 .... [ ]
- Date du décès en cas de mort néonatale .... J 38 [ ] M [ ] A [ ]
- Lieu ______

ANTÉCÉDENTS GYNÉCOLOGIQUES

Age aux 1res règles (ans) ...... 44 [ ] Durée habituelle du cycle .... 46 [ ]

Les cycles sont-ils réguliers (pas d'écart de plus de 4 jours d'un cycle à l'autre) : non 0, oui 1 .... 48 [ ]

GROSSESSES ANTÉRIEURES DE LA MÈRE

Nb. d'avortements spontanés .... 49 [ ] Nb. d'avortements thérapeutiques .... 50 [ ]

Nb. de mort-nés .... 51 [ ] Nb. de naissances vivantes .... 52 [ ]

Si malformé, indiquer en clair les malformations :

1° malformé ______ 53 [ ]

2° malformé ______ 57 [ ]

3° malformé ______ 61 [ ]

MALFORMATIONS

CC 1 [0 2]

Description très précise des malformations	Si diagnostic post-natal Age en jours au diagnostic	Malformation suspectée 1 certaine 2	Code O.M.S.
1° ______	12 [ ]	14 [ ]	15 [ ]
2° ______	21 [ ]	23 [ ]	24 [ ]
3° ______	30 [ ]	32 [ ]	33 [ ]
4° ______	39 [ ]	41 [ ]	42 [ ]
5° ______	48 [ ]	50 [ ]	51 [ ]
Syndrome ______	57 [ ]	59 [ ]	60 [ ]

PARENTS ______ CC 1 [0|3]

Département de résidence de la mère, en clair ______ 12

	Mère	Père
Age des parents	14	16
Origine ethnique : France 1, Europe du Nord 2, Portugal 3, Espagne 4, Italie 5, autre Europe du Sud 6, Afrique du Nord 7, Afrique 8, Antilles 9, Asie 10, autres 11.	18	20

Profession et indiquer le secteur d'activité
(Ex. ouvrière P2 dans l'industrie chimique, peintures)

	Prof.	Sect. activ.
de la mère ______	22	24
du père ______	26	28

Antécédents de maladies familiales ou héréditaires, en clair :

de la mère ______ 30

de la famille de la mère ______ 32

du père ______ 34

de la famille du père ______ 36

INFORMATIONS COMPLÉMENTAIRES *2ème PARTIE*

Stérilité : prise d'un inducteur de l'ovulation dans les 60 jours avant la grossesse : non 0, oui 1 38

Nom de la spécialité 39

Insémination artificielle : non 0, oui 1 41

Contraception : non 0, oui 1 42

Dernière méthode de contraception utilisée, en clair ______ 43

• Si pilule ou spermicide, nom de la derniere spécialité, en clair ______ 44

Date de l'arrêt de cette méthode .... 46 [J] [M] [A]

Traitements hormonaux

— au cours du dernier cycle : non 0, oui 1 52

• nom de la spécialité ______ 53

— au cours du 1er trimestre de la grossesse : non 0, oui 1 55

• nom de la spécialité ______ 56

— au cours des 2ème et 3ème trimestres de la grossesse : non 0, oui 1 58

• nom de la spécialité ______ 59

Diabète : non 0, oui 1 61

— Si oui, traité avant grossesse : non 0, oui 1 62

Quel traitement spécifique a été continué au cours de la grossesse :
1° ______ 2° ______ 63

Epilepsie : non 0, oui 1 67

— Si oui, traitée avant grossesse : non 0, oui 1 68

Quel traitement spécifique a été continué au cours de la grossesse :
1° ______ 2° ______ 69

Infections virales en cours de grossesse, préciser ______ 73

______

La femme a-t-elle eu d'autres prises médicamenteuses au cours du 1er trimestre de la grossesse :

1° ______ 2° ______ 75 79

Origine de la fiche (ne pas remplir) 79

Le questionnaire (p. 179-180) comprend davantage d'indications que celui adressé aux médecins généralistes, mais il reste d'une dimension limitée (1 page recto-verso), il permet d'enregistrer un millier de cas par an. Sa relative simplicité s'explique par l'absence d'enquêteurs spécialisés, il doit en effet être rempli en routine par les sages-femmes du service, sous la supervision des responsables du registre.

L'identification comporte après un code informatique 01-MP, l'année d'enquête (83-84...), le numéro de la maternité et de l'enfant. Il est donc possible, par exemple, d'obtenir des précisions des maternités sur un cas particulier, mais le nom de la maternité et celui de l'enfant ne sont pas indiqués dans la fiche afin de préserver l'anonymat.

L'échantillonnage est précisé par les rubriques suivantes :

— on sait s'il s'agit d'un avortement, d'un enfant vivant ou mort-né (case 27);

— on sait s'il y a eu transfert (cases 31-32) et si la malformation a été diagnostiquée à la maternité ou au centre en rapprochant la date du transfert de l'âge au diagnostic.

La fiche comporte les éléments nécessaires au calcul des taux, les dénominateurs étant connus par les déclarations des maternités ou les statistiques d'état civil.

La description des malformations congénitales est faite en clair par les sages-femmes et codée ensuite au siège du registre, il en va de même pour la profession des parents, les antécédents et la nature des traitements.

La présentation générale de la fiche permet de coder les réponses en vue du passage sur ordinateur (voir chapitre XVIII).

3ème exemple : enquête nationale sur la grossesse et l'accouchement [10]

Cette enquête évoquée à plusieurs reprises lors de l'étude de l'échantillonnage comportait un questionnaire de 10 pages, rempli par des sages-femmes ou des médecins volontaires, ayant eu des séances de formation et rémunérés pour ce travail. Nous en reproduisons deux extraits (p. 182 à 185).

Le premier est une description de la grossesse actuelle, les données sont obtenues par interrogatoire des femmes. Elles comportent au niveau de la surveillance des exemples de questions progressives avec des recoupements destinés à vérifier les déclarations des femmes. Pour les pathologies, seuls les éléments importants sont pris en compte (p. 183).

Le second décrit l'accouchement et l'état de l'enfant à la naissance, rempli en même temps que l'observation médicale, il comporte des données plus détaillées en suivant le plan classique du dossier médical.

Les fiches sont comme précédemment présentées sous une forme directement codable, les enquêteurs remplissant directement les cases.

INSTITUT NATIONAL DE LA SANTÉ
ET DE LA RECHERCHE MÉDICALE

N° de la fiche
6 ☐ ☐☐

ENQUÊTE MÉDICALE SUR LA GROSSESSE ET L'ACCOUCHEMENT

Ces fiches sont strictement anonymes et l'enquêteur devra inscrire ici les numéros indiqués à l'exclusion de tout nom

CC.1 | 0 | 1 |

Numéro du fichier . . . . 3 | P | 8 | 1 |

Numéro de la maternité . . . . 9 ☐☐☐☐

Date de l'interrogatoire de la mère . . . . 13 Jour ☐☐ Mois ☐☐ Année ☐☐

Interrogatoire : façile 0, difficile 1, impossible 2, refus 3 . . . . 19 ☐

Berger-Levrault, Nancy.

1. GROSSESSE ACTUELLE

Date dernières règles 20 Jour Mois Année

Date prévue d'accouchement 26

La femme a-t-elle consulté un gynécologue avant cette grossesse? . . . 32

Surveillance de la grossesse

- Nombre de consultations prénatales 33

Auprès de quelle personne la femme a-t-elle effectué la 1re consultation pour cette grossesse? sage-femme 1, généraliste 2, gynécologue 3, obstétricien 4 . . . 35

- Date de la première consult. 36 Jour Mois Année
- Date de la 1re consultation auprès de l'équipe responsable de l'accouchement . 42 Jour Mois Année

- La femme a-t-elle eu les consultations aux dates prescrites par la loi?
  - 1er trimestre . . . 48
  - 6e mois . . . 49
  - 8e mois . . . 50
  - 9e mois . . . 51

Si la femme n'a pas eu les 4 consultations aux dates légales, pour quelles raisons? 52 (1re, 2e)

- naissance prématurée 1,
- impossibilités matérielles 2,
- ignorance de la législation 3,
- refus de surveillance 4,
- autre raison 5,

Si la femme a eu plus de 4 consultations, pour quelles raisons? 54 (1re, 2e)

- pathologie de la grossesse 1,
- antécédents pathologiques 2,
- désir personnel d'être plus suivie 3,
- convocation médicale 4,
- autre raison 5,

Où la femme a-t-elle consulté?

- hôpital public . . . 56
- clinique privée . . . 57
- dispensaire . . . 58
- cabinet médecin ou sage-femme . . . 59
- autre (préciser) . . . 60

Nbre de consultations effectuées par : (1er T, 2e T, 3e T)

- un obstétricien . . . 61
- un gynécologue . . . 64
- un généraliste . . . 67
- une sage-femme . . . 70
- autre (à préciser) . . . 73

- Nombre de consultations faites par l'équipe responsable de l'accouchement . . . 76

La femme a-t-elle suivi pendant cette grossesse des séances de préparation à l'accouchement? . . . 78

CC.1 | 0 | 2 |

Toxémie (1er T, 2e T, 3e T)

- H.T.A. : non 0, max. ≥ 14 ou min. ≥ 9 : 1 . 13
- Nbre de prises de T.A. . . . 16
- Albuminurie : non 0, > 0,1 g/l : 1 . . . 17 (1er T, 2e T, 3e T)
- Œdème : non 0, oui 1 . . . 20 (1er T, 2e T, 3e T)
- Éclampsie, convulsions . . . 23

Infection urinaire : non 0, oui 1 . . . 24 (1er T, 2e T, 3e T)

Vulvo-vaginite : non 0, oui 1 . . . 27 (1er T, 2e T, 3e T)

Métrorragies : non 0, oui 1 . . . 30 (1er T, 2e T, 3e T)

Hypotrophie fœtale : non 0, oui 1 . . . 33

Menace d'avortt 1, d'accouch t prématuré 2 . . . 34

- A quelle semaine? . . . 35

Diabète : non 0, prédiabète 1, patent 2 . . . 37

Rh : Rh + 0, Rh − 1 . . . 38

- Iso-immunisation : non 0, ant. 1, gros. actuelle 2 . 39
- Recherches d'agglutinines : non 0, oui 1 . . . 40

Traitements : repos . . . 41

- régime sans sel . . . 42
- diurétiques . . . 43
- antihypertenseur . . . 44
- antibiotiques 1, sulfamides 2, antiseptiques 4 . . . 45
- cerclage . . . 46
- antispasmodiques . . . 47
- hormones (en clair) . . . 48
- ß mimétiques en perfusion 1, autre 2, les 2 = 3 . . 49
- autres (en clair) ________ 50

Autres pathologies 52

________ 54

Hospitalisations

- nombre d'hospitalisations . . . 56
- nombre de jours d'hosp. au 1er trimestre . . . 57 (1er Tri.)
- raisons en clair ________ 59
- nombre de jours d'hosp. au 2e trimestre . . . 61 (2e Tri.)
- raisons en clair ________ 63
- nombre de jours d'hosp. au 3e trimestre . . . 65 (3e Tri.)
- raisons en clair ________ 67

8. ACCOUCHEMENT

CC.1 | 1 | 0 |

Lieu d'accouchement . . . . 13 ☐
- domicile 1, en trajet 2, secteur privé d'un hôpital public 3, clinique ouverte d'un hôpital public 4, hôpital public 5, hôpital rural 6, maternité privée ouverte 7, autre maternité privée 8.

Choix du lieu d'accouchement . . . . 14 ☐
- sur les conseils du médecin 1, par sécurité médicale 2, pathologie de la grossesse 3, par commodité d'accès 4, confort hôtelier 5, autre 6.

Transfert d'un autre établissement, avant travail 1, en cours de travail 2 . . . . 15 ☐

Date d'arrivée à la maternité 16 Jour ☐☐ Mois ☐☐ Heures ☐☐

Distance maternité-domicile (en km) . . . . . 22 ☐☐

Présence en salle de travail, du père 1, d'un autre membre de la famille 2 . . . . 24 ☐

Qui a surveillé la femme pendant le travail?

Qui a effectué l'accouchement?

- sage-femme . . . . 25 ☐ ☐
- obstétricien . . . . 27 ☐ ☐
- interne ou C.E.S. . . . . 29 ☐ ☐
- généraliste . . . . 31 ☐ ☐
- chirurgien . . . . 33 ☐ ☐
- autre (à préciser) . . . . 35 ☐ ☐

Nbre d'enfants nés au cours de l'accouchement 37 ☐

CC.1 | 1 | 1 |

Début de l'accouchement . . . . 13 ☐
- spontané 0, provoqué par : ocytociques 1, rupture membranes 2, césarienne avant travail 3, prostaglandines 4, autre moyen 5.
- si déclenchement ou césarienne avant travail, pour quelles raisons? ______________ 14 ☐☐

______________ 16 ☐☐

- échec à une tentative d'arrêt d'accouchement . . 18 ☐

si oui : échec des β-mimétiques 1, échec d'un autre traitement de menace d'accouchement prématuré 2 . . . . 19 ☐

État fœtal :
- mode de surveillance : clinique 1, électronique 2, examen de sang fœtal 4 . . . . 20 ☐
- y a-t-il eu souffrance fœtale? . . . . 21 ☐

si oui, diagnostiquée par : aspect du liquide 1, rythme cardiaque fœtal 2, pH 4 . . . . 22 ☐

Liquide amniotique :
- rupture spontanée 1, artificielle 2 . . . . 23 ☐
- aspect à la rupture : clair 1, méconial 2, autre 3 . . . . 24 ☐
- teinté secondairement . . . . 25 ☐

Présentation :
- sommet 1, face 2, front 3, bregma 4, siège 5, transverse 6 . . . . 26 ☐

Si sommet, dégagement en OP. 1, OS. 2 . . . . . 27 ☐

Terminaison accouchement :
- Voie basse spontanée 1, voie basse non spontanée 2, césarienne 3 . . . . 28 ☐
- Si voie basse non spontanée : forceps 1, spatules 2, ventouse 3, siège petite extraction 4, grande extraction 5, siège autre technique 6, version extraction 7, autre 8 . . . . 29 ☐
- Manœuvres : Bracht 1, Mauriceau 2 . . . . . . 30 ☐
- Si césarienne ou forceps, pour quelles raisons? 31 ☐☐

______________ 33 ☐☐

Pathologie :
- Placenta prævia . . . . 35 ☐
- Hématome rétroplacentaire . . . . 36 ☐
- Procidence du cordon . . . . 37 ☐
- Autre pathologie (en clair) . . . . 38 ☐☐

Thérapeutiques en cours de travail :
- ocytociques avant la fin du dégagement . . . . . 40 ☐
- antalgiques . . . . 41 ☐
- analgésie péridurale 1, autre type d'analgésie 2 (en clair) ______________ 42 ☐
- anesthésie : non 0, générale 1, régionale 2 . . . 43 ☐

Fin d'accouchement à . . . . 44 Heures ☐☐ Minutes ☐☐

Le . . . . 48 Jour ☐☐ Mois ☐☐ Année ☐☐

Durée de dilatation . . . . 54 ☐☐ en heures

Durée d'expulsion . . . . 56 ☐☐ en minutes

9. DÉLIVRANCE

Délai fin de l'accouchement - délivrance (en minutes) 58
Modalités : spontanée 1, artificielle 2 60
- Révision utérine 61
- Hémorragie > 500 ml 62
- Transfusion 63

État du périnée :
- Épisiotomie : non 0, oui 1 64
- Déchirure : incomplète 1, complète 2, compliquée 3 65

Placenta : complet 1, incomplet 2 66
Poids en grammes 67
Cordon : normal 1, circulaire serré du cou 2, rupture 3, autres 4 71
Utérotoniques : avant la fin du dégagement 1, après 2 72
Détails en clair sur les thérapeutiques :
____
Rang si naissance multiple 80

10. ENFANT A LA NAISSANCE

État de l'enfant CC.1 | 1 | 2 |

État général : vivant 1, mort avant l'accouchement 2, mort au cours de l'accouchement 3 13
- Macéré : non 0, oui 1 14
- Sexe : masculin 1, féminin 2 15
- Poids (en g) 16
- Taille (en cm) 20
- Périmètre crânien (en cm) 22

Apgar à 1 minute 24
Apgar à 5 minutes 26

Respiration : 1er cri immédiat
- Non 0, oui 1 28
- Sinon, âge au premier cri (en minutes) . . . 29

Autres examens :
- Température rectale en degrés C 31
- Examen de l'œsophage : pas fait 0, fait 1, pathologique 2 34
- Examen de l'anus : pas fait 0, fait 1, pathologique 2 35
- Signe du ressaut : pas fait 0, fait 1, pathologique 2 36

Diagnostic porté à la naissance :
- Détresse respiratoire 37
- Autre souffrance 38
- Malformation 39
- Pré-terme (âge gestationnel < 259 jours) 40
- Post-terme 41
- Hypotrophie 42
- Anasarque 43
- Lésions traumatiques 44
- Anémie 45
- Autres 46
(Détails en clair) ______________________ 47

Thérapeutiques au bloc obstétrical

Désobstruction des voies respiratoires :
- A la poire 1, à la sonde sur vide 2, sous laryngoscope 4 49
- De principe 1, de nécessité 2 50

Oxygénothérapie simple :
- Non 0, de principe 1, de nécessité 2 51

Aspiration gastrique :
- De principe 1, de nécessité 2 52

Gouttes oculaires :
- Nitrate d'argent 1, antibiotique 2, autre 3 53

Réanimation en salle de travail :
- Non 0, oui 1, si oui indiquer l'ordre et la durée des méthodes 54

		Ordre	(minutes)
- Bouche-à-bouche	55		
- Ventilation au masque	58		
- Intubation	61		
- Ventilation sur tube	64		
- Massage cardiaque	67		

- Cathétérisme ombilical 1, épicrânienne 2 70
- Injection en direct dans le cordon 71

Médication en salle de travail :
- Bicarbonate : concentration (en %) 72
  volume (en cc) 74
- Glucose : concentration (en %) 76
  volume (en cc) 78

Rang si naissance multiple 80

RÉFÉRENCES

[1] A.E. Bennett, K. Ritchie — Questionnaires in medicine : a guide of their design and use. 1 vol., Oxford University Press, London, 1975.

[2] J. Cubeau, G. Péquignot — Enquête méthodologique testant la validité d'un interrogatoire portant sur l'alimention passée d'un groupe de sujets du sexe masculin. Rev. Epidém. et Santé Publ., 1976, *24,* 61-67.

[3] J. Desabie — Théorie et pratique des sondages. 1 vol., Dunod, Paris, 1966, chap. 20.

[4] C. Etienne, C. Rouquette, F. Doyon — Consommation de médicaments chez les femmes enceintes. Méthodes d'enquêtes. Bull. Inst. Nat. Santé et Rech. Méd., 1967, *22,* 699-718.

[5] F. Goujard, F. Maillard, C. Ancelin, Ch. du Mazaubrun, F. André — Enregistrement des malformations congénitales à Paris. J. Gyn. Obst. Biol. Repr., 1983, *12,* 805-817.

[6] F. Hatton, E. Jougla, P. Maguin — Participation des médecins praticiens d'une région française à une enquête épidémiologique de morbidité. Actes de la IXe réunion scientifique des épidémiologistes de langue française 21-22 nov. 1983. Arch. Belges de méd. soc., hygiène, méd. du travail et méd. légale, 1984, *42,* 26-37.

[7] National Center for Health Statistics : reporting of hospitalization in health interview survey. Vital and Health. PHS Pub. No. 1000-Series 2-No. 6. Public Health Service. Washington. U.S. Government Printing Office, 1965.

[8] National Center for Health Statistics : interview data on chronic conditions compared with information derived from medical records. Vital and Health Statistics. PHS Pub. No. 1000-Series 2-No. 23. Public Health Service. Washington. U.S. Government Printing Office, 1967.

[9] National Center of Health Statistics : a summary of studies of interviewing methodology. Vital and Health Statitics. PHS Pub. No. 1000-Series 2-No. 69. Public Health Service. Washington. U.S. Government Printing Office, 1977.

[10] C. Rumeau-Rouquette, Ch. du Mazaubrun, Y. Rabarison Ed. — Naître en France, 10 ans d'évolution. INSERM, Paris, 1984.

Chapitre XV

CONTRÔLE DE QUALITÉ DE L'INFORMATION

C'est volontairement que ce terme a été emprunté à l'industrie pour rappeler que l'épidémiologie, dans la mesure où elle « construit » une enquête destinée à produire une information, devrait se plier aux impératifs de la production, en contrôlant de façon permanente la qualité de cette information. Toutefois le problème est ici plus complexe, en raison du nombre important des sources de variation.

Les contrôles se situent pendant les trois phases de l'enquête : pré-enquête, enquête proprement dite et analyse. A chaque étape les objectifs sont différents : lors de la pré-enquête, on procède au choix des méthodes d'investigation, nous n'y reviendrons pas; au cours de l'enquête, on se propose essentiellement de surveiller sa réalisation; pendant l'analyse, on ne peut qu'éliminer (parfois corriger) certaines unités pour lesquelles les résultats se révèlent erronés. C'est la 2e et la 3e phases que nous envisagerons surtout ici.

On examinera successivement les vérifications portant sur l'application du protocole, le contrôle de qualité par rapport à des références extérieures à l'enquête, les contrôles internes à l'enquête.

VÉRIFICATION DE L'APPLICATION DU PROTOCOLE

Les vérifications portent d'abord sur les *conditions d'échantillonnage*. Le protocole de l'enquête précise les caractéristiques des unités d'échantillonnage et celles des unités statistiques *. Ces caractéristiques doivent, on le rappelle, figurer dans les fiches et les dossiers d'enquête afin de s'assurer, au fur et à mesure de son déroulement, que toutes les unités répondent aux définitions.

Mais les vérifications concernent également la présence des unités qui devraient normalement être incluses dans l'enquête, cette vérification pouvant intervenir dans la phase initiale de l'enquête ou dans le suivi de la population. On a vu l'importance du problème des non-réponses lors de l'étude de l'échantillonnage. Or ce problème est souvent méconnu.

* Celles-ci en effet ne sont pas toujours confondues, tel est le cas des sondages en grappes et des sondages à plusieurs degrés.

La liste des investigations doit être vérifiée. Cela s'avère relativement aisé, s'il s'agit d'examens ou de questions obligatoires pour tous les individus inclus dans l'enquête. Mais il est plus difficile d'apprécier les erreurs portant sur les examens ou les questions facultatives. Le protocole doit exactement spécifier les cas où ils doivent être faits.

S'il s'agit d'un questionnaire, il est souhaitable d'utiliser des questions directrices en indiquant par exemple : « le sujet a-t-il eu des enfants... si la réponse est oui, préciser les détails ci-dessous ». Faute d'une question directrice, il est difficile de savoir si le sujet n'a pas eu d'enfant ou si l'enquêteur a oublié de l'interroger sur les détails les concernant.

Les modalités des investigations font également l'objet de vérifications, qu'il s'agisse de leur périodicité, du mode d'examen, de la qualification de l'examinateur, ces indications devant, elles aussi, figurer sur les dossiers d'enquête.

CONTRÔLE DE QUALITÉ PAR RAPPORT A UNE SITUATION DE RÉFÉRENCE

Contrôle individuel

Le contrôle individuel consiste à vérifier les données d'un interrogatoire, ou d'un examen, en répétant la même enquête sur les mêmes individus, ou par confrontation avec une information de provenance différente (autre examen, archives médicales...).

La *première méthode* est en général impossible à appliquer à l'ensemble de l'échantillon, mais elle est réalisable sur un sous-échantillon représentatif. Des réserves doivent cependant être faites pour l'interrogatoire : un sujet interrogé une première fois connaît déjà les questions, et ses réponses peuvent s'en trouver modifiées. S'il s'agit d'un examen clinique ou biologique, il faut veiller à ce qu'il soit proche du premier et réalisé dans les mêmes conditions.

La *deuxième méthode* est d'un usage plus aisé, encore faut-il disposer d'une autre source d'information et que celle-ci soit valable.

Les interrogatoires portant sur la consommation des médicaments peuvent être confrontés avec les ordonnances, que celles-ci soient fournies par le sujet interrogé ou par le médecin traitant. L'expérience nous a cependant montré que la concordance est loin d'être absolue : certains médicaments prescrits ne sont pas consommés ou ne le sont qu'en partie, d'autres produits sont pris sans prescription médicale.

De telles confrontations peuvent porter sur l'ensemble des unités ou sur un échantillon représentatif.

Contrôle statistique

Il arrive souvent que l'on dispose des informations étudiées pour des populations voisines de celles qui sont incluses dans l'enquête. Ces données doivent être utilisées avec précaution, en raison des différences parfois importantes qui peuvent séparer les populations. Elles fournissent toutefois une information sur l'étendue de la variable, l'ordre de grandeur des paramètres (moyenne, fréquence) ou l'allure de la distribution.

Vérification portant sur l'étendue d'une variable

L'étendue d'une variable quantitative d'un échantillon de n observations est la différence entre la plus grande et la plus petite de ces observations.

Certaines limites sont fixées par l'expérience : un être humain vit de 0 à 110 ans, sa taille est inférieure à 2,10 m... D'autres sont réellement déterminées par des études antérieures (taux de cholestérol, glycémie...).

S'il s'agit d'une variable qualitative, on peut parler de l'étendue, dans la mesure où l'on a associé une grandeur à chacune des réponses possibles *. Ceci revient à coder la réponse ainsi que le montre l'exemple suivant :

Couleur des cheveux	noir	1	← limite inférieure
	châtain	2	
	roux	3	
	blond	4	
	blanc	5	
	autre	6	
	non spécifiée	7	← limite supérieure

Il est également possible de contrôler l'étendue d'une variable en faisant référence à une deuxième variable. Nous désignons ces vérifications sous le terme de *vérifications logiques*.

Si le sujet a moins d'un an, les limites de la variable poids corporel vont de 500 g à 15 kg.
Si le sujet a plus de vingt ans, les limites du poids vont de 30 kg à 120 kg...

Les vérifications au niveau des sous-groupes permettent de mieux préciser l'étendue de la variable et, de mieux dépister les erreurs. Toutefois elles alourdissent le processus de vérification, surtout s'il est manuel. En outre, les limites deviennent de plus en plus difficile à fixer s'agissant de sous-groupes pour lesquels les références sont parfois rares. Après avoir très largement utilisé ces vérifications, nous en avons peu à peu diminué le nombre.

L'origine des erreurs portant sur l'étendue de la variable doit être examinée de façon très soigneuse car elle détermine la conduite à tenir. S'il s'agit d'erreurs dans les réponses, celles-ci doivent être éliminées par une meilleure présentation de la question, à la phase de pré-enquête.

Les erreurs de transcription lors du codage peuvent être rectifiées par un retour aux sources : indications en clair portées sur le questionnaire, documents cliniques... Si ces erreurs sont dépistées assez tôt après l'interrogatoire, il est possible dans certains cas de reprendre celui-ci.

Vérifications portant sur la fréquence, la moyenne ou la variance.

Ces vérifications sont moins systématiques que les précédentes, car les valeurs de référence sont beaucoup plus rares.

Si l'échantillon de l'enquête est représentatif d'une population sur laquelle existent des informations obtenues par recensement, celles-ci doivent être

* Les vérifications peuvent être faites en l'absence d'une codification numérique, mais celle-ci rend plus aisée l'utilisation de l'informatique dans le processus de validation.

confrontées aux résultats de l'enquête afin de s'assurer de la qualité des investigations et de la représentativité de l'échantillon.

Ces vérifications ont été effectuées dans les enquêtes nationales de l'INSERM portant sur deux échantillons représentatifs des naissances. Les caractères utilisés ont été : le sexe des enfants, la nationalité du père et de la mère, les naissances illégitimes, la profession du père, le taux de mortinalité. Les valeurs des variables déterminées par l'Etat civil sur la totalité des naissances ont été comparées à celles observées sur l'échantillon.

Lorsqu'on ne dispose pas de données provenant de l'ensemble de la population ou d'un échantillon représentatif de celui-ci, on est obligé de choisir des populations voisines. La validité de ces références dépend évidemment de la stabilité de ces populations dans le temps, dans l'espace et dans les divers groupes sociaux.

En matière d'accouchement nous avons pu constater par exemple que le type de présentation (sommet, siège, front...) varie très peu en France; le poids de naissance, le terme ont une évolution séculaire et ils diffèrent selon l'âge de la mère, le groupe social; il devient plus difficile de trouver des valeurs de référence. Cela s'avère pratiquement impossible s'il s'agit de variables caractérisant la prévention ou les soins qui diffèrent de façon considérable selon les populations, même à l'intérieur d'un pays donné.

Vérifications portant sur la distribution de la variable

En général, la distribution d'une variable est assez stable et elle se ramène à quelques modèles classsiques : loi normale ou log-normale, loi binomiale, loi de Poisson. Ceci est particulièrement vrai pour la plupart des variables biologiques. Il est donc possible de comparer la distribution des variables de l'enquête à ces modèles théoriques *.

ÉTUDE DES SOURCES DE VARIATION

Nous ne reprendrons pas ici l'étude de ces sources qui a été envisagée au chapitre XIII, ni celle des plans expérimentaux permettant de les mesurer. Nous voudrions seulement insister sur les difficultés que rencontre l'application de ces techniques, après la phase préparatoire de l'enquête.

Supposons que l'on souhaite comparer les résultats obtenus par des enquêteurs lors d'une enquête par interrogatoire. Il est possible au cours de la phase préparatoire de répartir aléatoirement les sujets à interroger entre les enquêteurs pour réaliser un plan expérimental. Lorsque l'enquête est entrée dans sa phase d'exécution, les choses se modifient : les enquêteurs sont responsables de zones différentes, qu'il s'agissent de zones géographiques, d'hôpitaux... Si l'on veut valablement comparer les résultats obtenus par les enquêteurs, il faut le faire sur des populations comparables, en pratiquant des tests sur les mêmes sujets ou sur des échantillons aléatoires. Ces tests présentent des inconvénients dans la mesure où l'enquêteur, hors de sa zone habituelle de travail, et conscient du test effectué, peut modifier sa façon de procéder. Cette méthode, difficile à appliquer pour des interrogatoires et des examens cliniques, est par contre facilement utilisable pour des examens biologiques.

* Nous n'insisterons par sur ces méthodes, peu utilisées au niveau des vérifications.

S'il s'avère impossible de pratiquer de tels tests, on peut encore comparer les résultats obtenus par différents enquêteurs ou par les mêmes enquêteurs au cours de différentes périodes en faisant l'hypothèse que les populations concernées sont relativement comparables. Mais il faut tenir compte des limites évidentes d'une telle méthode. Lorsqu'on a constaté qu'il existe des variations entre les enquêteurs, il convient d'abord d'examiner si celles-ci proviennent ou non des sujets interrogés; cette hypothèse étant éliminée, il faut se demander quelle est la signification de ces variations.

Dans beaucoup d'enquêtes, on souhaite qu'il existe une très grande standardisation dans les méthodes d'examens. On cherche alors à réduire au maximum ces variations, en reprenant, si nécessaire, l'instruction des enquêteurs et même le protocole de l'enquête.

Dans certaines enquêtes, au contraire, on désire obtenir une photographie exacte des investigations pratiquées dans la population. On peut alors constituer un échantillon représentatif, par exemple des médecins et des laboratoires, puis enregistrer leurs résultats. L'étude des sources de variation reste intéressante, mais elle n'entraîne pas de modifications dans le protocole ou les instructions données aux enquêteurs.

Cette discussion nous ramène au problème, évoqué au chapitre XII, du niveau des informations en fonction des objectifs de l'enquête : veut-on connaître la vérité, c'est-à-dire la réalité biologique ou ce qui se passe dans la réalité du comportement ?

CHAPITRE XVI

INVESTIGATIONS DANS UNE EXPÉRIMENTATION

Les investigations réalisées dans le cadre d'une expérimentation ont pour objectif principal d'établir les critères de jugement sur lesquels reposent les conclusions de l'essai.

Elles doivent permettre, par exemple, de répondre à la question « est-ce que l'intervention A est supérieure à l'intervention B pour abaisser la fréquence de la maladie M » ? ou encore « est-ce que la procédure C est supérieure à la procédure D pour améliorer l'impact de l'intervention A ? »

Les investigations doivent également permettre de décrire les différents stades de l'essai : caractéristiques des échantillons, nature des interventions.

Dans toutes ces circonstances, il est important que soit sauvegardé la comparabilité entre les groupes soumis aux différentes interventions étudiées.

DIFFÉRENTS TYPES D'INVESTIGATION

La nature des investigations est très variable, puisqu'il peut aussi bien s'agir d'examens cliniques ou biologiques, que d'interrogatoires, de tests psychologiques. Elles se situent aux différents stades de l'expérimentation. Nous allons le montrer dans le cas d'un essai avec randomisation.

Dès le début, avant que les sujets ne soient répartis en sous-groupes, elles permettent de définir la population et les unités qui la composent (personnes ou groupes de personnes), puis de procéder aux exclusions qui s'avèrent nécessaires. Cette phase de l'échantillonnage, dont nous avons déjà noté l'importance pour la généralisation des résultats, nécessite parfois une véritable pré-enquête avec interrogatoires, examens cliniques ou biologiques.

Tel est le cas si l'on souhaite essayer des vaccins chez des sujets dépourvus d'anticorps. De même, dans un essai de prévention portant sur des grossesses à haut risque, on doit préalablement repérer les facteurs de risque chez les femmes avant de les inclure ou non dans l'essai.

Après la répartition des unités en groupes randomisés, les interventions doivent permettre de s'assurer de la bonne comparabilité des groupes non seulement pour les caractéristiques générales telles que : âge, sexe..., mais aussi pour celles liées aux résultats. Elles ont également pour objectif de vérifier que les interventions étudiées sont pratiquées selon le protocole; des investigations particulières peuvent alors intervenir, pour vérifier le respect du protocole, et l'application effective des interventions. Si celles-ci sont appliquées à l'échelle du groupe, il importe tout particulièrement de mettre en place un système d'information permettant de connaître la couverture * des interventions.

Une campagne d'information par voie de presse, de radio et de télévision, la distribution de brochures ont un impact très différent selon les expériences. Ceci peut provenir d'une inégalité dans la distribution, il s'agit là d'une erreur dans l'application du protocole que l'on peut rectifier en assurant, par exemple, un approvisionnement suffisant en brochures dans toutes les zones où se situe l'intervention. Les différences d'impact sont également liées aux caractéristiques de la population, et notamment au niveau socio-culturel, à l'attitude vis-à-vis des média. Ce dernier aspect entre pour une part importante dans l'évaluation de la méthode [6].

Pendant la phase de surveillance, les investigations permettent de juger l'efficacité ou l'efficience des interventions, mais aussi leurs effets indésirables, leur coût... *C'est là un moment capital dans une expérimentation.* Elle peut faire appel à des examens très variés de type médical, économique, psychologique et social.

Pendant cette même phase, il convient de s'assurer, par une série d'examens, que la comparabilité des groupes se maintient.

Lorsque l'expérimentation porte sur des unités collectives (villages, services hospitaliers...), cette opération est particulièrement importante; nous avons vu, en effet, que la composition de ces groupes pouvait se modifier. Il faut donc s'assurer que les villages, ou les services, restent bien inclus dans la surveillance, ainsi que les personnes qui figuraient dans ces groupes pendant l'essai. On conçoit que cette vérification puisse demander des investigations spéciales.

Les investigations qui viennent d'être envisagées sont en réalité de deux ordres : les unes sont destinées à décrire la population et l'intervention, à vérifier la comparabilité des groupes, les autres sont les critères de jugement que nous allons examiner plus longuement en fonction des objectifs.

OBJECTIFS ET CRITÈRES DE JUGEMENT

Les objectifs de l'évaluation doivent être établis avant le début de l'expérimentation. Ils ne doivent pas l'être seulement en termes généraux, mais aussi de façon très précise, c'est d'eux que va dépendre en particulier le choix des critères de jugement.

Ces objectifs peuvent être de diverses natures.

Supposons que l'on désire évaluer une méthode de dépistage d'un cancer. On peut s'interroger sur :

— la valeur diagnostique de la méthode utilisée, en la comparant à une situation de référence pour mesurer sa sensibilité et sa spécificité, en étudiant sa précision, sa reproductibilité (évaluation technologique);

— son aptitude à améliorer la thérapeutique et à permettre par exemple un traitement moins invasif grâce au dépistage de cas peu avancés;

* La proportion de personnes atteintes par les mesures étudiées.

— son effet sur l'issue de la maladie (guérison, métastases, mort);
— les réactions des sujets (anxiété, douleur, bien-être);
— la mise en œuvre des procédures (modalités de l'information de la population, nature des équipements nécessaires...);
— le bilan de l'opération pour la communauté en termes de coût et d'avantages.

Nous n'envisagerons pas ici l'évaluation purement technologique avant la mise sur le marché. Elle précède les études épidémiologiques et elle est généralement effectuée par les fabriquants. S'il s'agit par exemple d'une méthode de dépistage, on mesure la sensibilité, la spécificité de celle-ci par rapport à une situation de référence, on étudie également sa précision, sa reproductibilité.

Ces évaluations sont faites au moyen de méthodes expérimentales in vitro ou in vivo, sur l'animal ou sur l'homme. Les méthodes épidémiologiques pourraient largement intervenir à ce niveau. Il serait en outre utile de répéter certaines phases de l'évaluation dans les conditions réelles d'utilisation. Ce contrôle de qualité n'est pas toujours effectué et on peut parfois s'interroger sur la valeur des tests de dépistage réalisés par des praticiens ou des laboratoires inexpérimentés.

Evolution des objectifs et des critères de jugement

Les premiers essais thérapeutiques qui ont été réalisés portaient en général sur des affections très graves et l'on s'est efforcé de définir les critères de jugement en terme objectif de *survie*. De même les essais de prévention ont eu comme premier objectif de diminuer *la fréquence des maladies*, tel était le cas par exemple des essais portant sur les vaccins.

D'autres objectifs et d'autres critères de jugement sont intervenus depuis, prenant en compte non seulement la survie mais sa *qualité :* la *douleur*, le *confort des malades...*

Cette évolution a été très nette dans le traitement des cancers. Au cours des années soixante, le traitement chirurgical des cancers du sein a été progressivement élargi de l'intervention de Halsted, qui comporte un curage des ganglions axillaires, au curage des ganglions mammaires internes voire des ganglions sur-claviculaires. Un essai thérapeutique réalisé à l'époque pour comparer le curage axillaire et le curage mammaire interne a pris comme principal critère de jugement la survie, la survenue de récidives et de métastases et quelques effets secondaires importants (lésion pleurale, complications pulmonaires...), le confort des femmes, leur anxiété, le retour à la vie active n'était pas pris en considération. En l'absence de différence en faveur du curage élargi, une simplification des traitements a été peu à peu envisagée, donnant lieu à des essais portant sur la tumorectomie, l'irradiation systématique ou à la demande... Essais dont certains faisaient une plus large place aux réactions des femmes. La même évolution a eu lieu en obstétrique, les premiers essais ont porté sur l'efficacité des techniques de prévention en prenant en compte la diminution de la prématurité ou des autres pathologies néonatales. Actuellement se multiplient des essais qui prennent également en compte le plus grand confort de l'accouchement : déclenchement, anesthésie, durée du séjour.

Cette évolution a conduit à s'intéresser davantage aux *procédures de prévention et de soins*.

On a ainsi évalué les méthodes visant à réduire la consommation de tabac ou à modifier le régime alimentaire en prenant comme critère de jugement la modification des comportements et non les effets sur l'état de santé, supposés connus. Les essais sur la prévention des risques d'infarctus du myocarde décrits au chapitre II entrent dans ce cadre.

Le déplacement des objectifs et des critères de jugement vers le comportement des malades et l'optimisation des procédures a des aspects positifs évidents à condition de ne pas oublier l'objectif final qui est l'amélioration de l'état de santé. On peut se demander si le nombre croissant d'essais portant sur les modifications des comportements et des procédures ne traduit pas tout simplement les difficultés rencontrées par les épidémiologistes lorsqu'ils s'interrogent sur l'objectif fondamental des actions de santé. Il est plus aisé d'évaluer une modification de l'habitude de fumer que d'apprécier l'effet de cette modification sur la fréquence de l'infarctus du myocarde.

Ces essais sont encore peu nombreux, en France où ils ont surtout porté sur l'acceptation des mesures de prévention. Il s'agit d'essais avec randomisation des groupes, certains faisant l'objet d'une intervention et d'autres non. On a mesuré essentiellement la diminution des facteurs de risque.

Dans les pays anglo-saxons plusieurs essais ont porté sur les procédures hospitalières : soins à l'hôpital ou à domicile, réduction de la durée de séjour. Dans ces essais les indicateurs sont de deux types, les uns concernent l'utilisation des ressources : occupation des lits d'hôpitaux, importance des listes d'attente... Les autres sont orientés vers le degré de satisfaction des patients et du personnel soignant. Cette dernière information comportait des questions du type : satisfait, satisfait avec réserve, insatisfait avec réserve et insatisfait.

Quelques exemples de critères de jugement

La mortalité reste un des indicateurs couramment utilisés dans les essais d'intervention, en se référant à des taux par âge ou par cause; des indicateurs dérivés comme l'espérance de vie, les taux de survie, permettent de suivre l'évolution du phénomène dans le temps, à cet égard l'analyse des courbes de survie représente un moyen plus intéressant que les évaluations transversales (voir chapitre XXIII).

Pour la *morbidité,* en dehors des indices classiques d'incidence et de prévalence, de nombreux indicateurs proposés aux chapitres XIII et XX sont utilisables ici sous réserve d'une analyse préalable de leur signification en regard des objectifs de l'essai.

Les réactions de l'individu peuvent être de nature positive (diminution de la douleur, sentiment de sécurité, de bien-être) ou négative (douleur, angoisse, anxiété). Des échelles ont été mises au point pour évaluer ces réactions dans le cadre des essais. Sans entrer ici dans le détail de ces investigations, il nous semble toutefois que ces réactions sont difficiles à mesurer au moyen de questionnaires portant sur de vastes populations. Ici aussi, il nous semble préférable d'adopter en premier lieu une attitude analytique, fondée si nécessaire sur des examens approfondis, plutôt que de mettre au point des indicateurs globaux ou des échelles plus ou moins adaptées aux objectifs et au contexte socio-culturel.

Les indicateurs de comportement représentent un ensemble extrêmement varié. Certains indicateurs peuvent être mesurés objectivement sur des bases biologiques, d'autres résultent de l'interrogatoire.

Les critères de jugement utilisés pour mesurer les modifications du comportement alimentaire fournissent un bon exemple de cette variété : la recherche d'indicateurs biologiques a conduit à mettre au point divers paramètres mesurant par exemple, l'excrétion du sodium ou des vitamines, la pesée des aliments constitue un autre exemple de critère objectif, l'interrogatoire amène un moyen plus subjectif et plus souple, des entretiens approfondis peuvent fournir une information sur les comportements même s'ils s'adaptent mal à une exploitation quantitative.

L'évaluation des procédures conduit à estimer d'autres paramètres [5].

Le simple choix entre l'administration d'un produit par voie parentérale ou par voie buccale requiert pour être évalué la prise en compte :

— des réactions des malades à l'administration orale du produit : est-ce qu'il est pris régulièrement si on remet une dose globale, doit-on préférer une dose fractionnée, faire absorber le produit ou du moins surveiller son administration orale ?

— de la disponibilité du personnel soignant et de sa spécialisation;

— du fait que le traitement ait lieu à domicile ou à l'hôpital;

— du coût de l'intervention, du personnel...

Cette évaluation peut donc conduire à s'interroger sur l'organisation des systèmes de soins et sur les postes de travail, le coût et même l'emploi, autant de variables que maîtrise mal l'épidémiologiste. S'y ajoutent également des considérations sur la satisfaction des besoins et des demandes qui incluent des notions psychologiques et sociologiques complexes.

Prise en compte de différents critères

Dans certains essais, les critères de jugement peuvent être nombreux et on peut se poser le problème de faire un bilan global. Ceci peut-être fait par la construction d'un indice en attribuant un poids à chacun des critères. On peut également trouver une unité commune tel que le coût exprimé en unité monétaire. Cette technique largement utilisée dans les bilans coût-avantages a donné lieu à de nombreuses critiques d'ordre philosophique lorsqu'il s'agissait, par exemple, de calculer le coût de la vie humaine, il reste de toutes façons très imprécis. Une autre unité a été proposée : l'utilité [10] qui consiste à attribuer une valeur, subjective, à chaque conséquence possible de l'intervention, mais, là encore, il peut exister une très grande imprécision. Ces résultats, en fonction d'une méthode ou d'une autre, peuvent varier considérablement [4]. En conséquences, même si un système de pondération a été mis au point, il ne doit pas dispenser de la présentation des résultats pour chaque critère de jugement pris isolément.

Nous voudrions ici insister sur l'intérêt d'une approche analytique. Nous allons le faire à partir d'un exemple relativement simple en étudiant trois critères de jugement : l'incidence, la prévalence et la mortalité.

Supposons qu'une campagne de dépistage soit faite en vue de prévenir un cancer. En ce qui concerne l'incidence et la prévalence, la campagne aboutit d'abord à une augmentation des taux due à l'existence de cancers non diagnostiqués et révélés par le dépistage. Ensuite plusieurs hypothèses sont à considérer :

— si le dépistage permet de mettre en évidence des formes précancéreuses traitables et guérissables, l'incidence et la prévalence diminuent dans le groupe d'intervention au-dessous du niveau observé dans le groupe témoin;

— si le dépistage permet de déceler des formes peu étendues de cancers et que celles-ci soient traitables et guérissables, seule la prévalence diminue;

— si les formes décelées sont traitables mais que l'on allonge seulement la durée de survie, l'incidence revient au niveau de celle observée dans le groupe témoin (après une première augmentation), la prévalence reste plus élevée.

Parallèlement l'évolution des taux de survie est également difficile à interpréter. Une campagne de dépistage a des effets complexes sur la survie : elle conduit parfois à dépister des formes encore peu avancées qui auraient été diagnostiquées 2 ou 3 ans plus tard; même si le traitement de ces formes ne permet pas d'allonger la durée de survie à partir du début réel du cancer, la durée de la survie à partir du diagnostic s'en trouve allongée, puisque celui-ci est plus précoce.

Ce problème du temps de latence sera repris lors de l'étude de la chronologie des investigations.

Dans un tel exemple, la construction d'un indice global à partir, par exemple, du coût ne donnerait qu'une idée très grossière des résultats de l'essai.

OPTIQUE EXPLICATIVE ET OPTIQUE PRAGMATIQUE

Les critères de jugement, les variables permettant de décrire les sujets bons pour l'essai ou de s'assurer de la comparabilité des groupes peuvent être définis et mesurés dans des optiques différentes, et nous retrouvons ici de nouveau l'opposition entre essais à visée explicative et essais à visée pragmatique.

Expérimentation à visée explicative

L'expérimentation à visée explicative vise à améliorer les connaissances sur un processus qui est souvent biologique. Elle nécessite des examens très poussés et généralement très focalisés, aussi sensibles et spécifiques que possible.

Supposons que l'on souhaite étudier les effets des contraceptifs oraux sur une caractéristique biologique. L'attitude analytique est de règle ici : on va comparer deux contraceptifs ayant la même composition en faisant varier, par exemple, la dose d'œstrogène ou sa nature... Les investigations permettront de mesurer les caractères biologiques avant, pendant et après l'intervention. Elles devront permettre de déceler les différences propres à l'intervention même si celles-ci sont relativement faibles [1].

Il arrive également que ces expérimentations se rapportent à des processus psycho-sociaux.

Dans le cadre du « multiple risk factor intervention trial » ((MRFIT) a été réalisée une étude du comportement humain. Elle avait pour but de déterminer l'influence de celui-ci sur le risque de maladie coronarienne, et de définir son rôle dans l'adhésion aux méthodes de prévention sur lesquelles portait l'essai [8]. Une échelle très précise a été mise au point pour mesurer certains aspects du comportement, sa reproductibilité a été étudiée...

Ce qui vient d'être dit pour les critères de jugement pourrait être répété pour les investigations permettant de définir la population sur laquelle porte l'essai :

celle-ci, en effet, doit être choisie de façon à ce que la comparaison se fasse dans des conditions optimales d'application des deux interventions comme nous le notions au chapitre IX. Il faut donc, ici aussi, disposer d'examens à la fois précis, sensibles et spécifiques pour définir les unités entrant dans l'étude.

Expérimentation à visée pragmatique

L'expérimentation à visée pragmatique compare l'efficacité (ou l'efficience) des interventions dans un *contexte réel,* en vue d'une application pratique à la population : les méthodes d'investigation utilisées dans l'essai doivent être *transposables* lors de la généralisation de l'intervention qui s'est révélée la plus efficace.

Ceci est tout à fait évident en ce qui concerne la *définition de l'échantillon* sur lequel porte l'essai, et corrobore ce que nous avons dit au chapitre IX.

Supposons qu'on réalise un essai comparant deux méthodes de prévention, chez des sujets à haut risque de maladie coronarienne, en vue de recommander l'une d'elles à des médecins praticiens pour qu'ils l'utilisent dans le cadre de leur « clientèle ». Il faut que les sujets entrant dans l'essai soient définis à partir des mêmes critères que ceux auxquels on appliquera ultérieurement la méthode de prévention reconnue comme étant la meilleure. Ceci implique qu'on renonce, pour déterminer les sujets à haut risque, aux investigations très élaborées qui ne sont utilisables qu'en milieu hospitalier, par exemple.

Les critères médicaux de jugement utilisés doivent également être transposables à la période d'application des résultats. On peut ainsi s'assurer que l'efficacité de la méthode retenue reste comparable en passant de l'expérimentation à la routine.

De plus, il arrive que les critères ci-dessus servent à moduler l'application de la prévention.

On a vu que la prévention de la prématurité est modulée en fonction de la gravité des symptômes enregistrés : la présence d'indicateurs de risque sans signe clinique entraîne un simple renforcement de la surveillance médicale et des consignes de prudence concernant l'activité physique; par exemple, une béance du col utérin est traitée par un cerclage, des contractions régulières conduisent à l'utilisation de produits susceptibles de les bloquer...

Ceci constitue un argument supplémentaire pour que les critères utilisés dans l'essai puissent l'être ensuite en routine, lors de la généralisation de la méthode de prévention choisie. Ils doivent donc être compatibles avec la « pratique médicale courante ».

Cette attitude très pragmatique tournée essentiellement vers l'application des résultats, se heurte à deux difficultés majeures : la première tient au fait que la « pratique médicale courante » est loin d'être uniforme, elle varie en fonction de la qualification des praticiens, de leur âge, de leur entourage médical (laboratoires, hôpitaux...); la deuxième résulte de l'évolution des méthodes d'examen, celle-ci étant plus ou moins rapide selon le domaine envisagé, les praticiens qui les appliquent...

Pour résoudre ces problèmes, deux cas sont à considérer.

Lorsque les moyens d'investigation évoluent peu, il faut faire en sorte que les méthodes utilisées dans un essai soient représentatives de celles qui sont utilisées dans la population. Pour cela on peut faire l'essai sur un échantillon représentatif des médecins qui seront ensuite chargés d'en appliquer les résultats. Lorsqu'elle est utilisable, cette façon de procéder va tout à fait dans le sens des remarques faites au chapitre IX, sur l'intérêt qu'il y a à réaliser ces essais sur un échantillon représentatif de la population à laquelle seront appliqués les résultats.

S'il s'avère impossible de faire l'essai dans le cadre même où ses conclusions seront appliquées, il faut s'efforcer de définir les examens médicaux utilisables dans la « pratique courante » précédemment évoquée.

Lorsque les méthodes d'investigation évoluent rapidement, il est parfois possible de prévoir le sens de cette évolution pour une période donnée, et d'en tenir compte pour le choix des moyens d'investigation. Mais il est souvent nécessaire de se poser le problème de la faisabilité d'un essai et de l'application de ses résultats lorsque le contexte évolue trop rapidement. *Cette évolution en effet touche non seulement les méthodes d'examen, mais les méthodes de prévention elles-mêmes.* Et l'on peut craindre que les résultats d'un essai ne soient largement dépassés avant même que celui-ci ne soit terminé.

Des réserves de ce type ont été faites pour certains essais, portant sur la prévention des maladies coronariennes et durant plusieurs dizaines d'années.

De la même manière, l'évolution très rapide des méthodes de prévention et d'investigation dans le domaine de la reproduction, doit conduire à des essais courts dont les résultats sont d'ailleurs rapidement dépassés.

Les remarques qui viennent d'être faites pour les critères médicaux, s'appliquent aux critères psychologiques et sociaux. Ici aussi les méthodes permettant d'apprécier les réactions de la population aux méthodes de prévention diffèrent selon les spécialistes et selon les époques.

Mais il faut noter, en outre, que les réactions de la population se modifient et ces modifications ne se font pas de la même manière dans les différentes classes sociales.

Une étude de L. Boltanski l'a très clairement démontré en ce qui concerne l'évolution des idées dans le domaine de la puériculture. Les méthodes nouvelles d'hygiène et de surveillance des enfants pénètrent dans la population par les classes sociales aisées et les couples les plus jeunes pour se répandre ensuite par paliers successifs [3].

La même tendance nous est apparue dans l'étude des réactions des femmes aux méthodes de prévention appliquées au cours de la grossesse et de l'accouchement [2].

Dans un contexte aussi mouvant, il est souvent très difficile d'établir les critères psycho-sociaux utilisables dans l'essai, et de définir des méthodes d'investigation transposables dans l'avenir.

Ces remarques expliquent les difficultés que l'on rencontre pour mesurer les réactions des individus à des mesures de prévention médicale. Difficultés encore accrues, lorsqu'on évalue l'effet des interventions portant sur le style de vie.

COMPARABILITÉ DES INVESTIGATIONS

Essais à visée explicative

Les essais à visée explicative sont souvent destinés à mesurer des différences de faible importance. Il importe donc que des différences parasites ne viennent pas perturber l'évaluation. C'est pourquoi on applique à ces essais des méthodes d'investigation rigoureusement comparables. Diverses techniques ont été décrites dans les essais thérapeutiques pour arriver à ce résultat [9], nous les rappellerons brièvement.

L'une d'elles consiste à réduire ce qu'on nomme l' « effet placebo » en faisant en sorte que le malade ne sache pas quel type de médicament lui a été appliqué (essai « anonyme »). On a procédé de même pour le médecin (essai « doublement anonyme »).

Dans certains cas, et notamment pour les analgésiques, on a été amené à comparer l'effet d'un médicament avec celui d'un produit neutre (placebo) dans le cadre d'essais doublement anonymes. Des résultats récents tendent d'ailleurs à démontrer le rôle des endorphines dans le rôle antalgique du placebo [7].

Les essais anonymes et double anonymes (avec ou sans placebo) sont rares dans le domaine de la prévention, si l'on excepte les vaccins. Cette méthode reste en effet limitée aux produits chimiques et à un petit nombre d'interventions pouvant être administrées sous la même forme. Il faut en outre que la surveillance des sujets puisse être assurée en toute sécurité par un médecin qui ignore la nature exacte du traitement.

Lorsque cette méthode n'est pas utilisable, on peut améliorer la comparabilité des résultats en réalisant les mêmes examens dans les deux groupes, et en les faisant exécuter par les mêmes examinateurs. Ceci revient à mettre au point un protocole très rigide et à contrôler exactement son application. Cette façon de procéder peut être envisagée pour un petit nombre de sujets, mais elle s'avère très lourde si l'essai porte sur de vastes échantillons. Or, tel est en général le cas dans les essais de prévention, lorsque la fréquence de la maladie à éviter est rare.

En outre, il est souvent difficile d'arriver à une bonne standardisation des méthodes d'examens psychologiques ou sociologiques en dépit des efforts réalisés dans ce domaine.

Essais à visée pragmatique

Les essais à visée pragmatique comparent des interventions parfois très différentes, dont l'efficacité ne peut pas être appréciée selon les mêmes critères.

Supposons que l'on compare deux groupes randomisés, soumis à des régimes alimentaires différents, en vue de prévenir l'infarctus du myocarde. Les investigations ont pour but d'évaluer la bonne application des régimes, leurs effets sur les paramètres biologiques (mais pas obligatoirement sur les mêmes), les conséquences indésirables...Seul l'objectif final de l'essai, à savoir la diminution de la fréquence des infarctus, relève des mêmes explorations.

Dans un tel essai, on peut donc admettre une politique beaucoup plus souple : surveillance des groupes selon des critères différents, modulation de l'intervention en fonction des résultats, appréciation des résultats par des spécialistes différents dans les deux groupes. Quant à l'effet placebo, il ne doit pas être éliminé, mais il entre au contraire dans le bilan final.

Pour rester fidèle à l'attitude pragmatique, il faudrait donc rechercher une diversification de la surveillance en fonction de la nature de l'intervention.

Pour intéressante qu'elle soit, cette approche n'est pas sans danger. Il est fréquent que ceux qui observent les résultats fassent passer, dans leurs jugements, des idées préconçues sur l'efficacité de l'une ou de l'autre intervention. Sans doute, le fait de multiplier le nombre des observateurs, leur tirage au sort peuvent-ils contribuer à diminuer ce phénomène, si tous n'ont pas les mêmes tendances. Mais il faut considérer que, dans bien des cas, les nouvelles interventions bénéficient d'un préjugé favorable, qui peut influer en leur faveur sur les résultats de l'essai.

Il faut donc chercher à concilier le souci de rester fidèle à l'optique pragmatique et celui d'éviter un jugement biaisé. Plusieurs méthodes peuvent être proposées. Elles consistent en général à mêler dans le même essai des techniques relevant de l'attitude explicative et de l'attitude pragmatique. Elles sont d'ailleurs souvent justifiées par le fait que certains essais d'intervention relèvent des deux objectifs à la fois.

C'est ainsi qu'on peut réaliser, dans les deux groupes comparés, des examens rigoureusement identiques, et des examens différents selon le type d'intervention. On peut, en outre, faire en sorte que certains examens identiques soient faits par des examinateurs ignorant la nature de l'intervention.

Si l'on compare deux groupes randomisés ayant reçu des régimes différents en vue de la prévention de l'infarctus du myocarde, il est possible de prévoir : 1) des examens biologiques portant sur la lipidémie, la glycémie... exécutés dans les mêmes conditions par un laboratoire ignorant la nature du régime; 2) des examens cliniques, communs aux deux groupes, réalisés par le même examinateur utilisant des méthodes bien standardisées et ignorant si possible la nature du régime; 3) des examens cliniques dont l'orientation est donnée par la nature du régime.

Un tel essai peut d'ailleurs permettre d'évaluer l'influence de la connaissance du régime sur les résultats. Il suffit pour cela que certains examens identiques dans les deux groupes soient exécutés par un examinateur connaissant la nature du régime et un examinateur ne la connaissant pas. De telles recherches permettraient de progresser dans la méthodologie des essais d'intervention, mais il faut veiller qu'elles ne compromettent pas définitivement le caractère pragmatique de l'essai.

CHRONOLOGIE ET PÉRIODICITÉ DES INVESTIGATIONS

Chronologie générale des investigations

Dans une expérimentation il est possible de définir une séquence tout à fait classique qui a été évoquée au début de ce chapitre. A partir du temps 0 on distingue :

Temps I. Définition de la population et des sujets bons pour l'essai.
Temps II. Répartition des unités en sous-groupes randomisés.
Temps III. Administration de l'intervention.
Temps IV. Détermination de la couverture de l'intervention.
Temps V. Surveillance, appréciation de l'efficacité ou de l'efficience.

Dans la réalité, les différentes phases qui viennent d'être envisagées peuvent se chevaucher si l'inclusion des sujets dans l'essai s'étend sur une longue période, elle est parfois plus longue que celle de surveillance, et des résultats partiels peuvent être connus alors que se poursuit encore le recrutement des cas. Cette situation peut perturber la conduite de l'essai, modifier les critères de recrutement et surtout l'appréciation des résultats.

Description de la population et des sujets bons pour l'essai

Au temps I, doivent intervenir toutes les investigations permettant de déterminer si un sujet appartient à la population de l'essai, de déterminer s'il est « bon pour l'essai ». Ces variables ont été envisagées au chapitre IX, il s'agit essentiellement de critères généraux, cliniques, opérationnels ou éthiques. Elles doivent également permettre de vérifier la « bonne » comparabilité des groupes comparés.

Les investigations doivent absolument être faites avant la répartition des sujets en sous-groupes, que ce soit ou non par randomisation. On est ainsi assuré que les critères utilisés sont les mêmes et qu'ils sont mesurés de la même manière.

La durée des différentes phases de l'essai peut jouer un rôle à ce niveau.

Si les sujets peuvent entrer dans l'essai pendant un délai assez long, et qu'il faille par exemple plusieurs années pour constituer l'échantillon, les critères de sélection doivent rester identiques et il faut veiller à ce que les moyens de leur détermination ne se modifient pas. Toutefois puisque cette phase précède la randomisation, l'évolution de la définition de la population, ou des moyens d'investigations, joue sur la généralisation des résultats, mais non sur la comparabilité des groupes.

Si une période assez longue s'écoule entre le moment où les sujets sont déclarés bons pour l'essai et la fin de celui-ci, un certain nombre de modifications peuvent intervenir dans l'état de l'échantillon, il faut pouvoir en tenir compte.

Un essai portant sur des adolescents suivis pendant plusieurs années doit pouvoir intégrer les modifications de la situation de famille, les informations sur le travail...

Un essai comportant un suivi de personnes âgées doit comporter une description évolutive de la population en ce qui concerne l'état de santé, la situation de famille, les conditions de vie...

Si elles ne sont pas liées à l'intervention, ces modifications peuvent conditionner la généralisation des résultats. Si elles sont liées à l'intervention elles jouent sur la comparabilité des groupes.

Périodicité de la surveillance

Les schémas examinés au chapitre XIII se compliquent ici en raison du souci de maintenir la comparabilité des groupes.

L'optique explicative qui implique un maintien strict de la comparabilité est la plus facile à concevoir. Les investigations doivent avoir la même périodicité, être réalisées au même moment et pendant une durée identique dans les deux groupes comparés. Le choix de l'horaire dépend, bien entendu, de la durée de l'événement que l'on veut mesurer (s'il est discontinu) et de son cycle.

L'optique pragmatique impose, une fois encore, un choix plus difficile.

Si l'on souhaite mesurer le même événement dans les deux groupes (la survenue d'une maladie, par exemple) ou une même variable (la glycémie), il semble a priori préférable d'adopter, comme ci-dessus, la même périodicité d'examen dans les deux groupes. Mais il est possible que cette façon de procéder ne corresponde pas exactement à la réalité, c'est-à-dire à la surveillance que l'on exercerait en dehors de tout essai dans la pratique médicale courante. On peut concevoir, en effet, que la surveillance du groupe sur lequel est pratiquée l'intervention soit plus attentive (pour dépister, par exemple, des effets indésirables) et de ce fait plus fréquente.

Si l'on ne souhaite pas mesurer les mêmes événements dans les deux groupes, il est bien évident que la séquence des examens peut être différente, et cette différence de surveillance devient une des composantes de l'intervention évaluée.

Temps de latence

Un autre élément chronologique intervient ici avec l'appréciation du temps de latence déjà évoqué au début de ce chapitre. Nous désignerons sous ce terme la phase asymptomatique d'une maladie. Si l'on suppose que la mortalité est nulle au cours de cette phase dont la durée est t_1 *et que tous les cas symptomatiques sont morts, quel que soit le traitement, au bout d'une période* t_2 après le diagnostic. La durée de vie moyenne après le diagnostic est égale à t_2.

Si on procède à un dépistage très précoce au tout début de la phase de latence, la durée de vie après le dépistage est : $t_1 + t_2$.

En dehors de tout bénéfice lié au traitement on a l'impression d'une augmentation de la survie. Donc, pour évaluer l'effet sur la survie du dépistage, il faut considérer comme point de départ non pas le moment du diagnostic, mais le moment d'entrée dans l'étude qui est bien défini dans le cas d'une expérimentation.

RÉFÉRENCES

[1] B. Astedt, S. Jeppsson, P. Liedholm, G. Rannevik, L. Svanberg — Clinical trial of a new oral contraceptive pill containing the natural œstrogen 17 β-œstradiol. Brit. J. Obst. Gyn., 1979, *86,* 732-736.

[2] B. Blondel — Les limites d'une politique de prévention basée sur le haut risque. Application à la période prénatale. Thèse de doctorat de 3ème cycle, Paris, 1979.

[3] L. Boltanski — Prime éducation et morale de classe. Cahier du centre de sociologie européenne. 1 vol., Paris, 1969.

[4] G. Bréart — Un problème de décision en périnatologie : L'enregistrement continu du cœur fœtal pendant le travail. Rev. Epidém. et Santé publ., 1984, *32,* 34-39.

[5] W.H. Holland Ed. — Evaluation of health care. 1 vol. Oxford University Press, 1983.

[6] B. Junod — Méthodes et stratégies d'évaluation du programme suisse de recherche sur la prévention des maladies cardio-vasculaires. Rapport à la 6ème Réunion de l'ADELF, Paris, 24-25 novembre 1980. Rev. Epidém. et Santé publ., 1981, *29,* 335-340.

[7] J.D. Levine, N.C. Gordon, H.L. Fields — The mechanism of placebo analgesia. The Lancet, 1978, II, 654-657.

[8] National Institutes of health — The MRFIT Behavior pattern study. — I. Study design, procedures, and reproductivity of behavior pattern judgements. J. chron. Dis., 1979, *32,* 293-305.

[9] D. Schwartz, R. Flamant, J. Lellouch — L'essai thérapeutique chez l'homme. 1 vol., Flammarion, 2e éd. 1981.

[10] M.C. Weinstein, H.V. Fineberg, A.S. Elstein, H.S., Frazier, D. Neuhauser, N.R. Neutra, B.J. McNeil — Clinical decision analysis. 1 vol. W.B. Saunders, Philadelphia, 1980.

Chapitre XVII

INVESTIGATIONS DANS LES ENQUÊTES ÉTIOLOGIQUES

Les données enregistrées correspondent aux différents stades de l'étude destinée, rappelons-le, à mesurer la relation existant entre deux phénomènes A et B, B étant postérieur à A. Nous envisagerons successivement la nature des investigations, le choix de la situation de référence et l'étude des « biais ».

NATURE DES INVESTIGATIONS

Enquêtes prospectives

Au cours de la phase initiale, les investigations permettent, en premier lieu, de décrire la population dans ses limites territoriales et temporelles, et de définir les unités qui seront incluses dans l'enquête. S'il s'agit de personnes, on se souvient que les critères de définition les plus habituels sont : le sexe, l'âge, le lieu de naissance et de résidence. Il arrive toutefois que l'étude porte sur un sous-groupe très particulier de la population, il faut alors effectuer une pré-enquête pour l'isoler. Compte tenu des effectifs élevés de la plupart des enquêtes prospectives, on essaie généralement d'éviter cette phase en s'adressant à des communautés déjà définies et répertoriées sur des bases administratives, professionnelles ou hospitalières.

Les investigations permettent ensuite de repérer la présence du (ou des) facteur(s) étiologique(s) étudié(s). Si ceux-ci sont enregistrés au fur et à mesure qu'ils se produisent, ils peuvent l'être à partir d'interrogatoires, d'examens cliniques ou biologiques. S'ils sont enregistrés a posteriori, c'est le plus souvent à travers un interrogatoire.

Au cours de la surveillance, les investigations ont pour but d'enregistrer l'apparition de la maladie, dont le diagnostic peut être porté à partir d'examens cliniques ou biologiques. Parallèlement, on s'assure au moyen d'investigations particulières, que l'échantillon surveillé a bien la même composition que l'échantillon initial.

Enquêtes rétrospectives

L'ensemble des investigations se trouve souvent bloqué au cours de la période qui suit l'apparition de la maladie. Aussi est-on amené, presque dans le même temps, à pratiquer les investigations permettant de définir la population, et de distinguer les malades des non-malades. Lorsqu'il s'agit d'enquêtes hospitalières, c'est souvent par cette distinction que l'on commence : il est, en effet, facile d'obtenir une liste de sujets malades et de témoins, puis de tirer au sort ou de désigner ceux qui feront partie de l'étude.

Les groupes étant ainsi définis, on interroge généralement les personnes incluses dans l'enquête, pour reconstituer les événements qui ont précédé l'apparition de la maladie. Il est assez rare, en effet, que l'on puisse procéder à des examens biologiques, s'il s'agit d'un événement ancien, à moins que celui-ci ait laissé une trace durable. Encore faut-il pouvoir s'assurer que son apparition n'est pas postérieure à la maladie.

Ce dernier problème peut être illustré par les recherches portant sur la relation pouvant exister entre l'herpès II (herpès génital) et le cancer du col [4]. La recherche d'anticorps faite chez des cancéreuses et des témoins a indiqué une différence significative : les cancéreuses étaient plus souvent porteuses d'anticorps. Mais il était difficile de déterminer s'il s'agissait là d'une cause ou d'une conséquence du cancer.

Les investigations doivent aussi permettre de rechercher, les biais de toutes origines et les facteurs de confusion, pour cela il faut relever chez les sujets de l'étude des informations sur la présence des facteurs de risque de la maladie autres que ceux étudiés.

OPTIQUE EXPLICATIVE ET OPTIQUE PRAGMATIQUE

Les enquêtes comme les expérimentations peuvent se classer en deux catégories, selon qu'elles se proposent un objectif explicatif ou pragmatique.

Recherche explicative

Elle tend à donner une explication de l'origine d'une maladie, et ceci dans une optique souvent universelle. Elle doit donc reposer sur des investigations qui permettent d'approcher aussi près que possible la réalité biologique qui constitue la situation de référence.

On conçoit aisément que le *diagnostic de la maladie* soit porté avec des méthodes d'examens aussi précises, aussi sensibles et aussi spécifiques que possible. L'inclusion de malades dans le groupe témoin et de non-malades dans le groupe des malades viendrait d'ailleurs atténuer la puissance des tests de comparaison.

Par contre, la détermination des facteurs étiologiques, qui repose presque toujours sur l'interrogatoire dans les enquêtes rétrospectives, et souvent dans les enquêtes prospectives, pose un problème particulier. Nous avons vu, en effet, au chapitre XIV qu'il s'agit là d'une méthode peu fiable, dont la qualité dépend à la fois de l'importance de l'événement, de son ancienneté... Son usage s'avère difficile dans une enquête causale. Aussi y a-t-il lieu de se placer dans les meilleures conditions possibles. On s'efforce donc : d'interroger les sujets sur des événements relativement importants; de raccourcir les délais séparant l'événement de l'interrogatoire (d'où l'intérêt des enquêtes prospectives); de vérifier aussi souvent que possible la qualité des réponses à travers des documents ou des investigations objectifs (validation); de choisir les enquêteurs les plus motivés, susceptibles d'établir une bonne relation avec les personnes enquêtées.

Recherche à visée pragmatique

Il s'agit, on le rappelle, d'établir une prévision de la survenue d'une maladie M en fonction de facteurs dont la nature est très diverse (cause de la maladie, facteurs favorisants, ou tout autre type de facteurs liés à M) sans se prononcer sur l'existence d'un lien de cause à effet. L'enquête ayant permis d'établir une prévision, celle-ci est ensuite appliquée à la population, pour désigner les personnes devant faire l'objet d'une prévention particulière.

Dans l'optique d'une application ultérieure, il faut faire en sorte que les facteurs, ou indicateurs de risque, et la maladie soient déterminés au moyen d'investigations susceptibles d'être généralisées à la population au cours de la phase opérationnelle.

Par exemple, on étudie la relation existant entre les lipides du sang et la survenue d'un infarctus. Les examens permettant de doser les lipides sont extrêmement variables, allant du simple taux de cholestérol à des analyses plus complexes, qui restent souvent du domaine de la recherche. Il serait illusoire d'utiliser ces dernières méthodes, si on est dans l'impossibilité de les généraliser à la population au moment de l'application des résultats.

Le problème est identique pour la maladie dont l'appréciation peut dépendre de la qualité des investigations.

Tel est le cas par exemple lorsqu'on se propose d'étudier les facteurs de risque de la prématurité. Cette dernière peut être déterminée à partir de la seule durée de l'aménorrhée ou par des examens biologiques et échographiques avant la naissance, cliniques et neurologiques après celle-ci.

Pour avoir une bonne représentation des investigations appliquées à la population (situation de référence), il est souvent souhaitable, comme dans les essais, de constituer un échantillon représentatif des médecins et des établissements concernés par le problème. Mais ceci ne garantit pas que les résultats restent valables dans l'avenir, si la situation évolue. Ici comme dans l'expérimentation, il y a lieu d'évaluer au début de l'étude dans quel sens se modifieront les techniques d'investigation, et avec quelle rapidité.

« BIAIS » LIÉS AUX INVESTIGATIONS

Enquêtes prospectives

Au cours de la phase initiale de l'enquête, il est possible, nous l'avons vu, que les techniques d'investigation conduisent à considérer certains sujets comme exposés, alors qu'ils ne le sont pas et vice versa. Cette erreur réduit la puissance des tests, mais elle n'est pas directement dépendante de la maladie qui n'existe pas encore, ou du moins qui n'a pas été diagnostiquée. Cependant, elle peut dépendre de cette maladie, par l'intermédiaire d'un tiers facteur.

Si l'on étudie les facteurs de risque de l'infarctus chez des sujets âgés de plus de 40 ans, il est possible que des sujets hypertendus décrivent différemment leur consommation de tabac que les autres, car ils ont déjà été sensibilisés au problème. L'infarctus étant plus fréquent chez les sujets hypertendus, il peut en résulter des différences apparentes concernant la consommation de tabac.

Au cours de la surveillance, la détermination de la maladie repose le plus souvent sur des bases objectives (examens cliniques et biologiques), dont la sensibilité et la spécificité peuvent être variables : si elles sont mauvaises, la puissance des tests de comparaison s'en trouve diminuée. Mais il peut, en outre, y avoir un biais lorsque le diagnostic est porté en fonction des facteurs dont on étudie le rôle étiologique : on peut conclure à l'existence d'une relation qui provient seulement du fait que ces facteurs apportent, par exemple, une aide au diagnostic.

Deux éventualités sont à discuter :

Si l'enquête est réalisée dans une optique de recherche causale, cette circonstance gênante peut conduire à des conclusions erronées.

Tel serait le cas si le diagnostic d'affection bronchique chronique tenait compte de la quantité de tabac fumé ou du degré de pollution auquel est soumis l'individu. Le diagnostic d'alcoolisme est un exemple encore plus net, puisqu'il tient compte à la fois des symptômes cliniques et biologiques et de la quantité d'alcool absorbée. Il n'est pas impossible que cette confusion amène à méconnaître l'origine de certaines cirrhoses non alcooliques.

Si l'enquête est réalisée dans une optique pragmatique, les conclusions doivent être plus nuancées. Dans un état donné des connaissances en matière de prévention, les sujets qui ont conscience d'avoir un facteur de risque (X_1) se font souvent mieux suivre que les autres. Il est donc possible qu'on découvre plus tôt chez eux la maladie étudiée (m), de plus s'il s'agit d'une affection pouvant passer inaperçue on conclura à une plus grande fréquence chez ces sujets que chez les témoins où elle est en partie méconnue. En conséquence, tous les facteurs de risque étudiés X_2, X_3... qui seraient liés à X_1 pourront apparaître comme liés à la maladie. Ceci est évidemment très gênant dans une optique explicative. Dans une optique prévisionnelle et dans le contexte étudié, les facteurs X_1, X_2, X_3 ont une valeur prédictive et sont simplement utilisés comme tels. Dans un autre contexte où les sujets exposés à X_1 ne seraient pas suivis, X_2 et X_3 n'auraient peut-être pas de valeur prédictive.

Enquêtes rétrospectives

Comme dans les enquêtes prospectives, le diagnostic de maladie peut être porté en fonction de l'existence du facteur étudié. Il y aurait lieu ici de répéter ce qui vient d'être dit en distinguant l'optique explicative et l'optique pragmatique.

Mais un autre biais existe, lorsque les facteurs étiologiques sont appréciés en fonction du diagnostic, ce qui est extrêmement fréquent. Cette erreur provient de trois sources : le sujet interrogé, l'enquêteur, l'utilisation des documents médicaux.

— Les réponses du sujet dépendent de l'existence de la maladie en raison d'abord de son état physique. La fatigue engendrée par la maladie, les défauts d'élocution... peuvent introduire des différences considérables entre les réponses des malades et celles des témoins. Les idées préconçues qu'il a sur l'origine de sa maladie, inspirées par la lecture des journaux ou les questions de son médecin, interviennent ensuite. En dehors même de toute idée préconçue, il est certain qu'un sujet malade fait, s'il le peut, un effort plus grand pour répondre aux questions qu'un sujet bien portant.

— Le rôle de l'enquêteur dans ce type d'erreur n'est pas négligeable, il peut d'ailleurs s'exercer de façon variable : dans certains cas, l'enquêteur pratique un interrogatoire plus soigneux des sujets malades, dans d'autres cas, au contraire, il hésite à poser certaines questions susceptibles d'inquiéter le malade, ou les pose mal. Dans les deux cas, il contribue à faire naître des différences dans les réponses des témoins et des malades.

— Les documents médicaux, enfin, comportent souvent des données sur le passé du sujet, mais s'ils sont établis après l'apparition de la maladie, ils peuvent aggraver les erreurs réalisées par l'enquêteur : les antécédents d'un cancéreux, par exemple, sont beaucoup plus soigneusement relevés que ceux d'un accidenté choisi comme témoin bien portant.

Dans les recherches étiologiques à visée causale, ce biais est grave, car il conduit à confondre la cause et la conséquence de la maladie. Mais il nous semble également grave dans les recherches à visée prédictive puisqu'on confond un élément prédictif (donc en principe antérieur) avec une conséquence de la maladie.

Pour éviter ce type d'erreur plusieurs solutions ont été proposées.

L'une d'elles consiste à interroger les sujets avant que le diagnostic soit définitivement établi, au moment de l'admission à l'hôpital par exemple. Cette méthode a été utilisée dans différentes enquêtes où elle a permis d'évaluer les biais liés à la connaissance du diagnostic [1]. Elle présente cependant des inconvénients : il est parfois difficile de pratiquer l'interrogatoire au moment de l'admission et celui-ci risque d'être fait inutilement pour des individus qui ne répondent pas aux définitions des malades et des témoins.

Une autre méthode consiste à utiliser les réponses des sujets dont le diagnostic a été modifié.

Un exemple en est fourni par l'enquête de Doll et Hill [3] sur la relation existant entre le tabac et le cancer bronchique. Les enquêteurs ont interrogé des cancéreux et des témoins, mais il est apparu plus tard qu'un certain nombre de diagnostics de cancers bronchiques étaient inexacts. La comparaison des trois groupes (cancers bronchiques, faux cancers bronchiques et témoins) a montré que la consommation de tabac des seconds était semblable à celle des témoins. Ce résultat plaidait en faveur de l'absence de biais.

Dans tous les cas, il faut formuler les questions de façon absolument comparable pour les malades et les témoins. Cette exigence conduit parfois à modifier certaines questions jugées traumatisantes pour certaines catégories de malades.

Dans une enquête réalisée sur le terrain par l'un de nous chez des cancéreux (cancers bronchiques) et des témoins [2], la question : « vos parents ont-ils eu un cancer ? » a été mal accueillie par l'entourage des cancéreux qui s'efforçait de les laisser dans l'ignorance du diagnostic. Les difficultés rencontrées ont conduit assez rapidement à formuler différemment la question chez ces derniers. Pour éviter ce biais une nouvelle question a été rédigée : « vos parents ont-ils eu une maladie grave, s'ils sont morts, quelle était la cause du décès ? » Elle a entraîné une perte d'information, mais elle pouvait être posée de façon identique dans les deux groupes.

Les documents médicaux enregistrés de façon prospective à l'occasion d'une consultation ou d'une hospitalisation peuvent fournir des éléments de vérification pour des enquêtes ultérieures.

C'est ainsi que se constituent actuellement des banques de données sur le déroulement des grossesses; elles pouront être utilisées dans l'avenir pour vérifier les réponses à des enquêtes rétrospectives sur l'étiologie des malformations, des cancers de l'enfant ou de toute pathologie découverte chez des jeunes et mise en relation avec leur période fœtale.

Ces précautions cependant ne suffisent pas toujours pour éviter des biais qui constituent une des faiblesses évidentes des enquêtes rétrospectives.

RÉFÉRENCES

[1] I.D. Bross — Spurious effects from an extraneous variable. J. Chron. Dis., 1966, *19*, 637-647.
[2] P.F. Denoix, D. Schwartz, G. Anguera — L'enquête française sur l'étiologie du cancer broncho-pulmonaire, analyse détaillée. Bull. Cancer, 1958, *45*, 1-37.
[3] R. Doll, A.B. Hill — A study of the aetiology of carcinoma of the lung. Brit. Med. J., 1952, *2*, 1271-1286.
[4] A.J. Nahmias, Z.M. Naib, W.E. Josey — Herpes virus hominis type 2 infection. Association with cervix cancer and perinatal disease. Perspect. Virol., 1970, *7*, 73-89.

CHAPITRE XVIII

INVESTIGATIONS DANS LES ENQUÊTES D'ÉVALUATION

Nous envisagerons ici essentiellement les enquêtes qui permettent de comparer l'effet des méthodes de prévention en nous référant aux enquêtes avant-après, aux comparaisons de communautés et aux enquêtes prospectives et rétrospectives.

ENQUÊTES AVANT-APRÈS

Dans une « enquête avant-après », les investigations doivent permettre de décrire :

— les caractéristiques de l'échantillon avant et après l'application de la méthode de prévention ou de soins évaluée;

— les procédures d'application de cette méthode, son impact;

— les critères de jugement avant et après l'introduction.

Il s'agit là d'un schéma très simplifié dont nous verrons qu'il est souvent beaucoup plus complexe.

Caractéristiques des échantillons

Elles sont généralement définies à partir de données démographiques (sexe, âge, résidence, nationalité), sociales (emploi, conditions de vie), dans certains cas interviennent aussi des variables cliniques, lorsque l'enquête porte sur une catégorie de malades ou sur des sujets à haut risque... Une attention particulière doit être attachée aux caractères liés aux critères de jugement.

On s'efforcera enfin de mesurer les paramètres permettant de déceler une *évolution de l'échantillon* ou des individus qui le composent, celle-ci pouvant interférer avec les résultats.

Si l'on effectue dans une région une enquête avant et après une campagne de vaccination contre la rougeole, elle doit porter en principe sur les mêmes sujets, mais ceci doit être vérifié par une description des phénomènes migratoires. Il faut en outre mesurer dans l'échantillon, avant et après vaccination, toutes les modifications des *caractères liés aux critères de jugement :* dans cet exemple, on devra tout particulièrement tenir compte des variations de l'état nutritionnel de la population, car il conditionne très largement la fréquence et la gravité des complications.

Dans d'autres cas, les comparaisons concernent la même population mais des individus différents, il en est ainsi pour les études avant-après portant sur la grossesse. La description de l'échantillon doit être en mesure d'apprécier les différences qui peuvent affecter ces individus.

Pour tous les phénomènes qui touchent à la reproduction, les enquêtes avant-après portent souvent sur des générations successives car la période de reproduction est courte, la majorité des femmes ayant leurs enfants entre 20 et 35 ans. Dans les enquêtes nationales de l'INSERM, l'échantillon examiné en 1972 correspond à des femmes nées entre 1937 et 1952, celui de 1981 à des femmes nées entre 1946 et 1961; leur enfance et leur adolescence se sont déroulées à des périodes très différentes; les premières ont eu leur grossesse au début de la période de médicalisation de la reproduction et dans un contexte d'expansion économique, les secondes ont bénéficié des progrès médicaux, mais elles ont eu leurs enfants dans un contexte socio-économique très différent. Tout ce qui, dans cette évolution, est susceptible d'expliquer une diminution de la pathologie néonatale doit être enregistré et pris en considération lors de l'analyse.

Ce bref aperçu montre la nécessité d'une description extrêmement soigneuse de l'échantillon, faute de contrôler la répartition des sujets en deux groupes, il faut étudier de très près leur comparabilité dans un contexte souvent très évolutif qui peut amener à répéter ces investigations pour mieux saisir l'évolution de l'échantillon tout au long de l'enquête. Le terme avant-après ne doit pas être pris dans un sens trop absolu.

Description des procédures

Dans une enquête avant-après on essaie d'encadrer le moment où apparaît une nouvelle méthode de prévention ou de soins, où se met en place un nouveau programme de santé. Il s'agit donc d'un contexte évolutif dans lequel les procédures d'application, l'impact de la méthode sont susceptibles de varier considérablement. Ceux-ci doivent donc être décrits. Ils le seront avec plus ou moins de détails selon les enquêtes. Les vastes enquêtes destinées à donner une appréciation très globale de l'évolution comportent évidemment moins de détails qu'une enquête réalisée dans un service hospitalier et qui peut bénéficier d'un enregistrement longitudinal des procédures.

Les variations des méthodes et de leur impact au cours du temps peuvent interférer très fortement avec les résultats.

L'évolution des procédures a été particulièrement nette pour certaines méthodes de dépistage comme l'échographie par exemple. La simple mensuration du diamètre bi-pariétal du fœtus a été suivie par des mensurations du diamètre abdominal et thoracique puis du fémur permettant une appréciation de plus en plus fine de la croissance fœtale.

En même temps qu'elles évoluent, ces procédures ne sont pas appliquées aux mêmes individus, il y a souvent au début une sélection médicale visant à les utiliser dans les cas où elles peuvent être le plus utiles et dans ceux où on peut craindre le moins d'effets indésirables. A cela s'ajoute une sélection liée à la qualification des médecins.

Ces phénomènes ont été particulièrement nets au début de l'utilisation de l'enregistrement électronique du rythme cardiaque fœtal pendant l'accouchement. A l'origine quelques services hautement spécialisés ont disposé d'un nombre limité d'appareils qu'ils avaient souvent contribué à mettre au point; les enregistrements ont été réservés en priorité aux accouchements pendant lesquels des anomalies du rythme avaient été décelées à l'auscultation clinique. Le nombre d'appareils augmentant, l'enregistrement a été généralisé dans ces services, en même temps, il se répandait progressivement dans les autres, intéressant d'abord les cas à haut risque, puis la quasi-totalité des accouchements.

L'interprétation des résultats est très dépendante de ces circonstances, les analyser permet une approche plus affinée. Elle permet aussi de détecter plus précisément certains seuils où la technologie et les procédures ont pu enregistrer des modifications brutales et nous allons voir en étudiant les critères de jugement que c'est le moment le plus favorable à l'évaluation de l'efficacité.

Critères de jugement

Nous ne reviendrons pas ici sur la très grande variété des critères de jugement qui ont été envisagés au chapitre XVI : mortalité, fréquences des maladies, réactions des sujets, comportements...

Il nous semble important dans ces enquêtes de définir des critères de jugement dont l'évolution soit la plus liée possible à celle de l'intervention dont on veut étudier le résultat.

La plupart du temps, ceci est relativement difficile. Souvent une nouvelle méthode de prévention est mise au point et évaluée dans une ambiance générale de progrès technologiques qui rendent difficile l'évaluation de telle ou telle innovation. Mais il est parfois possible d'arriver à dégager l'effet particulier d'une méthode de prévention; le protocole des investigations peut alors y contribuer largement.

Une enquête longitudinale récente [2] réalisée dans une unité néonatale de soins intensifs a permis d'étudier l'efficacité des modifications des techniques de réanimation. L'une d'elles était apparue brusquement dans un contexte de progrès plus lents. Il s'agissait de l'utilisation de la pression positive continue (PPC) d'oxygène permettant de mieux en contrôler l'administration. Celle-ci avait été appliquée en 1972. Le plan d'échantillonnage prenait en compte cet événement en subdivisant les enfants en trois groupes en fonction de leur date d'hospitalisation : 1969-1971, 1972-1974, 1975-1978.

Le plan des investigations devait également permettre de séparer ce qui pouvait être lié à l'introduction de la PPC et ce qui revenait aux autres progrès. On a donc enregistré pour tous les nouveau-nés admis dans l'unité :

— les caractéristiques de l'échantillon : âge, parité, catégorie sociale et lieu de résidence des parents, lieu de naissance;

— les méthodes de prévention et de soins entourant la naissance, le transfert, le séjour dans l'unité;

— les critères de jugement étaient essentiellement l'état de l'enfant à sa sortie de l'unité de soins intensifs : mort, vivant avec ou sans séquelles; des critères de jugements intermédiaires étaient prévus indiquant notamment : l'état de l'enfant au départ de la maternité et à l'arrivée au centre de transfert, les pathologies observées au centre.

L'analyse a montré que pour certaines pathologies et en particulier les souffrances fœtales de type pulmonaire, on enregistrait une diminution importante des taux de mortalité au centre de transfert en 1972. Pour les autres pathologies, le gain était plus lent. Aux étapes intermédiaires de jugement les progrès s'avéraient également plus progressifs.

Cette évaluation s'est révélée intéressante pour deux raisons :

— l'existence d'une innovation technologique apparaissant et se généralisant brusquement (la PPC) dans un contexte de progrès plus généraux et plus lents;

— l'existence d'un indicateur de résultat très lié à cette innovation et permettant d'enregistrer rapidement ses effets (la souffrance pulmonaire fœtale), alors qu'il était moins sensible aux autres progrès.

Il y a donc coïncidence entre deux accidents dans l'évolution des technologies et des pathologies, et cette situation est relativement favorable à l'évaluation, comme elle l'est à la recherche étiologique fondée sur les séries chronologiques. C'est à dessein que nous utilisons ici le terme de coïncidence et non celui de liaison.

D'autres situations sont beaucoup moins favorables et notamment celles où des progrès lents et continus sont enregistrés dans plusieurs domaines de la prévention, sans qu'ils aient d'actions spécifiques sur tel ou tel aspect de la morbidité.

Cet écueil a été rencontré dans les enquêtes nationales, l'augmentation du nombre de consultations prénatales, la plus grande spécialisation des responsables de la surveillance, l'amélioration des conditions d'accouchement se sont réalisées progressivement et pouvaient avoir un effet aussi bien sur la prématurité que sur l'hypotrophie fœtale ou la mortalité. Dans ces conditions seule une évaluation très globale pouvait être faite.

Comparabilité et biais d'investigation

Ces biais sont extrêmement nombreux dans les enquêtes avant-après. On doit en effet décrire l'échantillon et les critères de jugement à deux périodes différentes. Les variables ne sont pas mesurées dans les mêmes conditions, souvent les enquêteurs ne sont pas les mêmes.

Ces différences sont particulièrement graves si elles sont liées à l'action de santé étudiée.

L'appréciation de la morbidité joue toujours un rôle important, elle peut entrer dans la description générale de l'échantillon ou faire partie des critères de jugement. Celle-ci varie dans le temps, on a montré que la fréquence des pathologies augmentait au fur et à mesure que croissait la consommation médicale. Ceci est d'autant plus vrai que cette morbidité est rapportée par les sujets eux-mêmes, le souvenir d'un épisode morbide étant d'autant plus net qu'il y a eu consommation médicale. De la même manière la mise au point d'un traitement ou d'une prévention spécifique modifie l'appréciation de la pathologie concernée et ceci peut entraîner des biais dans l'interprétation des résultats.

Dans les enquêtes nationales nous avons rencontré ce type de biais en étudiant l'évolution des menaces d'accouchement prématuré. Entre 1976 et 1981, on a assisté à une

TABLEAU I

Evolution de la prématurité et de sa prévention
(enquêtes nationales de l'I.N.S.E.R.M. 1976 et 1981).

	1976 %	1981 %	p
Menace d'avortement ou d'accouchement prématuré			
pas de menace	85,6	81,9	
menace d'avortement	6,9	8,0	<0,001
menace d'accouchement prématuré	7,5	10,1	
Traitement par les β mimétiques			
non	91,1	85,3	<0,001
oui	8,9	14,7	
Naissance avant 37 semaines d'âge gestationnel	6,8	5,6	<0,05

augmentation de la prévention des accouchements prématurés et en particulier de l'usage de β mimétiques (produits destinés à arrêter les contractions). Dans le même temps la fréquence des menaces d'accouchement prématuré a augmenté et le pourcentage d'accouchements réellement prématurés a diminué (tableau I) [3].

L'interprétation de ces résultats est difficile. Il est peu probable que les menaces d'avortement ou d'accouchement prématuré soient devenues plus fréquentes dans la population. On peut supposer qu'elles ont été mieux dépistées et que les femmes étant plus souvent traitées les ont mieux décrites lors de l'interrogatoire.

Si on avait utilisé ce critère pour juger les résultats de la politique de prévention, on aurait abouti à une erreur d'interprétation : la plus grande utilisation de la méthode de prévention entraînant une augmentation de la symptomatologie, on aurait conclu qu'elle n'était pas efficace, la définition du critère de jugement dépendait en effet du développement de la prévention.

Si on avait utilisé ce critère pour étudier la définition de l'échantillon, on aurait commis l'erreur inverse en concluant : la fréquence des menaces d'accouchement prématuré augmente, celle de la prématurité diminue, le mérite en revient aux β mimétiques. L'erreur venait encore du fait que la définition de l'échantillon par le critère menace d'accouchement prématuré était influencé par la méthode de prévention.

Chronologie des investigations : enquêtes transversales, enregistrement continu

Si le terme avant-après a l'avantage d'être imagé, il peut introduire une vision rigide des investigations alors qu'elles sont réalisées dans un contexte dont nous avons largement souligné l'aspect très évolutif. Il existe toute une gamme d'investigations.

Le schéma le plus simple consisterait à effectuer deux enquêtes transversales, l'une était située avant l'application ou la modification d'une méthode de prévention, l'autre après.

On peut également procéder à des enquêtes transversales répétées plus de deux fois afin de mieux cerner l'évolution des phénomènes.

A l'autre extrémité de la gamme se situent les enregistrements continus réalisés, par exemple, dans certains services hospitaliers, ils permettent de repérer les changements de la politique de prévention ou de soins et d'étudier en relation avec celle-ci l'évolution de la pathologie. Ce type d'enquête est évidemment plus riche que le précédent, nous en avons donné un exemple concernant l'étude de la réanimation. Il comporte cependant des inconvénients. Son caractère de routine ne permet pas toujours d'enregistrer les variables les plus intéressantes, il doit donc être suffisamment souple pour intégrer celles qui sont nécessaires à la description d'une variation dans l'échantillonnage, les procédures ou les critères de jugement. En outre il confère à l'épidémiologiste une attitude passive d'observation alors qu'il devrait, au moment de la modification des politiques de soins ou de prévention, poser les hypothèses et faire un protocole d'investigation adapté à ses objectifs.

Une solution intermédiaire, qui consiste précisément à établir des enquêtes particulières dans le cadre d'un enregistrement continu nous semble donc préférable.

ENQUÊTES COMPARANT DES COMMUNAUTÉS

Caractéristiques des échantillons

Ces critères doivent permettre de déceler au mieux les différences qui séparent les communautés et tout particulièrement celles qui sont susceptibles d'interférer avec les résultats.

Si l'on étudie la mortalité liée aux cancers de l'oropharynx dans deux centres pratiquant des thérapeutiques différentes, on doit décrire dans ces deux centres les caractéristiques des individus qui pourraient expliquer les meilleurs résultats de l'un ou de l'autre c'est-à-dire : le stade des tumeurs, mais aussi des facteurs aggravant liés à la consommation d'alcool, à l'état général du malade.

De la même manière il faut pouvoir déceler les variations des échantillons. Un centre adoptant une nouvelle technique de prévention différente de celle d'un centre voisin peut attirer une nouvelle clientèle. Les critères permettant de décrire ces modifications doivent être prévus. Ils peuvent être de type socio-culturel (sélection d'une clientèle mieux informée, plus aisée, venant de plus loin) ou liés à la maladie que l'on traite ou que l'on prévient dans ce centre. Ces modifications de l'échantillon particulièrement fréquentes dans les organismes de soins, sont plus faciles à déceler si l'on dispose d'un enregistrement longitudinal. Il est alors possible de décrire la situation aux points (1), (2) ... (5) du schéma ci-dessous, on peut ainsi mieux déceler les variations de l'échantillon, celles des soins et de la prévention.

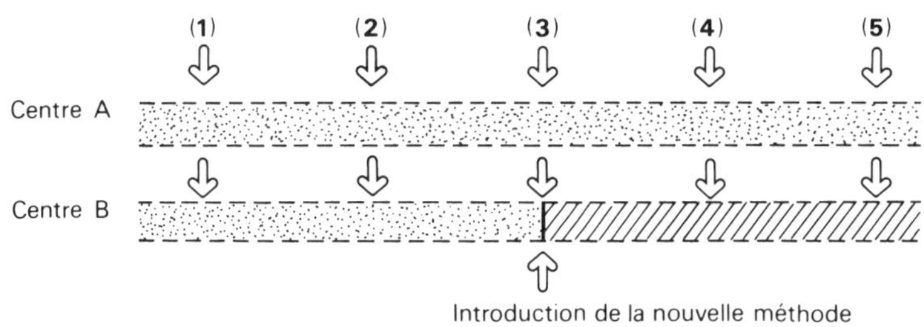

Ces dernières sont représentées par le passage de la représentation en pointillés à celle des hachures. La comparaison de l'échantillon des centres A et B peut être faite aux mêmes temps (1), (2)... Mais il est aussi possible de comparer la clientèle du centre B avant et après la modification des méthodes de prévention. On combine ainsi la comparaison des communautés et les enquêtes avant-après.

Description des procédures

Comme dans les enquêtes avant-après, il faut mesurer dans chacune des communautés l'impact des méthodes de prévention et de soins lorsqu'elles ne sont pas appliquées de façon systématique. Cette situation est assez rare même dans les services hospitaliers où les protocoles ont précisément un caractère systématique, on relève de nombreuses variations liées aux malades, aux médecins.

Comme précédemment la description des procédures et de leur impact dans les deux communautés doit permettre de déceler un certain nombre de tendances évolutives.

Lorsque deux services hospitaliers adoptent des attitudes thérapeutiques nettement différentes en face de la même situation, ceci peut être tout à fait délibéré et durable. Mais il peut aussi s'agir du simple retard de l'un d'eux qui va, pendant l'enquête, modifier peu à peu son attitude.

L'étude des enquêtes avant-après nous a conduit à évoquer la mise en place progressive de l'enregistrement du rythme cardiaque fœtal. Comparer deux services ayant des situations différentes pouvait conduire à comparer :
— un service réservant la méthode aux cas présentant des anomalies;
— un service effectuant systématiquement le dépistage.
Il n'est pas impossible en outre qu'une évolution rapide du premier ne le conduise à généraliser peu à peu la méthode pendant la durée de l'enquête, en même temps qu'il en améliore l'utilisation. La même évolution peut conduire le précédent à une utilisation en routine moins attentive.

La description des procédures peut comme celle de l'échantillon bénéficier d'une approche longitudinale qui permet de mieux appréhender ces phénomènes et leur évolution pendant la durée de l'enquête.

Critères de jugement

Comme nous l'avons souligné dans les enquêtes avant-après, il est possible de comparer des indicateurs d'efficacité très généraux : tels que la mortalité dans des pays appliquant des politiques sanitaires différentes, la fréquence des accidents de la circulation chez les jeunes dans deux états n'appliquant pas la même législation pour l'âge du permis de conduire ou la répression de l'alcoolisme.

Des actions plus focalisées appellent une définition plus spécifique des critères qui soient aussi étroitement liés que possible à l'action étudiée et peu liés aux autres facteurs qui différencient les deux groupes.

Comparabilité et biais d'investigation

Ils peuvent être aussi nombreux que dans les enquêtes avant-après et ils peuvent également être liés à l'action de santé que l'on désire étudier.

C'est dans les groupes où la consommation médicale est la plus élevée qu'on enregistre les pathologies les plus fréquentes. De même, l'utilisation d'une nouvelle méthode de prévention ou de soins dans un service hospitalier modifie la définition et l'appréciation de la pathologie.

Nous avons déjà noté que la fréquence des menaces d'accouchement prématuré semble plus élevée dans les services qui pratiquent une prévention renforcée de la prématurité, que la fréquence des dystocies semble plus élevée dans les maternités qui ont un taux important de césariennes.

ENQUÊTES PROSPECTIVES ET RÉTROSPECTIVES

Enquête prospective portant sur une cohorte

Elle consiste, on s'en souvient, à considérer dans une communauté donnée deux groupes dont l'un bénéficie d'une méthode de soins ou de prévention et l'autre non, puis à les suivre pour enregistrer les effets. Nous avons noté au chapitre XII l'importance des biais d'auto-sélection et d'indication médicale en étudiant l'exemple des dépistages du cancer du col utérin et de la césarienne.

On accordera une grande importance à la description de l'échantillon et des procédures qui doit permettre autant que possible de repérer ces causes d'erreurs.

Les indications médicales sont souvent difficiles à cerner. S'il s'agit de comparer deux traitements A et B appliqués dans le même service à des malades atteints de la même affection, ceux qui reçoivent le traitement A peuvent différer des autres par la symptomatologie, le degré d'évolution de la maladie, le moment où le traitement est administré (la nuit ou le jour, en semaine ou pendant le week-end), l'expérience et les habitudes du médecin, les réactions du malade... Les indications médicales doivent donc être recherchées à travers une description de la maladie, mais aussi à travers une description détaillée des procédures et des caractéristiques des sujets. Ces indications sont d'autant plus difficiles à cerner qu'elles sont souvent méconnues sinon niées par les intéressés eux-mêmes, qu'elles peuvent se modifier dans le temps et que la présence de l'enquête peut les modifier.

Dans un service de cancérologie, deux traitements ont été appliqués pour des cancers du sein opérables, l'un nécessitait la présence de chirurgiens très qualifiés (curage mammaire interne) et l'autre des compétences classiques (Halsted). Les médecins de ce service pensaient que l'affectation des malades se faisait « au hasard » en fonction du jour d'intervention choisi, les chirurgiens les plus qualifiés opérant à certaines dates. En fait la comparaison des deux groupes montrait une sélection tout à fait évidente. Les groupes n'étant pas comparables il s'est avéré nécessaire de procéder à un essai randomisé pour comparer l'efficacité des deux traitements.

Pour les critères de jugement, il y a lieu de veiller tout particulièrement à ce qu'ils ne soient pas décrits en fonction de la procédure utilisée. Ce biais a déjà été évoqué dans l'étude des enquêtes étiologiques lorsque les sujets exposés et non exposés n'étaient pas suivis de la même manière.

Dans le chapitre XII, nous avons rapidement évoqué le rôle que pouvaient jouer les enquêtes prospectives dans la description des procédures en relation avec les caractéristiques sociales... Nous avions alors souligné que les caractéristiques de l'échantillonnage étaient voisines de celles que nous avions étudiées au niveau des enquêtes étiologiques prospectives. La même remarque peut être faite en ce qui concerne les investigations.

Si l'on étudie par exemple la relation existant entre la classe sociale et la durée d'hospitalisation, ce dernier caractère étant objectif et facile à vérifier, il y a peu de risque qu'il soit mesuré différemment pour les sujets appartenant aux classes favorisées ou défavorisées. Par contre si la procédure médicale est décrite dans le cadre d'un interrogatoire des individus auxquels elle a été appliquée, elle peut être liée à la classe sociale.

Enquêtes rétrospectives

Tous les biais d'investigation peuvent exister dans ces enquêtes comme dans les enquêtes rétrospectives décrites au chapitre XVII. Il faut en effet reconstituer a posteriori les caractéristiques des échantillons, celles des procédures à un moment où les résultats sont connus, les risques de biais sont évidents, toutefois différentes circonstances peuvent être envisagées en fonction des variables étudiées.

Certaines enquêtes rétrospectives portant sur l'utilisation des services [1] présentent parfois des avantages en raison de leur rapidité et du fait qu'elles n'influencent pas la politique du service.

RÉFÉRENCES

[1] J. ASLEY — The application of retrospective studies to health care research. *In :* W.W. Holland, L. Karhausen, Ed., Health care and epidemiology, 1 vol., Henry Kimpton, London, 1978, ch. 6.

[2] P. DARCHY, J. GOUJARD, D. DEVICTOR, B. PIERREY, C. RUMEAU-ROUQUETTE — Evolution du taux de mortalité chez les nouveau-nés transférés dans un service parisien de soins intensifs de 1976 à 1978. Arch. Fr. Pediat., 1984, *41,* 171-177.

[3] C. RUMEAU-ROUQUETTE, C. DU MAZAUBRUN, Y. RABARISON, Ed. — Naître en France, 10 ans d'évolution. I.N.S.E.R.M., Paris, 1984.

Chapitre XIX

EXPLOITATION INFORMATIQUE DES DONNÉES ÉPIDÉMIOLOGIQUES

L'épidémiologiste a sans doute été un des premiers utilisateurs des calculateurs électroniques, puis des ordinateurs, dans le domaine de la santé. Sans entrer ici dans le détail des opérations qui précèdent l'analyse statistique, nous voudrions envisager quelques points pratiques concernant l'enregistrement des données.

IDENTIFICATION

L'exploitation sur ordinateur comme l'exploitation manuelle exige une identification des unités (individus par exemple) et des variables.

Identification des unités

Cette identification permet de s'assurer que l'on attribue bien à chacun des individus l'ensemble des questionnaires, résultats d'examens... qui lui sont propres. Elle devrait aussi permettre dans certaines enquêtes de retrouver les sujets interrogés ou examinés, lorsque des réponses s'avèrent anormales, ou lorsqu'une surveillance s'impose.

Il est possible d'utiliser un système d'identification général ou un système propre à l'enquête.

Le système général le plus connu conduit à enregistrer *le nom et le prénom* des personnes. Il présente de nombreux avantages : le nom peut être obtenu par simple interrogatoire, il permet de personnaliser le dossier, de rédiger l'adresse dans les correspondances éventuelles que l'on échangerait avec le sujet. Ces avantages sont compensés par des inconvénients qui ne sont pas moindres : risque de rompre le secret médical et statistique, utilisation lourde et parfois difficile en raison des fautes d'orthographe, nécessité d'une autorisation spéciale de la Commission nationale informatique et libertés.

Aussi préfère-t-on, lorsque cela s'avère possible, utiliser un numéro. Le *numéro d'identité national* * français s'avère précieux à cet égard. Il comporte plusieurs chiffres indiquant successivement le sexe, la date et le lieu de naissance, puis un numéro attribué par l'Etat civil. Mais plusieurs obstacles existent lorsqu'on veut le faire figurer dans des enquêtes. Le premier est d'ordre juridique : l'utilisation de ce numéro rend possible la jonction de plusieurs fichiers, le souci

* Communément appelé numéro de sécurité sociale.

de protéger les libertés individuelles fait dépendre son usage d'une autorisation spéciale par décret en Conseil d'Etat *. Le second est d'ordre pratique : un grand nombre de personnes ne connaissent pas leur numéro national, bien qu'il figure sur certains documents. Enfin, le numéro national n'est attribué que plusieurs mois après la naissance et ne peut être utilisé au cours de la période néonatale.

Ces difficultés ont souvent conduit les épidémiologistes à envisager un *système d'identification propre à chaque enquête ou à des groupes d'enquêtes*. La figure 1 donne un certain nombre d'exemples en supposant qu'il s'agisse d'individus. L'identification est faite en allant du plus général au plus particulier.

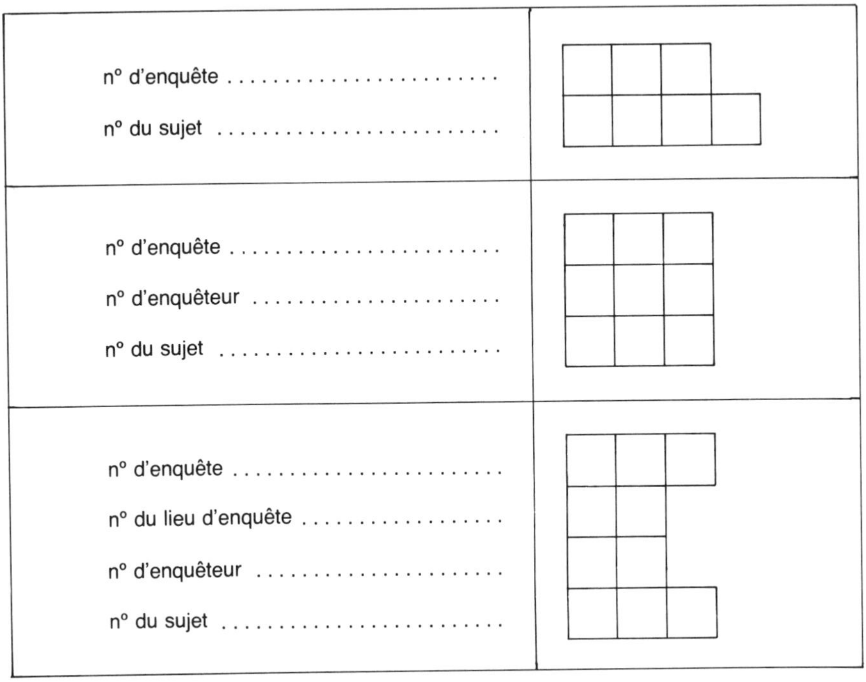

FIG. 1. — Systèmes d'identification.

Dans le premier exemple, tous les sujets de l'enquête sont identifiés par un numéro allant de 1 à 999. Il y a donc lieu de faire figurer dans l'identification le numéro de l'enquête et celui du sujet. Dans le deuxième exemple on suppose que chaque enquêteur puisse attribuer lui-même un numéro aux sujets qu'il interroge, d'où la nécessité de faire figurer le numéro de l'enquêteur dans l'identification. Si l'attribution du numéro du sujet se fait en outre dans chaque lieu d'enquête, ce dernier doit figurer dans l'identification (3eme exemple).

Ces systèmes particuliers présentent un double inconvénient.

— Ils ne permettent pas de retrouver l'individu concerné s'il s'avère nécessaire de le suivre ou d'entrer en correspondance avec lui. Il est facile de pallier cette difficulté en établissant, parallèlement aux fichiers des données, un fichier nominatif. Cette façon de procéder exige les plus grandes précautions pour éviter toute transgression du secret médical et statistique.

* Loi 78-17 du 6.1.78, art. 18.

C'est dans ce souci que, pour les enquêtes réalisées sur des patients en milieu hospitalier, nous laissons le fichier des noms aux responsables des services concernés, en leur demandant de servir d'intermédiaire pour les enquêtes complémentaires que nous pourrions être amenés à formuler avec leur accord. On s'assure ainsi que l'identification des personnes ne sort pas du centre hospitalier où il est normal qu'elle figure.

— Ces systèmes enfin sont parfois difficiles à gérer lorsque le même sujet est concerné par plusieurs enquêtes.

Identification des variables

Les paramètres enregistrés sont identifiés par un numéro, s'ils sont enregistrés une seule fois. Lorsque le même examen est répété plusieurs fois, les variables peuvent être identifiées par la date de l'examen, ou par son numéro d'ordre. Lorsque le même examen est pratiqué à la même date par deux examinateurs différents, le numéro ou le nom de ceux-ci complètent d'identification.

MODE D'EXPRESSION DES VARIABLES *

Les données peuvent être regroupées en trois catégories : les données numériques ou codées, les langages particuliers, le langage libre.

Dans les enquêtes épidémiologiques, c'est surtout le premier type qui est utilisé en vue d'une analyse statistique. Nous allons en envisager quelques modalités à partir d'un questionnaire ayant comme support une feuille de papier.

Données numériques ou codées

Les données numériques peuvent être enregistrées directement en faisant figurer chaque chiffre dans des cases généralement dessinées à droite (ou à gauche) de la fiche.

Exemple :	Jour	Mois	Année
— Date de naissance	☐☐	☐☐	☐☐
— Poids en kg et taille en cm	☐☐☐	☐☐☐	
— Taux de cholestérol	☐☐☐		

Les autres données conduisent à utiliser des systèmes de codification qui peuvent être généraux ou particuliers.

Les codifications générales reposent sur des codes utilisés à l'échelon international ou national, telle que la classification internationale des maladies de l'OMS [5], ou le code des professions [2, 3].

Leur utilisation est relativement simple, il suffit par exemple de faire figurer en clair le nom de la maladie, puis de rechercher le code correspondant dans l'index alphabétique et de recopier.

* Un certain nombre d'aspects sont envisagés dans l'ouvrage de J.H. Abramson [1].

Exemple :	
Maladie :	
tuberculose pulmonaire	☐☐☐☐
ulcère gastrique . . .	☐☐☐☐
Profession :	
cadre supérieur	☐☐

Toutefois ces codes à usage général ne répondent pas toujours à certaines situations particulières. En outre leur nombre est limité, aussi est-on amené à établir un *système particulier de codification* dont nous allons étudier quelques exemples en considérant le cas simple des questions fermées.

Les questions fermées prévoient, on s'en souvient, l'ensemble des réponses qui peuvent être faites, par exemple :

— Avez-vous ou non été hospitalisé au cours du mois précédent ?
— Si oui, était-ce dans un hôpital privé ? public ?
— Combien de jours ?
Moins de 8 jours
De 8 jours à 15 jours
Plus de 15 jours.

Parmi les avantages des questions fermées, signalons la simplicité du *chiffrement*. Celui-ci est en général décimal ou binaire :

Exemple n° 1 : codification décimale

Couleur des yeux	bleue	1	grise	4	
	noire	2	verte	5	☐
	marron	3	autre	8	
			non spécifiée	9	

Exemple n° 2 : codification binaire

L'examen a-t-il été réalisé par

un médecin	: non 0, oui 1	☐
une infirmière	: non 0, oui 1	☐
une technicienne	: non 0, oui 1	☐

Un premier problème se pose lorsque les réponses ne sont pas exclusives, il est facile à résoudre dans un système binaire (exemple n° 2 ci-dessus) mais le système décimal doit prévoir les combinaisons comme le montre l'exemple suivant.

Exemple

Qui a réalisé l'examen ? ☐

un médecin seul	1
une infirmière seule	2
une technicienne seule	4

Si 1 + 2 coder 3, 1 + 4 coder 5, 1 + 2 + 4 coder 7

Un autre problème fréquemment rencontré est celui des questions qui n'ont de sens qu'en cas de réponse positive à une variable directrice. Il y a là de très nombreuses sources d'erreur, et la conduite à tenir doit être fixée de façon précise. On a le choix entre plusieurs tactiques indiquées dans l'exemple suivant.

Exemple n° 1

Exercez-vous une profession : non 0, oui 1

Si oui s'agit-il d'une profession manuelle : non 0, oui 1

Exemple n° 2

Prenez-vous la pilule : non 0, oui 1, sans objet 9

Dans l'exemple n° 1 la codification d'un 0 dans la deuxième question doit être interprétée différemment selon la codification de la première question. C'est pourquoi on préfère parfois réserver un chiffrement spécial aux réponses n'ayant pas de signification (exemple n° 2).

En effet, si les réponses « non » et « sans objet » sont codées de la même façon (0 dans notre exemple), il faut ne jamais exploiter la dite question sans utiliser conjointement la variable directrice, ce qui alourdit le traitement. Il est donc préférable de distinguer les réponses sans objet, dans l'exemple ci-dessus : non 0, oui 1, sans objet 9.

Langages particuliers

Un langage particulier est un système permettant la représentation des informations au moyen d'un vocabulaire (thésaurus) et d'une analyse.

A titre d'exemple, voici celui qui est utilisé à Nancy pour la constitution des observations de diabétologie [4]. Les mots du lexique (adjonctions possibles) sont répartis en deux catégories : les substantifs ou « descripteurs » (ils correspondent aux informations médicales directes, en général en terme de diagnostic) et les adjectifs, les adjectifs du thésaurus sont des qualificatifs; mais il est possible de quantifier un substantif par une valeur numérique, ou de le dater. Il peut y avoir plusieurs adjectifs à la suite d'un descripteur. Les descripteurs du thésaurus sont répartis en quatre niveaux hiérarchiques correspondant aux quatre niveaux de la structure logique arborescente du fichier. La seule règle syntaxique utilisée est la suivante : dans un dossier rédigé au moyen de ce langage, tout descripteur définit les informations qui le suivent dans la phrase, jusqu'à la rencontre d'un descripteur de niveau égal ou supérieur. Cette seule règle syntaxique permet à l'ordinateur de reconstituer la structure arborescente et d'archiver les dossiers sous une forme facilement exploitable.

Le langage libre

Cette possibilité est citée pour mémoire car il n'existe pas encore de systèmes vraiment performant permettant l'exploitation automatique des données épidémiologiques.

SAISIE DES DONNÉES

On peut distinguer deux façons de procéder : la saisie en temps réel, la saisie en temps différé.

Saisie en temps réel

La saisie en temps réel peut se faire avec ou sans intermédiaire. Elle se fait *avec intermédiaire* lorsque les informations sont transférées sur ordinateur au fur et à mesure de leur recueil au moyen de périphériques *conversationnels* (organes d'émission et de réception des informations, implantés près de l'utilisateur, à distance de l'ordinateur auquel ils sont reliés et par lequel ils sont gérés).

Deux types de périphériques peuvent être utilisés : le télétype ressemblant à une machine à écrire; la console de visualisation comportant un écran et un clavier.

Le recueil de l'information se fait selon un plan et une structure tout à fait comparables à ceux d'un questionnaire sur papier, seulement ici l'intermédiaire papier est remplacé par un périphérique.

Ces méthodes de saisie présentent plusieurs avantages pour le recueil des données médicales, qui peuvent être vérifiées et corrigées immédiatement puis exploitées sans délai. La gestion des périphériques par l'ordinateur rend leur utilisation efficace et performante en raison des possibilités de sauts et de branchements automatiques. Cependant, la complexité des systèmes informatiques mis en œuvre, et leur coût, ne permettent pas actuellement de recourir systématiquement à ces techniques.

La saisie se fait *sans intermédiaire* pour de nombreux examens paracliniques (dosages biologiques, explorations fonctionnelles respiratoires, électrocardiogramme...) transmis directement à l'ordinateur par les appareils qui les réalisent sans qu'il soit nécessaire que l'homme intervienne pour coder ou pour faire une synthèse de l'information.

Saisie en temps différé

L'information est souvent transcrite sur un support intermédiaire, généralement une fiche. Puis elle est transférée sur un support informatique directement lisible par l'ordinateur (carte mécanographique, ruban perforé, bande magnétique). Le cycle le plus habituel de l'information dans une enquête épidémiologique, passe par la fiche de papier et la bande magnétique sur laquelle le questionnaire est souvent reproduit sous forme d'une série de cartes mécanographiques. En effet, si celle-ci n'est plus le support le plus utilisé pour transférer l'information sur ordinateur, les questionnaires continuent très souvent d'être dessinés comme si ils devaient être transférés sur de telles cartes, car les logiciels d'exploitation sont encore souvent ceux écrits en utilisant le schéma carte à 80 colonnes.

La figure 2 représente une carte mécanographique et sa correspondance avec une fiche d'enquête. La carte ne comportant que 80 colonnes, il est souvent nécessaire d'en utiliser plusieurs pour transférer l'information contenue dans un dossier. Chacune d'elles doit alors être numérotée et comporter une identification complète des unités (fig. 3).

La fiche comporte généralement des cases numérotées où sont codées les valeurs des variables. L'information contenue dans une case est perforée par une opératrice dans la colonne de la carte portant le même numéro (fig. 2).

Trois types de supports de saisie peuvent être utilisés directement par l'ordinateur *sans transcription sur un document intermédiaire*. 1) Les *cartes préperforées :* l'utilisateur perfore lui-même, à l'aide d'un stylet, les données à enregistrer. Si ce système est très économique, il ne présente qu'une relative

Questionnaire	
N° de la carte	1* [0][1]
N° de l'enquête	3 [2][6][8]
N° de l'hôpital	6 [2][5]
N° du dossier	8 [1][3][8][2]
Date de l'examen	12 [0][1] [0][6] [8][0]
Travaillez-vous actuellement ? non 0 oui 1	18 [1]
Travaillez-vous à mi-temps 1 ou à temps plein 2	19 [1]
Quelle profession exercez-vous ? cadre 1 employé 2 ouvrier 3 travailleur indépendant 4	20 [3]

* Les numéros sont ceux des colonnes de la carte perforée.

a) Fiche d'enquête.

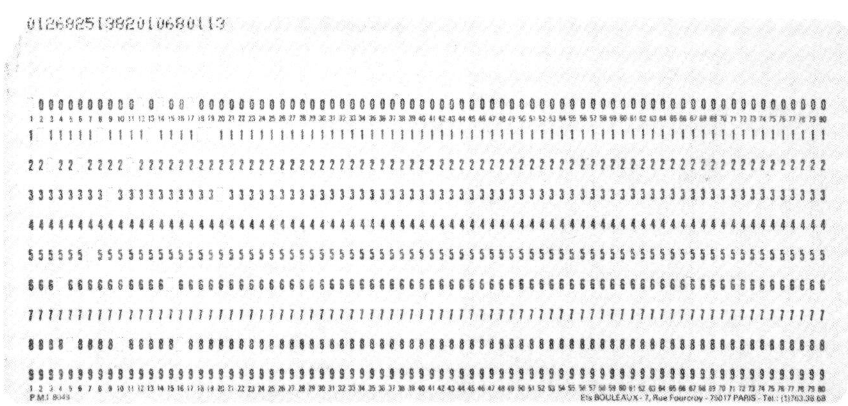

b) Carte mécanographique.

FIG. 2. — Correspondance entre la fiche d'enquête et la carte perforée.

IDENTIFICATION	
Numéro de la carte	1 [0][1]
Numéro du fichier	3 [9][9][0]
Numéro de la clinique	6 [ ][ ][ ]
Numéro du sujet	9 [ ][ ][ ][ ]
Date de l'interrogatoire ou de l'examen	Jour Mois Année 13 [ ][ ] [ ][ ] [ ][ ]
CARACTÉRISTIQUES GÉNÉRALES	Jour Mois Année
Date de naissance	19 [ ][ ] [ ][ ] [ ][ ]
Lieu d'habitat (départ. et commune — code INSEE)	25 [ ][ ] [ ][ ][ ]
Etat matrimonial : marié 1, célibataire 2, divorcé 3, veuf 4	30 [ ]
Age en fin d'études	31 [ ][ ]
PATHOLOGIES : au cours des trois mois précédant l'interrogatoire (en clair et coder suivant la classification internationale des maladies de l'O.M.S.).	33 [ ][ ][ ][ ] 37 [ ][ ][ ][ ] 41 [ ][ ][ ][ ] 45 [ ][ ][ ][ ] 49 [ ][ ][ ][ ]
EXAMEN CLINIQUE	1 [0][2]
Taille en cm	13 [ ][ ][ ] (*)
Poids en kg	16 [ ][ ][ ]

* Le passage direct à la case 13 indique que le contenu des cases 3 à 12 sera répété, c'est lui qui permet l'identification complète des unités.

FIG. 3. — Exemple de questionnaire comportant l'utilisation de plusieurs cartes mécanographiques.

fiabilité. De plus, le codage des informations ne s'accompagne d'aucune traduction écrite et leur nombre est limité. 2) Les *feuilles de marque :* l'utilisateur coche à l'aide d'un crayon graphité la réponse choisie, la fiabilité est meilleure que celle des cartes pré-perforées, mais ce système est plus coûteux (fig. 4). 3) La *lecture optique :* les dossiers de prise d'information sont directement lus par l'ordinateur. Cette méthode théoriquement très séduisante est peu maniable car, pour pouvoir être reconnus par l'ordinateur, les caractères utilisés pour remplir le dossier doivent avoir une forme précise et être localisés à un endroit précis. Il est donc difficile d'utiliser ce système pour des études où l'information est recueillie par de nombreux enquêteurs dans des lieux d'enquête souvent inconfortables.

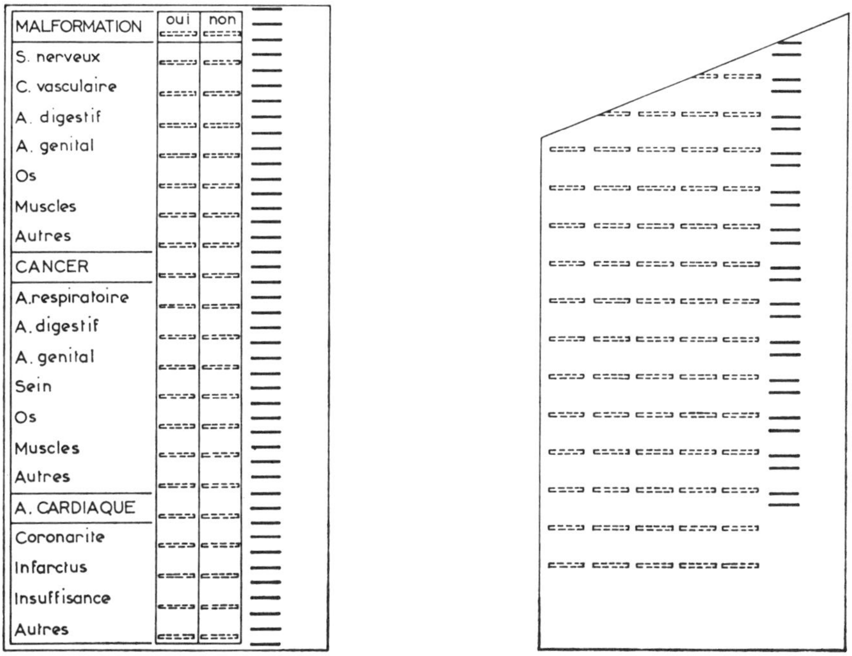

Imprimée Etat brut

FIG. 4. — Feuille de marque.

VALIDATION DES INFORMATIONS

Si la validation des informations n'est pas une contrainte liée spécifiquement à l'utilisation de l'ordinateur, celle-ci la rend encore plus nécessaire. La vérification des données doit intervenir aux différentes phases de la saisie des informations dont elle constitue une étape fondamentale.

Lors du codage des informations : une relecture minutieuse du dossier est nécessaire avant transcription.

Lors des transcriptions éventuelles sur support informatique, l'atelier d'encodage doit procéder systématiquement à une double vérification. Une personne saisit une première fois les données, et une seconde les saisit à nouveau sur le même support, les discordances sont automatiquement signalées.

Lors de l'entrée en ordinateur, l'informatique offre la possibilité de vérifier rapidement et systématiquement les données à introduire dans le fichier. Ceci permet un contrôle précoce alors que les sources d'information sont encore accessibles. On peut ainsi réaliser plusieurs types de vérification : vérification des variables numériques, pour contrôler qu'elles se situent dans une fourchette de valeurs « admissibles »; détection des codes erronés; vérification de la cohérence logique de certaines informations *.

* Voir chapitre XV.

QUELQUES EXEMPLES D'UTILISATION DE L'INFORMATIQUE EN ÉPIDÉMIOLOGIE

Les progrès très rapides amènent l'épidémiologiste à envisager les applications possibles de ces techniques aux objectifs qu'il poursuit. C'est donc en partant de certaines situations rencontrées en épidémiologie que nous examinerons les réponses que peuvent leur apporter l'informatique moderne et la télématique. Nous irons du plus simple au plus complexe.

Enquêtes ou essais portant sur un nombre limité de données

Il s'agit d'études comportant quelques dizaines ou quelques centaines de cas pour lesquels on enregistre un nombre restreint d'items.

Si l'épidémiologiste n'a pas accès à un centre informatique, la façon la plus simple de procéder est d'utiliser un microordinateur. Il en existe actuellement dans le commerce qui permettent de stocker les informations sur des cassettes ou des mini-disques, puis de faire des calculs programmés à l'avance. Les bibliothèques de programmes comportent généralement les tests statistiques, allant du χ^2 au coefficient de corrélation et même aux analyses multivariates. Ces systèmes connaissent un développement important, permettant d'augmenter à la fois le nombre des données enregistrées et la complexité des programmes. Ils devraient répondre aux besoins des épidémiologistes concernant la plupart des enquêtes rétrospectives et des essais contrôlés. Toutefois en l'état actuel de développement de la technique, l'utilisation de l'ordinateur « individuel » présente certaines contraintes : il faut définir les besoins de façon précise avait de faire un choix entre les différents modèles proposés; ces petits ordinateurs ne possèdent généralement pas de programme de gestion et d'analyse de fichiers médicaux, l'utilisateur sera donc amené à faire ses programmes lui-même, ce qui nécessite quelques connaissances en informatique.

En fait ces contraintes sont vraisemblablement temporaires dans la mesure où les matériels et les programmes deviendront de plus en plus performants, et les langages de plus en plus simples.

Enquêtes ou essais nécessitant un enregistrement complexe à des fins statistiques

Tel est le cas des enquêtes prospectives portant souvent sur plusieurs milliers de cas avec des investigations successives qui peuvent durer plusieurs années. Tel peut être le cas des vastes essais réalisés sur toute une population.

L'utilisation d'un gros ordinateur s'avère souvent nécessaire, d'autant que des analyses multivariates sont souvent souhaitables. Ce système comporte des difficultés liées à la nécessité de s'adresser à un centre informatique, mais il permet de bénéficier de l'expérience et des conseils d'informaticiens.

Enquêtes à but opérationnel

La mise au point de systèmes de surveillance et d'information est à la fois lourde et coûteuse, aussi ces systèmes ont-ils souvent des buts multiples. Tel est le cas, par exemple, des examens de santé réalisés dans le but de suivre certains enfants et d'établir des données statistiques. Tel est le cas également des enregistrements hospitaliers qui peuvent se voir assigner quatre objectifs : 1) gestion administrative des rendez-vous, des examens; 2) restitution à la demande des informations concernant chaque malade; 3) analyses statistiques; 4) support de recherches épidémiologiques.

La gestion et la restitution de l'information individuelle impliquent l'accès à un ordinateur en temps réel.

Lorsque cet enregistrement porte sur une *population dispersée*, et que les informations à enregistrer sont de sources multiples, il peut être souhaitable que le sujet lui-même soit porteur de l'information. Avec le développement des microprocesseurs et de la miniaturisation, on peut imaginer que cette information tienne sur un support de dimensions proches de celles d'une carte de crédit. Pour consulter ou modifier cette information il est bien entendu indispensable de disposer d'appareils spéciaux.

Lorsque cet enregistrement se fait dans un *endroit bien localisé*, l'utilisation d'un terminal relié à un ordinateur reste la solution la meilleure, permettant d'aboutir à des applications particulièrement intéressantes comme dans l'exemple qui suit.

Interrogatoire assisté par ordinateur

Le CDC (Centers for Disease Control) a réalisé une enquête cas-témoin pour étudier l'effet éventuel sur leur descendance de l'exposition à « l'agent orange » (défoliant) de soldats américains pendant la guerre du Vietnam. Pour cela, des enquêteurs interrogeaient, par téléphone, des parents d'enfants malformés et non malformés dont le père avait été combattant au Vietnam, sur leur exposition à différents facteurs de risque de malformation. Pour réaliser cet interrogatoire, chaque enquêteur disposait d'un terminal d'ordinateur sur lequel s'inscrivaient les questions à poser et sur lequel l'enquêteur enregistrait les réponses. Ce système présente un certain nombre d'avantages :

— uniformisation des questions qui sont posées toutes de la même façon, dans le même ordre sans oubli;

— suppression des questions sans objet pour un individu donné en fonction de réponses antérieures;

— vérification automatique des réponses enregistrées et rectification immédiate en cas d'erreur;

— personnalisation de l'interrogatoire, c'est ainsi par exemple que pour la partie de l'interrogatoire concernant les autres enfants, le prénom de l'enfant était automatiquement noté à chaque question;

— exploitation des données très rapide.

ANNEXE

EXEMPLE COMMENTÉ DE QUESTIONNAIRE

Description du questionnaire

Le questionnaire qui est reproduit figure 5 est celui utilisé dans une enquête portant sur la grossesse et l'accouchement pour décrire quelques caractéristiques des établissements d'accouchements. Il a été conçu en utilisant le schéma : carte perforée à 80 colonnes.

Le recto du questionnaire *comporte l'identification* qui comprend :

— *le numéro de code-carte :* c'est le numéro de la carte perforée, qui figure après les initiales C.C.;

— *le numéro de fichier :* permet d'identifier l'enquête et de savoir que la carte appartient à l'enquête qui a pour numéro P 81 149;

— *le numéro de l'unité statistique* sur laquelle porte l'enquête et qui était ici la maternité.

Les deux premiers numéros sont ceux du département dans lequel est située la maternité, et les deux autres : un numéro d'ordre à l'intérieur du département, attribué par le centre organisateur de l'étude.

Les numéros (1, 3, 6, 9) qui figurent en tête de chaque groupe de cases correspondent au numéro des colonnes sur la carte perforée et constituent donc un guide pour les perforatrices au moment de la transcription de l'information sur support informatique. Compte tenu du schéma adopté, le nombre maximum de cases autorisé, avant changement de carte, est de 80.

Codification

Pour ce questionnaire, trois types de codifications ont été utilisés :

Codification binaire : la consigne générale donnée aux personnes remplissant les questionnaires était que toute réponse négative à une question devait être codée 0 dans la case correspondante, et toute réponse positive 1;

Codification décimale : c'est le type de codification qui a été utilisé pour la dernière question du questionnaire pour laquelle avait été prévu des codes allant de 1 à 6;

Données quantitatives : pour toutes les données quantitatives, il a été décidé d'enregistrer les valeurs réelles, en prévoyant le nombre de cases nécessaires pour coder le maximum possible. C'est ainsi que pour coder le nombre de médecins pratiquant des accouchements dans la maternité, il fallait au moins deux cases (certaines maternités ont plus de 9 médecins) mais pas trois (aucune en a plus de 99).

INSTITUT NATIONAL DE LA SANTÉ
ET DE LA RECHERCHE MÉDICALE

ENQUÊTE MÉDICALE SUR LA GROSSESSE ET L'ACCOUCHEMENT

Caractéristiques de l'établissement *

Cette fiche ne doit comporter aucun nom	CC.1	9 9
Numéro du fichier	3	P 8 1
	6	1 4 9
Numéro de la maternité	9	☐☐☐☐

* Etablir une fiche par maternité.

FIG. 5 *a*. — Questionnaire sur les caractéristiques des établissements d'accouchements (recto).

CARACTÉRISTIQUES DE L'ÉTABLISSEMENT

Établissement public (si privé X)

- CHU 1, centre hospitalier général 2, hôpital rural 3, autre hôpital public 4 . . . . 13 ☐

- Existe-t-il un secteur privé, non 0, oui 1 . . . . . 14 ☐

fonctionnant en clinique ouverte, non 0, oui 1 . . . 15 ☐

Établissement privé (si public X)

- clinique ouverte, non 0, oui 1 . . . . 16 ☐
- nombre de médecins pratiquant des accouchements . . . . 17 ☐☐

Nombre total de lits dans le service . . . 19 ☐☐☐

dont en chambre particulière . . . . 22 ☐☐☐

Nombre de lits d'obstétrique . . . . 25 ☐☐

Nombre d'accouchements en 1980 . . 27 ☐☐☐☐

Nombre de salles de travail . . . . 31 ☐☐

Salle d'opération : pas de possibilité opératoire 0, salle d'opération dans la maternité 1, dans l'établissement 2 . . . . 33 ☐

Existe-t-il dans le même établissement :

- un service de néonatologie (prématurés) . . . . 34 ☐
- une unité de néonatologie (prématurés) . . . . 35 ☐
- une unité de soins intensifs . . . . 36 ☐
- un service de pédiatrie . . . . 37 ☐
- un service de chirurgie infantile . . . . 38 ☐

Équipe de garde

		Sur place	Par astreinte
- obstétricien	39	☐	☐
- interne C.E.S.	41	☐	☐
- généraliste	43	☐	☐
- sage-femme	45	☐	☐
- médecin anesthésiste	47	☐	☐
- chirurgien	49	☐	☐
- infirmière	51	☐	☐
- autre personne à préciser	53	☐	☐

Fonctionnement

La maternité a-t-elle son propre service de consultations prénatales? . . . . 55 ☐

Si oui, quelles personnes y participent?

- obstétricien . . . . 56 ☐
- gynécologue . . . . 57 ☐
- interne C.E.S. . . . . 58 ☐
- généraliste . . . . 59 ☐
- sage-femme . . . . 60 ☐

La maternité organise-t-elle des séances de préparation à l'accouchement psycho-prophylactique? . . 61 ☐

Pratique-t-on l'analgésie péridurale? . . . . 62 ☐

Pratique-t-on d'autres méthodes de préparation à l'accouchement ou d'analgésie? (sophrologie, acupuncture...) en clair ______________________
______________________ 63 ☐

La maternité organise-t-elle :

- une initiation des mères à la puériculture . . . . . 64 ☐

- une consultation de planning familial . . . . . . 65 ☐

Pour la surveillance de la grossesse, la maternité est-elle équipée d'un appareil d'échotomographie? . . . 66 ☐

Pour la surveillance du rythme cardiaque fœtal, nombre d'appareils dans la maternité . . . . . 67 ☐☐

Les pères peuvent-ils assister à l'accouchement? . 69 ☐

Pratique-t-on la mise au sein immédiate après l'accouchement? . . . . 70 ☐

Existe-t-il un système :

- d'hospitalisation prénatale à domicile . . . . . . 71 ☐

- de sage-femme à domicile . . . . 72 ☐

Quel type de dossier la maternité utilise-t-elle?
- dossier informatique complet (type CCIM) 1
- dossier partiellement informatisé (type FIGO) 2
- un autre dossier informatisé 3
- un dossier structuré, clinique, non informatisé 4
- une observation en clair 5
- autre 6 . . . . 73 ☐

FIG. 5 *b*. — Questionnaire sur les caractéristiques des établissements d'accouchements (verso).

RÉFÉRENCES

[1] J.H. ABRAMSON — Survey methods in community medecine. 1 vol., Churchill Livingstone, New York, 1979.
[2] INTERNATIONAL LABOR OFFICE — International standard classification of occupation. Revised edition 1968. 1 vol., ILO., Geneva, 1969.
[3] INSEE — Code des catégories socio-professionnelles. 1 vol., INSEE, Paris, 1969 (5eme éd.).
[4] J.M. MUR — Le dossier médical informatique en milieu hospitalier. Analyse critique des buts, des méthodes et des résultats en France. Thèse de doctorat en médecine, Nancy, 1975.
[5] OMS — Classification internationale des maladies. Révision 1975, 2 vol., OMS, Genève, 1977, 1978.

QUATRIÈME PARTIE

MÉTHODES D'ANALYSE

CHAPITRE XX

INDICES DE SANTÉ

Pendant longtemps, la mesure de l'état de santé des individus a reposé sur des indices de mortalité et de morbidité basés sur la définition d'états pathologiques (mort ou maladie). Puis, au fur et à mesure que la notion de santé évoluait, il est apparu nécessaire de s'éloigner de la notion de maladie pour définir des situations où, sans que l'on puisse nécessairement parler de pathologie, on constate un écart par rapport à des valeurs de référence (comme par exemple, excès pondéral). Enfin, la définition de l'état de santé comme « un état de complet bien-être physique, mental et social » a conduit, nous l'avons vu au chapitre XIII, à la définition d'indices complexes quantitatifs, prenant en compte les différentes composantes de cet état.

INDICES DE MORTALITÉ

Les plus usuels reposent sur des calculs de fréquences annuelles de décès au sein d'une population. Nous allons présenter les différents indices de mortalité élaborés dans cette direction, d'autres seront étudiés au chapitre consacré à l'analyse des cohortes.

Taux brut de mortalité

Il s'agit du rapport, une année donnée, des décès enregistrés dans une population, à l'effectif moyen de cette population l'année considérée. Cet effectif moyen peut être évalué par l'effectif au milieu de l'année, ou encore par la moyenne des effectifs en début et fin d'année*.

On a par exemple en France, pour l'année 1975 [6]

Population moyenne en 1975 : 52 704 870
Décès en 1975 : 560 353

Taux brut de mortalité : $\dfrac{560\ 353}{52\ 704\ 870} = 10{,}63\ ‰$

Le taux brut de mortalité est l'indicateur de mortalité le plus simple, qui permet de suivre les variations annuelles du phénomène.

* Ces modalités de calcul supposent que les variations de la population ne soient pas trop capricieuses au cours de l'année considérée, ce qui est le plus souvent le cas.

Taux de mortalité par âge

L'effet évident de l'âge sur la mortalité conduit à calculer des taux pour des groupes d'âges d'étendue restreinte. On calcule ainsi des fréquences de décès, une année donnée, dans les groupes d'âges (en années révolues) :

0-4 ans 5-9 ans 10-14 ans...

Pour cela, on rapporte les décès enregistrés à ces âges, à l'effectif moyen des populations correspondantes.

Par exemple, en 1975 en France, on a pour le sexe masculin [6]
Effectif moyen du groupe 55-59 ans en 1975 = 968 719
Décès à 55-59 ans révolus en 1975 = 13 863

$$\text{Taux de mortalité à 55-59 ans} = \frac{13\ 863}{968\ 719} = 14{,}31\ ‰$$

Précisons bien ce que nous entendons par groupe 55-59 ans : il s'agit, à un moment donné, des personnes ayant entre 55 ans exacts (55eme anniversaire), et 60 ans exacts (60eme anniversaire); autrement dit, à l'intervalle 55-60 ans, défini par les anniversaires extrêmes, correspond le groupe 55-59 ans en années révolues.

55 ans	56 ans	57 ans	58 ans	59 ans		années révolues
55 ans	56 ans	57 ans	58 ans	59 ans	60 ans	anniversaires

Taux de mortalité fœto-infantile

La période qui s'étend du début de la grossesse à la fin de la première année de vie se caractérise par des taux de mortalité importants, qui varient considérablement selon les phases du développement du fœtus et de l'enfant, c'est pourquoi on a été amené à définir des taux se rapportant à des périodes de courte durée indiquées à la figure 1.

Les principaux taux, calculés en fonction du type de mortalité, sont donnés ci-après :

— fœtale tardive ou mortinatalité ou mortalité intra-utérine :
nombre de décès en cours de grossesse après 28 semaines révolues * d'aménorrhée (mort-nés) rapporté à 1 000 naissances totales (enfants nés vivants et mort-nés);

— néonatale :
nombre de décès d'enfants nés vivants et morts au cours de leurs 28 premiers jours de vie rapporté à 1 000 naissances vivantes;

— néonatale précoce :
nombre de décès d'enfants nés vivants et morts au cours de leurs 7 premiers jours de vie rapporté à 1 000 naissances vivantes;

— post-néonatale :
nombre de décès entre le 29eme jour de vie et le 365eme rapporté à 1 000 naissances vivantes;

— périnatale :
nombre de mort-nés + nombre de décès au cours des 7 premiers jours de vie rapportée à 1 000 naissances totales;

* Cette limite varie en fonction des pays, elle est de 180 jours en France à partir de la date probable de la fécondation.

— infantile :
nombre de décès au cours de la première année de vie rapporté à 1 000 naissances vivantes;

— fœto-infantile :
ensemble de la mortalité fœtale tardive et infantile calculée sur 1 000 naissances totales;

La législation française qui prend en considération l'état de l'enfant (état « de jure ») au moment de la déclaration à l'officier d'état civil, conduit à introduire de nouvelles distinctions :

— décès « de jure » d'enfants de moins d'un an : décès d'enfants âgés de moins d'un an survenus parmi les enfants nés vivants « de jure », c'est-à-dire déclarés vivants à l'état civil;

— décès « de facto » d'enfants de moins d'un an : décès « de jure » d'enfants de moins d'un an après addition des faux mort-nés, ces derniers étant nés vivants mais morts avant la déclaration à l'état civil;

— taux de mortinatalité « de jure » : nombre de mort-nés « de jure » rapporté aux naissances totales;

— taux de mortinatalité « de facto » : nombre de mort-nés « de facto » rapporté aux naissances totales;

— taux de mortalité infantile « de jure » : nombre de décès « de jure » d'enfants de moins d'un an rapporté aux naissances vivantes « de jure »;

— taux de mortalité infantile « de facto » : nombre de décès « de facto » d'enfants de moins d'un an rapporté aux naissances vivantes « de facto ».

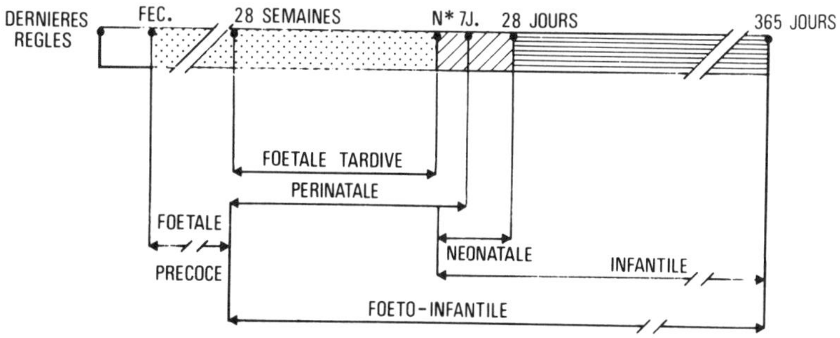

FIG. 1. — Mortalité fœto-infantile.

Taux de mortalité par cause

C'est le rapport du nombre de décès pour une cause donnée, une année donnée, à la population moyenne de l'année considérée.

Exemple. Taux de mortalité par infarctus aigü du myocarde, en 1975, en France, pour les sujets de sexe masculin âgés de 55 à 59 ans [6] :

Nombre de décès	1 356
Population moyenne	968 719
Taux de mortalité	1,40 ‰

Un autre indice également très largement utilisé est la *part de la mortalité due à une cause*. Cet indice s'exprime en pourcentage et est le rapport du taux de

* N = naissance. La position du point N est indiquée à titre d'exemple. Mais la naissance peut se situer à n'importe quel moment après la limite de viabilité (28 semaines). Elle peut lui être antérieure, même si la naissance d'enfants vivants avant 28 semaines reste exceptionnelle.

mortalité pour une cause donnée au taux de mortalité générale. Ce calcul peut se faire pour une tranche d'âge donnée ou pour l'ensemble de la population.

Exemple. Part de la mortalité par infarctus aigü du myocarde, en 1975, en France, pour les sujets de sexe masculin âgés de 55 à 59 ans :

Taux de mortalité par infarctus aigü du myocarde 1,40 ‰
Taux de mortalité générale 14,31 ‰

Part due aux infarctus $\frac{1,40}{14,31} = 10\ \%$

INDICES DE MORBIDITÉ

*Incidence * et prévalence * des maladies*

La durée de la maladie intervient ici** et trois points principaux sont à considérer pour définir ces taux : la durée de la maladie, la durée de la période d'observation et la définition de la population exposée. La figure 2 résume les diverses éventualités. On a représenté deux possibilités en ce qui concerne l'observation qui peut être instantanée au point *t*, ou s'étendre sur une période donnée (de un an, du 01.01.1978 au 01.01.1979, dans l'exemple choisi). Les traits horizontaux représentent des cas de maladie.

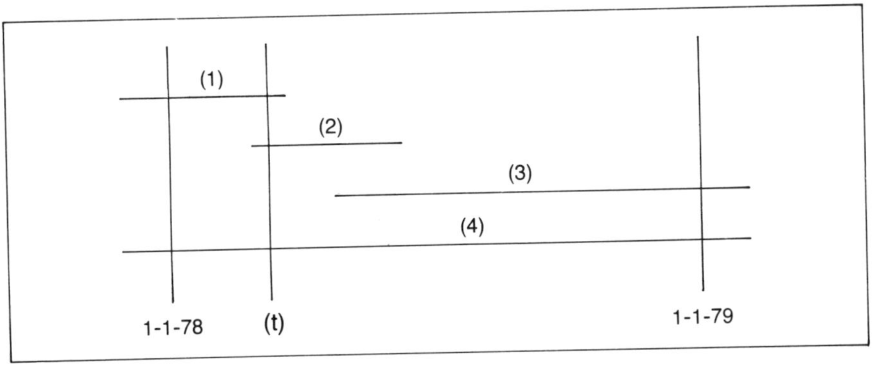

FIG. 2. — Représentation graphique de la durée de la maladie.

Si l'on considère une période d'observation très courte *(t)*, on peut définir une *prévalence instantanée*; dans l'exemple considéré on a :

$$\frac{\text{cas (1) + cas (2) + cas (4)}}{\text{population au moment } t}$$

Ce taux rapporte le nombre de cas présents au moment *t* au nombre de sujets également présents au moment *t*.

Si l'on considère une période d'observation plus longue, on peut, sous réserve de données longitudinales suffisantes, définir deux taux.

* Ces termes d'origine anglaise sont maintenant d'un usage courant qui justifie leur adoption dans cet ouvrage. Le terme anglais correspondant étant incidence rate et prevalence rate.

** Les répétitions également, mais on considérera, pour plus de simplicité, qu'il s'agit d'un évènement unique.

La prévalence au cours d'une période donnée est égale au nombre total de cas, ou de malades, présents à un moment quelconque de cette période rapporté à la population moyenne définie au début du chapitre.

$$\frac{\text{cas (1) + cas (2) + cas (3) + cas (4)}}{\text{population moyenne pendant la période}}$$

Outre cet indice, il est évidemment possible d'établir des taux dans des sous-groupes de la population, définis en fonction de l'âge, du sexe..., selon les modèles vus lors de l'étude de la mortalité.

Dans l'ensemble l'étude de la prévalence est d'un usage assez limité. Elle recouvre en effet des notions complexes faisant intervenir la fréquence des nouveaux cas et la durée de la maladie. Elle ne permet donc pas d'analyser en détail ces phénomènes et on la réserve généralement aux études dans lesquelles il est important de connaître le nombre total de malades présents, parce qu'ils constituent, par exemple, un « réservoir » de virus.

L'incidence ou fréquence des nouveaux cas est égale au nombre de cas commençant au cours de la période considérée rapporté à la population exposée au risque (généralement estimée par la population moyenne pendant la période).

$$\frac{\text{cas (2) + cas (3)}}{\text{population moyenne pendant la période}}$$

L'interprétation de cet indice est assez facile puisqu'il ne comporte plus l'élément de variation supplémentaire que représentait la durée de la maladie. Aussi est-il spécialement réservé aux comparaisons dans le temps et dans l'espace ainsi qu'aux estimations qui veulent séparer prévention primaire et thérapeutique *.

Relation entre l'incidence et la prévalence (fig. 3) **.

Il existe une liaison entre l'incidence et la prévalence qui peut s'exprimer ainsi : P_{t+1} varie comme $(I_{t,\ t+1} \times d)$

P_{t+1} = prévalence instantanée à la date $t + 1$
$I_{t,\ t+1}$ = incidence pendant la période $(t, t + 1)$
d = durée moyenne de la maladie

Dans le cas particulier où la maladie est en équilibre c'est-à-dire où l'incidence et la prévalence sont constantes, on a : $P_{t+1} = I_{(t,\ t+1)} \times d$

Si la durée de la maladie augmente dans une population, alors que l'incidence reste constante, la prévalence augmente.

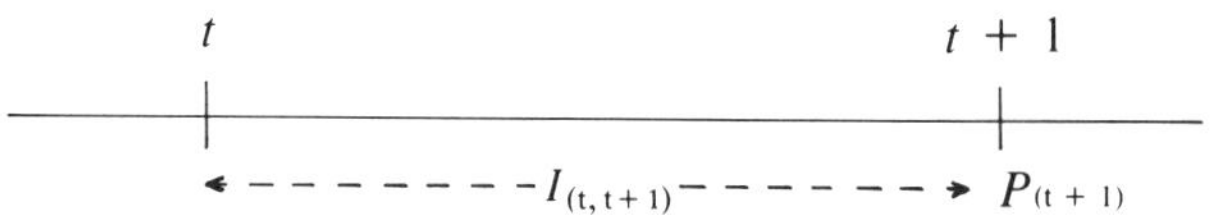

FIG. 3. — Représentation des indices.

* La prévention primaire peut amener une diminution de l'incidence, les thérapeutiques n'ont en général d'influence que sur la prévalence.

** Pour plus de détails le lecteur pourra se référer à J. Freeman [3].

Exemple de calcul. Dans une communauté comportant 1 000 sujets, 20 d'entre eux ont présenté une maladie M à un moment quelconque de 1979, selon la figure 4 qui indique le moment du début et de la fin de la maladie.

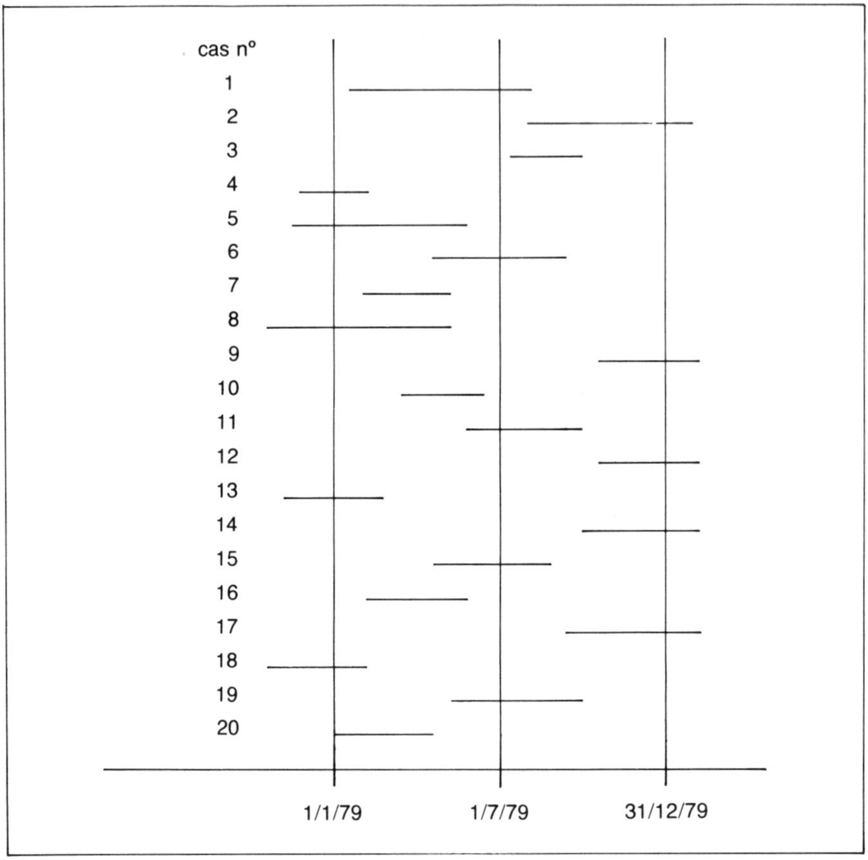

FIG. 4. — Dates de début et de fin des vingt cas de maladie.

A partir de ces données on peut calculer :

- *la prévalence instantanée* au 1.7.1979 :

$$\frac{\text{nombre de cas présents au 1.7.79}}{\text{population}} = \frac{5}{1000} = 5\ ‰$$

- *la prévalence en 1979 :*

$$\frac{\text{nombre de cas présents en 1979}}{\text{population}} = \frac{20}{1000} = 20\ ‰$$

- *l'incidence en 1979 :*

$$\frac{\text{nombre de cas apparus en 1979}}{\text{population}} = \frac{15}{1000} = 15\ ‰$$

(les cas 4, 5, 8, 13, 18 ont commencé en 1978).

• *la durée moyenne de la maladie :*

On a $P_{(t+1)} = I_{(t,\ t+1)} \times d$

$$P_{(t+1)} = \text{prévalence au } 31.12.79 = 5\ ‰$$

$$I_{(t,\ t+1)} = \text{incidence en } 1979 = 15\ ‰$$

$$d = \frac{P_{(t+1)}}{I_{(t,\ t+1)}} = \frac{5}{15} = \frac{1}{3} \text{ d'année} = 4 \text{ mois}$$

Autres indices

Les autres indices peuvent être très divers en fonction des types de maladies. Nous en définissons quelques-uns se rapportant aux maladies transmissibles [7].

Il serait possible pour tous de répéter ce qui a été dit pour l'incidence et la prévalence, aussi donnerons-nous des définitions très générales sans distinguer la notion de nouveaux cas et de cas présents.

Le taux de contacts est le nombre de personnes en contact avec l'agent rapporté à la population, le *taux d'immunité* est le nombre de sujets immuns rapporté à la population. Celle-ci peut être, comme dans les taux de mortalité, définie au milieu de la période considérée.

D'autres taux sont calculés par rapport à certains sous-groupes de la population (personnes infectées ou personnes malades). Il est alors important de s'assurer que les sujets figurant au numérateur de la fraction qui permet de calculer le taux sont bien inclus dans le dénominateur. On définit ainsi :

$$\text{la pathogénicité} = \frac{\text{nombre de malades}}{\text{nombre de personnes infectées}}$$

$$\text{un taux d'évidence} = \frac{\text{nombre de malades reconnus}}{\text{nombre de personnes infectées}}$$

$$\text{un taux de notification} = \frac{\text{nombre de cas déclarés}}{\text{nombre de personnes infectées}}$$

$$\text{un taux d'attaque} = \frac{\text{nombre de malades}}{\text{nombre de personnes susceptibles}}$$

$$\text{un taux de létalité} = \frac{\text{nombre de personnes décédées}}{\text{nombre de malades}}$$

Les variations importantes subies par les nombres au cours d'une épidémie conduisent à calculer ces taux sur de courtes périodes, il est ainsi possible d'assurer une meilleure correspondance entre le numérateur et le dénominateur.

ÉTABLISSEMENT DE VALEURS DE RÉFÉRENCE A PARTIR DE DONNÉES QUANTITATIVES

On demande souvent aux épidémiologistes de définir les valeurs « anormalement » élevées ou « anormalement » basses d'une variable quantitative comme le poids de naissance ou le taux de cholestérol par exemple.

Ces valeurs limites peuvent être fixées par rapport à une référence extérieure, qui est le plus souvent un état pathologique présent ou à venir. Nous examinerons ce problème ultérieurement, et nous nous limiterons ici au cas où l'on dispose seulement de la distribution de la variable pour fixer les valeurs de référence, appelées parfois abusivement « normes ». Celles-ci sont en général basées sur la détermination des cas peu fréquents (2 %, 5 %, 10 % de la population) qui ne sont évidemment pas synonymes d'anomalies. Nous examinerons deux éventualités selon que la distribution de la variable suit ou non une loi normale, nous discuterons ensuite la définition des échantillons utilisés pour établir les valeurs de référencc.

La distribution suit une loi normale

Les variables quantitatives continues (variables qui peuvent prendre n'importe quelle valeur dans un intervalle donné) se distribuent souvent selon une loi de Laplace-Gauss, caractérisée par sa moyenne μ et sa variance σ^2.

La moyenne et l'écart-type permettent d'indiquer les limites au-delà desquelles se trouve 5 % ou 1 % de la population (fig. 5). Elles sont souvent considérées comme des « normes ».

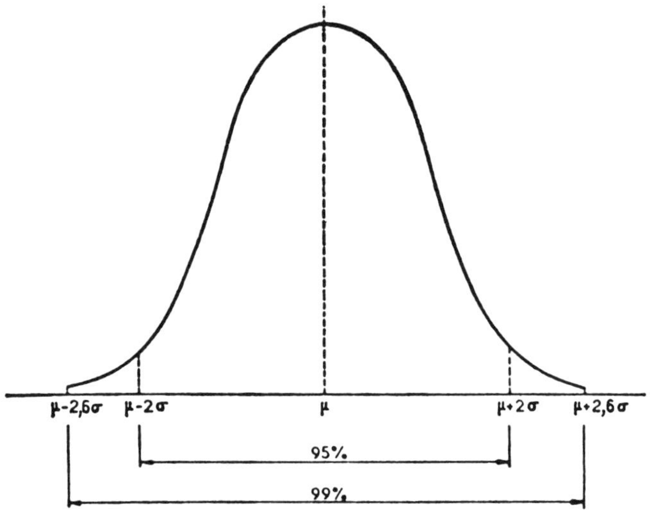

FIG. 5. — Représentation d'une loi normale.

Dans la pratique, il convient pour fixer ces limites de s'assurer que la distribution suit bien une loi normale. Pour cela on peut en premier lieu réaliser une représentation graphique en regroupant les observations en classes et en construisant un histogramme (annexe 1). Cette représentation permet de reconnaître les cas où la distribution est très éloignée d'une distribution normale; lorsqu'il y a doute, on peut procéder à un test d'ajustement [12].

Certaines variables quantitatives continues suivent une loi dite *log-normale* (fig. 6). On peut alors, après une transformation logarithmique de la variable, utiliser les propriétés de la loi normale pour calculer les limites au-delà desquelles se trouvent 5 %...1 % de la population.

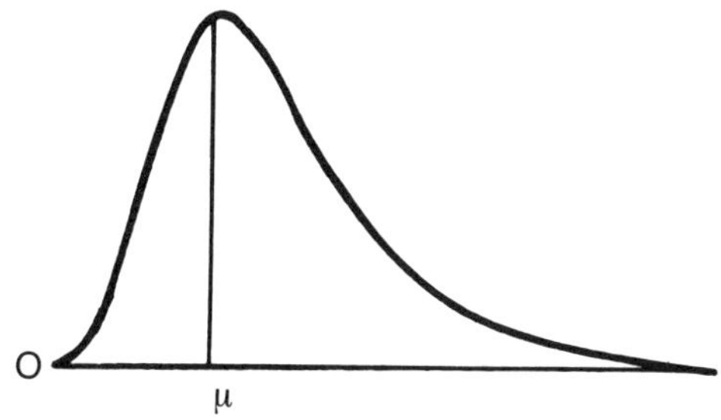

FIG. 6. — Représentation d'une distribution log-normale.

Les variables discrètes (c'est-à-dire prenant des valeurs particulières souvent entières, dans un intervalle donné) peuvent également avoir une distribution proche de la loi normale. On le vérifie, en première approximation, en étudiant leur représentation graphique (diagramme en bâton) dont un exemple est indiqué sur la figure 7. Si la répartition est unimodale, symétrique et si elle se rapproche d'une loi normale, on peut appliquer les propriétés de celle-ci.

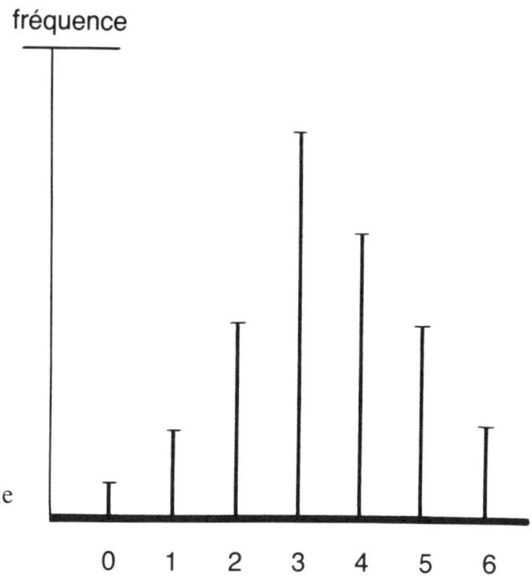

FIG. 7. — Représentation d'une variable quantitative discrète.

La distribution est éloignée d'une distribution normale

Il est préférable d'utiliser des caractéristiques autres que la moyenne et la variance.

La *médiane* est une caractéristique de position, c'est une valeur de la variable telle que 50 % des observations lui soient inférieures, et que 50 % lui soient supérieures. Lorsque le nombre total des observations est pair, il n'y a pas de valeur exacte pour l'estimation de la médiane, elle est indéterminée dans l'intervalle médian. Dans une distribution normale, la médiane et la moyenne sont confondues.

Les intervalles interquartiles sont des caractéristiques de dispersion, les trois quartiles partagent la distribution en quatre groupes d'effectifs égaux, leur détermination se fait selon le même principe que celle de la médiane, qui est d'ailleurs le second quartile.

Les déciles divisent la population en dix groupes d'effectifs égaux.

Les percentiles la divisent en cent groupes d'effectifs égaux. Ce sont eux qui sont les plus largement employés pour définir les valeurs de référence.

Pour calculer les percentiles de la distribution d'un caractère (par exemple le poids de naissance des enfants), on doit ordonner les sujets en fonction du caractère étudié. Le premier percentile est la limite en-deçà de laquelle on observe 1 % des sujets et 99 % au-delà, le deuxième, la limite en-deçà de laquelle on observe 2 % et 98 % au-delà et ainsi de suite pour tous les sujets. Un exemple figure au tableau I.

TABLEAU I

Poids de naissance des enfants nés à 42 semaines d'aménorrhée [10] (délai entre le premier jour des dernières règles à la naissance).

Percentiles						
3	5	10	50	90	95	97
2 646	2 745	2 899	3 414	4 040	4 214	4 359

Le tableau présenté se lit de la façon suivante : parmi les enfants nés à 42 semaines de grossesse, 3 % avait un poids de naissance inférieur à 2 646 g, 5 % à 2 745 g, 10 % à 2 899 g...

Ces données ont servi à fixer les limites de l'hypotrophie (poids de naissance insuffisant en fonction du terme). Certains auteurs la situent au-dessous du 10eme percentile, d'autres au-dessous du 5eme ou du 3eme. Cet exemple illustre bien l'aspect arbitraire de la définition des « normes ».

Problème posé par la définition de la population

La définition de la population sur laquelle ont été calculées ces « normes » mérite d'être discutée : elles sont en principe établies sur des *échantillons représentatifs* de la population à laquelle on veut les appliquer. Le problème qui se pose alors est de savoir s'il faut exclure de l'échantillon un certain nombre d'individus présentant des anomalies évidentes, ou des caractéristiques particulières.

C'est ce que nous avons fait pour l'étude du poids de naissance, en excluant les jumeaux, les « normes » s'appliquent alors aux naissances uniques. Il est possible, de la même manière, d'exclure certaines pathologies évidentes : les enfants malformés par exemple. Cette façon de procéder, que nous avons parfois adoptée, est discutable en raison des difficultés du diagnostic : toutes les malformations ne sont pas dépistées à la naissance, et la valeur du dépistage dépend des conditions médicales, ceci peut créer des ambiguïtés dans l'interprétation des « normes ». Plus discutable encore nous semble être la méthode qui conduit à exclure de l'échantillon sur lequel on établit des « normes » les sujets ayant des valeurs franchement « anormales » de la variable étudiée. Elle n'est acceptable que dans les cas où on a la certitude qu'il s'agit d'erreurs manifestes.

INDICES COMPLEXES

Indicateurs de santé

Les indicateurs de santé ont pour objectifs d'apprécier de façon globale l'état de santé des individus, certains seront brièvement décrits ici, d'autres faisant appel à la notion d'espérance de vie sont décrits au chapitre XXIII. Deux revues générales concernant les indicateurs ont été publiées en langue française par Goldberg [4] et Colvez [2]. On pourra également se référer à M. Jenicek [7].

On peut citer comme exemple, l'indice de Grogono et Woodgate [5] constitué à partir de 10 critères notés 1, 1/2 ou 0 selon que la fonction est normale, perturbée, absente. La somme des points divisée par dix représente la santé de l'individu, 1 étant l'absence d'altération et 0 l'altération profonde. Les critères utilisés sont : 1) le travail; 2) les loisirs et la récréation; 3) les malaises, douleurs et souffrances physiques; 4) les malaises et souffrances mentales; 5) l'absence de bonheur; 6) la communication avec l'entourage; 7) le sommeil; 8) la dépendance en hygiène personnelle (alimentation, habillement et déplacement); 9) les plaisirs de la table; 10) la miction et la défécation et le degré d'altération de la vie sexuelle par l'état de santé.

Dans l'indice de santé physique de Belloc, Breslow et Hochstim [1] les individus sont classés dans une des catégories suivantes : 1) handicapés physiques graves; 2) handicapés physiques mineurs; 3) présence de deux (ou plus) troubles chroniques; 4) présence d'un trouble chronique; 5) présence de symptômes chroniques de malajustement; 6) absence de troubles + sensation d'énergie faible ou moyenne; 7) absence de troubles + sensation de disposer d'une forte énergie.

Un autre indicateur est largement utilisé pour le nouveau-né : le score d'Apgar imaginé par une spécialiste américaine Virginia Apgar. Il est mesuré à 1 minute et 5 minutes après la naissance, à partir des 5 critères indiqués au tableau II qui sont affectés d'une note variant de 0 à 2. La note totale varie de 0 (enfant en état de mort apparente) à 10 (état parfait).

TABLEAU II

Score d'Apgar

	0	1	2
Rythme cardiaque	0	$\leqslant$ 100	> 100
Respiration	absente	hypoventilation	bonne cri vigoureux
Tonus	flasque	légère flexion	bonne flexion
Réflexe	pas de réponse	léger mouvement	cri
Couleur	bleu ou blanc	corps rose extrémités cyanosées	tout rose

Elaboration et validation des indicateurs

Un indicateur est le plus souvent élaboré de façon empirique. Il doit présenter les qualités suivantes :

— *Facile à comprendre,* c'est-à-dire qu'il doit avoir un sens concret pour les utilisateurs potentiels, qui pourront donc en discuter les applications.

— *Accessible,* il ne sert à rien de définir un indicateur parfait si les éléments pour le construire nécessitent des investigations très coûteuses.

— *Admis par les utilisateurs,* ce qui est en fait très dépendant des deux premières qualités évoquées.

— *Quantitatif,* en effet, le but d'un indicateur de santé est de permettre une appréciation continue de l'état de santé des individus et non pas en oui, non.

Du fait de l'élaboration empirique, le problème essentiel est celui de la validation. Celle-ci se fait par comparaison à une situation de référence qui devrait être contemporaine des critères observés mais qui peut être antérieure ou postérieure.

Plusieurs critères de référence peuvent être pris en considération. On a ainsi proposé d'utiliser [11] : 1) l'objectif de l'indicateur, c'est-à-dire l'idée a priori qui a présidé aux choix des critères et à leur pondération; 2) la validité biologique, un indicateur de l'état de santé doit être en accord avec ce que l'on sait de la biologie humaine, par exemple un questionnaire mesurant l'activité physique doit donner de meilleurs résultats pour les sujets jeunes; 3) la validité clinique, c'est-à-dire la cohérence entre les informations sur l'état de santé données par les médecins et les résultats exprimés par l'indicateur.

C'est ainsi que la validation du score d'Apgar a été faite par rapport aux signes de souffrance fœtale pendant la grossesse et l'accouchement d'une part, et le devenir de l'enfant, d'autre part, et notamment la mortalité néonatale (tableau III).

TABLEAU III

Taux de mortalité néonatale en fonction du score d'Apgar (enfants nés vivants).

Score d'Apgar	Taux de mortalité néonatale pour 100 naissances vivantes
1	28,0
2	31,6
3	12,2
4	9,3
5	5,6
6	3,2
7	1,9
8	1,0
9	0,5
10	0,2

Ce tableau montre bien que la mortalité est régulièrement décroissante avec le score d'Apgar et que, en fonction de ce critère, il peut être considéré comme un indicateur de l'état de santé de l'enfant.

On peut en outre mesurer sa sensibilité et sa spécificité par rapport à la situation de référence, dans notre exemple, la mortalité néonatale. Pour cela on calcule la distribution des scores d'Apgar pour les enfants morts et pour les autres (tableau IV).

Le groupe des enfants ayant un score d'Apgar inférieur à 6 comporte 52,1 % des enfants qui décèderont au cours de la première semaine, dans la totalité de la population considérée. Il ne compte que 2,6 % des enfants qui survivront au-delà de 7 jours. Pour cette limite la sensibilité ($1-\beta$) est donc égale à 52,1 % et la spécificité ($1-\alpha$) à 97,4 %. Le même calcul peut être fait pour différents niveaux du score d'Apgar, il permet de tracer les courbes de sensibilité et de spécificité (fig. 8). On peut ainsi choisir la limite séparant le groupe à haut risque de mortalité, du groupe à bas risque. Si on accorde une importance égale à la sensilité et la spécificité, on cherche à rendre maximal le coefficient de Youden : $1 - (\alpha + \beta)$. Ce résultat est obtenu en fixant à 8 la limite (Apgar $\leqslant 8$). Si on déplace la limite vers les valeurs basses, la sensibilité diminue et la spécificité augmente très lentement. Si on choisissait une valeur plus élevée (Apgar $\leqslant 9$), on verrait augmenter la sensibilité tandis que la spécificité diminuerait.

La construction d'un indicateur peut se concevoir de façon plus systématique. Ceci suppose que la situation de référence soit très clairement déterminée,

TABLEAU IV
Distribution des scores d'Apgar chez les enfants nés vivants, en fonction de leur état à la fin de la première semaine (vivants ou décédés).

Score d'Apgar	Enfants vivants %	Enfants décédés %
1	0,2	9,9
2	0,3	16,9
3	0,5	8,5
4	0,7	9,8
5	0,9	7,0
6	1,6	7,0
7	2,7	7,0
8	6,3	8,5
9	15,0	9,9
10	71,8	15,5

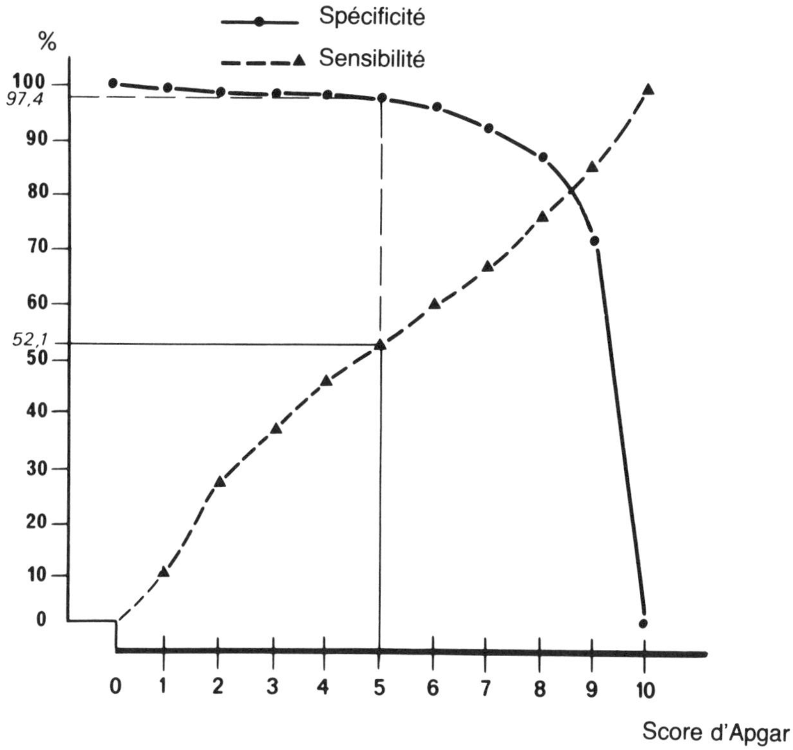

FIG. 8. — Sensibilité et spécificité du score d'Apgar calculées par rapport à la mortalité néonatale.

on étudie alors la relation existant entre cette situation de référence et les critères destinés à figurer dans l'indicateur. Nous verrons dans la 4e partie les techniques d'analyse multivariate permettant de classer les critères en les pondérant. Bien entendu l'indicateur ainsi obtenu doit être validé sur un nouvel échantillon.

Indicateurs de risque

Les indicateurs de risque ont pour objectif de prévoir un événement futur (*B*) à partir de critères présents (A_1), (A_2)... La situation n'est pas très différente de celle qui vient d'être envisagée, dans son principe tout au moins, et c'est pourquoi nous la mentionnons ici. Il s'agit de construire un indice à partir d'une série de

TABLEAU V

Coefficient du risque d'accouchement prématuré (CRAP) à 7 mois de grossesse

	Pondération
Niveau social bas	1 ou 3 *
Mère célibataire	2
Age <20 ans ou >40 ans	2 ou 4 *
Taille <1,50 m	3
Poids <45 kg	3
Plus de 2 enfants sans aide	1
Plus de deux révisions utérines	2 ou 3 *
Malformation utérine	5
Utérus cylindrique	3
Avortement tardif	5
Court intervalle intergénésique	1
Prématuré dans les antécédents	5
Activité professionnelle	1
Travail fatigant	3
Appartement situé au-delà du 3e étage sans ascenseur	2
Longue durée de transport	5
Effort inhabituel	3
Long voyage	3
Fatigue inhabituelle	1
Plus de 10 cigarettes/jour	2
Gain de poids excessif	1
Perte de poids	3
Gain de poids <5 kg	2
Protéinurie	2
Hypertension	2
Métrorragie	4
Placenta praevia	5
Hydramnios	5
Jumeaux	5
Siège	3
Présentation à +1 ou 0	3
Segment inférieur amplié	3
Col raccourci	4
Col ouvert à l'orifice interne	4
Utérus contractile	5

* Le choix entre les deux pondérations dépend de définitions plus précises du facteur de risque concerné.

critères confrontés à une situation de référence. Ces indicateurs diffèrent cependant des indicateurs de santé : la situation de référence est postérieure à l'événement, il s'agit souvent d'une maladie, la construction de l'indice repose sur des méthodes d'analyse stastistique.

Cette approche statistique n'est cependant pas une règle absolue et certains indicateurs de risque ont été construits de façon empirique.

Tel est le cas du CRAP (coefficient de risque d'accouchement prématuré) [9]. Destiné à évaluer le risque de prématurité, il est établi en fonction des critères figurant au tableau V avec leur pondération : plus le total est élevé, plus important est le risque de naissance prématurée.

Il faut noter cependant que la valeur prédictive de cet indice a été améliorée en calculant les pondérations à l'aide d'une méthode d'analyse multivariate [8].

ANNEXE

REPRÉSENTATION GRAPHIQUE D'UNE VARIABLE QUANTITATIVE CONTINUE

En principe une variable continue peut prendre n'importe quelle valeur dans un intervalle donné. En fait, on est souvent amené à grouper l'information en classes, soit parce que les instruments de mesure y conduisent, soit pour simplifier le calcul des paramètres. Sur l'histogramme, chaque classe est représentée par un rectangle dont la *surface* correspond à la fréquence des sujets compris entre deux valeurs successives. *L'aire totale* de l'histogramme correspond à la somme des fréquences et elle est égale à 1. Le tableau VI et la figure 9 indiquent un exemple de distribution.

TABLEAU VI

Exemple de distribution d'une variable continue

Limites de classes (*)	Effectifs N_i	Fréquences f_i (en %)	Fréquences cumulées Σf_i (en %)
140 –	3	3	3
145 –	4	4	7
150 –	16	16	23
155 –	30	30	53
160 –	23	23	76
165 –	14	14	90
170 –	4	4	94
175 –	3	3	97
180 –	2	2	99
185 –	0	0	99
190 +	1	1	100
Total	100	100	

(*) La convention d'écriture 140– indique qu'on prend toutes les valeurs comprises entre 140 inclus et 145 exclu; 190+ indique qu'on prend 190 et toutes les valeurs au-delà de 190.

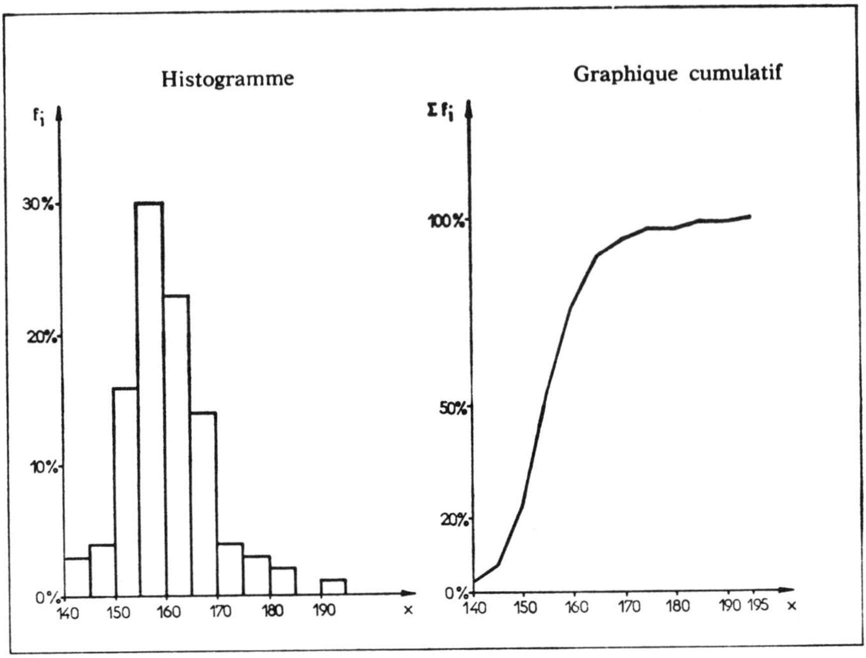

FIG. 9. — Représentation graphique.

Cette représentation des fréquences par des surfaces amène quelques remarques lorsqu'on désire modifier l'amplitude de classe pour regrouper par exemple des informations trop peu nombreuses. On est amené dans ce cas à calculer la hauteur de chaque rectangle de telle sorte que la surface totale reste constante.

L'exemple représenté au tableau VII indique le calcul des différents éléments, l'amplitude a_i des différentes classes est de 10 ou de 5. La fréquence des sujets dans chaque classe est représentée par la surface d'un rectangle dont un côté est a_i, la hauteur de ce rectangle est donc égale à f_i/a_i, cette grandeur étant appelée *fréquence moyenne par unité d'ampli-*

TABLEAU VII

Exemple de distribution d'une variable continue avec des classes d'amplitude variable

Limites de classes (en cm)	Fréquences f_i (en %)	Amplitudes a_i	Fréquences moyennes par unité d'amplitude $10 f_i/a_i$
140 –	7	10	7
150 –	16	5	32
155 –	30	5	60
160 –	23	5	46
165 –	14	5	28
170 –	7	10	7
180 –	2	10	2
190 +	1	10	1

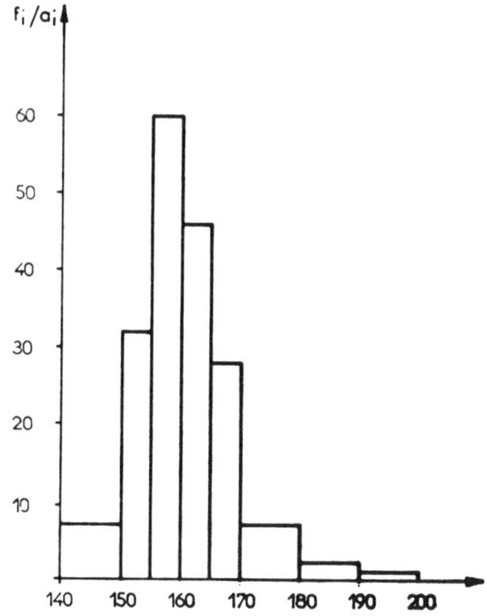

FIG. 10. — Illustration du tableau VII.

tude. Lorsque l'amplitude de classe croît, la fréquence moyenne par unité d'amplitude décroît proportionnellement. Ce point est important à retenir car il est à l'origine de nombreuses erreurs dans les représentations graphiques lorsqu'on modifie les amplitudes de classe dans changer la hauteur du rectangle correspondant (fig. 10).

RÉFÉRENCES

[1] N.B. BELLOC, L. BRESLOW, J.R. HOCHSTIM — Measurement of physical health in a general populaion survey. Amer. J. Epidemiol., 1971, *93,* 328-336.

[2] A. COLVEZ — La mesure de l'état de santé : des concepts aux indicateurs; le point de vue d'un épidémiologiste. *In* Conceptions, mesures et actions en santé publique. INSERM, Paris, 1981, *104,* 423-436.

[3] J. FREEMAN, G.B. HUTCHISON — Prevalence, incidence and duration. Amer. J. Epidemiol., 1980, *112,* 707-723.

[4] M. GOLBERG, W. DAB, J. CHAPERON, R. FUHRER, F. GREMY — Indicateurs de santé et « sanométrie ». Les aspects conceptuels des recherches récentes sur la mesure de l'état de santé d'une population. Rev. Epidém. et Santé Publ., 1979, *27,* 51-68, 133-152.

[5] A.W. GROGONO, D.J. WOODGATE — Index for measuring health. The Lancet, 1971, *2,* 1024-1026.

[6] INSERM — Statistiques des causes médicales de décès. Résultats en France, 1975, 1 vol., INSERM, Paris, 1978.

[7] M. JENICEK, R. CLEROUX — Epidémiologie. Principes. Techniques. Applications. 1 vol. Maloine, Paris, 1982.

[8] M. KAMINSKI, E. PAPIERNIK — Multifactorial study of the risk of prematurity at 32 weeks of gestation (II). J. Perinat. Med., 1974, *2,* 37-44.

[9] E. PAPIERNIK — Le coefficient de risque d'accouchement prématuré. Presse Méd., 1969, *77,* 793-794.

[10] C. RUMEAU-ROUQUETTE, U 149 — Naître en France, 1 vol., INSERM, Paris, 1979.

[11] D.L. SACKETT, L.W. CHAMBERS, A.S. Mac PHERSON, C.H. GOLDSMITH, R.G. MCCAULEY — The development and application of indices of health : general methods and a summary of results. Amer. J. Public Health, 1977, *67,* 423-428.

[12] D. SCHWARTZ — Méthodes statistiques à l'usage des médecins et des biologistes. 1 vol., Flammarion, Paris, 1970.

Chapitre XXI

RÉPARTITION GÉOGRAPHIQUE D'UNE VARIABLE

L'étude de la répartition des maladies dans l'espace permet de déceler les différences qui séparent les zones géographiques. Elle peut contribuer ainsi à la naissance des hypothèses *étiologiques* et à *l'évaluation* des actions de santé.

L'étude géographique de la répartition d'une pathologie (ou de tout autre caractère) fait largement appel aux représentations graphiques auxquelles sera consacré l'essentiel de ce chapitre.

REPRÉSENTATIONS GRAPHIQUES

Les représentations graphiques consistent d'abord à définir des unités géographiques qui peuvent être fondées sur un découpage administratif (département par exemple ou plan d'une ville), mais aussi sur un découpage physique suivant l'altitude, les cours d'eau... De même, on constitue des unités géographiques résultant de considérations économiques. Pour plus de simplicité, nous examinerons les subdivisions administratives, bien que leur très grande hétérogénéité rende parfois l'interprétation des résultats difficile.

Représentation cartographique d'un effectif

Si l'effectif est peu élevé, il est possible d'envisager une représentation par des points de taille différente correspondant par exemple à un ou plusieurs cas de maladie. Ces points peuvent être portés sur une carte représentant la géographie physique ou administrative d'une région. L'œil est ainsi capable de saisir la densité des cas de maladie. Toutefois cette technique est parfois difficile à employer et ne tient pas compte de la densité de la population.

Nous en indiquerons deux exemples.

Le premier exemple (fig. 1) est tout à fait classique, il concerne la distribution des cas de choléra dans le quartier du Golden Square à Londres, en août et septembre 1848 [7]. L'identification du lieu où les sujets étaient atteints a attiré l'attention de Snow sur la fontaine de Broad Street (A).

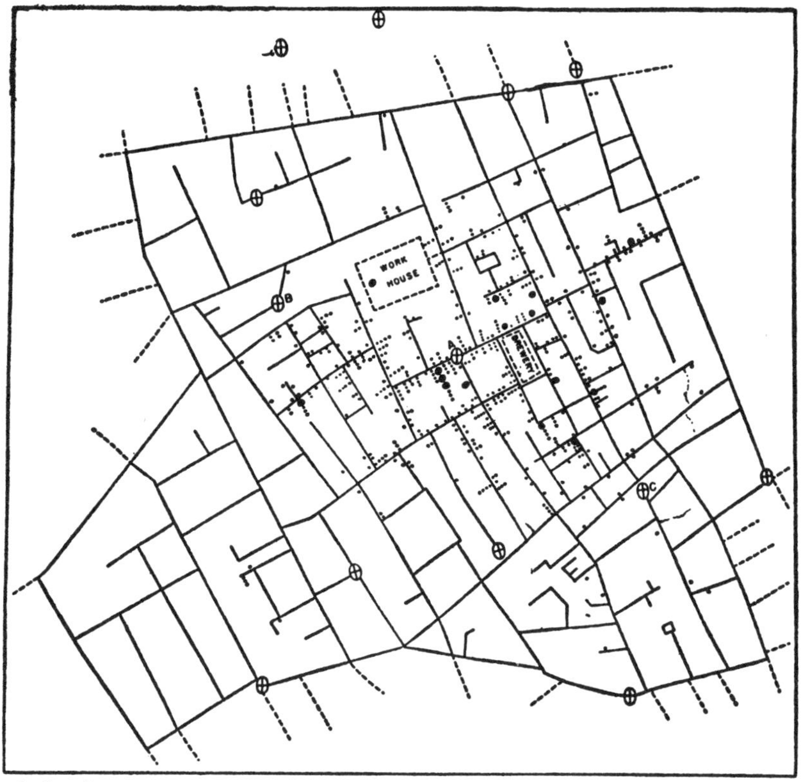

⊕ fontaine
. 1 cas de choléra
● 5 cas de choléra

FIG. 1. — Cartes des rues du quartier de Golden square, St-James et Berwick St., à Londres, indiquant la répartition des cas de choléra en août et septembre 1848 (Snow, 1855, d'après B. MacMahon, T.F. Pugh, J. Ipsen. Epidemiologic methods, 1 vol., Little Brown and Company, Boston, 1960).

L'utilisation de l'informatique a permis de réaliser automatiquement ce type de représentation graphique.

Le deuxième exemple [4] montre la répartition des cas de rage vulpine dans le nord-est de la France (fig. 2). La carte est établie par ordinateur, les points délimitent la zone étudiée; la période d'observation s'étend de décembre 1970 à février 1971.

On peut également recourir à des surfaces proportionnelles au nombre de cas. Cette méthode est souvent utilisée pour représenter la population des états ou des régions (fig. 3).

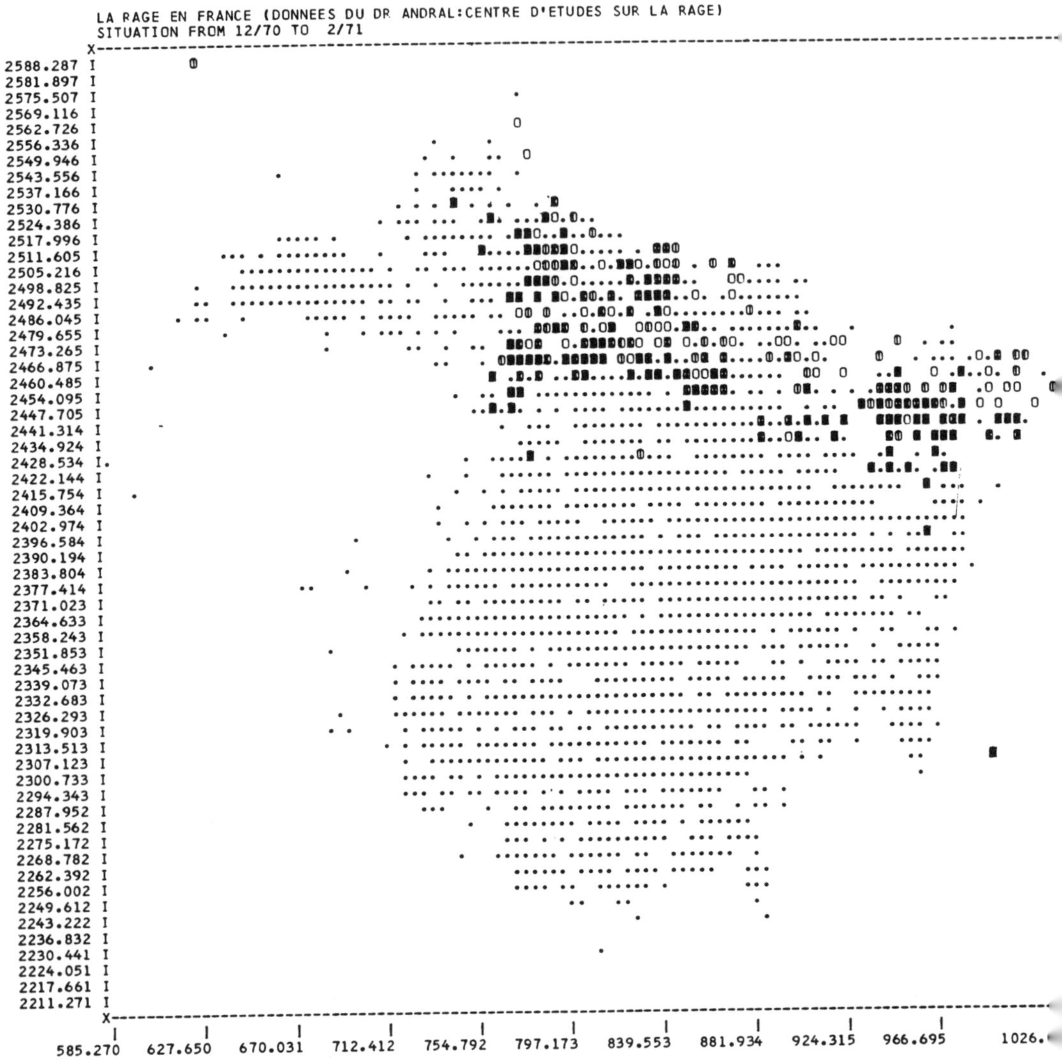

FIG. 2. — Répartition des cas de rage animale dans l'Est de la France (d'après Lambinet, 1978 [4]).

Les signes O ● Ⓞ ⊕ correspondent à 1 cas de rage sur différents animaux sauvages.

PAYS DU MONDE SUIVANT LEUR SUPERFICIE

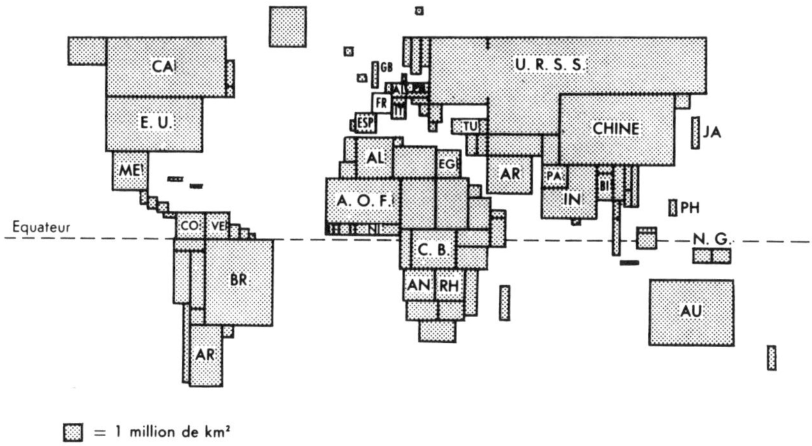

PAYS DU MONDE SUIVANT LEUR POPULATION

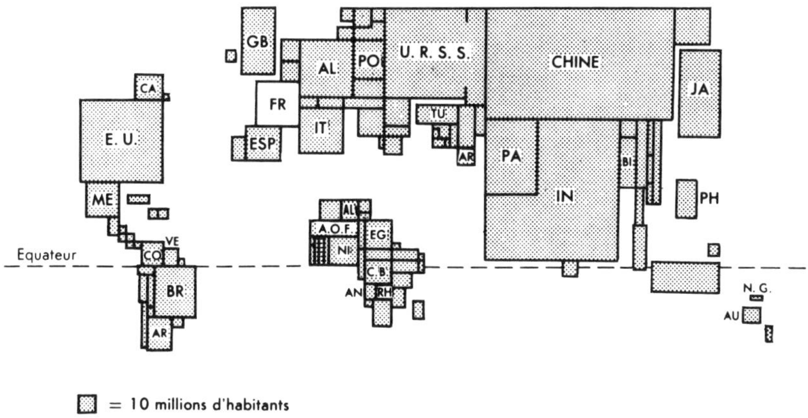

FIG. 3. — Pays du monde suivant leur superficie et leur population (d'après Calot, 1965 [1]).

Représentation graphique d'une fréquence

La représentation des fréquences se fait généralement par l'utilisation de *tonalités* différentes qui obligent à regrouper les taux en *classes,* car il est difficile d'utiliser plus de 4 ou 5 tonalités sur une carte. Ce regroupement peut se faire selon différentes méthodes.

La première consiste à subdiviser la distribution des fréquences en intervalles égaux.

Le tableau I indique la répartition de la prématurité * en France en 1976 [6].

TABLEAU I

Taux de prématurité par régions (1976)

Régions	Prématurité %	Effectifs	Rangs
France entière	6,8	4 685	
Alsace	10,1	125	21
Aquitaine	5,6	223	7
Auvergne	5,8	130	8
Bourgogne	7,6	130	16
Bretagne	7,3	258	14
Centre	1,4	148	1
Champagne	5,0	155	5
Franche-Comté	10,8	85	23
Languedoc-Roussillon	3,2	101	2
Limousin	10,5	22	22
Lorraine	8,0	189	17
Midi-Pyrénées	4,6	172	3
Nord-Pas-de-Calais	8,0	440	17
Basse-Normandie	6,7	101	12
Haute-Normandie	6,7	192	12
Pays de la Loire	8,5	217	19
Picardie	5,4	100	6
Poitou-Charentes	6,4	135	9
Provence + Corse	4,9	316	4
Paris	7,5	247	15
Petite-Couronne	6,5	415	10
Grande-Couronne	6,5	324	10
Rhône-Alpes	9,0	460	20

* Naissance d'un enfant avant 37 semaines d'aménorrhée (259 jours).

Les taux extrêmes sont de 10,8 % et 1,4 %, l'étendue de la distribution est de 9,4. Si on subdivise celle-ci en 3 parties égales on a les limites de classes suivantes : 1,4 à 4,5 — 4,6 à 7,7 – 7,8 à 10,8. La première classe définie ci-dessus comporte 2 régions, la deuxième 14, et la troisième 7. Cette représentation, indiquée à la figure 4, aboutit donc à des différences importantes dans le nombre de régions compris dans chaque classe et la classe centrale comporte généralement plus de régions que les autres.

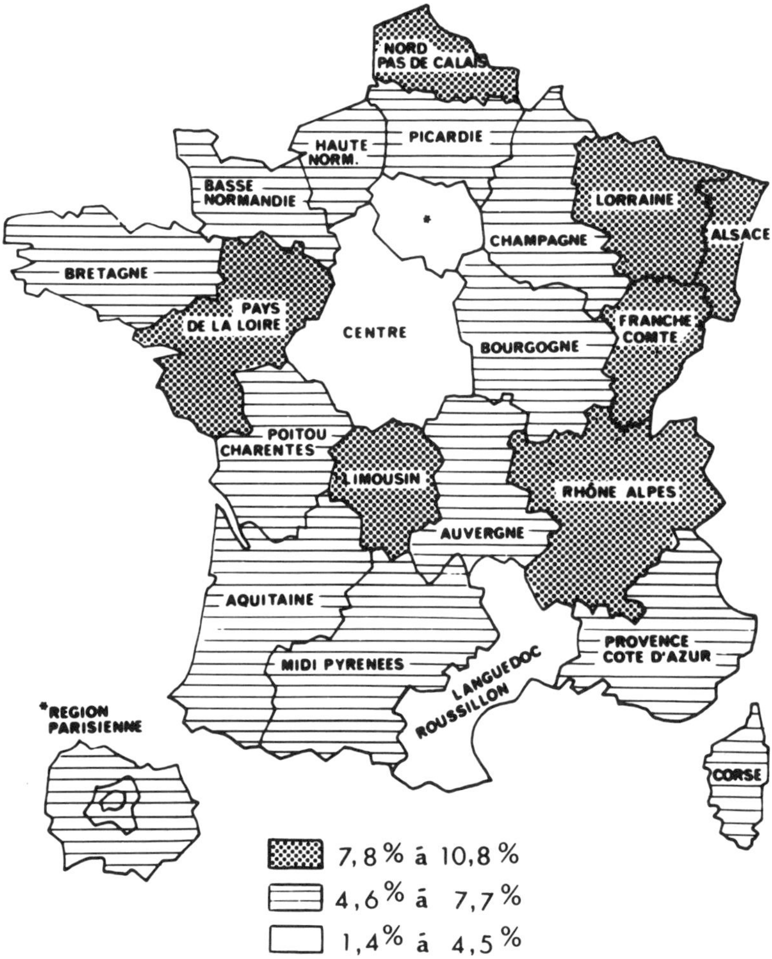

FIG. 4. — Répartition de la prématurité en France en 1976 (intervalles de classes égaux).

La deuxième méthode consiste à faire figurer le même nombre d'unités géographiques dans chaque classe.

Dans l'exemple de la prématurité on observe 23 régions, il est donc possible de constituer deux groupes de 8 régions et un de 7 régions (par exemple 8 régions pour les deux classes extrêmes et 7 pour l'intermédiaire) ce qui aboutit aux classes suivantes : 1,4 à 5,8; 5,9 à 7,5; 7,6 à 10,8.

La carte de la figure 5 fait apparaître la Bourgogne dans les zones foncées, mais il y a davantage de zones claires que sur la figure 4. Il faut également noter l'arbitraire de la répartition, qui fait que Paris et la Bourgogne sont dans des classes différentes, alors que leurs taux sont 7,5 % et 7,6 %.

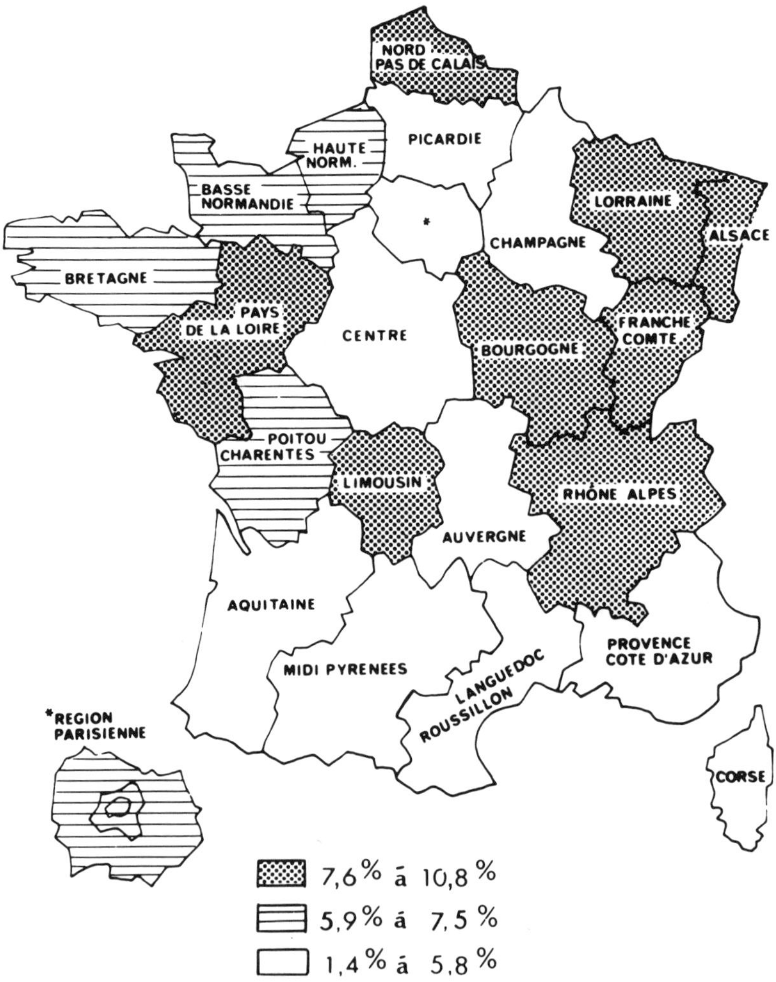

FIG. 5. — Répartition de la prématurité en France, en 1976 (nombre égal de régions par classe).

La troisième méthode [3] est fondée sur un test qui permet de différencier parmi les pourcentages trois sous-ensembles en fonction d'un risque α :
le groupe où les pourcentages sont inférieurs au pourcentage national,
le groupe où les pourcentages ne diffèrent pas du pourcentage national,
le groupe où les pourcentages sont supérieurs au pourcentage national.
Pour cela on calcule l'écart réduit ε entre P (pourcentage national) et p_i (pourcentage dans la zone i). Si on pose $V_{(P-p_i)}$ = Variance de $P-p_i$.

$$\boxed{\varepsilon = \frac{|P - p_i|}{\sqrt{V_{(P-p_i)}}}}$$

On démontre que : $V_{(P-p_i)} = \frac{N - n_i}{N} \cdot \frac{P(1-P)}{n_i}$

avec n_i effectif dans la zone et N effectif national.

Pour l'exemple de la prématurité, étudié ci-dessus, seuls deux pourcentages apparaissent comme significativement différents du pourcentage national

Région Centre $$\varepsilon = \frac{|0{,}068 - 0{,}014|}{\sqrt{\frac{4685 - 148}{4685} \times \frac{0{,}068\,(1 - 0{,}068)}{148}}} = 2{,}65$$

Région Rhône-Alpes $$\varepsilon = \frac{|0{,}068 - 0{,}090|}{\sqrt{\frac{4685 - 460}{4685} \times \frac{0{,}068\,(1 - 0{,}068)}{460}}} = 1{,}97$$

Le choix entre les trois méthodes dépend des objectifs et des données. Si la troisième est la plus correcte (puisqu'elle tient compte des effectifs ayant permis de calculer les taux), elle pose des problèmes lorsqu'elle est appliquée à des taux calculés sur des échantillons importants où toutes les différences, si minimes soient-elles, sont significatives; dans ce cas, on est amené à fixer les classes en utilisant une des deux méthodes précédentes.

PRISE EN COMPTE DE L'ÂGE ET STANDARDISATION

La mortalité, la fréquence des maladies... sont liées à l'âge; or, les populations de différents pays, et même de différentes régions, ont souvent des distributions d'âge différentes. Si on souhaite éliminer l'effet de l'âge, on peut soit étudier la répartition des taux dans différentes tranches d'âge soit pratiquer un ajustement sur l'âge. Dans cette dernière éventualité, deux méthodes sont utilisables, nous les examinerons en nous référant à la mortalité avant d'envisager la généralisation de la standardisation.

Taux comparatifs : méthode de la population-type ou standardisation directe

Soient deux populations P et P' dont on veut comparer globalement la mortalité*.

soit t le taux brut de mortalité une année donné dans la population P,
soit t_x les taux aux divers âges x (x = 0 an, 1 an, 2 ans...) et
soit p_x la proportion de sujets d'âge x dans cette population.
On voit facilement que :

$$t = \Sigma\, p_x\, t_x$$

De la même manière dans la population P'on a :

$$t' = \Sigma\, p'_x\, t'_x$$

Les éléments qui faussent la comparaison étant les systèmes de pondération :

$$\{ p_x \} \quad \text{et} \quad \{ p'_x \}$$

l'idée est venue de reconstruire les taux bruts sur la base d'une répartition commune :

$$\{ p''_x \}$$

qui est la population-type. On substitue ainsi aux taux t et t' les taux :

$$t_1 = \Sigma\, p''_x\, t_x \qquad \text{et} \qquad t'_1 = \Sigma\, p''_x\, t'_x$$

qui constituent ce que l'on appelle des *taux comparatifs de mortalité.*

Nous avons calculé, dans le tableau II, le taux comparatif pour la France en 1975 avec la population du Limousin comme population-type; on substitue ainsi au taux : t = 10,63 ‰ calculé en France cette année-là, le taux comparatif : t_1 = 15,20 ‰ qui est devenu comparable au taux du Limousin : t' = 14,22 ‰

Alors que la comparaison des taux bruts était défavorable au Limousin, la comparaison sur la base d'une population-type (celle de cette région) lui est favorable.

Cette méthode s'apparente aux ajustements qui seront envisagés lors de l'étude de tiers facteurs.

Taux comparatif : $t_1 = \Sigma\, p''_x\, t_x =$

$$\frac{1{,}04 \times 13{,}54 + 4{,}03 \times 0{,}67 + \cdots + 1{,}87 \times 191{,}33}{100} = 15{,}20\ ‰$$

$$t'_1 = \Sigma\, p''_x\, t'_x = \Sigma\, p'_x\, t'_x = t' = 14{,}22\ ‰$$

* La méthode s'applique également aux taux de morbidité.

TABLEAU II

Calcul du taux comparatif de mortalité en France en 1975 avec la population du Limousin comme population-type

Groupe d'âges	Population du Limousin	$p''_x = p'_x$ %	Taux français t_x ‰
0	7 708	1,04	13,54
1-4 ans	29 887	4,03	0,67
5-14 ans	99 070	13,37	0,34
15-24 ans	105 520	14,24	1,00
25-34 ans	86 595	11,68	1,12
35-44 ans	81 195	10,96	2,49
45-54 ans	100 110	13,50	5,97
55-64 ans	76 010	10,25	12,97
65-74 ans	92 150	12,43	30,13
75-84 ans	49 175	6,63	75,22
85 et +	13 865	1,87	191,33
	741 285	100,00	

Le choix de la population-type joue un rôle dans les résultats.

Un exemple en est fourni par l'enregistrement des cancers dans le cadre des registres existant dans différents pays [8]. Les données obtenues dans 34 communautés réparties dans le monde entier ont été standardisées sur 3 types de populations : population africaine, mondiale et européenne dont la distribution par âge est très différente (tableau III).

TABLEAU III

Population-types utilisées pour le calcul de taux standardisés [8]

Age	P. africaine	P. mondiale	P. européenne
0	2 000	2 400	1 600
1-4	8 000	9 600	6 400
5-9	10 000	10 000	7 000
10-14	10 000	9 000	7 000
15-19	10 000	9 000	7 000
20-24	10 000	8 000	7 000
25-29	10 000	8 000	7 000
30-34	10 000	6 000	7 000
35-39	10 000	6 000	7 000
40-44	5 000	6 000	7 000
45-49	5 000	6 000	7 000
50-54	3 000	5 000	7 000
55-59	2 000	4 000	6 000
60-64	2 000	4 000	5 000
65-69	1 000	3 000	4 000
70-74	1 000	2 000	3 000
75-79	500	1 000	2 000
80-84	300	500	1 000
85 +	200	500	1 000
Total	100 000	100 000	100 000

On a décrit quelques-unes des modifications observées dans 34 communautés lorsqu'on passe de la population-type africaine à la population-type européenne [2] : l'ordre de classement des pays se modifie peu pour le cancer de l'estomac, davantage pour la leucémie.

Le tableau IV indique à titre d'exemple l'incidence du cancer de l'estomac chez l'homme dans 15 communautés.

TABLEAU IV

Cancer de l'estomac : taux d'incidence p. 100 000, standardisés selon différentes population-types dans quelques communautés (d'après « Cancer incidence in five continents » [8]).

		Populations européenne	mondiale	africaine
Canada	Alberta	23,3	15,4	8,1
U.S.A.	Connecticut	20,7	13,5	7,1
Israël (population juive)		31,9	21,0	10,9
Japon	Myagi	123,6	84,6	46,8
	Okayama	128,2	90,3	50,3
	Osaka	134,6	91,4	48,8
Singapour	Chinois	63,6	44,3	23,9
	Malais	13,6	9,2	5,5
	Indiens	40,4	25,8	12,4
Finlande		56,8	37,5	19,3
République démocratique allemande		49,8	33,5	17,3
Norvège		37,7	24,6	12,8
Suède		32,6	21,0	10,7
Royaume Uni	Birmingham	34,8	23,3	12,0
	South West	32,3	21,4	10,9

Il est souhaitable de préférer une population intermédiaire constituée à partir des populations observées (la population mondiale dans l'exemple précédent) aux populations extrêmes.

Méthode de la mortalité-type ou standardisation indirecte

On soumet les deux populations que l'on entend comparer (mais la méthode vaut pour un nombre quelconque de populations) à un même système de taux par âge qui constitue la *mortalité-type* : t''_x.

On associe ainsi aux deux taux bruts :

$$t = \Sigma\, p_x\, t_x \qquad \text{et} \qquad t' = \Sigma\, p'_x\, t'_x$$

les deux taux :

$$t_2 = \Sigma\, p_x\, t''_x \qquad \text{et} \qquad t'_2 = \Sigma\, p'_x\, t''_x$$

et la comparaison des mortalités se fait à partir des *indices :*

$$\frac{t}{t_2} \qquad \text{et} \qquad \frac{t'}{t'_2}$$

En faisant choix comme mortalité-type de la mortalité (série de taux par âge) d'une des deux populations, par exemple celle de P', on est amené à associer :

$$\text{à } t = \Sigma\, p_x\, t_x, \qquad t_2 = \Sigma\, p_x\, t'_x$$
$$\text{et à } t' = \Sigma\, p'_x\, t'_x, \qquad t' \text{ lui-même}$$

L'indice relatif à P vaut donc $\frac{t}{t_2}$ et l'indice relatif à P', 1.

On peut ainsi utiliser de cette façon les calculs effectués lors de la présentation de la méthode de la population-type : sur la base d'un indice égal à 1 pour la France (prise comme population P'), l'indice du Limousin vaut :

$$\frac{14{,}22}{15{,}20} = 0{,}94$$

dénotant une meilleure situation dans cette région que dans la France entière. Là aussi un certain arbitraire préside au choix de la mortalité-type. Notons que l'on peut appliquer cette méthode en *ignorant la mortalité par âge de toutes les populations que l'on compare*.

Exemple. La mortalité périnatale est très liée à l'âge maternel : elle est plus élevée lorsque la mère a moins de 20 ans ou plus de 35 ans. Les comparaisons internationales devraient donc être précédées d'un ajustement. Mais on ne dispose pas toujours de la mortalité périnatale en fonction de l'âge de la mère.

Tel est le cas dans l'exemple considéré au tableau V : les seules données dont on disposait dans les pays de la CEE* étaient les taux bruts (col. 1) et la répartition des naissances par âge maternel, les taux de mortalité périnatale par âge n'étaient disponibles qu'en Suède. On a appliqué ces taux aux tranches d'âge maternel des autres populations et calculé des taux de mortalité-type (col. 2). Dans tous les pays à l'exception de l'Irlande et de l'Italie ces indices sont très voisins du taux observé en Suède, ce n'est donc pas les différences d'âge maternel qui expliquent les écarts notés à la colonne 1. Par contre la répartition des âges maternels explique une partie de la surmortalité observée en Italie et en Irlande : si la Suède avait la répartition des âges observée dans ces deux pays, le taux de mortalité périnatale y serait supérieur à 15 ‰.

TABLEAU V

Taux de mortalité périnatale des pays de la CEE et en Suède, et taux selon la mortalité-type

Pays	Taux brut ‰	Taux de mortalité-type ‰
Belgique	21,3	14,8
Danemark	14,6	13,9
France	20,3	14,6
R.F.A.	23,2	14,6
Irlande	23,1	15,5
Italie	28,6	15,0
Pays-Bas	16,4	14,1
Royaume-Uni	21,3	14,3
Suède	14,1	

* Communauté économique européenne.

Critères de choix d'une méthode de standardisation (directe et indirecte)

Le choix est d'abord lié aux *informations dont on dispose*.

Pour réaliser une standardisation par la méthode de population-type, il faut disposer des deux séries de taux par âge dans les deux populations à comparer, et de la distribution par âge de la population prise comme population-type. Pour réaliser la standardisation par la méthode de mortalité-type, il faut connaître les deux distributions par âge des deux populations comparées et une série de taux par âge prise comme mortalité-type.

Lorsque l'on dispose pour les deux populations à la fois des taux de mortalité par âge et la distribution par âge, les deux méthodes peuvent être employées. Et le choix de l'une ou de l'autre des méthodes dépend de la *précision* avec laquelle on connaît les taux de mortalité par tranche d'âge : si les taux de mortalité par âge d'une population à comparer ont été calculés à partir d'effectifs faibles, on utilisera plutôt la standardisation indirecte.

Généralisation de la standardisation

Ces techniques ont été appliquées à la standardisation (ou ajustement), sur l'âge *, pour comparer des taux de mortalité. Mais elles peuvent s'appliquer à d'autres facteurs que l'âge, éventuellement à plusieurs facteurs simultanément, et à d'autres taux que des taux de mortalité.

C'est ainsi que l'on a pu appliquer la méthode de population-type pour comparer les taux de prématurité ** en France en 1972 et 1981 en éliminant l'effet de l'évolution des facteurs démographiques. Pour cela, on a calculé un taux standardisé (ou ajusté) de prématurité en 1981, c'est le taux que l'on aurait observé en 1981, si les naissances s'étaient produites au même âge maternel pour la même parité, avec le même intervalle intergénésique qu'en 1972; on a obtenu les résultats suivants :

(1) taux brut de prématurité 1972 : $t_{72} = 8{,}2\ \%$
(2) taux brut de prématurité 1981 : $t_{81} = 5{,}6\ \%$
(3) taux ajusté de prématurité 1981 : $t'_{81} = 6{,}7\ \%$.

La différence observée entre t_{81} et t'_{81} mesure l'influence des facteurs démographiques, la différence entre t_{72} et t'_{81} mesure l'évolution de la prématurité liée à d'autres facteurs que les facteurs démographiques (par exemple, la surveillance médicale).

Ratio standardisé de mortalité (R.S.M.)

Une application de la standardisation indirecte a été proposée par le « Registrar general of England and Wales » [5] sous le nom de « standardized mortality ratio » ou SMR, pour l'étude de la mortalité en fonction de la profession.

Ce ratio se calcule en faisant le rapport entre le nombre de décès observés entre 20 et 64 ans, pour une profession donnée et ceux (nombres attendus) que l'on aurait observé si les personnes de cette catégorie professionnelle avaient eu la même mortalité que la population de référence.

* Qui était considéré comme facteur de confusion.
** Naissance d'enfants d'âge gestationnel ≤36 semaines.

Exemple

Calcul du ratio standardisé de mortalité (toutes causes) pour les fermiers, Angleterre et Galles, 1951.

Age	Population des fermiers (1)	Taux de mortalité de la population générale (toutes causes) p. 100 000 (2)	Nbres attendus p. 100 000 (3) = (1) × (2)
20-24	7 989	1,383	11
25-34	37 030	1,594	59
35-44	60 838	2,868	174
45-54	68 687	8,212	564
55-65	55 565	22,953	1 275

Nombre total de décès observés 1 464.
Nombre total de décès attendus 2 083.

$$RSM = \frac{1\,464}{2\,083} \times 100 = 70{,}3\ \%$$

Ce résultat signifie que, à âge donné, la mortalité des fermiers est plus faible que celle de l'ensemble de la population.

L'exemple porte sur la mortalité toutes causes mais un ratio standardisé aurait pu être calculé pour une ou plusieurs causes séparément.

RÉFÉRENCES

[1] G. Calot — Cours de statistique descriptive. 1 vol., Dunod, Paris, 1965, 232-233.
[2] R. Doll, P. Cook — Summarizing indices for comparison of cancer incidence data. Int. J. Cancer, 1967, *2*, 269-279.
[3] F. Hatton, F. Facy, F. Laurent — Une méthode simple de comparaisons partielles. Rev. Stat. Appliq., 1976, *24*, 75-78.
[4] D. Lambinet, J.F. Boisvieux, A. Mallet, M. Artois, L. Andral — Modèle mathématique de la propagation d'une épizootie de rage vulpine. Rev. Epidém. et Santé Publ., 1978, *26*, 9-28.
[5] Registrar general's decennial Supplement England and Wales (1951) Part II, Vol. 2, H.M.S.O. London, 1958.
[6] C. Rumeau-Rouquette, U 149 — Naître en France, 1 vol., INSERM, Paris, 1979.
[7] J. Snow — On the mode of communication of cholera (2 nd ed.). 1 vol., John Churchill, London, 1855.
[8] J. Waterhouse, C. Muir, P. Correa, J. Powell — Cancer incidence in five continents, vol. III, IARC Scientific Publication n° 15, Lyon, 1976, 454-459.

Chapitre XXII

RÉPARTITION CHRONOLOGIQUE D'UNE VARIABLE

L'étude chronologique de la fréquence des maladies constitue une des bases essentielles de la *surveillance épidémiologique*. Elle permet de décrire et parfois de prévoir leur évolution, apportant ainsi une aide importante à la *planification* des actions de santé. Nous avons vu au chapitre I qu'elle est en outre à l'origine de nombreuses hypothèses de *recherche étiologique*. Enfin la comparaison de la situation sanitaire avant et après l'application d'un programme de santé contribue à *l'évaluation* de celui-ci.

Pour répondre à ces objectifs, il faut en premier lieu analyser l'évolution chronologique dans ses différentes composantes. Tel est l'objet de ce chapitre. Toutefois dans un souci de simplicité, nous envisagerons les méthodes les plus simples, renvoyant à des ouvrages spécialisés pour une approche plus complète.

DÉFINITIONS

La suite des valeurs* prises par une variable au cours du temps constitue une *série chronologique*, elle est la résultante de trois éléments.

La tendance générale correspond à une tendance persistante de variation, dans un sens déterminé, qui se maintient pendant une longue période; la notion de longue période dépend évidemment de l'échelle de temps dans laquelle on travaille : si l'on étudie des données journalières, la tendance peut se mesurer sur une année, si l'on étudie des données annuelles, la tendance se mesure sur plusieurs dizaines ou centaines d'années; on parle dans ce dernier cas de tendance séculaire.

Les variations périodiques, telles que les variations saisonnières, se reproduisent régulièrement. La mortalité infantile en offre un assez bon exemple avec, sur une période de un an, un maximum hivernal et un minimum au cours des mois d'été. D'autres *variations cycliques* sont surtout connues des économistes. Elles portent souvent sur plusieurs années et ne se reproduisent pas de façon absolument constante. Certaines épidémies sont affectées d'une telle variation.

* Ces valeurs peuvent être de nature différente (effectifs, pourcentages, indices...).

Les variations accidentelles sont des phénomènes imprévisibles, qui ne s'inscrivent pas dans le schéma habituel d'évolution. La brusque augmentation des phocomélies en Allemagne en donne un assez bon exemple. Dans ce cadre également on peut classer toutes les variations aléatoires qui caractérisent n'importe quel phénomène biologique.

La combinaison de ces trois variations se fait essentiellement selon un modèle additif ou un modèle multiplicatif.

Le modèle additif correspond à la formule :

$$X(t) = f(t) + S(t) + Z(t)$$

$X(t)$ = valeur au temps t
$f(t)$ = valeur liée à la tendance,
$S(t)$ = valeur liée à la variation périodique (en cas de variations saisonnières, il s'agit du coefficient saisonnier),
$Z(t)$ = valeur liée aux variations accidentelles.

Le modèle multiplicatif est représenté par la formule :

$$X(t) = f(t) \times S(t) \times Z(t)$$

ou

$$X(t) = f(t) \times S(t) + Z(t)$$

La tâche de l'épidémiologiste consiste à analyser ces différentes composantes, en utilisant, soit des méthodes empiriques, soit des méthodes analytiques faisant référence à des modèles précis. C'est essentiellement aux premières que sera consacré ce chapitre, le lecteur pourra se référer aux ouvrages [1], [3] et [4] pour une étude plus approfondie.

ÉTUDE DE LA TENDANCE GÉNÉRALE

Le principe consiste à éliminer les variations périodiques (nous prendrons comme exemple les variations saisonnières) pour ne plus laisser apparente que la tendance générale.

Analyse graphique

L'analyse graphique peut constituer une première approche pour déterminer la forme de l'évolution. On étudiera ici la méthode des points médians. Si les variations des fréquences, au cours des saisons, sont représentées par les traits pleins $m_1 m_a m_2 m_b$... on peut graphiquement éliminer les variations saisonnières : on joint les sommets par une ligne m_a, m_b, m_c, m_d, on procède de même pour les fonds m_1, m_2, m_3, m_4. On détermine les points situés à égale distance des deux lignes ainsi tracées (fig. 1). La ligne qui joint ces points représente la tendance.

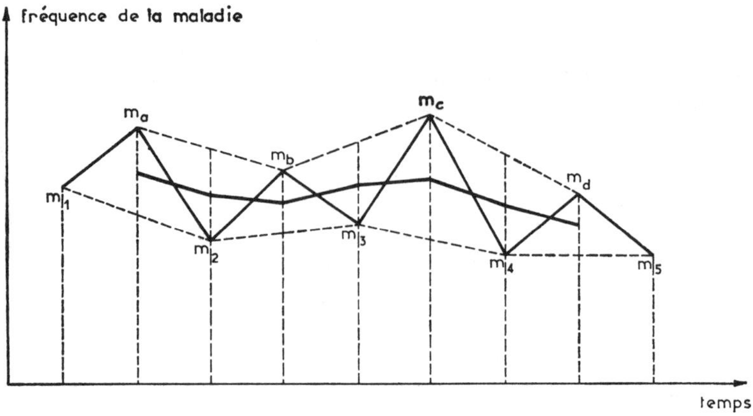

FIG. 1. — Graphique illustrant la méthode des points médians.

Méthode des moyennes mobiles

On remplace chaque valeur de la série chronologique étudiée par la moyenne de cette valeur et des valeurs voisines. Si le nombre de données, sur lesquelles est calculée la moyenne mobile, correspond au cycle d'une variation périodique, celle-ci est éliminée. L'élimination des variations saisonnières se fait donc en calculant une moyenne mobile sur un an. On dispose généralement de douze données mensuelles ou de treize données, correspondant chacune à un intervalle de quatre semaines.

Si le nombre (n) de données annuelles est impair, on remplace chacune des valeurs observées x_{jk} par :

$$x'_{jk} = \frac{\text{somme des } \frac{n-1}{2} \text{ valeurs précédant } x_{jk} + \text{la valeur } x_{jk} + \text{somme des } \frac{n-1}{2} \text{ valeurs suivant } x_{jk}}{n}$$

x_{jk} = valeur observée pour l'intervalle j de l'année k,
j = rang chronologique de l'intervalle dans l'année,
k = rang chronologique de l'année.

Dans l'exemple envisagé au tableau I, la moyenne mobile correspondant au 7ème intervalle de l'année 1966 est égale à :

$$\frac{2472 + 3057 + 3136 + 2593 + 2713 + 2564 + 2890 + 2846 + 2271 + 3380 + 3960 + 4154 + 3688}{13} = \frac{39724}{13}$$

On procède ainsi pour chaque intervalle de temps. La troisième colonne du tableau I donne les résultats, qui sont représentés à la figure 2. Il est impossible de calculer la moyenne mobile pour les six premières valeurs, et les six dernières.

TABLEAU I

Nombre de cas de scarlatine, par périodes de 4 semaines, en République fédérale d'Allemagne de 1966 à 1969 : calcul de la moyenne mobile sur un nombre impair de données pour une année. (Source OMS, [5])

Années	Intervalles de 4 semaines $j =$	Données brutes x_{jk}	Total	Moyennes mobiles x'_{jk}
	I	2 472		
	II	3 057		
	III	3 136		
	IV	2 593		
	V	2 713		
1966	VI	2 564		
	VII	2 890	39 724	3 056
$k = 1$	VIII	2 846	39 807	3 062
	IX	2 271	39 747	3 057
	X	3 380	39 280	3 022
	XI	3 960	39 208	3 016
	XII	4 154	38 956	2 997
	XIII	3 688	39 012	3 001
	I	2 555	38 966	2 997
	II	2 997	38 017	2 924
	III	2 669	37 667	2 897
	IV	2 521	37 533	2 887
	V	2 461	37 720	2 902
1967	VI	2 620	38 297	2 946
	VII	2 844	38 707	2 977
$k = 2$	VIII	1 897	38 451	2 958
	IX	1 921	37 559	2 889
	X	3 246	37 148	2 858
	XI	4 147	36 924	2 840
	XII	4 731	36 709	2 824
	XIII	4 098	36 633	2 818
	I	2 299	35 849	2 758
	II	2 105	35 525	2 733
	III	2 258	35 165	2 705
	IV	2 297	34 386	2 645
	V	2 246	33 501	2 577
1968	VI	2 544	32 231	2 479
	VII	2 060	31 383	2 414
$k = 3$	VIII	1 573	31 326	2 410
	IX	1 561	31 884	2 452
	X	2 467	32 177	2 475
	XI	3 262	32 231	2 479
	XII	3 461	32 322	2 486
	XIII	3 250	31 980	2 460
	I	2 242	32 028	2 464
	II	2 663	32 022	2 463
	III	2 551	31 786	2 445
	IV	2 351	31 709	2 439
	V	2 337	31 735	2 441
1969	VI	2 202	32 174	2 475
	VII	2 108	32 279	2 483
$k = 4$	VIII	1 567		
	IX	1 325		
	X	2 390		
	XI	3 288		
	XII	3 900		
	XIII	3 355		

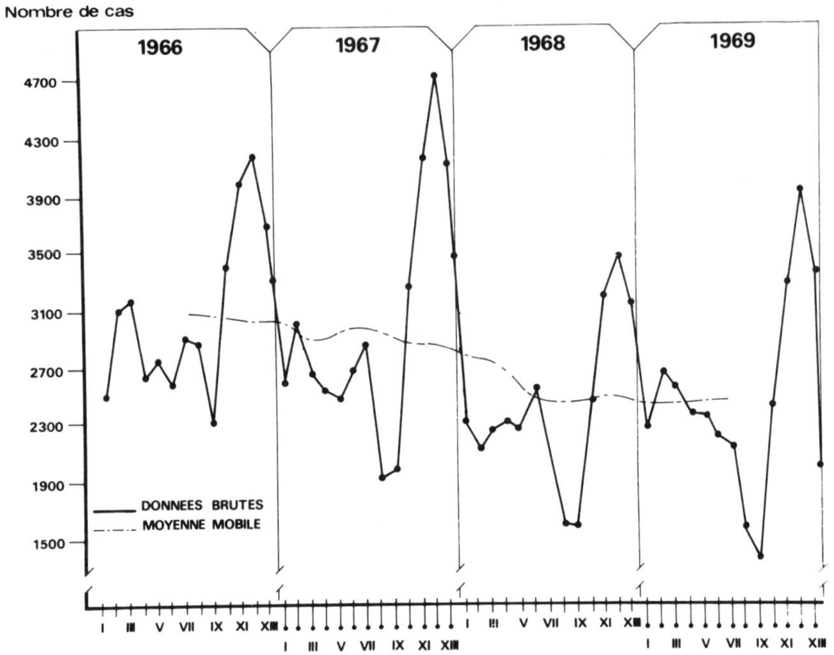

FIG. 2. — Nombre de cas de scarlatine, par intervalles de 4 semaines, en République Fédérale d'Allemagne de 1966 à 1969.

Si le nombre (n) de données est pair, le procédé est différent (tableau II).

Pour calculer la moyenne mobile rapportée au mois de juillet 1970, on calcule la somme des 12 premières valeurs (589), puis la somme des 12 valeurs en commençant par la donnée de février (18), on obtient 602, on fait la somme de ces deux sommes (1 191), on divise par 24 et on obtient 50 qui est la moyenne mobile.

Test de la tendance générale

Les méthodes empiriques, qui viennent d'être décrites, montrent si les valeurs ont tendance à croître, à décroître ou à rester stables. On peut tester cette tendance en utilisant le coefficient de corrélation des rangs de Spearman.

Pour chaque valeur de la série on note le rang chronologique $x'_1, x'_2 \ldots x'_i \ldots x'_n$, puis le rang après classement des valeurs par ordre croissant $y'_1, y'_2 \ldots y'_i \ldots y'_n$. On calcule ensuite le coefficient de corrélation entre x'_i et y'_i, sa formule* simplifiée est :

$$r' = 1 - \frac{6 \Sigma d_i^2}{n (n^2 - 1)} \quad (1)$$

d_i est la différence des rangs $(y'_i - x'_i)$ et n le nombre de valeurs dans la série. Le nombre de degrés de liberté (ddl) est égal à $n-2$. Si le coefficient est significativement différent de zéro et positif, on conclut à l'existence d'une tendance croissante; s'il est négatif, on conclut à l'existence d'une tendance décroissante.

* Voir démonstration en annexe.

TABLEAU II

Calcul de la moyenne mobile sur un nombre pair d'observations économiques pour une année

Années	Mois	Données brutes (*)	Total sur 12 mois	Total de 2 sommes consécutives	Moyennes mobiles
	1	116			
	2	18			
	3	16			
	4	45			
	5	30			
1970	6	37	589		
	7	50	602	1 191	50
	8	45	600	1 202	50
	9	46	590	1 190	50
	10	62	587	1 177	49
	11	58	580	1 167	49
	12	66	572	1 152	48
	1	129	556	1 128	47
	2	16	547	1 193	46
	3	06	543	1 090	45
	4	42	533	1 076	45
	5	23	530	1 063	44
1971	6	29	517	1 047	44
	7	34	532	1 049	44
	8	36	550	1 082	45
	9	42	559	1 109	46
	10	52	569	1 128	47
	11	55	586	1 155	48
	12	53	605	1 191	50
	1	144	643	1 248	52
	2	34	653	1 296	54
	3	15	657	1 310	55
	4	52	673	1 330	55
	5	40	693	1 366	57
1972	6	48	712	1 405	59
	7	72	713	1 425	59
	8	46	706	1 419	59
	9	46	721	1 427	59
	10	68	748	1 469	61
	11	75	764	1 512	63
	12	72	772	1 535	64
	1	145			
	2	27			
1973	3	30			
	4	79			
	5	56			
	6	55			

(*) Pour pouvoir être comparées, les données ont toutes été ramenées à 30 jours en multipliant par $\frac{30}{31}$ celles des mois de 31 jours, et par $\frac{30}{28}$ ou $\frac{30}{29}$ les données de Février.

Le tableau III indique une série de 12 valeurs prises par un indice de morbidité, leur rang chronologique x'_i et leur rang après classement par ordre croissant y'_i (l'indice du troisième trimestre 1977 a le rang 1, celui du premier trimestre 1977 le rang 2...)*.

Les différences entre rangs sont calculées à la 6e colonne puis élevées au carré

$$r' = 1 - \frac{6 \times 30}{12\,(12^2 - 1)} = 0{,}90 \text{ avec 10 ddl.}$$

Le coefficient de corrélation des rangs diffère significativement de 0 et il est positif, on conclut donc à une tendance générale croissante.

TABLEAU III

Exemple de calcul d'un coefficient de corrélation des rangs

Années	Trimestres	Indices de morbidité	Rangs chronologiques x'_i	Rangs après classement y'_i	d_i $(y'_i - x'_i)$	d_i^2
1977	1	100	1	2	+1	1
	2	150	2	3	+1	1
	3	50	3	1	−2	4
	4	200	4	5	+1	1
1978	1	210	5	6	+1	1
	2	250	6	7	+1	1
	3	160	7	4	−3	9
	4	300	8	9	+1	1
1979	1	300	9	10	+1	1
	2	350	10	11	+1	1
	3	260	11	8	−3	9
	4	400	12	12	0	0

Détermination de la tendance

S'il existe une tendance positive ou négative, on peut chercher à la décrire par une courbe d'équation connue. Nous allons envisager deux types de tendances assez fréquemment rencontrées.

Tendance linéaire : soit une variable X, à chaque valeur t du temps correspond une valeur $x(t)$ (fig. 3).

Il est possible de calculer l'équation de la droite de régression D_0 de X en fonction du temps selon la méthode exposée dans le livre de méthodologie de D. Schwartz [6]. On rappelle que cette droite a pour équation :

(2) $$\boxed{x'(t) = a + bt}$$

Tendance exponentielle : la courbe de régression a pour équation :

(3) $$\boxed{x'(t) = ab^t}$$

* En cas d'ex-aequo on peut attribuer le rang par tirage au sort ou affecter le rang moyen : si deux données sont 3e ex-aequo, on leur affectera les rangs 3 et 4 par tirage au sort, ou le rang 3, 5; mais dans ce cas la formule (1) n'est plus applicable, il faut utiliser celle du coefficient de corrélation.

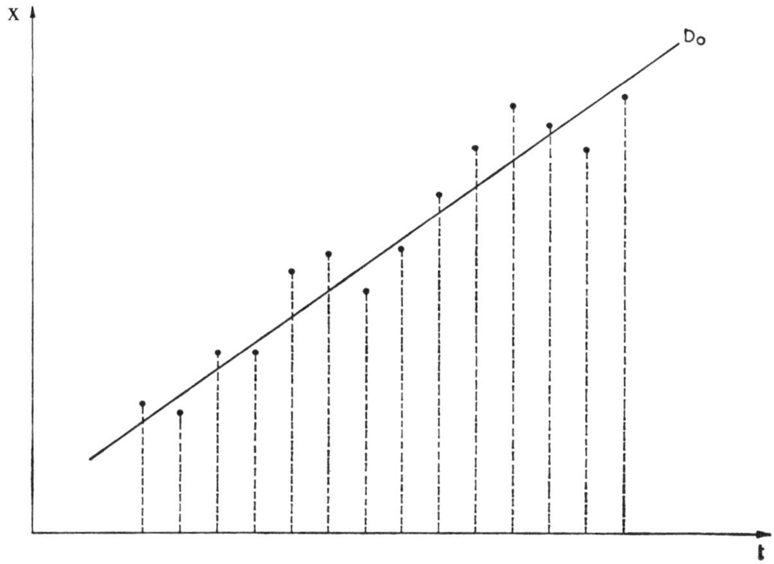

FIG. 3. — Graphique illustrant l'ajustement linéaire.

Si l'on effectue une transformation logarithmique cette équation devient :

(4) $$\boxed{\log x' = \log a + t \log b}$$

Il existe donc une relation linéaire entre t et le logarithme de x'.

ÉTUDE DE LA COMPOSANTE SAISONNIÈRE

Représentation graphique

Les variations saisonnières peuvent être représentées de *façon séquentielle* (fig. 2), mais la comparaison peut être facilitée par *une présentation superposée* (fig. 4)*.

On peut également relever les valeurs extrêmes prises par la variable au cours de plusieurs années successives, on obtient ainsi un *intervalle de variation*. La figure 5 indique l'intervalle de variation du nombre de cas de scarlatine, observés de 1966 à 1969 en République Fédérale d'Allemagne : pour chaque unité de temps de quatre semaines, on a représenté la valeur minimale et la valeur maximale. En joignant les points on obtient un couloir. Notons que cette représentation ne prend pas en compte une éventuelle tendance.

* Les échelles utilisées sont différentes et permettent d'apprécier le caractère très relatif d'une représentation graphique.

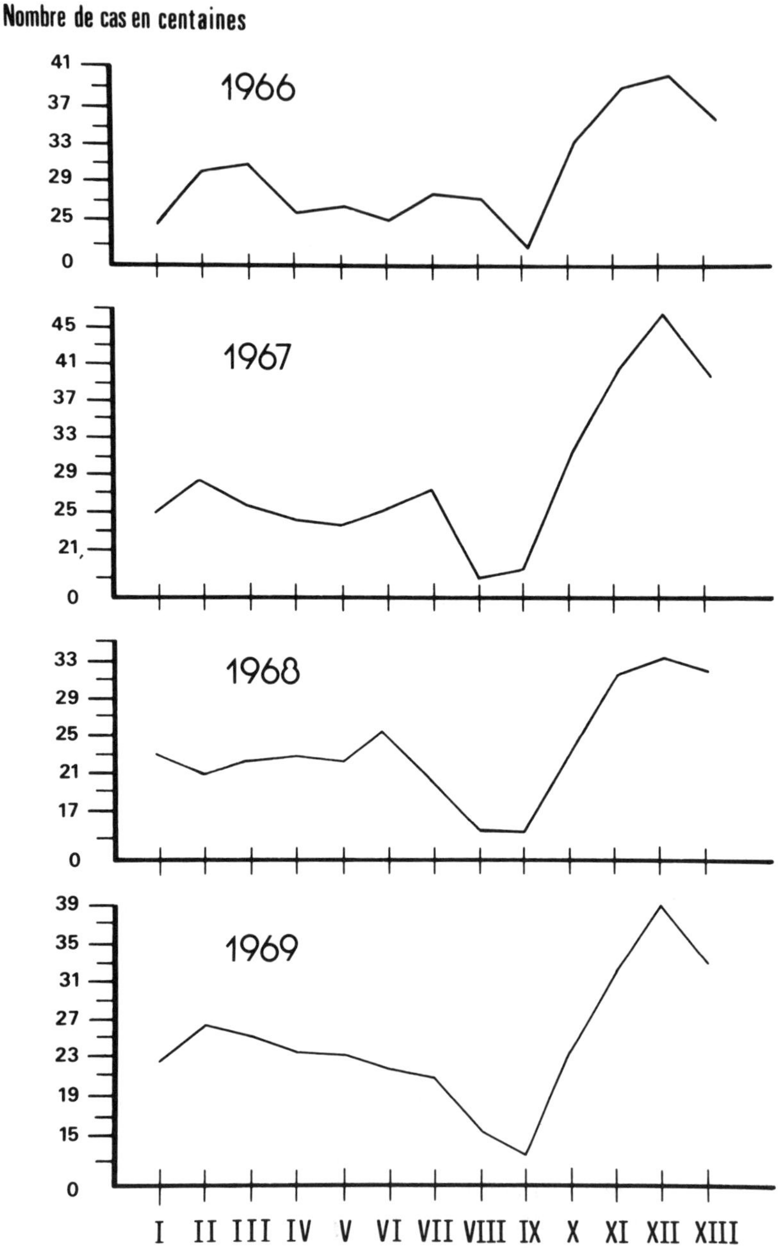

FIG. 4. — Représentation superposée pour étudier les variations saisonnières du nombre de cas de scarlatine en République Fédérale d'Allemagne.

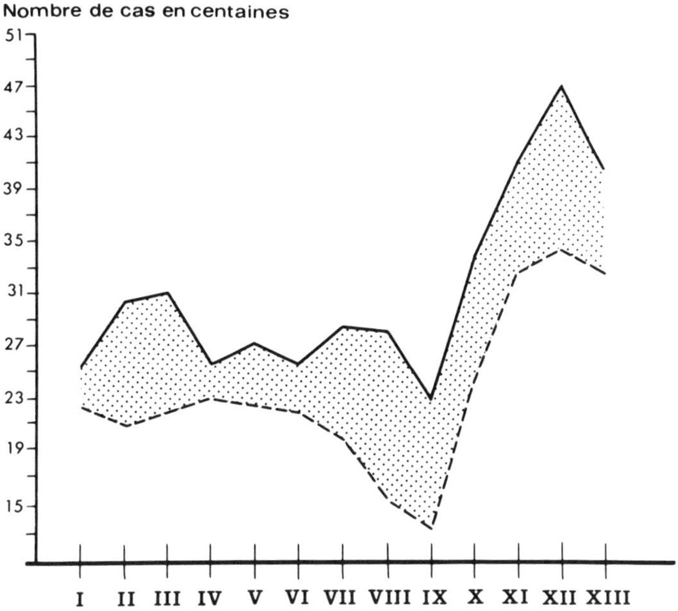

FIG. 5. — Intervalle de variation du nombre de cas de scarlatine en République Fédérale d'Allemagne de 1966 à 1969.

Calcul des coefficients saisonniers

Si l'on considère les valeurs prises par une variable au cours d'un même mois* pendant plusieurs années successives, il est possible de calculer leur variation autour de la tendance générale de la série. Le coefficient saisonnier représente la moyenne de ces variations.

Si la tendance générale est nulle, le coefficient est donné par la formule :

$$c_j = \frac{\sum_k (x_{jk} - \bar{x})}{n_j} \quad (5)$$

x_{jk} est la valeur observée pour l'intervalle j au cours de l'année k,
$\bar{x}$ est la moyenne générale calculée sur l'ensemble des valeurs,
n_j est le nombre d'intervalles de rang j.

Si la tendance générale est croissante ou décroissante, il est impossible d'utiliser la moyenne générale $\bar{x}$, et il faut calculer pour chaque mois la valeur x'_{jk} correspondant à la tendance. On peut pour cela avoir recours à une méthode empirique (calcul de la moyenne mobile), ou à une méthode analytique; des exemples de calculs sont indiqués ci-dessous.

* Ou plus généralement d'un même intervalle de temps : mois, trimestre, période de 4 semaines.

Si l'effet saisonnier est additif, le coefficient saisonnier est donné par la formule :

(6) $$c_j = \frac{\sum_k (x_{jk} - x'_{jk})}{n_j}$$

Si l'effet saisonnier est multiplicatif, le coefficient saisonnier est donné par la formule :

(7) $$c_j = \frac{\sum_k (x_{jk} / \bar{x}'_{jk})}{n_j}$$

Exemple 1 : *Calcul d'un coefficient saisonnier en utilisant la moyenne mobile.*

Le tableau IV indique les éléments du calcul du coefficient saisonnier à partir des données figurant au tableau I pour les quatre premières semaines des années 1967, 1968, 1969. Il s'agit d'un modèle additif.

TABLEAU IV

Calcul d'un coefficient saisonnier en utilisant la moyenne mobile (effet saisonnier additif)

Années (1)	Intervalles (2)	Valeurs observées (3)	Moyennes mobiles (4)	Différences (3)-(4)
1967	I	2555	2997	−442
1968	I	2299	2758	−459
1969	I	2242	2464	−222

Le coefficient saisonnier est $c_1 = \frac{(-442) + (-459) + (-222)}{3} = -374$

Exemple 2 : *Calcul d'un coefficient saisonnier en utilisant une méthode analytique.*

La méthode qui sera exposée ici correspond à l'étude d'un modèle additif à tendance linéaire : on suppose que les données peuvent être représentées par une courbe de la forme :

$$\hat{x}(t) = a + bt + c_j$$

où $a + bt$ représente la tendance générale (voir formule 2), et c_j le coefficient saisonnier. On calcule c_j en faisant la moyenne des écarts entre la valeur observée et la valeur estimée par la droite de régression.

Dans l'exemple de la scarlatine, la tendance générale s'ajuste sur une droite de régression de formule :

$$x'(t) = 3\ 209 - 18\ t$$

La deuxième colonne du tableau V indique les valeurs successives de t, pour le premier intervalle de chaque année (en 1966, $t = 1$, en 1967, $t = 1+13=14$...). A la quatrième colonne figurent les valeurs de la variable estimées en tenant compte de la tendance.

La somme des écarts entre les valeurs observées et les valeurs estimées est égale à -1792. Le coefficient saisonnier est :

$$c_1 = \frac{-1792}{4} = -448$$

TABLEAU V

Calcul d'un coefficient saisonnier
en utilisant un ajustement linéaire (effet saisonnier additif)

Années (1)	t (2)	Valeurs observées (3)	Valeurs estimées (4)	Différences (3) - (4)
1966	1	2472	3209 − (18 × 1) = 3191	− 719
1967	14	2555	3209 − (18 × 14) = 2957	− 402
1968	27	2299	3209 − (18 × 27) = 2723	− 424
1969	40	2242	3209 − (18 × 40) = 2489	− 247
Total				−1 792

Les coefficients saisonniers correspondant aux 13 intervalles du tableau I sont indiqués ci-dessous.

Intervalle	I	− 448
»	II	− 117
»	III	− 151
»	IV	− 346
»	V	− 329
»	VI	− 268
»	VII	− 257
»	VIII	− 743
»	IX	− 927
»	X	+ 192
»	XI	+1003
»	XII	+1418
»	XIII	+ 973

La somme algébrique des coefficients saisonniers est égale à 0 par définition.

La courbe ajustée est représentée à la figure 6.

Pour tester l'existence d'un effet saisonnier, on peut réaliser une analyse de variance. Cette analyse doit être faite sur des séries pour lesquelles on n'a pas mis en évidence de tendance, ou pour lesquelles la variation liée à la tendance a été retirée. Elle consiste à décomposer les différentes sources de variation de la série dans un tableau d'analyse de la variance, équivalent à celui d'un plan à deux facteurs. Les deux sources étudiées sont la variation entre années, et la variation entre intervalles. L'existence d'une variation significative entre intervalles traduit

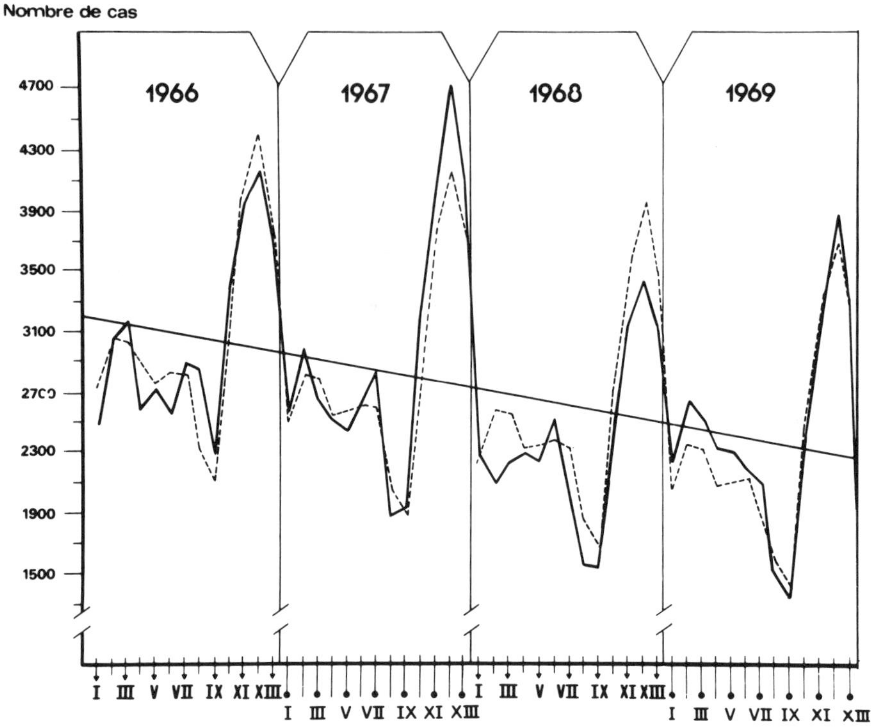

Fig. 6. — Comparaison entre les données brutes et les données ajustées pour l'étude de l'évolution de la scarlatine en République Fédérale d'Allemagne de 1966 à 1969.

Courbe en trait plein : données brutes;
courbe en pointillés : données ajustées;
droite : tendance.

une variation saisonnière. Nous n'envisagerons pas cette méthode, dont l'exposé figure dans les ouvrages [3] et [6].

ÉTUDE DES VARIATIONS ACCIDENTELLES

La mise en place d'un système de surveillance épidémiologique dans la population permet de détecter, le plus rapidement possible, une variation brusque, accidentelle, dans la fréquence du phénomène étudié. Il faut donc fixer un seuil au-delà duquel on considérera qu'une donnée observée est « anormalement » élevée (ou « anormalement » basse).

Ces méthodes ont été utilisées pour dépister la survenue d'une épidémie de grippe [2]. En Grande Bretagne on utilise quatre indices : le nombre de souches isolées par les laboratoires de virologie, le nombre de décès attribués à la grippe ou à ses complications, le nombre de dossiers nouveaux d'assurance maladie et le nombre de cas de grippe signalés par un réseau de praticiens. Ces données collectées semaine par semaine sont portées sur un graphique, comportant le niveau moyen enregistré les années précédentes, ainsi qu'un seuil d'alerte calculé en fonction de l'amplitude des variations saisonnières en dehors d'une épidémie. La figure 7 montre l'exemple d'une épidémie survenant au cours de la 16ᵉ semaine de l'année 1977, et qui apparaît à peu près simultanément par un dépassement de la cote d'alerte sur les quatre graphiques.

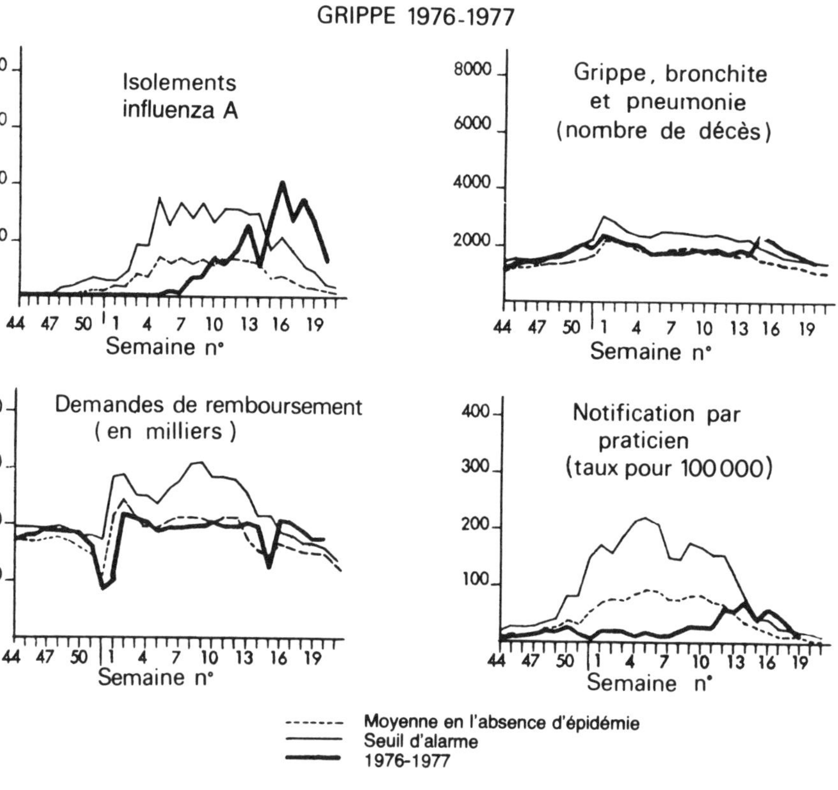

FIG. 7. — Surveillance de la grippe en Grande-Bretagne (1976-1977) (d'après C. Hannoun et coll. [2]).

Le calcul d'un seuil d'alarme dépend des résultats de l'analyse des données antérieures, en ce qui concerne la tendance générale et les variations saisonnières.

En l'absence de tendance générale croissante ou décroissante et de variations saisonnières, il est possible, nous l'avons vu, de calculer une moyenne générale $\bar{x}$, sur l'ensemble des observations dont on dispose. On peut convenir que le seuil d'alarme est dépassé lorsqu'on enregistre une augmentation supérieure à deux écart-types, une telle augmentation n'ayant que 2,5 chances sur 100 de se produire par hasard.

Si on étudie une maladie rare (malformations par exemple), il est impossible de faire l'hypothèse que le nombre de cas observés pendant un temps donné suit une loi normale, le modèle le plus fréquemment rencontré est celui de la loi de Poisson [1]. Il permet de calculer la probabilité d'observer plus de *n* cas de maladie au cours d'un intervalle de temps donné.

Supposons que l'on surveille la fréquence d'une malformation dans une zone où on compte 5.000 naissances par mois et que celle-ci soit de 1 ‰. Le fait d'en observer 10 cas ou plus en un mois, ou 16 cas ou plus en deux mois, a moins de 5 chances sur cent de se produire. Ces valeurs peuvent être retenues comme seuil d'alerte.

S'il existe une tendance générale croissante ou décroissante, le principe du calcul consiste à prolonger cette tendance (ceci n'est possible que si elle a pu être ajustée à une courbe d'équation connue) et à l'entourer d'un intervalle de confiance. Lorsque la tendance est linéaire, on peut utiliser la variance liée [6] pour déterminer le seuil supérieur, qui sera alors égal à la valeur donnée par le prolongement de la tendance + deux écart-types liés.

S'il existe des variations saisonnières sur une tendance générale nulle, il est possible d'utiliser l'intervalle de variation décrit à la figure 5, le seuil d'alarme est indiqué par la limite supérieure qui correspond aux valeurs les plus élevées. Il faut bien entendu éliminer les périodes correspondant aux grandes épidémies, et de toutes façons cette méthode reste imprécise et très empirique. On peut également calculer l'écart-type de chacun des coefficients saisonniers, et s'en servir pour définir le seuil d'alarme sous réserve des hypothèses de normalité.

S'il existe une tendance générale croissante ou décroissante et des variations saisonnières et que l'on ait ajusté les données à une courbe d'équation de la forme $\hat{x}(t) = a + bt + c_j$, on fait une estimation en prolongeant cette courbe. Pour obtenir un seuil d'alerte on peut calculer un intervalle de confiance en utilisant comme variance, la variance résiduelle du tableau d'analyse de variance précédemment évoquée.

L'utilisation de ces seuils d'alarme demande beaucoup de prudence. Le dépassement d'un seuil ne doit pas être considéré comme le témoin d'une anomalie, mais comme l'indication de faire une enquête, qui peut dénoter aussi bien l'existence d'une épidémie, que l'amélioration des notifications, ou la non-adéquation du modèle utilisé pour faire la prédiction.

ANNEXE

COEFFICIENT DE CORRÉLATION DES RANGS DE SPEARMAN

Si x'_i et y'_i sont les n premiers nombres entiers correspondant aux rangs :

$$\Sigma x'_i = \frac{n(n+1)}{2}$$

$$\bar{x}' = \bar{y}' = \frac{n+1}{2}$$

$$\Sigma (x'_i - \bar{x}')^2 = \Sigma (y'_i - \bar{y}')^2 = \frac{n(n^2-1)}{12}$$

Ces données permettent de simplifier l'habituelle formule du coefficient de corrélation :

$$r' = \frac{\Sigma (x'_i - \bar{x}')(y'_i - \bar{y}')}{\sqrt{\Sigma (x'_i - \bar{x}')^2 \Sigma (y'_i - \bar{y}')^2}}$$

Le numérateur peut être transformé pour faire apparaître $\Sigma (x'_i - \bar{x}')^2$:

$$\frac{1}{2}[\Sigma (x'_i - \bar{x}')^2 + \Sigma (y'_i - \bar{y}')^2] - \frac{1}{2}\Sigma [(x'_i - \bar{x}') - (y'_i - \bar{y}')]^2$$

On pose $d_i = x'_i - y'_i$ et comme $\bar{x}' = \bar{y}'$ on a $d_i = (x'_i - \bar{x}') - (y'_i - \bar{y}')$

d'où :

$$\Sigma (x'_i - \bar{x}')(y'_i - \bar{y}') = \frac{n}{12}(n^2-1) - \frac{1}{2}\Sigma d_i^2$$

d'où :

$$r' = \frac{\frac{n(n^2-1)}{12} - \frac{1}{2}\Sigma d_i^2}{\sqrt{\frac{n(n^2-1)}{12}}\sqrt{\frac{n(n^2-1)}{12}}}$$

$$\boxed{r' = 1 - \frac{6\,\Sigma d_i^2}{n(n^2-1)}}$$

RÉFÉRENCES

[1] G. CALOT — Cours de statistique descriptive. 1 vol., Dunod, Paris, 1965.

[2] C. HANNOUN, M. AYMARD, J. MENARES, G. MARTIN-BOUYER — Le système de surveillance de la grippe en France. Rev. Epidém. et Santé Publ., 1977, *25*, 447-457.

[3] J.C. LALOIRE — Méthodes du traitement des chroniques. 1 vol., Dunod, Paris, 1972.

[4] L. MORICE, F. CHARTIER — Méthode statistique. Tome II, Imprimerie nationale, Paris, 1954.

[5] OMS — Annuaires de statistiques sanitaires mondiales. vol. II, 1966, 1967, 1968, 1969, Genève.

[6] D. SCHWARTZ — Méthodes statistiques à l'usage des médecins et des biologistes. 1 vol., Flammarion, Paris, 1970.

CHAPITRE XXIII

ANALYSE DES COHORTES

La surveillance d'un groupe homogène d'individus peut conduire à une analyse plus fine des indices de santé. C'est ce que nous envisagerons dans l'analyse des cohortes.

Ce terme est pris dans son sens démographique : « ensemble d'individus ayant vécu un événement semblable pendant la même période de temps » [5]. Il peut s'agir des personnes nées au cours d'une même année (génération), mais aussi de personnes hospitalisées à partir d'une même date ou ayant commencé une maladie au cours d'une même période...

Dans ce chapitre, nous nous intéresserons à la survenue d'un événement unique et nous avons en général choisi l'exemple de la mortalité. Mais ce qui va être dit pourrait s'appliquer à d'autres événements : la maladie, la guérison... Nous envisagerons d'abord le cas simple où tous les sujets sont suivis depuis l'origine de la surveillance jusqu'à la survenue de l'événement étudié (par exemple de leur naissance à leur mort). Nous examinerons ensuite celui où certains individus ont une surveillance incomplète.

SURVEILLANCE COMPLÈTE

La surveillance complète est réalisée dans les études démographiques portant sur des générations entièrement éteintes. Les éléments de base que nous examinerons d'abord sont la probabilité de survie et la probabilité de décès pour une cohorte d'individus nés au cours de la même année.

Le diagramme de Lexis [4] permet de noter les informations concernant une génération (fig. 1) ou une cohorte.

En ordonnées figurent les âges et en abscisses les années. Les données concernant une année figurent en colonne et celles concernant un groupe d'âge en ligne. Par conséquent, celles concernant une génération figurent en diagonale.

Sur la figure 1 est représentée la génération 1820 située entre la diagonale représentant les sujets nés le 1er janvier 1820 et celle correspondant aux sujets nés le 31 décembre 1820.

Sur les lignes horizontales, on trouve le nombre de sujets ayant atteint l'anniversaire considéré; dans l'exemple envisagé ici, sur 100 000 sujets nés en 1820 (ligne 0), 82 400 ont atteint 1 an, 77 126 : 2 ans, 74 211 : 3 ans.

Sur les lignes verticales, figure le nombre de sujets appartenant à une tranche d'âge donnée à la date indiquée par la ligne verticale : le 1er janvier 1823 sur les 100 000 enfants nés en 1820 il en restait 75 512, ils avaient entre 2 et 3 ans.

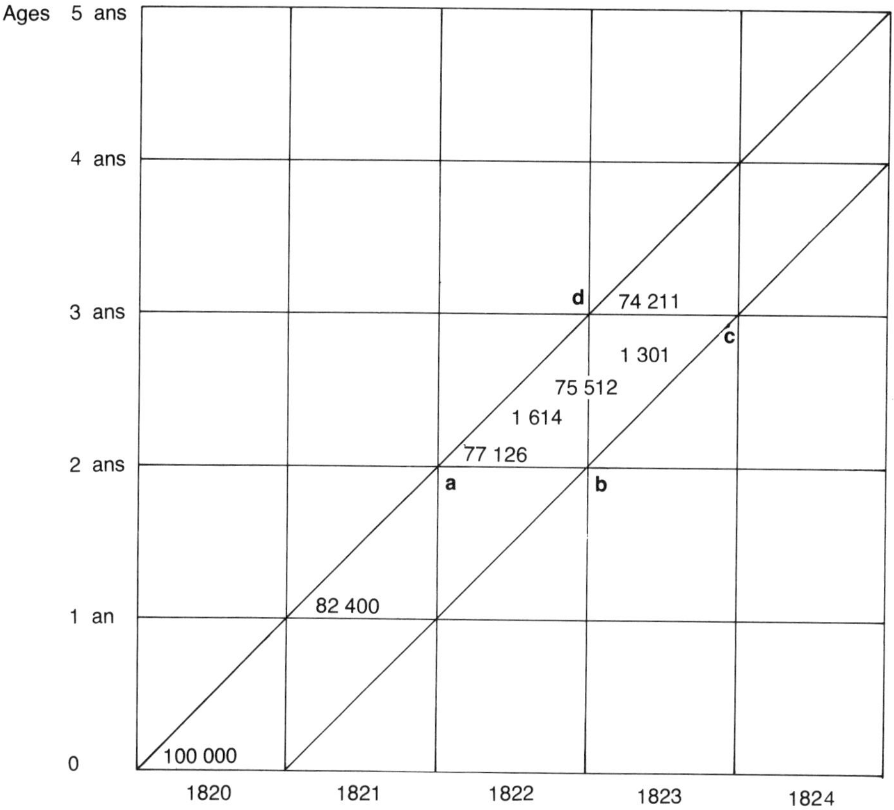

FIG. 1. — Diagramme de Lexis.

Dans les triangles limités par ces lignes et par les diagonales, on note le nombre de décès ; dans le triangle a b d sont inscrits les 1 614 décès survenus en 1822 chez les enfants dont l'âge était compris entre 2 et 3 ans, dans le triangle b d c sont inscrits les 1 301 décès survenus en 1823, chez les sujets dont l'âge était également compris entre 2 et 3 ans. La somme de ces deux nombres correspond au nombre total de décès survenus entre 2 et 3 ans chez les enfants nés en 1820.

Indices

Le quotient de mortalité entre 2 et 3 ans est calculé en rapportant le nombre de décès entre le 2e et le 3e anniversaire au nombre de sujets présents au début de cette période (survivants au 2e anniversaire).

Si l'on souhaite calculer le quotient de mortalité entre l'âge x et l'âge $x + 1$, on applique la formule :

$$q_x = \frac{d\ (x,\ x + 1)}{S_x}$$

avec q_x = quotient de mortalité à l'âge x
$d\ (x, x + 1)$ = nombre de décès entre l'âge x et l'âge $x + 1$
S_x = survivants à l'âge x

Si l'on souhaite calculer le quotient de mortalité entre l'âge x et l'âge $x + a$, la formule devient :

$$_{a}q_{x} = \frac{d\ (x,\ x + a)}{S_{x}} \quad (*)$$

Les éléments nécessaires pour calculer les quotients annuels de mortalité sont indiqués au tableau I, avec un exemple de calcul de quotients sur des données fictives.

TABLEAU I
Mortalité d'une génération

Age exact x	Décès entre x et $x + 1$ $d\ (x,\ x + 1)$	Survivants à l'âge x S_x	Quotient de mortalité q_x p. 1 000
0	82 848	652 347	127
1	29 614	569 499	52
2	15 117	539 885	28
3	9 971	524 768	19
4	7 722	514 797	15

La probabilité de survie se déduit aisément de ce qui vient d'être dit. Soit $_{a}p_{x}$ la probabilité de survie d'un âge x à l'âge $x + a$ (**).

$$_{a}p_{x} = \frac{S_{x+a}}{S_{x}} \qquad \text{avec} \qquad _{a}p_{x} = 1 - {_{a}q_{x}}$$

$$_{2}p_{2} = \frac{S_{4}}{S_{2}} = 0{,}954$$

La probabilité de survie d'un anniversaire x à $x + 1$ est :

$$_{1}p_{x} = \frac{S_{x+1}}{S_{x}} \qquad \text{avec} \qquad _{1}p_{x} = 1 - q_{x}$$

Table de mortalité d'une génération

La table de mortalité permet de récapituler la mortalité à chaque âge pour les sujets nés une même année. Elle est construite à partir d'un effectif théorique à la naissance, en général une puissance de 10. En utilisant les quotients annuels de mortalité tels qu'ils ont été calculés plus haut on peut obtenir :

— les décès dans l'intervalle $(x,\ x + 1)$: $d\ (x,\ x + 1) = S_{x} \cdot q_{x}$
— les survivants à l'âge suivant : $S_{x+1} = S_{x} - d(x,\ x + 1)$

(*) Avec cette notation le quotient annuel devrait s'écrire $_{1}q_{x}$, pour simplifier et lorsqu'il n'y a pas de risque de confusion, on écrit q_{x}.

(**) Lorsque $x = 0$, cette probabilité de survie est parfois dénommée « *taux de survie* », elle s'exprime souvent en pourcentage mais le principe du calcul reste le même; celui-ci est décrit sous le nom de « méthode directe de calcul des taux de survie » par D. Schwartz [6]. On établit ainsi les taux de survie à 1 an, 2 ans... après le diagnostic d'un cancer par exemple.

Par exemple pour la génération des sujets nés en 1820 (tableau II) on a :

$$d(0,1) = 100\ 000 \times \frac{176,0}{1.000} = 17\ 600$$

$$S_1 = 100\ 000 - 17\ 600 = 82\ 400$$

$$d(1,2) = 82\ 400 \times \frac{64,0}{1.000} = 5\ 274 \ldots$$

Des indices de position centrale et notamment l'*espérance de vie à la naissance* permettent de résumer une table de mortalité.

L'espérance de vie à la naissance ou vie moyenne représente la durée moyenne de vie dans la génération.

On calcule le total des années vécues par tous les membres de la génération en supposant que les sujets décédés entre l'âge x et l'âge $x + 1$ ont vécu en moyenne une demi-année.

Nombre total d'années vécues par les sujets décédés :

pendant la 1ere année : $0,5\ d(0,1) = 0,5\ d(0,1)$
pendant la 2eme année : $0,5\ d(1,2) + d(1,2) = 1,5\ d(1,2)$
pendant la 3eme année : $0,5\ d(2,3) + d(2,3) + d(2,3) = 2,5\ d(2,3)$ ...

et en additionnant par colonne :

$$T = 0,5\ S_0 + S_1 + S_2 + \ldots$$

Ainsi, la vie moyenne que l'on note e_0 et qui vaut :

$$\frac{T}{S_0}$$

s'exprime encore par la formule :

$$e_0 = \frac{1}{S_0}(0,5\ S_0 + S_1 + S_2 + \ldots) = 0,5 + \frac{S_1 + S_2 + S_3 + \ldots}{S_0}.$$

On définit pareillement l'espérance de vie à l'âge x comme le nombre moyen d'années restant à vivre aux S_x survivants à l'âge x.

On établit que :

$$e_x = 0,5 + \frac{S_{x+1} + S_{x+2} + \ldots}{S_x}.$$

On trouve ainsi avec les données du tableau II.

$$e_0 = 0,5 + \frac{3\ 891\ 928}{100\ 000} = 39,4 \text{ ans}$$

$$e_{60} = 0,5 + \frac{479\ 481}{37\ 157} = 13,4 \text{ ans}$$

La vie médiane représente l'âge qu'un nouveau-né d'une génération a une chance sur deux d'atteindre, c'est donc l'âge où il y a 50 000 survivants sur un effectif initial de 100 000. Dans le tableau II, il est compris entre 43 et 44 ans, une interpolation donne

$$43 + \frac{409}{615} = 43,7 \text{ ans}$$

TABLEAU II

Table de mortalité de la génération masculine française 1820 [3]

Age	S_x	$d(x, x+1)$	q_x (p. 1 000)	Age	S_x	$d(x, x+1)$	q_x (p. 1 000)	Age	S_x	$d(x, x+1)$	q_x (p. 1 000)
0	100 000	17 600	176,0	35	54 772	510	9,31	70	23 640	1 588	67,2
1	82 400	5 274	64,0	36	54 262	515	9,49	71	22 052	1 621	73,5
2	77 126	2 915	37,8	37	53 747	525	9,77	72	20 431	1 655	81,0
3	74 211	1 892	25,5	38	53 222	533	10,0	73	18 776	1 662	88,5
4	72 319	1 371	19,0	39	52 689	547	10,4	74	17 114	1 650	93,4
5	70 948	1 078	15,2	40	52 142	560	10,7	75	15 464	1 642	106
6	69 780	869	12,4	41	51 582	575	11,1	76	13 822	1 612	117
7	69 001	730	10,6	42	51 007	598	11,7	77	12 210	1 550	127
8	68 271	618	9,05	43	50 409	615	12,2	78	10 660	1 461	137
9	67 653	520	7,69	44	49 794	629	12,6	79	9 199	1 361	148
10	67 133	426	6,35	45	49 165	644	13,1	80	7 838	1 258	161
11	66 707	377	5,65	46	48 521	658	13,6	81	6 580	1 138	173
12	66 330	356	5,37	47	47 863	668	14,0	82	5 442	1 013	186
13	65 974	350	5,31	48	47 195	678	14,4	83	4 429	885	200
14	65 624	356	5,42	49	46 517	688	14,8	84	3 544	759	214
15	65 268	375	5,75	50	45 829	708	15,4	85	2 785	635	228
16	64 893	404	6,23	51	45 121	739	16,4	86	2 150	522	243
17	64 489	432	6,70	52	44 382	771	17,4	87	1 628	419	257
18	64 057	466	7,27	53	43 611	806	18,5	88	1 209	324	268
19	63 591	502	7,89	54	42 805	850	19,9	89	885	248	280
20	63 089	550	8,72	55	41 955	877	20,9	90	637	187	290
21	62 539	638	10,2	56	41 078	912	22,2	91	450	137	300
22	61 901	687	11,1	57	40 166	956	23,8	92	313	100	320
23	61 214	691	11,3	58	39 210	994	25,4	93	213	70	330
24	60 523	670	11,1	59	38 216	1 059	27,7	94	143	49	340
25	59 853	610	10,2	60	37 157	1 115	30,0	95	94	33	350
26	59 243	546	9,22	61	36 042	1 178	32,7	96	61	23	380
27	58 697	518	8,82	62	34 864	1 238	37,5	97	38	14	370
28	58 179	494	8,49	63	33 626	1 288	38,3	98	24	10	420
29	57 685	479	8,30	64	32 338	1 335	41,3	99	14	6	430
30	57 206	472	8,25	65	31 003	1 383	44,6	100	8		
31	56 734	477	8,41	66	29 620	1 422	48,0				
32	56 257	487	8,66	67	28 198	1 466	52,0				
33	55 770	495	8,88	68	26 732	1 527	57,1				
34	55 275	503	9,01	69	25 205	1 565	63,0				

Représentation graphique

La figure 2 donne une représentation graphique de la table de mortalité (tableau II).

La courbe représentative des survivants à l'âge x, S_x, montre l'importance des pertes dans les toutes premières années de la vie, puis la variation d'effectif assez faible jusque vers 50 ans, après quoi les diminutions redeviennent très sensibles.

La courbe représentative des décès entre les âges x et $x + 1$, $d\ (x, x + 1)$,

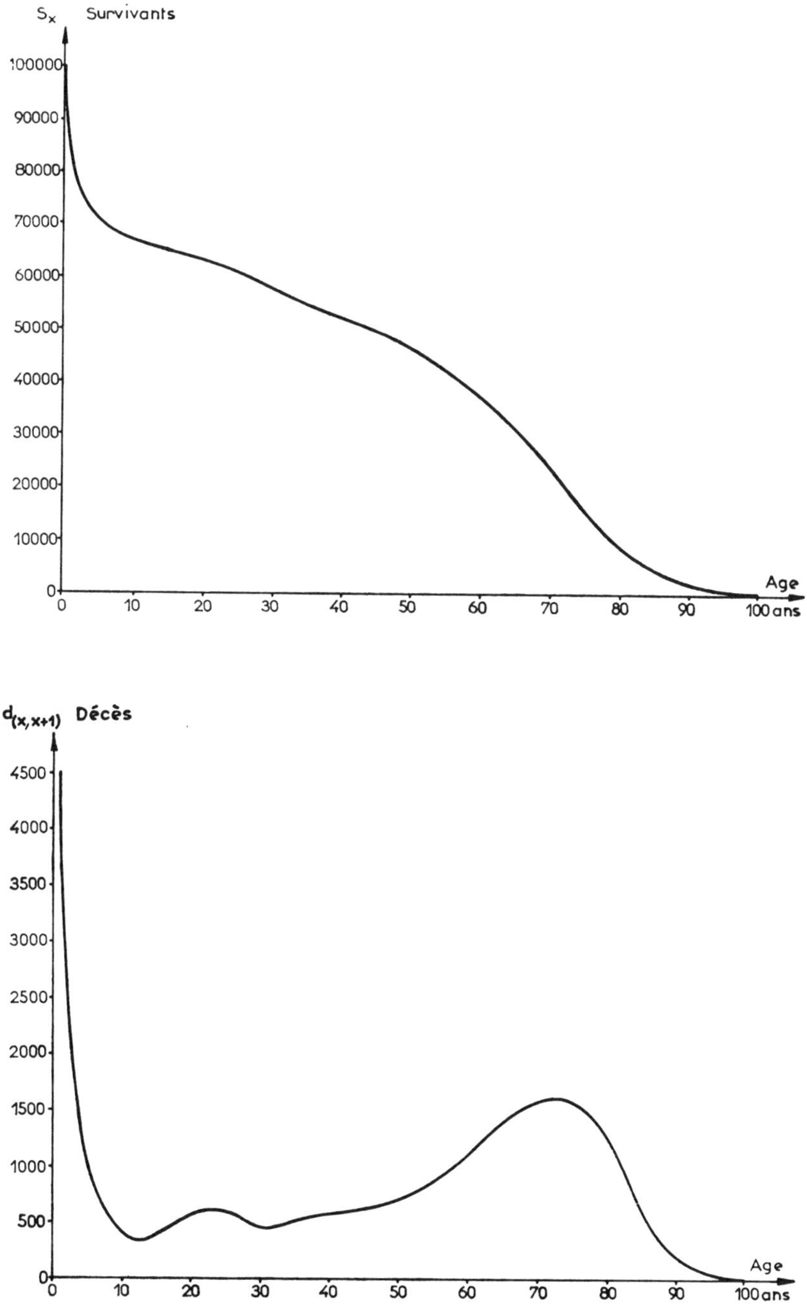

FIG. 2. — Courbe des survivants à l'âge x
et courbe des décès entre les âges x et $x + 1$
(génération masculine française, 1820).

précise le rythme des disparitions, puisque les décès entre anniversaires successifs se trouvent cette fois isolés. Tout d'abord très importantes, ces disparitions vont en décroissant, et passent par un minimum entre 13 et 14 ans; la seconde partie de la courbe rappelle une courbe en cloche; en dehors d'une légère pointe à 23 ans, un maximum aux âges avancés apparaît, ici entre 73 et 74 ans, définissant ce qu'on appelle l'*âge normal au décès*.

D'après sa définition, *le quotient annuel de mortalité* q_x donne la mesure, à un anniversaire, de la fréquence des décès qui se produiront avant le prochain anniversaire chez les personnes ayant atteint le premier de ces anniversaires. Ainsi sur le tableau précédent : q_{80} = 161 p. 1 000 signifie que, parmi 1 000 personnes atteignant 80 ans, 161 mourront avant d'atteindre leur 81ᵉ anniversaire. Les quotients mesurent donc les risques de décès aux différents âges et, avec la figure 3, on voit comment ces risques varient avec l'âge : le minimum absolu est à 13 ans, un maximum relatif apparaît à 23 ans*, et le fort niveau de la mortalité entre 0 et 1 an (mortalité infantile) se retrouve vers 80 ans. Si la courbe des quotients de mortalité présente, en gros, toujours la même allure, il y a naturellement des différences selon les générations (différence dans le temps et dans l'espace); c'est ainsi, par exemple, que le maximum relatif entre 20 et 25 ans, que nous constatons dans la génération masculine française 1820, s'est atténué progressivement pour finir par disparaître dans les générations récentes. A noter que le fait que tout homme est mortel implique que dans toute génération il existe un âge limite qui semble se situer entre 110 et 120 ans.

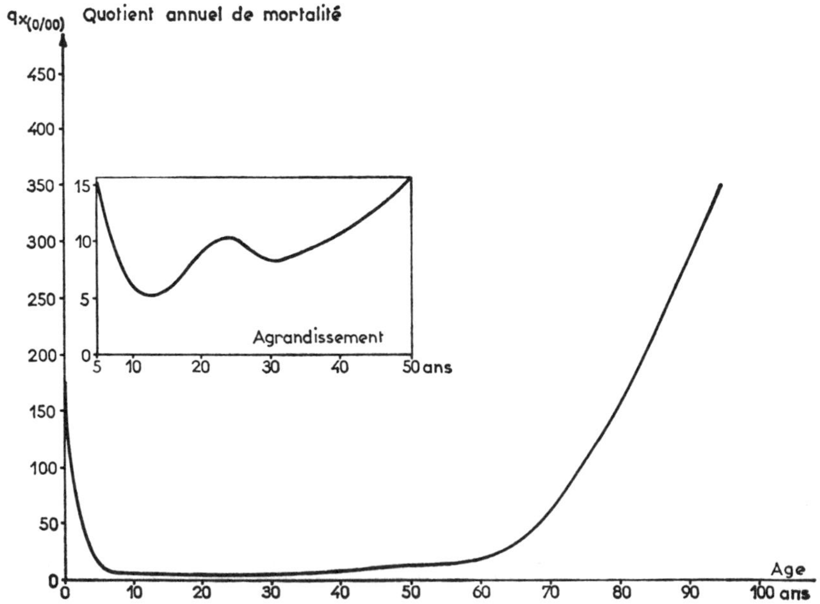

FIG. 3. — Courbe représentative des quotients de mortalité
(génération masculine française, 1820).

* Qui ne s'observe plus dans les générations actuelles des pays développés.

SURVEILLANCE INCOMPLÈTE

Nous n'insisterons pas sur le cas où la durée de la surveillance est identique pour tous les individus : la surveillance d'une génération récente, les sujets nés en 1950 par exemple, pourrait l'illustrer. Comme précédemment, il est possible de calculer les quotients de mortalité et les probabilités ou taux de survie. Par contre, la table de mortalité reste inachevée et il est impossible de calculer l'espérance de vie ou la vie médiane.

Le problème se complique lorsque la durée de la surveillance est variable selon les sujets, or ce cas est extrêmement fréquent.

Lorsque des malades entrent dans une enquête au cours d'une période donnée, entre 1973 et 1979 par exemple, et qu'on fait le point le 31 décembre 1980, certains sujets ont été suivis 1 an, d'autres 2 ans (recul de 1 an, 2 ans...). On peut alors calculer les taux de survie à 1 an, 2 ans... 7 ans chez les sujets suivis pendant 7 ans..., les taux de survie à 1 an et à 2 ans chez les sujets suivis pendant 2 ans... Ces données sont souvent complexes à exprimer, elles portent quelquefois sur un petit nombre de cas. Aussi a-t-on cherché à définir des indices globaux que nous allons examiner brièvement.

Méthode actuarielle *

Alors que la méthode directe calcule la survie au bout d'un intervalle, uniquement à partir des sujets ayant le recul voulu, la méthode actuarielle permet de tenir compte des informations fournies par tous les sujets de l'enquête jusqu'à la date où l'on fait le point.

Supposons que l'on connaisse les éléments suivants :

${}_1p_0$ probabilité de survie à 1 an = 50 %
${}_1p_1$ probabilité de survie à 2 ans chez les survivants à 1 an = 70 %
${}_1p_2$ probabilité de survie à 3 ans chez les survivants à 2 ans = 80 %

Pour 100 sujets au départ, le nombre de :

survivants à 1 an est : 50

survivants à 2 ans est : $50 \times \frac{70}{100} = 35$

survivants à 3 ans est : $35 \times \frac{80}{100} = 28$

La probabilité de survie à 3 ans est donc $\frac{28}{100}$

Le calcul effectué est finalement le produit : $\frac{50}{100} \times \frac{70}{100} \times \frac{80}{100}$

* Nous indiquerons rapidement cette méthode dont le détail est indiqué dans [6].

Il est donc nécessaire de disposer des *probabilités successives de survie*. Pour cela, on calcule leur complément, les probabilités successives de décès, soit :

$$\frac{\text{nombre de décès entre } x \text{ et } x + 1}{\text{population exposée}}$$

Le numérateur ne pose guère de problème, par contre le calcul du dénominateur est moins simple. Les vivants au début de l'intervalle (S_x) se répartissent en trois groupes : 1) les décédés dans l'intervalle $d\ (x, x + 1)$; 2) les vivants à la fin de l'intervalle $(x, x + 1) = S_{x+1}$; 3) les sujets surveillés pendant une partie de l'intervalle, appelés souvent exclus-vivants $EV\ (x, x + 1)$.

La population exposée est égale à :

$$S_x - 1/2\, EV\ (x, x + 1)$$

On admet que les exclus-vivants ont été en moyenne exposés au risque de mourir pendant la moitié de la période considérée et que chacun compte pour 1/2 sujet dans la population exposée.

Les calculs effectués précédemment supposent que l'on fasse le point à une *date donnée* sur l'état des sujets (information unique à date fixe i), ce qui est le cas le plus habituel. Mais quelquefois on utilise la *méthode des anniversaires*, c'est le cas lorsque les informations sur les sujets sont connues à intervalle fixe, par exemple à chaque date anniversaire du début de la surveillance. La population exposée n'est plus $S_x - \frac{EV\ (x, x + 1)}{2}$ mais $S_x - EV\ (x, x + 1)$. En effet, la dernière information connue à la date x est l'état à l'anniversaire immédiatement précédent, qui est x pour les sujets vivants à x et n'ayant pas atteint l'anniversaire $x + 1$. Ces exclus-vivants au début de l'intervalle n'ont pu contribuer à aucun des décès comptabilisés dans l'intervalle $x, x + 1$. Ils ne font donc pas partie de la population exposée.

Exemple. On a suivi une population de 3.500 sujets atteints d'une maladie *m*. On dispose pour faire l'analyse des résultats indiqués au tableau suivant : on suppose que le point est fait à la fin de la 8e année (tableau III).

TABLEAU III

Données pour le calcul des probabilités de survie par la méthode actuarielle

Période d'observation $x, x + 1$	Décédés $d\ (x, x + 1)$	Exclus vivants $EV\ (x, x + 1)$	Survivants S_x
0-1	277	0	3 500
1-2	250	450	3 223
2-3	200	420	2 523
3-4	129	390	1 903
4-5	109	360	1 384
5-6	89	330	915
6-7	66	300	496

$${}_1p_0 = 1 - \frac{277}{3\,500} = 92{,}1\ \%$$

$${}_1p_1 = 1 - \left(\frac{250}{3223 - \frac{450}{2}}\right) = 91{,}7\ \%$$

$${}_1p_2 = 1 - \left(\frac{200}{2523 - \frac{420}{2}}\right) = 91{,}4\ \%$$

$${}_1p_3 = 1 - \left(\frac{129}{1903 - \frac{390}{2}}\right) = 92{,}4\ \%$$

$${}_1p_4 = 1 - \left(\frac{109}{1384 - \frac{360}{2}}\right) = 90{,}9\ \%$$

$${}_1p_5 = 1 - \left(\frac{89}{915 - \frac{330}{2}}\right) = 88{,}1\ \%$$

$${}_1p_6 = 1 - \left(\frac{66}{496 - \frac{300}{2}}\right) = 80{,}9\ \%$$

donc :

$${}_7p_0 = 0{,}921 \times 0{,}917 \times 0{,}914 \times 0{,}924 \times 0{,}909 \times 0{,}881 \times 0{,}809 = 0{,}462$$

L'utilisation de la méthode actuarielle suppose que la fréquence de l'événement étudié est la même pour tous les sujets, quelle que soit leur date d'entrée dans l'étude.

Lorsqu'on calcule les probabilités de survie à 3 ans :

${}_1p_0$ est calculé pour l'ensemble des sujets qu'ils aient 1 an, 2 ans ou 3 ans de recul
${}_1p_1$ est calculé pour les sujets ayant 2 à 3 ans de recul,
${}_1p_2$ est calculé pour les sujets ayant 3 ans de recul.

Le poids accordé aux sujets ayant 3 ans de recul est donc particulièrement important; si leur probabilité de survie est plus faible que celle des sujets ayant 2 ans de recul, le taux final s'en trouve affecté.

Cette condition doit être particulièrement considérée lorsqu'on étudie une maladie pour laquelle les progrès thérapeutiques sont importants.

Méthode des personnes-années

Cette méthode a été particulièrement utilisée pour évaluer l'efficacité des méthodes de contraception : on calcule généralement l'indice de Pearl [8] qui est le nombre de grossesses observées pour 100 femmes-années d'utilisation. C'est donc le rapport $R = \frac{P}{N} \times 100$ où P = nombre de grossesses observées et N = nombre total d'années d'observation ou nombre total de mois d'observation/12. Il représente le nombre de grossesses que l'on peut attendre dans un groupe de 100 femmes utilisant la méthode étudiée, pendant un an. Son mode de calcul suppose que pour une population donnée le taux de grossesse est constant pour tous les mois suivant le début de la contraception. En effet, il rend équivalent le fait de surveiller 50 femmes pendant 2 ans ou 200 femmes pendant 6 mois.

Exemple d'application (données fictives)

Entre le 1er janvier 1979 et le 31 décembre 1983, 5 000 femmes ont commencé à utiliser une nouvelle méthode de contraception et on décide de faire le point au 31 décembre 1984. On dispose de l'information sur la survenue d'une grossesse pour toutes les femmes (tableau IV), et la seule raison d'arrêt de la contraception est la grossesse.

TABLEAU IV

Nombre de grossesses observées sous contraception en fonction de la date de début de la contraception et du moment de survenue.

Début de contraception	Nombre de femmes	Nombre de grossesses observées entre 0-1 an	1-2 ans	2-3 ans	3-4 ans	4-5 ans
1979	1 000	23	19	15	11	7
1980	1 000	21	17	13	9	
1981	1 000	19	15	11		
1982	1 000	17	13			
1983	1 000	15				

Le tableau IV donne les résultats observés. Ils peuvent être représentés sous forme d'un diagramme de Lexis (fig. 4). Sur la première ligne figure les effectifs de départ (1 000 femmes chaque année), sur la deuxième ligne figure le nombre de femmes encore « exposées au risque de grossesse » au bout d'un an de contraception, ce sont celles qui ne sont pas devenues enceintes la première année : pour la cohorte 1979, 977 femmes (1 000 − 23); pour la cohorte 1980, 979 femmes (1 000 −21) ... A l'intérieur des parallélogrammes est noté le nombre de grossesses survenues année par année dans chaque cohorte.

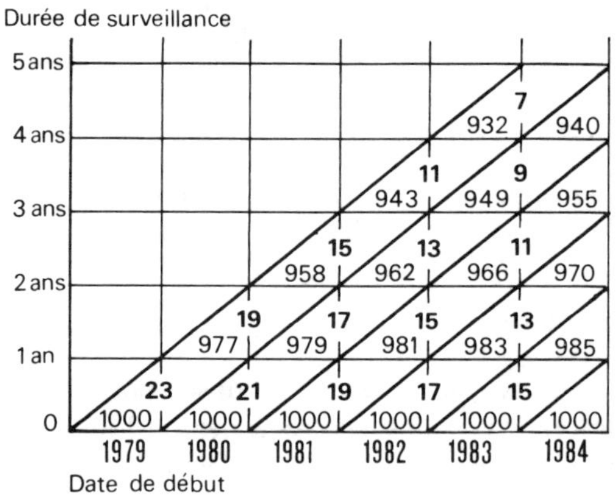

FIG. 4. — Représentation des données du tableau IV sous forme d'un diagramme de Lexis.

A partir de ces données, on peut calculer la probabilité de survenue d'une grossesse en 4 ans, en utilisant la méthode directe ou la méthode actuarielle.

Méthode directe :

$$\text{Prob. de grossesse en 4 ans} = \frac{\text{Nombre de grossesses en 4 ans}}{\text{Population ayant au moins un recul de 4 ans}}$$

Dans notre exemple, seules les cohortes 1979 et 1980 ont au moins un recul de 4 ans, et le dénominateur est 2 000, le numérateur est le nombre de grossesses observées en 4 ans dans ces deux cohortes (23 + 19 + 15 + 11 + 21 + 17 + 13 + 9 = 128)

$$\text{donc prob. de grossesse en 4 ans} = \frac{128}{2\,000} = 64\ ‰$$

Méthode actuarielle : soit

$p_{0\text{-}4}$ la probabilité de ne pas être enceinte entre 0 et 4 ans

$$p_{0\text{-}4} = p_{0\text{-}1} \times p_{1\text{-}2} \times p_{2\text{-}3} \times p_{3\text{-}4}$$

où $p_{0\text{-}1}$ est la probabilité de ne pas être enceinte entre 0 et 1 an, $p_{1\text{-}2}$ entre 1 et 2 ans...

$$p_{0\text{-}1} = \frac{\text{Nb. de femmes non enceintes au bout d'un an}}{\text{Nb. de femmes non enceintes au temps 0}}$$

$$p_{0\text{-}1} = \frac{977 + 979 + 981 + 983 + 985}{5\,000} = \frac{4\,905}{5\,000} = 981{,}0\ ‰$$

Il peut en effet se calculer sur les 5 cohortes

$p_{1\text{-}2}$ se calcule selon le même principe sur 4 cohortes (1979 à 1982)

$$p_{1\text{-}2} = \frac{958 + 962 + 966 + 970}{977 + 979 + 981 + 983} = 983{,}7\ ‰$$

De la même façon on peut calculer

$$p_{2\text{-}3} = \frac{943 + 949 + 955}{958 + 962 + 966} = 986{,}5\ ‰$$

$$p_{3\text{-}4} = \frac{932 + 940}{943 + 949} = 989{,}4\ ‰$$

La probabilité d'être enceinte entre 0 et 4 ans est égale à $1-p_{0\text{-}4}$ c'est-à-dire à :

$$1-(0{,}9810 \times 0{,}9837 \times 0{,}9865 \times 0{,}9894) = 58{,}1\ ‰$$

Les deux méthodes de calcul arrivent donc à des résultats différents : 64 ‰ par la méthode directe et 58,1 ‰ par la méthode actuarielle. Ceci est lié au fait que ces deux probabilités sont calculées sur des données différentes, celle des générations 1979 et 1980 pour la méthode directe et l'ensemble des données pour la méthode actuarielle, et de plus il y a un effet période (moins de grossesses lorsque la contraception a débuté plus tardivement) qui fait que, plus on inclut de données, plus les taux sont faibles. Un autre inconvénient de l'utilisation de la méthode actuarielle, s'il existe un effet période, apparaît lorsque l'on confronte la série des taux intermédiaires ($1-p_{0\text{-}1}$, $1-p_{1\text{-}2}$, $1-p_{2\text{-}3}$, $1-p_{3\text{-}4}$) obtenus à partir des données de la figure 4, ou du tableau IV. En effet, l'examen des données, cohorte par cohorte, montre une diminution constante et très marquée du taux de grossesse puisque pour la cohorte 1979, on observe successivement : 23 ‰, 19,4 ‰, 15,7 ‰, 11,7 ‰; les chiffres issus des calculs pour la méthode actuarielle sont de 19,0 ‰, 16,3 ‰, 14,5 ‰, 10,6 ‰ avec une décroissance moins marquée.

Cet exemple illustre donc bien la limite la plus importante à l'utilisation de la méthode actuarielle qui est l'existence d'un effet période.

A partir des mêmes données, on aurait pu calculer la probabilité de survenue de grossesse pour mille femmes pendant un an (pour mille femmes-année). Cette probabilité se calcule en rapportant le nombre total de grossesses observées par période de un an (23 + 21 + 19 + ... + 11 + 9 + 7 = 208) au nombre total de femmes exposées au risque de grossesse au début de chaque période (1 000 + 1 000 + 1 000 + ... + 943 + 949 + 932 = 13 698) soit 208/13 698 = 15,2 ‰.

Ce mode de calcul qui a l'avantage d'être très synthétique implique que l'amalgame des données ait un sens : c'est-à-dire que les taux soient homogènes à la fois à l'intérieur d'une même cohorte et d'une cohorte à l'autre.

En conclusion : les méthodes proposées pour l'étude de la mortalité peuvent être appliquées à d'autres événements (tel que survenue d'une grossesse), à condition qu'on les considère comme des événements uniques. Mais en raison des conditions d'applications de ces méthodes (homogénéité des taux) leur utilisation devrait toujours être précédée d'une représentation des données longitudinales sous forme d'un diagramme de Lexis.

UTILISATION DES DONNÉES TRANSVERSALES EN VUE D'UNE ANALYSE LONGITUDINALE

Lorsqu'on dispose uniquement des taux de mortalité observés au cours d'une année, on peut reconstituer une table de mortalité à partir de laquelle on calcule une espérance de vie à la naissance. Cette méthode mise au point par les démographes peut d'ailleurs s'appliquer à d'autres événements que la mortalité.

Si l'on a les taux de mortalité par âge au cours d'une année, il est possible de convertir ces taux en quotients de mortalité, à condition de disposer d'une population stationnaire pour laquelle le nombre de naissances et de décès par âge ne varie pas d'une année à l'autre.

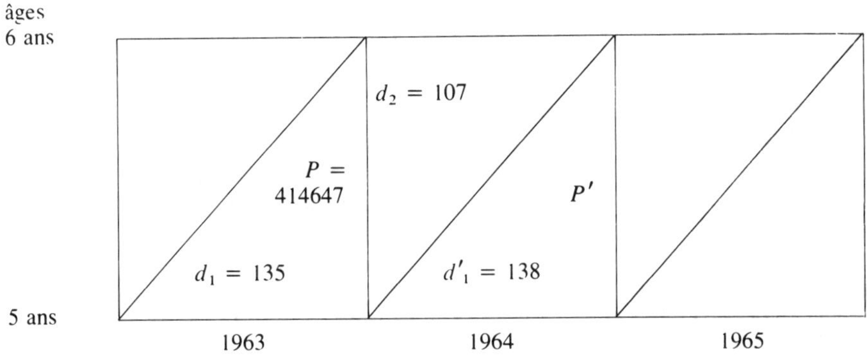

FIG. 5 — Exemple de calcul d'un quotient de mortalité.

Pour pouvoir calculer en 1964 le quotient annuel de mortalité entre 5 et 6 ans, il faudrait disposer (fig. 5) des données suivantes : nombre d'enfants ayant atteint 5 ans en 1963 (414 647 + 135) et décédés avant 6 ans en 1963 (d_1 = 135) ou 1964 (d_2 = 107), on a $q_5 = \dfrac{(d_1 + d_2)}{P + d_1} = \dfrac{107 + 135}{414\ 647 + 135}$

On dispose le plus souvent non pas de $d_1 + d_2$ mais de $d_2 + d'_1$ qui est voisin (c'est-à-dire nombre de décès à un âge donné, une année donnée), c'est ce qui permet de calculer un taux de mortalité $m_x = \dfrac{d'_1 + d_2}{\dfrac{P + P'}{2}}$. On suppose

$$\frac{P + P'}{2} \simeq P$$

donc $m_x = \dfrac{d'_1 + d_2}{P}$ d'où $d'_1 + d_2 = Pm_x$

q_x peut être estimé par $\dfrac{Pm_x}{P + d_1}$ mais d_1 est inconnu; comme d_1, d_2 et d'_1 sont voisins, on peut l'estimer par $\dfrac{Pm_x}{2}$, ce qui conduit à : $q_x = \dfrac{Pm_x}{P + \dfrac{Pm_x}{2}} = \dfrac{2\, m_x}{2 + m_x}$

De façon plus générale, on établit que * :

$$_aq_x = \frac{2\,a\,.\,_am_x}{2 + a\,.\,_am_x}$$

où $_am_x$ est le taux calculé sur un intervalle d'âge de a années à partir d'un âge x.

Il faut être plus réservé pour ce type de conversion quand les taux portent sur un groupe d'âges car l'hypothèse de stationnarité de la population risque de ne pas être vérifiée.

A partir des quotients de mortalité, et de la même manière qu'ont été calculées les tables de mortalité dans le cas d'une surveillance longitudinale des sujets, on peut construire une table de mortalité du moment, en appliquant les quotients de mortalité à un effectif initial (à la naissance) arbitraire, mettons 100 000. On décrit ainsi la mortalité d'une *génération fictive* représentant la population une année « donnée », à partir de laquelle on peut calculer une espérance de vie à la naissance (espérance de vie du moment).

C'est cet indicateur qui est calculé lorsque l'on dit, par exemple, qu'en 1982 l'espérance de vie des femmes est de 78,9 ans alors que celle des hommes est de 70,8 ans. Cela ne signifie pas que les garçons nés en 1980 vivront en moyenne 8,1 années de plus que les filles, mais quantifie la surmortalité masculine en 1982.

Une table de mortalité du moment présente l'avantage de donner une information actuelle de la mortalité alors qu'une table de mortalité de génération présente plutôt un intérêt historique puisqu'une génération ne peut être étudiée qu'une fois éteinte; c'est-à-dire qu'on peut au mieux étudier aujourd'hui des générations nées avant 1880.

Des réserves doivent cependant être faites dans l'utilisation des données du moment : en effet, peut-on isoler les conditions de mortalité d'une année donnée, dans la mesure où les différentes générations composant cette cohorte fictive portent en elles les traces d'événements passés ? Cet argument, très réel pour un certain nombre de phénomènes démographiques comme la fécondité et la nuptialité, est moins important dans la mortalité, car c'est un phénomène relativement stable, ne subissant pas de grandes variations dans le temps. Cependant, il faut signaler les

* Ce n'est qu'une des façons de transformer un taux en quotient.

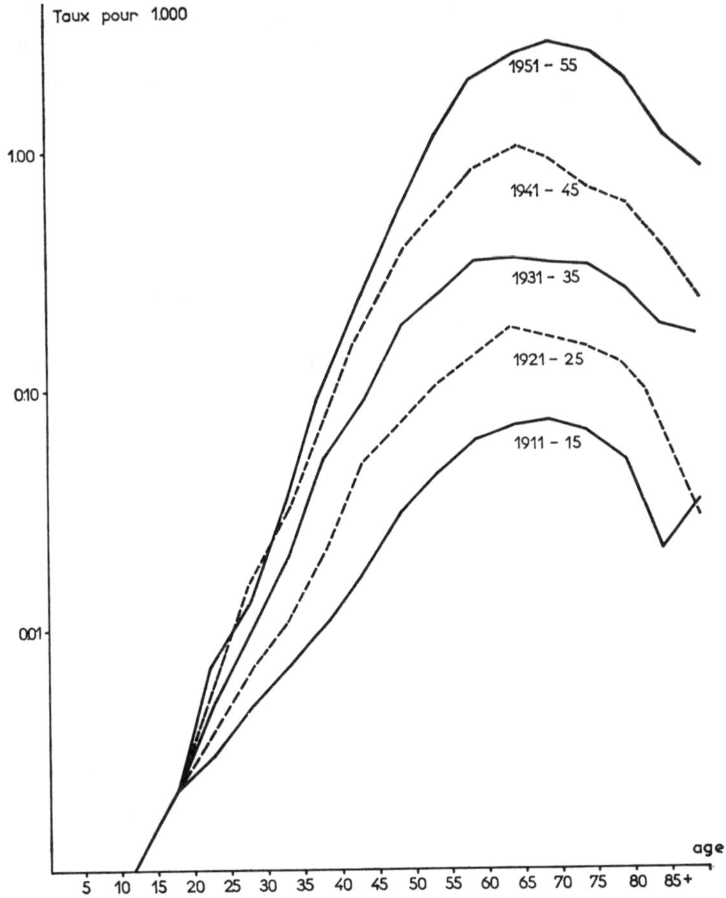

FIG. 6 — Taux de décès par cancer du poumon et de la plèvre par âge pour différentes périodes (hommes, Angleterre et Pays de Galles).

conséquences des guerres qui laissent des générations plus vulnérables à la maladie et pour lesquelles on observe des quotients de mortalité particulièrement élevés.

Par contre, toute étude portant sur un type de cause de mortalité présente de grandes variations dans le temps (découverte d'un traitement, développement d'une affection) et doit tenir compte de ce type de remarque.

Lorsque la mortalité pour un type de cause est en pleine évolution, la physionomie que donne la synthèse transversale peut être trompeuse. Il en est ainsi pour le cancer bronchique.

L'analyse transversale représentée sur la figure 6 indique un maximum situé aux environs de 60 ans, celui-ci ne traduit pas un phénomène lié à l'âge car l'analyse longitudinale indique une augmentation des taux de mortalité jusqu'à la fin de la vie (fig. 7). Celle-ci montre en outre que les générations les plus récentes sont davantage atteintes.

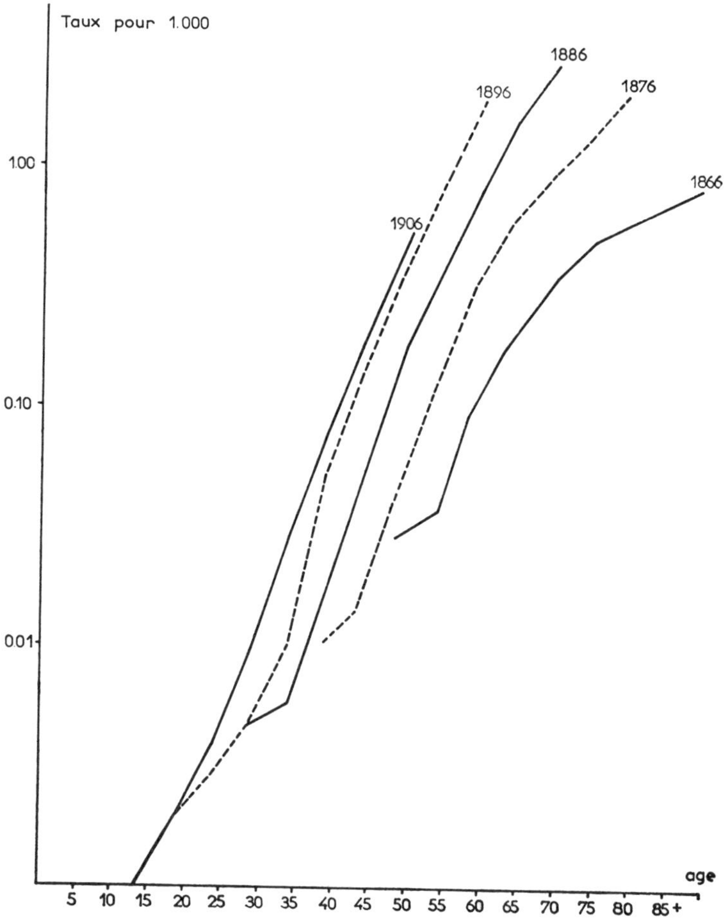

FIG. 7. — Taux de décès par cancer du poumon et de la plèvre : étude par cohortes (hommes, Angleterre et Pays de Galles).

ANNEXE

EXTENSION DE LA NOTION D'ESPÉRANCE DE VIE

(A. Colvez) *

Principe

Le calcul de l'espérance de vie (ou moyenne des années vécues par les sujets d'une cohorte ayant atteint un certain âge) repose sur une sommation des années vécues entre chaque âge x et x + a, rapportée à l'effectif de la cohorte à l'âge x considéré.

* Voir aussi [1, 2].

Ainsi pour calculer les années vécues entre 65 et 66 ans (fig. 8) par les personnes ayant atteint 65 ans, on considère que toutes les personnes atteignant 66 ans ont vécu un an tandis que les personnes décédées dans l'intervalle ont vécu en moyenne 0,5 année.

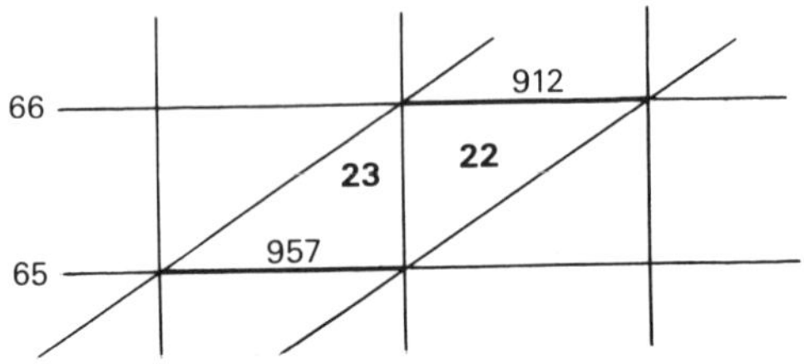

FIG. 8. — Nombre d'années vécues entre 65 et 66 ans par les 957 sujets ayant atteint 65 ans : (912 × 1) + (45 × 0,5) = 934,5

En fait, du point de vue santé, il est évident qu'il y a tout un continuum entre les états de santé sinon « parfaits » du moins satisfaisants et le décès; d'où l'idée de chercher à qualifier les années vécues, à distinguer les années vécues en bonne santé et celles qui l'ont été dans différents états de mauvaise santé, d'*incapacité fonctionnelle*. Il est en effet vraisemblable qu'entre 65 et 66 ans sur 934,5 années vécues par la cohorte une proportion (ex : 8 %) a été vécue dans un certain état d'incapacité (soit 74,8 années dans l'ensemble fictif indiqué). C'est sur ce raisonnement que repose les indices de santé dérivés de l'espérance de vie, comme l'espérance de vie sans incapacité [1, 7].

Mode de calcul de l'espérance de vie sans incapacité

Le principe de calcul est fort simple. Partant d'une table de mortalité du moment, on calcule les années vécues entre chaque âge de la table, puis on déduit les années vécues dans un certain état d'incapacité fonctionnelle, permanente et/ou temporaire. La nouvelle valeur des années vécues sans incapacité à un âge donné, représente l'espérance de vie sans incapacité.

TABLEAU V

Exemple de calcul de l'espérance de vie sans incapacité à 65 ans dans une population de personnes âgées [2].

Sexe masculin : incapacité moyenne ou sévère				
Age x	Survivants S_x	Années vécues (x, x + a)	Taux d'incapacité	Années vécues sans incapacité
65-69	100 000	463 715	0,078	427 545
70-74	85 486	376 533	0,137	324 946
75-79	65 127	266 085	0,243	201 426
80-84	41 307	147 690	0,310	101 907
85-89	17 769	59 025	0,615	22 725
90 et +	5 841	19 043	0,522	9 102

$$\text{Espérance de vie à 65 ans} = \frac{\Sigma \text{ années vécues}}{100\,000} = \frac{1\,332\,091}{100\,000} = 13{,}3.$$

$$\text{Espérance de vie sans incapacité à 65 ans} = \frac{\Sigma \text{ années vécues sans incapacité}}{100\,000} = \frac{1\,087\,651}{100\,000} = 10{,}8$$

Propriétés de l'espérance de vie sans incapacité (E.V.S.I.)

L'E.V.S.I. a les mêmes propriétés que l'espérance de vie ordinaire. En particulier c'est un indice indépendant de la structure par âge. C'est un indice *du moment* qui concerne l'état d'une population une année donnée (mais ne renseigne bien entendu en rien sur la moyenne de vie réelle des sujets qui ont connu ou connaîtront des histoires de vie différentes...). De plus, c'est un indicateur encore plus synthétique que l'indice de mortalité car il permet d'agréger mortalité et morbidité (en terme d'incapacité).

La principale difficulté d'application réside dans la définition de l'incapacité fonctionnelle et la manière de la mesurer. De très nombreuses propositions d'indicateurs d'incapacité ont été faites depuis 20 ans.

Ce type d'indice permet d'effectuer des comparaisons du niveau de santé de plusieurs populations à des niveaux très macroscopiques le plus souvent (comparaisons inter-régionales), ou des évaluations dans le temps.

On a également proposé des analyses de l'espérance de vie sans incapacité par causes. Elles reposent sur le calcul des gains potentiels qu'on pourrait obtenir en supprimant, d'une part les décès et d'autre part les incapacités consécutives à une certaine cause pathologique. Avec une telle procédure de calcul le poids des différentes causes pathologiques sur la santé apparaît sensiblement différent de celui qu'on peut obtenir en prenant seulement en compte la mortalité. Les maladies chroniques invalidantes comme les rhumatismes apparaissent parmi les plus importantes, alors que les indicateurs de mortalité ne les prennent pas en compte.

RÉFÉRENCES

[1] A. Colvez, M. Blanchet — Potentiels gains in life expectancy free of disability : A tool for health planning. Int. J. of Epidem., 1983, *12*, 224-229.

[2] A. Colvez, J.M. Robine — L'espérance de vie sans incapacité à 65 ans : outil d'évaluation en Santé Publique. VIIe colloque national de démographie. Actes du colloque, PUF, 1983, tome II, 103-108.

[3] P. Delaporte — Evolution de la mortalité en Europe depuis les origines de l'état civil. 1 vol., Statistique générale de la France, Paris, 1941.

[4] R. Pressat — L'analyse démographique. 1 vol., Presses universitaires de France, Paris, 1969, chap. V.

[5] P. Robert — Dictionnaire alphabétique et analogique de la langue française. 1 vol., Société du nouveau Littré, Paris, 1977.

[6] D. Schwartz, R. Flamant, J. Lellouch — L'essai thérapeutique chez l'homme. 1 vol., Flammarion, Paris, 2e éd., 1981, chap. XXIII.

[7] D.F. Sullivan — A single index of mortality and morbidity. H.S.M.H.A. Health reports, 1971, *84*, 347-354.

[8] C. Tietze — Intra-uterine contraception : recommended procedures for data analysis. Studies in Family Planning, 1967, *18*, 1-6.

Chapitre XXIV

ÉTUDE DES ASSOCIATIONS DANS LE TEMPS ET DANS L'ESPACE

L'étude de la répartition dans le temps ou dans l'espace d'un indice de santé (taux de mortalité par causes ou incidence d'une maladie par exemple), permet de déceler de nombreuses variations. Pour tenter de les expliquer et afin de faire des hypothèses sur l'origine du phénomène, on recherche des facteurs (facteurs environnementaux, répartition des services de santé par exemple), présentant les mêmes variations.

La pathologie géographique a permis d'éclairer l'étiologie d'un certain nombre de maladies, et nous avons vu le rôle joué par l'analyse chronologique dans la recherche étiologique. Ces méthodes peuvent également être utilisées pour étudier l'efficacité des politiques de santé en étudiant les relations existant entre les indicateurs sanitaires et la fréquence des maladies.

ÉTUDE DES ASSOCIATIONS DANS L'ESPACE

Représentations graphiques

Nous leur réservons une place particulière dans ce chapitre car elles représentent souvent la première méthode d'approche pour étudier la répartition de deux phénomènes. L'utilisation des cartes est fréquente, nous en donnerons quelques exemples.

La figure 1 représente la répartition géographique du cancer du colon (mortalité) et celle de la fréquence du gène B8 du système HLA (human leucocyte antigen). Il s'agit d'une représentation très simple où les deux fréquences sont juxtaposées en regard du pays concerné.

La figure 2 indique une représentation voisine pour 2 classes de dureté de l'eau mises en relation avec la mortalité par cardiopathies coronariennes dans diverses régions de la Grande Bretagne.

Fig. 2. — Rapport entre la mortalité par cardiopathies coronariennes, la dureté de l'eau et les données géologiques du Royaume-Uni (source R. Masironi [7]). →

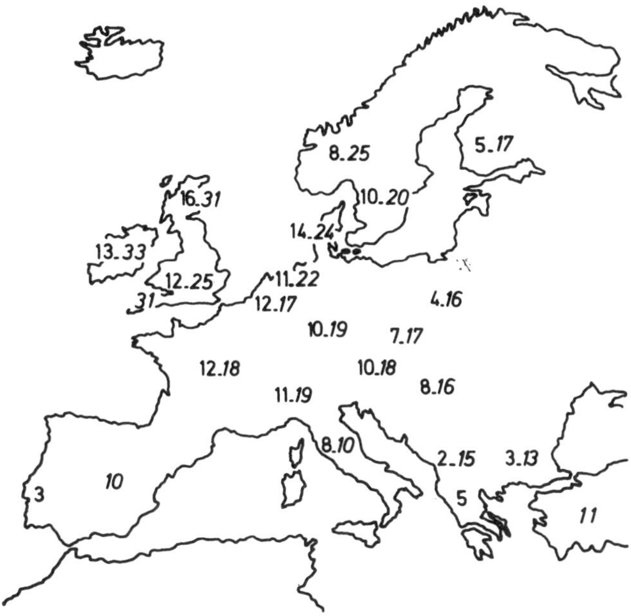

FIG. 1. — Répartition conjointe de la mortalité par cancer du colon et de la fréquence du gène B8 en Europe (source : N. Feingold [2]). (Les nombres droits indiquent le taux de mortalité pour 100 000; les nombres inclinés indiquent la fréquence génique de B8 en pourcentage.)

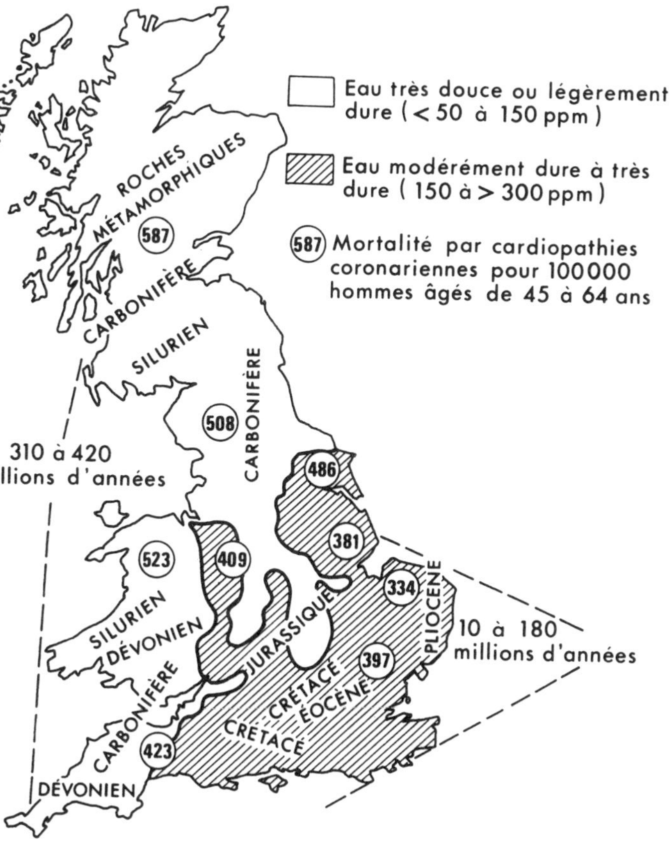

Cette représentation est un peu plus élaborée dans la mesure où l'on a défini les limites des régions où les eaux sont dures ou très dures.

Lorsque la superposition des données sur une même carte s'avère difficile, il est évidemment possible de les juxtaposer (figure 3).

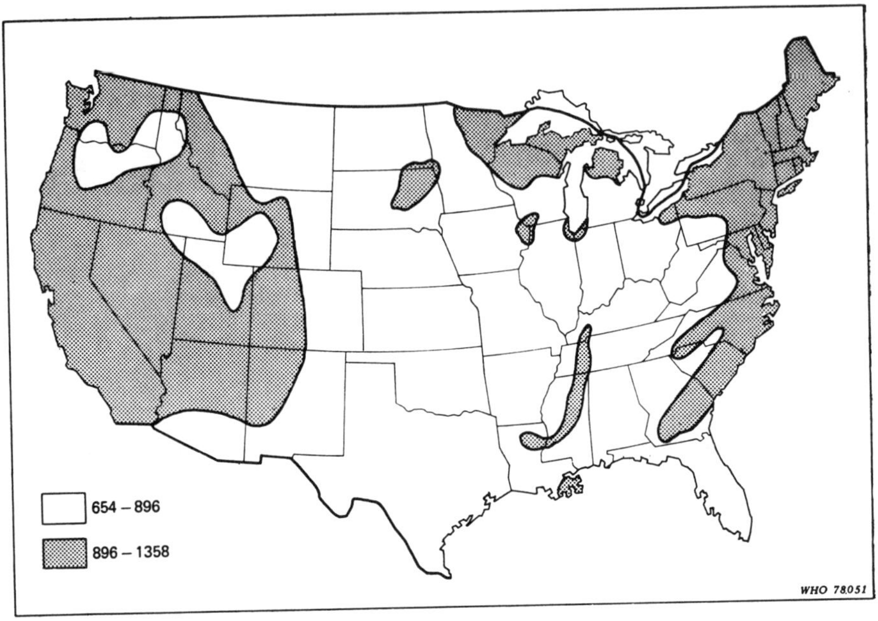

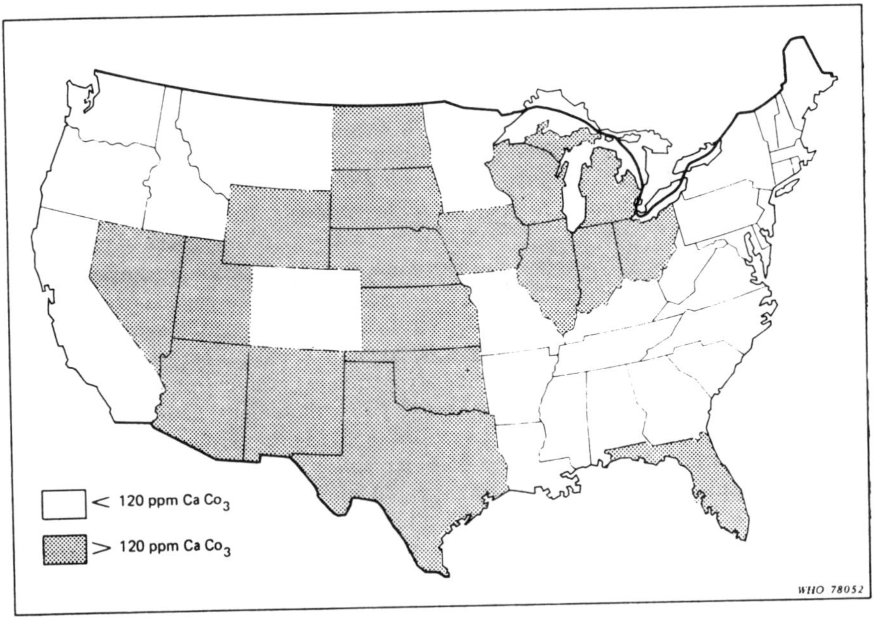

FIG. 3. — Taux de mortalité par cardiopathies ischémiques (pour 100 000) dans la population blanche des Etats-Unis âgée de 45 à 75 ans, *en haut*, et distribution de la dureté de l'eau, *en bas* (source : R. Masironi [7]).

Etude des associations

Si l'on dispose pour un certain nombre de zones géographiques d'informations sur la fréquence de la maladie étudiée et sur celle du facteur, on peut étudier la corrélation existant entre ces deux valeurs lorsqu'elles sont exprimées de façon quantitative.

La représentation graphique se fait par un nuage de points dont chacun représente une zone. La figure 4 représente le nuage de points établi à partir des données représentées à la figure 3.

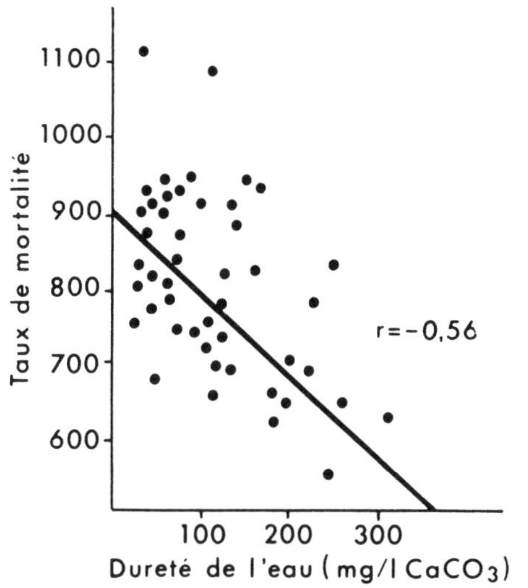

FIG. 4. — Corrélation du taux de mortalité pour 100 000 par maladies cardiovasculaires (hommes, population blanche âgée de 45 à 64 ans) et du degré de dureté de l'eau. Chaque point représente un état des Etats-Unis (source : R. Masironi [6]).

L'étude graphique est complétée par le calcul du coefficient de corrélation.

Dans les études de pathologie géographique, les variables étudiées répondent rarement aux hypothèses de base nécessaires pour l'usage du coefficient de corrélation. C'est une des raisons pour lesquelles on lui préfère parfois le *coefficient de corrélation des « rangs » de Spearman*. Au lieu de considérer la valeur prise par les variables dans chaque unité géographique, on étudie le rang de cette unité dans un classement de X par valeur croissante par exemple, de même pour Y. Rappelons la formule de ce coefficient déjà indiquée au chapitre XX :

soient : n le nombre d'unités géographiques,
x_i' le rang de la i^{eme} unité en ce qui concerne x,
y_i' le rang de la i^{eme} unité en ce qui concerne y,
$d_i = x'_i - y_i'$,

la formule de ce coefficient de corrélation est :

$$r' = 1 - \frac{6 \Sigma d_i^2}{n(n^2 - 1)}$$

Lorsque les données ne permettent pas l'usage d'un coefficient de corrélation, il reste possible d'utiliser le χ^2. Tel est le cas lorqu'on sait seulement pour chaque zone, si les phénomènes étudiés sont absents ou présents. La constatation d'une association significative entre un facteur et une maladie, en utilisant les méthodes qui viennent d'être citées, ne permet pas de conclure à l'existence réelle d'une relation entre le facteur et la maladie et l'interprétation doit tenir compte des différents points qui vont être envisagés dans les paragraphes suivants.

Problèmes posés par le choix des zones

Les zones géographiques sur lesquelles portent de telles analyses jouent un rôle primordial dans la nature des résultats. Il nous faut prendre en considération à la fois le nombre d'individus ou d'unités sur lesquels sont faites les mesures, l'hétérogénéité interne d'une zone géographique et sa ressemblance avec les zones contiguës.

Le nombre d'habitants peut être très variable d'une zone à l'autre; lorsqu'il est faible, les grandeurs mesurées peuvent être affectées d'une variabilité importante au cours de deux périodes consécutives. Tel est le cas des taux de mortalité dûs à des cancers rares dans certains départements français. Dans ce cas, il serait souhaitable de réunir les données de plusieurs années. Ce phénomène justifie l'utilisation du coefficient de corrélation des rangs car ceux-ci subissent moins de variations. Ce qui vient d'être dit pour le nombre d'habitants peut être répété pour des variables qui sont mesurées dans l'air, dans l'eau... si l'on réalise un petit nombre de prélèvements.

Une zone géographique peut être hétérogène quant au phénomène étudié; il n'est pour s'en convaincre qu'à examiner la carte de la mortalité par cancer de l'œsophage en Bretagne (fig. 5) : les taux enregistrés dans un même département

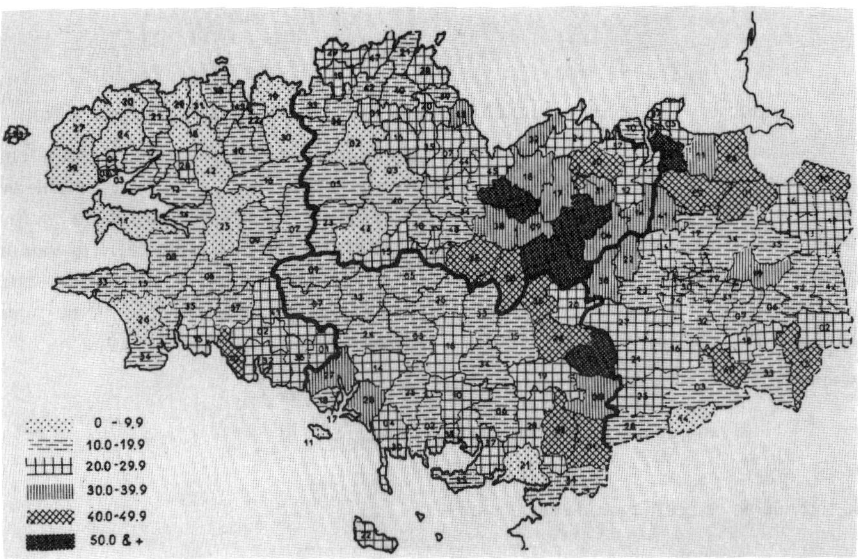

FIG. 5. — Mortalité par cancer de l'œsophage, par canton, en Bretagne, en 1958-1966. Taux annuels standardisés pour l'âge, pour 100 000 habitants, sexe masculin (source : A.J. Tuyns, F. Repetto [9]).

sont variables d'un canton à l'autre. L'utilisation d'un taux moyen départemental ne donne qu'une représentation très imparfaite de la réalité. S'il en va de même pour le facteur étiologique étudié (l'alcoolisme par exemple), on peut arriver à sous-estimer la relation existante.

Il arrive enfin que certaines *zones géographiques contiguës aient des taux extrêmement voisins,* il semble alors arbitraire de les séparer.

Le problème de la contiguïté des zones géographiques a récemment été étudié par G. Huel et al. dans le cadre des études sur la relation existant entre la dureté de l'eau et la mortalité cardio-vasculaire [4]. Se référant à l'étude anglaise [3] qui montre une corrélation évidente entre la teneur en calcium de l'eau pour 61 villes et la mortalité cardio-vasculaire (fig. 6), ces auteurs constatent que les points géographiquement proches le sont aussi très souvent sur le nuage de corrélation.

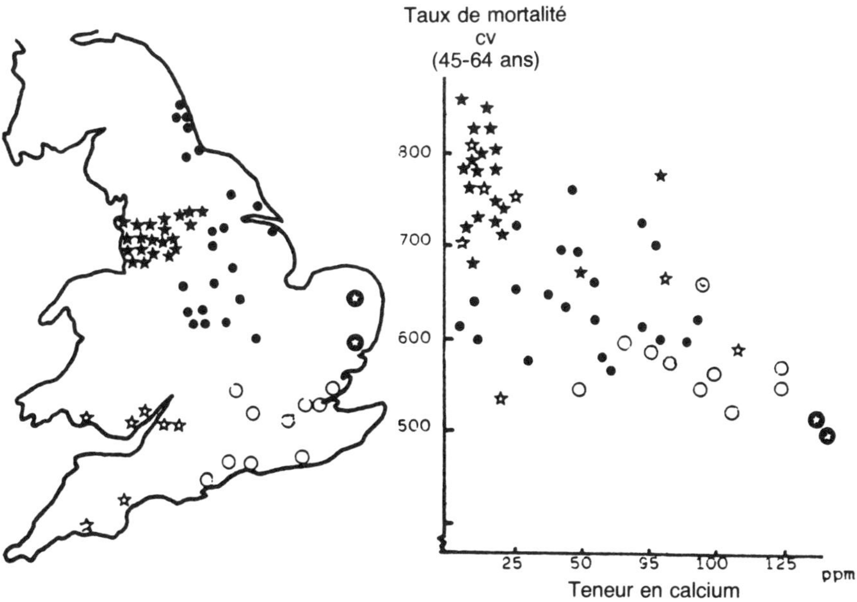

FIG. 6. — Mortalité cardiovasculaire pour 100 000 habitants de sexe masculin âgés de 45 à 64 ans et teneur de l'eau en calcium (en ppm) pour 61 villes de Grande-Bretagne (proximité géographique des villes étudiées et nuage de corrélation). (Source : G. Huel, F. Derriennic, P. Lazar. Problèmes méthodologiques liés à la contiguïté et à la taille des unités géographiques étudiées. Un exemple : la relation dureté-mortalité cardio-vasculaire. Rev. Epidem. et Santé Publ., 1979, *27,* 520-521).

Un autre exemple décrit par les mêmes auteurs est illustré par la figure 7, il représente le découpage d'une aire géographique en 16 carrés élémentaires. On suppose que les 8 carrés grisés sont des zones à mortalité forte et à exposition à un facteur donné forte, et que les zones représentées par les 8 carrés blancs ont une mortalité faible et une exposition faible à ce même facteur. Calculé en prenant les 16. carrés élémentaires comme unités, le coefficient de corrélation entre exposition au facteur et mortalité est évidemment le même dans les trois cas, et pourtant il est non moins évident que la nature causale de la relation est beaucoup plus improbable a priori dans la situation 1, où il n'existe en fait que deux zones contrastées, que dans la situation 3 où les zones semblables sont disposées de façon aléatoire, la situation 2 étant intermédiaire.

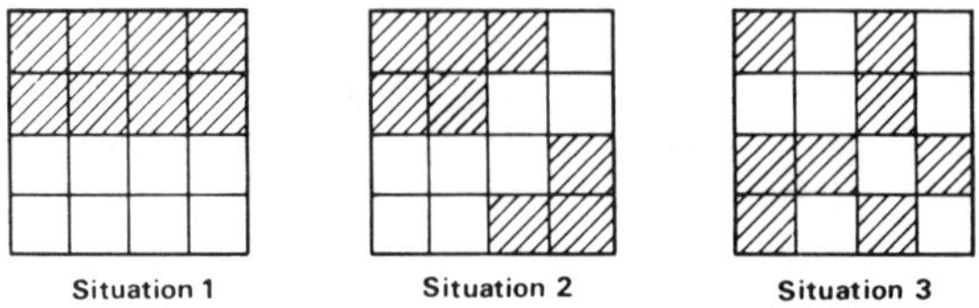

FIG. 7. — Trois situations différentes d'unités géographiques avec la même valeur de coefficient de corrélation (source : G. Huel, F. Derriennic, P. Ducimetière, P. Lazar [4]).

Le problème se pose alors de prendre en considération cette contiguïté. Il est envisagé dans la note technique située à la fin de ce chapitre, en annexe.

Extrapolation des résultats aux sujets

Les conclusions auxquelles on arrive, au terme des exemples indiqués ci-dessus, sont du type suivant : dans les régions où le niveau d'exposition est élevé, celui de la maladie est élevé. Si tous les sujets exposés sont malades et s'il n'y a pas de sujets malades chez les non-exposés, les comparaisons effectuées au niveau des groupes donnent les mêmes résultats que les comparaisons faites au niveau des sujets.

Au fur et à mesure qu'on s'éloigne de cette situation, l'extrapolation aux sujets des résultats acquis au niveau des groupes devient plus problématique, et on peut arriver au cas limite exposé ci-dessous dans un exemple imaginaire (tableau I).

TABLEAU I

Liaison entre X et M dans trois zones A, B, C (exemple imaginaire)

Zone A

		Malades		Total
		non	oui	
Exposés	non	36	24	60
	oui	24	16	40
Total		60	40	100

Zone B

		Malades		Total
		non	oui	
Exposés	non	25	25	50
	oui	25	25	50
Total		50	50	100

Zone C

		Malades		Total
		non	oui	
Exposés	non	9	21	30
	oui	21	49	70
Total		30	70	100

On étudie trois groupes comportant chacun 100 personnes. A l'intérieur de chaque groupe, il n'existe pas de liaison significative entre X et M. Toutefois, si on considère les distributions marginales des trois groupes on constate que le nombre des malades augmente lorsque le nombre de sujets exposés augmente, puisqu'ils passent tous les deux de 40 pour le premier groupe à 50 pour le second et à 70 pour le troisième.

Etude de plusieurs facteurs

Lorsque l'on a mis en évidence une liaison entre un facteur et une maladie, on doit se demander si elle n'est pas la conséquence d'autres facteurs liés à la fois à la maladie et au premier facteur (dans l'exemple de l'association entre dureté de l'eau et maladie cardio-vasculaire, est-ce bien ce facteur qui est en cause ou une autre caractéristique physico-chimique de l'eau liée à la dureté ?). Pour résoudre ce problème il faut étudier les relations entre le facteur et la maladie en prenant en compte les autres facteurs.

Nous n'aborderons que très superficiellement ce problème qui nécessite des notions qui seront développées dans les chapitres suivants. Deux cas doivent être nettement distingués.

Lorsque tous les caractères étudiés sont connus au niveau des unités géographiques (et non au niveau des individus), il est possible de réaliser au niveau de ces unités toutes les opérations qui vont être étudiées aux chapitres XXV à XXIX (ajustements, corrélations partielles, corrélations multiples...). Toutes ces techniques sont applicables sur des groupes de sujets (cantons, départements...), en faisant les mêmes réserves que pour l'étude de la corrélation simple concernant le choix des unités.

Lorsque certains caractères, tels que l'âge, le sexe, la situation socio-professionnelle... sont connus pour chacun des individus présents dans les zones géographiques étudiées, une autre méthode peut être utilisée.

Supposons que l'on étudie le rôle de l'alcoolisme et de la classe sociale dans l'étiologie du cancer de l'œsophage. Il est possible d'étudier la relation alcoolisme-cancer chez les ouvriers puis chez les cadres. Cette technique permet en particulier de voir si l'alcoolisme joue un rôle dans toutes les classes ou dans certaines seulement. Mais elle nécessite des informations supplémentaires.

On peut également procéder à des ajustements par âge, et étudier la relation existant entre le facteur X et la maladie M, *en remplaçant les taux bruts par des taux comparatifs ou taux ajustés.*

Dans l'exemple précédent, la méthode consisterait à calculer les taux départementaux de mortalité par alcoolisme standardisés par rapport à une population-type; on procéderait de même pour les taux de mortalité par cancer de l'œsophage. C'est à partir de ces taux qu'on calculerait le coefficient de corrélation.

Interprétation des résultats

Les réserves méthodologiques qui viennent d'être faites doivent rendre extrêmement prudent dans l'interprétation des résultats des études de pathologie géographique. Ils doivent être considérés comme des hypothèses à confirmer par d'autres enquêtes. Toutefois il ne faut pas négliger leur intérêt. Ils peuvent en effet être très utiles pour faire un choix des hypothèses à tester par des enquêtes prospectives ou rétrospectives, dans la mesure où les études de pathologie géographique ne nécessitent généralement pas la mise en place d'investigations coûteuses, et où l'existence d'une relation, à l'échelon de l'individu, entre un facteur et une maladie s'accompagne d'une relation au niveau des groupes. En outre, de telles études sont également très utiles dans les cas où le facteur étiologique étudié n'est pas mesurable à l'échelon individuel, l'épidémiologiste est donc contraint de travailler au niveau des groupes. C'est le cas dans l'exemple qui a été évoqué au début du chapitre : étude de la relation entre mortalité cardio-vasculaire et dureté de l'eau. Et c'est sur ce type d'étude que reposent en grande partie les hypothèses sur le rôle de la nutrition dans différents cancers [6].

ÉTUDE DE LA RÉPARTITION CHRONOLOGIQUE DE DEUX PHÉNOMÈNES

Etudes graphiques

Les études graphiques permettent d'apprécier de façon très approximative la relation existant entre deux séries chronologiques.

La figure 8 indique l'évolution de la mortalité par cancer du colon et du rectum d'une part et celle de la consommation de bière d'autre part. Elle constitue un exemple de l'étude simultanée de plusieurs *tendances séculaires*. On peut voir qu'il existe une certaine concordance entre la mortalité par cancer du rectum et du colon et la consommation d'alcool observée dans les différents pays : la chute dans la consommation qui se termine en 1930 pour les U.S.A. et l'Angleterre est suivie d'une diminution de la mortalité par cancer, nette surtout en Angleterre. L'augmentation de consommation de bière, enregistrée depuis 1930 surtout en Australie et en Nouvelle-Zélande est suivie depuis 1950 d'une augmentation de la mortalité par cancer du colon et du rectum.

L'étude des concordances existant entre deux *évolutions cycliques* a été largement utilisée surtout au niveau des maladies transmissibles.

Etude des concordances

L'indice de covariation tendancielle a simplement pour but d'indiquer si les concordances sont ou non plus nombreuses que les discordances.

Si x_t et y_t sont les valeurs observées au moment t, il est possible de calculer :

$$d_{x_t} = x_t - \bar{x}$$
$$d_{y_t} = y_t - \bar{y}$$

$\bar{x}$ étant la moyenne des x et $\bar{y}$ la moyenne des y

d_{x_t} et d_{y_t} peuvent être de même signe, il y a concordance (C)

d_{x_t} et d_{y_t} peuvent être de signe contraire, il y a discordance (D)

L'indice de covariation tendancielle a l'expression suivante :

$$i = \frac{C - D}{C + D} \text{ avec } C + D = \text{total des } n \text{ couples,}$$

$$\boxed{i = \frac{C - D}{n}}$$

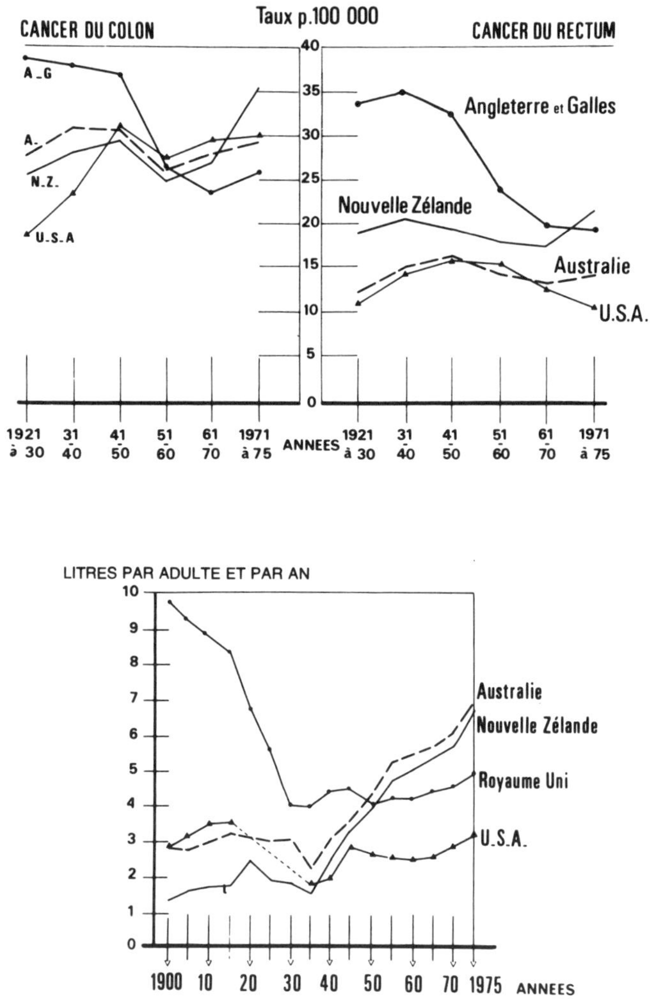

FIG. 8. — Evolution comparée de deux maladies et d'un facteur (d'après A.J. McMichael, J.D. Potter, B.S. Hetzel [8]).

En haut à gauche, évolution dans le temps des taux de mortalité par cancer du colon, chez l'homme (taux standardisés par âge).
En haut à droite, évolution dans le temps des taux de mortalité par cancer du rectum chez l'homme (taux standardisés par âge).
En bas, évolution de la consommation d'alcool sous forme de bière.

Cet indice varie entre :

$$i = -1, \text{ soit } C = 0 \text{ et } i = \frac{-D}{n} \text{ avec } D = n$$

$$i = +1, \text{ soit } D = 0 \text{ et } i = \frac{C}{n} \text{ avec } C = n$$

Cet indice a l'inconvénient de ne pas tenir compte de l'importance des différences observées.

Le coefficient de corrélation entre les différentes valeurs observées dans les unités de temps permet de tester l'existence d'une association.

Pour des raisons exposées au paragraphe précédent, il est souvent préférable d'utiliser le coefficient de corrélation des rangs.

Interprétation des résultats

Lorsque le temps est découpé en unités pour lesquelles on étudie les concordances ou les discordances entre deux phénomènes, il y a dans ce découpage le même arbitraire que nous signalions précédemment pour les unités géographiques.

Mais un autre problème mérite d'être souligné : les individus suivis au cours des unités de temps successives sont les mêmes, les unités observées ne sont donc pas indépendantes.

Il y a lieu enfin d'insister ici aussi sur les difficultés que l'on rencontre lorsqu'on désire extrapoler les résultats de ces études aux sujets. Comme la pathologie géographique, l'étude chronologique permet d'établir des hypothèses, mais rarement de les démontrer.

Dans l'exemple illustré par la figure 8, la concordance observée entre l'évolution de la mortalité par cancer du côlon et du rectum et celle de la consommation de bière a donné lieu à de nouvelles recherches épidémiologiques. Celles-ci pour l'instant ne confirment pas l'hypothèse faite sur le rôle étiologique de la bière.

DÉTERMINATION DE FOYERS ESPACE/TEMPS

Dans ce domaine, ce sont surtout les techniques de recherche étiologique qui ont fait l'objet d'approfondissement méthodologique. Le but de ces techniques est de mettre en évidence l'existence de foyers d'une maladie, accréditant l'hypothèse d'une origine infectieuse. Si ce problème ne se pose pas pour les maladies infectieuses connues, il se pose tout particulièrement en cancérologie pour la leucémie et c'est dans cette optique que des tests statistiques ont été décrits. Mais l'origine infectieuse n'est pas obligatoirement démontrée par l'existence de foyers qui peuvent résulter d'un élément toxique ou de tout autre facteur d'environnement. Les méthodes utilisées consistent à déterminer si les données observées peuvent être considérées comme plus groupées, dans le temps et dans l'espace, que ne le voudrait le hasard. Pour ce faire, il faut choisir un modèle de distribution aléatoire et juger dans quelle mesure les données observées s'écartent de ce modèle.

Plusieurs solutions sont décrites [1] mais elles sont généralement complexes et nécessitent des calculs assez longs. Parmi celles-ci nous citerons la méthode de Knox qui est simple dans son principe, même si elle peut être critiquée.

Méthode de Knox [5]

Aux n cas de maladie correspondent $N = n(n-1)/2$ couples distincts possibles. La méthode consiste à répartir ces N couples dans un tableau à quatre cases de la forme indiquée ci-dessous.

		Espace proche	D_L éloigné
Temps	proche	n_1	n_2
T_L	éloigné	n_3	n_4

n_1 correspond aux cas proches dans le temps et dans l'espace
n_2 correspond aux cas proches dans le temps et éloignés dans l'espace
n_3 correspond aux cas proches dans l'espace et éloignés dans le temps
n_4 correspond aux cas éloignés dans l'espace et dans le temps
$N = n_1 + n_2 + n_3 + n_4$

Une fois ce tableau constitué, on peut calculer l'effectif théorique de la case 1 qui est $(n_1 + n_2)(n_1 + n_3)/N$. Il faut donc tester la différence entre l'effectif théorique et l'effectif observé. Pour cela Knox considère, comme il étudie une maladie rare, que la probabilité d'appartenir à la case 1 est très faible, et que la distribution du nombre de couples doit obéir à une loi de Poisson de moyenne $(n_1 + n_2)(n_1 + n_3)/N$. Les tables de la loi de Poisson permettent de calculer la probabilité d'observer n_1 couples ou plus dans la case 1.

Dans son article Knox cite un exemple dans lequel il avait observé 96 cas de maladies, ce qui représente $96 \times (96 - 1)/2 = 4\,560$ couples.

Il avait fixé la limite de proximité dans l'espace à 1 km, et dans le temps à 60 j, et il a observé les résultats suivants :

	⩽ 60 j	> 60 j
⩽ 1 km	5	20
> km	147	4 388

L'effectif théorique dans la case d'effectif le plus faible est $\frac{152 \times 25}{4560} = 0{,}83$

Dans le cas d'une distribution de Poisson de moyenne 0,83, la probabilité d'observer 5 événements ou plus est 0,0017, aussi l'excès observé ici peut être considéré comme très significatif.

Problèmes posés par l'interprétation

Deux problèmes doivent être envisagés pour interpréter les résultats.

Le choix des limites. Le résultat dépend dans une large mesure du choix des limites D_L et T_L permettant de répartir les couples dans les quatre cases. Il est donc important de fixer ces limites a priori, avant d'observer les données, et de tenir compte pour cela de la fréquence de la maladie, de la répartition de la population, des diverses caractéristiques de la maladie.

La densité. La méthode envisagée plus haut, de même que d'autres, ne prend pas en compte un paramètre important qui est la densité de la population, il faut donc vérifier si une concentration « anormale » de cas ne correspond pas en fait à une concentration « anormale » de population dans le temps et dans l'espace.

ANNEXE

ALGORITHME D'AGGLOMÉRATION DE ZONES GÉOGRAPHIQUES CONTIGUËS ET SEMBLABLES

G. Huel et P. Lazar ont proposé une méthode permettant de regrouper les aires géographiquement proches et suffisamment semblables du point de vue de l'un (ou de l'autre) des deux paramètres étudiés. Nous indiquons ci-dessous un extrait d'une note technique.

Le principe de la méthode consiste à : 1) définir une « distance » entre zones adjacentes, susceptible d'être recalculée à chaque étape de l'agglomération; on suppose que cette distance est définie de façon suffisamment précise pour que toutes les distances inter-zones soient localement * distinctes; 2) choisir une distance seuil S au-delà de laquelle on renonce à agglomérer deux zones adjacentes; 3) agglomérer tous les couples de zones adjacentes A_i et A_j à la double condition que la distance d de A_i et A_j soit inférieure à S, et que ni A_i ni A_j ne soient à une distance inférieure à d d'une autre zone qui leur serait adjacente; 4) à itérer le procédé jusqu'à épuisement des possibilités d'agglomération.

L'hypothèse d'absence d'ex-aequo formulée en 1) permet d'établir immédiatement l'unicité de la solution. On part de n zones et l'on cherche *tous* les regroupements *possibles* de 2 zones adjacentes. Si deux zones A_i et A_j sont « candidates » au regroupement entre elles, elles ne peuvent l'être avec aucune autre zone du fait de la condition 3). On procède alors effectivement à l'ensemble des regroupements de deux zones, et on itère le procédé. Du fait même de l'unicité de la solution, l'algorithme peut être très aisément informatisé.

RÉFÉRENCES

[1] A. ALPEROVITCH — Méthodes statistiques pour la recherche de foyer de maladies rares. Statistique médicale et épidémiologique. 1972, *5*, 11-16.
[2] N. FEINGOLD — Pathologie géographique et marqueurs génétiques : détection des associations. Rev. Epidém. et Santé Publ., 1979, *27*, 381-388.
[3] M. GARDNER — Soft water and heart disease. Health and the Environment. Edit. J. Lenihan, W.W. Fletcher. 1977.
[4] G. HUEL, F. DERRIENNIC, P. DUCIMETIÈRE, P. LAZAR — Dureté de l'eau et mortalité cardio-vasculaire. Analyse critique des arguments de pathologie géographique. Rev. Epidém. et Santé Publ., 1978, *26*, 349-359.
[5] G. KNOX — Epidemiology of childhood leukemia in Northumberland and Durham. Br. J.

* Il n'est nécessaire de faire l'hypothèse d'absence d'ex-aequo dans les distances que pour les zones susceptibles d'être regroupées à chaque étape.

[6] P. LANGLEY-DANYSZ — Cancer : les risques de l'alimentation. La recherche, 1983, *14,* 1564-1573.

[7] R. MASIRONI — Géochimie et maladies cardio-vasculaires. Rev. Epidém. et Santé Publ., 1979, *27,* 455-463.

[8] A.J. MCMICHAEL, J.D. POTTER, B.S. HETZEL — Time Trends in colo-rectal cancer mortality in relation to food and alcohol consumption : United States, United Kingdom, Australia and New Zealand. Int. J. Epidem., 1979, *8,* 295-303.

[9] A.J. TUYNS, F. REPETTO — Pathologie géographique et cancers digestifs. Situation présente et perspectives d'avenir. Rev. Epidém. et Santé Publ., 1979, *27,* 465-477.

Chapitre XXV

ANALYSE DES ENQUÊTES ÉTIOLOGIQUES I

COMPARAISON DE DEUX GROUPES DE SUJETS : COMPARAISONS SIMPLES ET AJUSTEMENTS

La comparaison de deux groupes de sujets est une technique très fréquemment utilisée au moment de l'analyse des enquêtes étiologiques quel qu'en soit le type, qu'il s'agisse de comparer *un groupe de malades à un groupe de non malades, ou un groupe de sujets exposés à un groupe de sujets non exposés.*

La comparaison peut porter sur un seul ou un nombre limité de *facteurs étiologiques,* mais on est dans le cadre d'une enquête, et les deux groupes (malades et témoins par exemple) peuvent différer par d'autres caractères (âge, sexe...). On doit donc étudier le rôle des facteurs étiologiques, toutes choses étant égales par ailleurs.

La comparaison peut porter sur un nombre élevé de variables et on veut définir l'importance relative de chacune d'elles dans le problème posé : étude des facteurs de risque par exemple.

Nous allons examiner dans quelle mesure des tests statistiques simples permettent de répondre à ces problèmes. Ceci nous conduira d'abord à définir les principales étapes de l'analyse.

ÉTAPES DE L'ANALYSE

Etude privilégiée d'une seule variable ou d'un groupe de variables

Exemple 1 : Pour étudier l'effet des contraceptifs oraux sur la survenue d'un cancer de l'ovaire on a réalisé une enquête rétrospective cas-témoins afin de comparer la consommation de contraceptifs oraux dans les antécédents de femmes présentant un cancer de l'ovaire et des témoins [4].

La première étape a consisté à comparer les deux groupes pour leur consommation de contraceptifs oraux et pour d'autres caractéristiques, telles que l'âge, la parité, le niveau d'étude, afin de savoir en quoi ils différaient. On a constaté que la consommation de contraceptifs oraux était plus importante dans le groupe témoin, et qu'il y avait plus de nullipares dans ce groupe.

La deuxième étape a été l'étude de la liaison entre la parité et la consommation de contraceptifs oraux. Elle correspond à la recherche des facteurs de confusion, c'est-à-dire des facteurs qui pourraient expliquer les résultats trouvés. Dans cet exemple, la parité pouvait être un facteur de confusion pour la liaison contraception-cancer de l'ovaire, puisque les témoins étaient plus souvent nullipares, et que les nullipares ont utilisé davantage les méthodes contraceptives.

La troisième étape a donc été la comparaison des témoins et des malades à parité donnée, encore appelée étude après ajustement sur la parité, afin d'éliminer l'effet de confusion de la parité.

Exemple 2 : Pour étudier les effets sur l'issue de la grossesse de la consommation d'alcool chez les femmes enceintes, une analyse de données recueillies dans le cadre d'une enquête prospective a été réalisée [5], 9 236 femmes ont été interrogées, en début de grossesse, et ont été suivies jusqu'à l'accouchement.

La première étape de l'analyse a été la comparaison de l'issue de la grossesse chez les « fortes consommatrices » d'alcool à l'issue chez les autres femmes. On a alors constaté que les premières avaient davantage d'enfants mort-nés.

La deuxième étape a comparé les caractéristiques des fortes consommatrices à celles des autres femmes. Les premières étaient plus souvent âgées, célibataires, fumeuses grandes multipares, elles étaient moins nombreuses à exercer une activité professionnelle, avaient un niveau social plus bas, et davantage d'antécédents d'enfant de petit poids. Parmi ces différences, celles portant sur l'âge, la parité, l'usage du tabac, le niveau social, les antécédents pouvaient « expliquer » l'augmentation de risque chez les « fortes » consommatrices puisque ces caractéristiques sont aussi facteur de risque de mortinatalité.

La troisième étape a été l'étude de la relation consommation d'alcool-mortinatalité, compte tenu des facteurs vus précédemment, qui reste significative *.

Dans ces deux exemples, on retrouve les mêmes étapes qui sont tout à fait habituelles dans ce type de problème :

— comparaisons « brutes » des deux groupes pour le ou les facteurs étudiés,
— recherche des facteurs de confusion,
— élimination des facteurs de confusion.

Etude simultanée d'un ensemble de variables

Dans une enquête étiologique de type III [12], on a comparé un groupe de sujets ayant une angine de poitrine et un groupe de témoins pour la consommation de tabac (type de tabac, quantité, inhalation...).

— *La première étape* consistait encore à comparer les deux groupes pour l'ensemble des variables étudiées et à retenir celles qui différenciaient significativement les 2 groupes.

— *Dans la deuxième étape,* on a étudié la relation existant entre les variables

* Cette relation n'est pas trouvée dans toutes les études sur le sujet [6].

ainsi retenues : la quantité de tabac fumée était-elle liée au type de tabac, l'inhalation était-elle liée au type de tabac et à la quantité fumée ?...

Ces variables étant liées entre elles, on a comparé les 2 groupes pour le type de tabac à niveau égal de quantité fumée et d'inhalation, puis la quantité à niveau égal des deux autres caractères au cours de la *troisième étape*.

On retrouve ici à peu de choses près les trois phases précédemment décrites, mais ici aucune des variables n'est a priori privilégiée, aussi la deuxième et la troisième étape sont-elles plus complexes.

PREMIÈRE PHASE DE L'ANALYSE

La comparaison de deux groupes se fait au moyen de tests très classiques [11]. Le premier problème envisagé est celui du choix des tests en fonction de la nature des variables et des conditions d'échantillonnage.

Comparaison de variables quantitatives

Les variables quantitatives continues (âge, poids...) peuvent faire l'objet d'une comparaison de moyenne par un test statistique au moyen de la formule ci-dessous :

(1) $$\varepsilon = \frac{|\bar{x}_a - \bar{x}_b|}{\sqrt{\dfrac{s_a^2}{n_a} + \dfrac{s_b^2}{n_b}}}$$

où $\bar{x}_a$ = moyenne de la variable X dans le groupe A et n_a le nombre de sujets,
$\bar{x}_b$ = moyenne de la variable X dans le groupe B et n_b le nombre de sujets,
$\dfrac{s_a^2}{n_a}$ = variance de la moyenne dans le groupe A,
$\dfrac{s_b^2}{n_b}$ = variance de la moyenne dans le groupe B,
ε = écart réduit *.

L'application de cette formule suppose qu'il y ait plus de 30 sujets dans chaque groupe.

On conçoit cependant que l'interprétation du test n'est pas la même si les deux distributions sont très différentes l'une de l'autre (fig. 1). (Cet exemple est imaginaire.)

* La comparaison de la valeur de ε aux valeurs figurant dans la table 2, chapitre V, donne le niveau de signification.

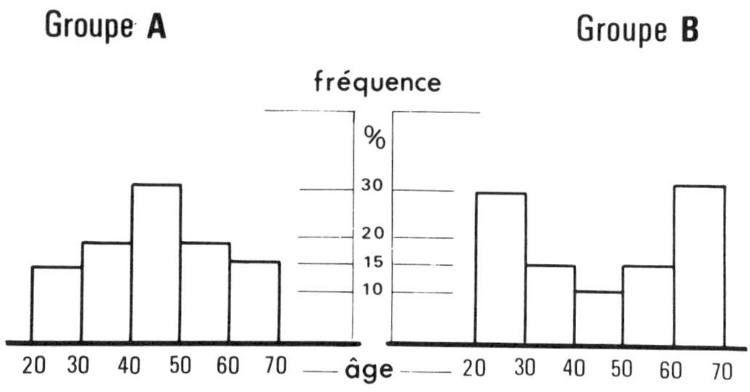

FIG. 1. — Exemple de distributions différentes ayant la même moyenne.

Le calcul de la moyenne et de la variance doit tenir compte des conditions d'échantillonnage. Si l'échantillon résulte d'un sondage élémentaire, ce calcul est simple, on a :

(2) $$\bar{x}_a = \frac{\Sigma x}{n_a}$$

(3) $$s_a^2 = \frac{\Sigma (x - \bar{x}_a)^2}{n_a - 1}$$

Il s'agit là d'une éventualité assez fréquente dans les enquêtes, soit que l'on ait réellement fait le sondage dans une population finie *, soit qu'on fasse l'hypothèse que l'échantillon de l'enquête provient d'une urne infinie. Ces formules sont également employées lorsqu'on répartit une population en deux sous-groupes pour faire une expérimentation.

Si l'échantillon résulte d'un sondage en grappes, d'un sondage stratifié ou d'un sondage à plusieurs degrés, il faut en principe en tenir compte pour calculer les éléments figurant dans la formule (1). Il y a lieu toutefois de distinguer deux problèmes.

Lorsque le sondage peut se dépouiller comme un recensement, c'est-à-dire lorsque tous les sujets ont la même probabilité de figurer dans l'enquête, le calcul de la moyenne ne nécessite pas de corrections. Par contre le calcul de la variance dépend du type de sondage. L'utilisation de la formule (3) conduit à une surestimation de la variance dans un sondage stratifié. Dans un sondage en grappes efficaces, il peut en aller de même; par contre, si les grappes ne sont pas efficaces, la formule (3) sous-estime la variance... En pratique, il est possible de mesurer l'écart existant entre l'estimation exacte de la variance et son estimation par la formule des sondages élémentaires. S'il n'est pas trop important, on peut appliquer cette dernière.

Lorsque le sondage ne peut pas se dépouiller comme un recensement, il faut utiliser les formules indiquées dans les chapitres VI, VII et VIII pour calculer la moyenne et la variance.

Les remarques qui viennent d'être faites s'appliquent aux variables *quantitatives discrètes* (nombre d'enfants par exemple).

* Avec une fraction de sondage faible.

Il peut arriver que la forme de la distribution ou le problème étudié conduisent à *transformer une variable quantitative en une variable qualitative*. Le problème qui se pose alors est celui du choix des limites de classe.

Ce choix doit être fait indépendamment des résultats observés. Il est aisé de montrer sur un exemple qu'un découpage réalisé en fonction des résultats peut faire apparaître des différences ou au contraire les faire disparaître (tableau I).

TABLEAU I

Exemple de distribution

Valeur de X	Nombre de malades	Nombre de témoins	
20 –	1	10	
21 –	5	5	A
22 –	10	4	B
23 –	13	10	
24 –	20	20	
25 –	12	15	
	.	.	
	.	.	
Total	200	200	

Si on décide de faire deux classes et que l'on fixe la limite en A, on a une différence significative entre les deux groupes; si on la fixe en B, il n'y a plus de différence significative.

Pour que puisse être réalisé le test statistique approprié, le nombre et l'amplitude des classes doivent être tels qu'il y ait un nombre de sujets suffisant dans chacune d'elles.

En l'absence d'hypothèses particulières résultant par exemple d'études antérieures, on peut se fixer des règles simples dont l'une consiste à choisir des classes d'amplitude égale.

Comparaison de variables qualitatives

S'il s'agit de variables qualitatives à deux classes (migrant et non-migrant par exemple), on peut utiliser le test de comparaison de deux pourcentages dont la formule est rappelée ci-dessous :

$$\varepsilon = \frac{|p_a - p_b|}{\sqrt{\dfrac{pq}{n_a} + \dfrac{pq}{n_b}}} \qquad (4)$$

n_a = nombre de sujets dans le groupe A,
n_b = nombre de sujets dans le groupe B,
p_a = proportion de sujets porteurs du caractère étudié dans le groupe A,
p_b = proportion de sujets porteurs du caractère étudié dans le groupe B,
p = $1 - q$ = proportion de sujets porteurs du caractère étudié dans l'ensemble de l'échantillon.

L'utilisation de ce test suppose que $n_a p$, $n_a q$, $n_b p$ et $n_b q$, soient chacun au moins égal à 5. On pourrait rappeler ici, pour les estimations des proportions et des variances, ce qui a été dit plus haut en ce qui concerne le type d'échantillonnage.

On préfère généralement à ce test celui du χ^2 utilisable aussi pour les variables qualitatives ayant plus de deux classes. On peut être amené à effectuer certains regroupements si le nombre de sujets s'avère trop faible dans certaines d'entre elles. Il faut, ici aussi, éviter que ces regroupements soient réalisés en fonction des résultats observés. Mais il convient également qu'ils obéissent à une certaine logique.

Comparaison de courbes de fréquence dans le temps

Lorsqu'un *essai contrôlé, ou une enquête,* se propose de comparer la fréquence de survenue d'un événement pouvant se produire à un moment variable dans la période d'étude (la mort ou la guérison par exemple), il est possible de se ramener aux cas précédents, en examinant le pourcentage de sujets présentant cette caractéristique, par exemple au bout de 1 an ou de 5 ans. La comparaison se fait alors par le test classique de comparaison de pourcentages ou du χ^2.

Toutefois cette méthode conduit à perdre beaucoup d'informations, et il est généralement préférable de tenir compte de la structure générale des courbes (de survie par exemple). *Le test du log rank* d'après Mantel peut être utilisé à cette fin*. Il conduit à relever le nombre de décès dans chacun des deux groupes observés A et B, au cours de la période considérée; soient O_a et O_b ces nombres. On estime ensuite le nombre attendu de décès dans chacun des groupes pour chacun des jours de la période, leur addition donne E_a et E_b (nombre attendu de décès pour l'ensemble de la période dans chacun des groupes).

Pour calculer le nombre attendu de décès un jour donné on procède de la façon suivante.

Supposons qu'il y ait 100 sujets dans le groupe A et 100 sujets dans le groupe B. On se propose d'estimer le nombre de décès le 45ᵉ jour de la surveillance. Il reste alors 90 sujets dans le groupe A, et 80 dans le groupe B, 3 sujets meurent ce jour là (1 dans le groupe A et 2 dans le groupe B). Si le taux de mortalité était le même dans les deux groupes, on aurait observé 1,6 morts dans le groupe A et 1,4 dans le groupe B.

Le nombre estimé de décès un jour particulier dans un groupe est le nombre de décès observés, ce jour-là, dans la population totale, multiplié par la proportion de sujets exposés, ce jour-là, au risque de décès dans ce groupe (dans l'exemple le nombre attendu de décès dans le groupe A, le 45ᵉ jour, était de $3 \times \frac{90}{170}$).

On peut comparer le nombre de décès observés au nombre de décès attendus par :

(5) $$\chi^2 = \frac{(O_a - E_a)^2}{E_a} + \frac{(O_b - E_b)^2}{E_b}$$ avec ddl = 1

* Ce test est décrit par R. Peto et al. [10]. Nous l'évoquerons brièvement ici, les lecteurs pourront se reporter à l'article cité où figurent des considérations théoriques et des exemples de calculs.

Choix du seuil de signification

On choisit généralement $p = 0{,}05$ comme seuil de signification; ce choix est arbitraire et on peut modifier le seuil en fonction du problème posé.

Lorsqu'on effectue, dans une analyse, un nombre élevé de tests, on a intérêt à placer le seuil de signification assez bas ($p = 0{,}01$ par exemple) de façon à limiter le risque de conclure à tort. A l'inverse, si l'on ne veut pas laisser échapper de différence, on fixera le seuil plus haut ($p = 0{,}05$ par exemple).

Dans une étude choisie comme exemple à la fin de ce chapitre, on se proposait de rechercher les facteurs de risque de mortinatalité dans une enquête nationale. L'étude avait déjà été faite dans d'autres populations, l'objectif était de vérifier les résultats dans la population française, et de classer les facteurs de risque par ordre d'importance. Nous avons donc choisi le seuil $p = 0{,}01$. Dans une autre étude, antérieure à celle-ci, nous avons recherché les médicaments qui, pris en début de grossesse, pouvaient augmenter la fréquence des malformations congénitales. Cette enquête se situait parmi les premières à aborder ce problème; en dépit du grand nombre de comparaisons effectuées, nous avons fixé le seuil de signification à $p = 0{,}05$. Ceci nous permettait de retenir tous les produits suspects, pour vérifier ultérieurement le résultat sur une nouvelle étude.

Le choix du seuil de signification est donc très important dans cette première phase, puisque de lui peut dépendre le nombre de variables retenues. De toute façon il doit figurer dans les résultats.

Application à un exemple *

Afin d'étudier les facteurs liés à la bronchite chronique simple, définie par l'expectoration chronique, une enquête rétrospective cas-témoins a été effectuée dans des entreprises.

L'échantillon comprend 500 sujets atteints de bronchite chronique et 500 sujets témoins.

Parmi les variables enregistrées, nous retiendrons :

— l'exposition professionnelle (poussière essentiellement) (non, oui),

— la consommation de tabac (non fumeurs, fumeurs quelle que soit la quantité fumée).

Il s'agit d'un exemple d'étude simultanée de deux facteurs dont on cherche à apprécier le rôle respectif dans l'étiologie de la bronchite. La première étape est la comparaison de la distribution de ces facteurs chez les malades et chez les témoins (tableau II). Elle montre que le pourcentage de sujets exposés et de fumeurs est significativement plus élevé chez les malades.

TABLEAU II

Distribution des deux facteurs de risque chez les malades et les témoins.

	Malades	Témoins	χ^2	p
Exposition professionnelle				
oui	200	100		
non	300	400	47,6	<0,001
Tabac				
fumeurs	300	200		
non fumeurs	200	300	40,0	<0,001

* Exemple imaginaire.

DEUXIÈME PHASE DE L'ANALYSE

Elle sera examinée en poursuivant l'étude de l'exemple précédent.

Il faut rechercher s'il existe une *relation entre l'exposition professionnelle et le fait de fumer* — relation telle que l'un des facteurs puisse être facteur de confusion pour l'autre, c'est-à-dire, dans cet exemple, que les gens exposés soient plus souvent fumeurs ou, ce qui revient au même, que les fumeurs soient plus souvent exposés. Pour faire cette étude, il faut connaître la répartition des fumeurs et des non fumeurs chez les exposés et les non exposés (tableau III).

TABLEAU III

Répartition des sujets en fonction de l'exposition professionnelle et de la consommation de tabac chez les malades et les témoins.

	Malades	Témoins
Sujets exposés		
fumeurs	130	60
non fumeurs	70	40
Sujets non exposés		
fumeurs	170	140
non fumeurs	130	260

Puisqu'il s'agit d'une enquête cas-témoins, il est préférable de tester l'association entre les deux facteurs étudiés chez les témoins car ceux-ci sont plus proches de la population générale que les malades (tableau IV). Dans une enquête de type I, l'association aurait été testée sur l'ensemble de la population.

TABLEAU IV

Relation entre exposition professionnelle et la consommation de tabac chez les témoins.

	Sujets exposés			
	Non	Oui	χ^2	p
Non fumeurs	260	40	20,8	$<0{,}001$
Fumeurs	140	60		

Le pourcentage de fumeurs est significativement plus élevé chez les exposés (60 %) que chez les non-exposés (35 %), et chacun des deux facteurs peut donc être facteur de confusion pour l'autre. On doit se poser les deux questions suivantes : est-ce parce que les gens exposés fument plus que l'exposition professionnelle apparaît comme facteur de risque de bronchite chronique ? Ou, à l'inverse, est-ce parce que les fumeurs sont plus souvent exposés qu'ils sont plus fréquents parmi les malades ?

TROISIÈME PHASE DE L'ANALYSE

Pour répondre à ces questions, il faut réaliser des « comparaisons partielles » qui conduisent à étudier la relation existant entre l'exposition professionnelle et la bronchite chronique, séparément chez les fumeurs et les non fumeurs; on examine ensuite la relation entre la consommation de tabac et la bronchite chronique et pour tenir compte de l'ensemble des résultats, on réalise un test d'ajustement. Nous allons étudier ces méthodes en poursuivant l'analyse de l'exemple ci-dessus.

Nous examinerons essentiellement le choix des tests en revenant sur la stratégie à la fin du chapitre.

Cas où les deux caractères sont qualitatifs : « comparaisons partielles »

Si nous reprenons l'exemple précédent, deux types de comparaisons partielles sont à réaliser (tableau V et tableau VI).

TABLEAU V

Rôle de l'exposition professionnelle à consommation de tabac donnée.

	Malades	Témoins	χ^2	p
Fumeurs				
Sujets exposés	130	60	9,1	<0,01
Sujets non exposés	170	140		
Non fumeurs				
Sujets exposés	70	40	32,8	<0,001
Sujets non exposés	130	260		

TABLEAU VI

Rôle de la consommation de tabac à exposition professionnelle donnée.

	Malades	Témoins	χ^2	p
Sujets exposés				
Fumeurs	130	60	0,7	NS
Non fumeurs	70	40		
Sujets non exposés				
Fumeurs	170	140	32,6	<0,001
Non fumeurs	130	260		

Au tableau V, on voit qu'il existe une liaison significative entre l'exposition professionnelle et la bronchite chronique (plus de sujets exposés chez les malades) *aussi bien* chez les fumeurs que chez les non fumeurs, on peut donc en conclure que *l'exposition professionnelle est liée à la bronchite chronique indépendamment du tabac,* sans faire de test d'ajustement. Par contre, la conclusion du tableau VI est moins nette, en effet, on observe une liaison significative entre tabac et maladie (plus de fumeurs chez les malades) chez les non exposés, par contre, on n'observe pas de liaison chez les exposés. On peut se demander si cela signifie que le tabac n'agit que chez les non exposés ou au contraire que l'on manque de puissance pour mettre en évidence son effet chez les exposés. Ceci fait apparaître un premier inconvénient de la méthode des comparaisons partielles qui est une perte de puissance. Le second est qu'elle amène à faire un nombre élevé de comparaisons, ce qui augmente le risque de conclure à tort qu'il y a une différence. *Pour pallier ces inconvénients, on peut utiliser un test d'ajustement* qui a l'avantage de porter sur l'ensemble des données [7]. Toutefois son utilisation appelle trois remarques :

Le test d'ajustement doit correspondre à une stratégie fixée à l'avance consistant à chercher une réponse globale (est-ce que pour l'ensemble des classes d'exposition, le tabac est lié à la bronchite chronique ?). En effet, si l'on a des raisons biologiques ou autres de mener des études dans une classe d'exposition plutôt que dans une autre, il faut employer les comparaisons partielles comme s'il s'agissait d'enquêtes réalisées sur des groupes séparés.

Il faut que la liaison étudiée aille dans le même sens dans chacune des classes. Le recours à un test d'ajustement aurait été discutable si l'on avait constaté, par exemple, que chez les sujets exposés il y avait significativement moins de fumeurs dans le groupe malade. Dans un tel cas, le résultat du test d'ajustement dépendrait de la proportion de cas présents dans chaque classe d'exposition.

Le test d'ajustement n'a pas d'intérêt si les liaisons partielles sont toutes de même sens et significatives comme c'est le cas au tableau V.

Cas où les deux caractères sont qualitatifs : méthodes d'ajustement

Nous allons envisager 2 méthodes, la première n'est valable que pour les variables qualitatives à deux classes, alors que la deuxième est plus générale.

La première méthode a été proposée par *Mantel et Haenzsel* [9]. Si elle est sensible, elle présente l'inconvénient de ne pouvoir être utilisée que pour effectuer des comparaisons entre deux groupes (dans notre exemple, malades, non malades) portant sur un facteur à deux classes (dans l'exemple : fumeurs, non fumeurs) c'est-à-dire dans les cas où les comparaisons partielles portent sur une série de tableaux 2 × 2. Cette méthode aboutit aux mêmes résultats que la méthode proposée par Cochran [3]. Elle consiste à calculer la quantité

$$(6) \qquad \chi^2_{MH} = \frac{[\Sigma\, a_i - \Sigma\, E(A_i)]^2}{\Sigma\, V(a_i)}$$

qui suit une loi de χ^2 à 1 ddl

Dans l'exemple proposé, chez les exposés et les non exposés, les effectifs sont notés selon le modèle ci-dessous :

	Malades	Témoins	Total
Fumeurs	a_i		n_{1i}
non fumeurs			n_{0i}
Total	m_{1i}	m_{0i}	n_i

et $E(Ai) = \dfrac{n_{1i} \times m_{1i}}{n_i}$ (c'est l'effectif théorique habituel du χ^2)

$V(Ai) = \dfrac{n_{1i} \times n_{0i} \times m_{1i} \times m_{0i}}{n_i^3}$ (c'est sa variance).

Application à l'exemple (tableau VI)

	Malades	Témoins	Total	a_i	$E(A_i)$	$V(A_i)$
Sujets exposés fumeurs non fumeurs Total	 130 200	 100	 190 110 300	 130	 126,7	 15,5
Sujets non exposés fumeurs non fumeurs Total	 170 300	 400	 310 390 700	 170	 132,9	 42,3
				300	259,6	57,8

$$\chi^2_{MH} = \frac{(300 - 259{,}6)^2}{57{,}8} = 28{,}2, \text{ 1 ddl, p } <0{,}001$$

On vient de montrer qu'après ajustement sur l'exposition professionnelle, la liaison entre la consommation de tabac et la bronchite chronique se maintient, comme nous avions montré précédemment que la liaison entre exposition et bronchite se maintenait après ajustement sur le tabac, on en conclut que *aucun des deux facteurs étudiés n'est facteur de confusion pour la liaison entre bronchite et l'autre facteur*.

Dans la deuxième méthode due à *Boyd et Doll* [1], on teste l'association par un χ^2 global.

(7) $$\chi^2 = \frac{\Sigma\,(O_i - C_i)^2}{C_i} \quad ddl = k$$

k étant le nombre de degrés de liberté du tableau final d'analyse.

Pour obtenir les effectifs observés, on fait case par case la somme des effectifs observés au tableau VI

$$O_1 = 130 + 170 = 300$$
$$O_2 = 60 + 140 = 200$$
$$O_3 = 70 + 130 = 200$$
$$O_4 = 40 + 260 = 300$$

on procède de même pour les effectifs calculés

$$C_1 = 126{,}7 + 132{,}9 = 259{,}6$$
$$C_2 = 63{,}3 + 177{,}1 = 240{,}4$$
$$C_3 = 73{,}3 + 167{,}1 = 240{,}4$$
$$C_4 = 36{,}7 + 222{,}9 = 259{,}6$$

On construit le tableau final d'analyse.

	Malades	Témoins
Fumeurs	300 (259,6)	200 (240,4)
Non fumeurs	200 (240,4)	300 (259,6)

$$\chi^2_{BD} = \frac{(300 - 259,6)^2}{259,6} + \frac{(200 - 240,4)^2}{240,4} + \frac{(200 - 240,4)^2}{240,4} + \frac{(300 - 259,6)^2}{259,6} = 26,2$$

Il s'agit d'un χ^2 à 1 ddl, donc très significatif, on peut donc conclure que *le fait de fumer est lié à la bronchite chronique indépendamment de l'exposition* comme pour le test précédent.

Cas où un des facteurs étudiés est quantitatif

Dans une étude sur les facteurs de risque de mortinatalité [2] comparant des enfants nés vivants à des enfants mort-nés, on a constaté que les enfants mort-nés ont plus souvent des mères migrantes et plus âgées. On a, par ailleurs, constaté que les migrantes étaient plus âgées que les non migrantes, le caractère migrant peut donc être facteur de confusion pour la liaison âge/mortinatalité. Ceci a amené à réaliser des comparaisons partielles (tableau VII), c'est-à-dire à comparer l'âge moyen des mères d'enfant né vivant à celui des mères d'enfant mort-né séparément, chez les migrantes et les non migrantes.

TABLEAU VII

Age moyen des mères en fonction de leur origine et de l'état de l'enfant à la naissance.

	Enfant vivant			Enfant mort-né			p
	Effectif	Moyenne	Variance	Effectif	Moyenne	Variance	
Migrantes	1 556	26,92	37,21	29	28,90	47,38	NS
Non migrantes	9 238	25,51	30,46	79	28,18	58,04	<0,001

Les « comparaisons partielles » montrent que la différence d'âge est significative chez les non migrantes, alors qu'elle ne l'est pas chez les migrantes (peut-être en raison des effectifs). Si l'on veut donner une réponse globale concernant l'âge on est amené à faire un test d'ajustement.

Ajustement. Il consiste à : 1) calculer la différence entre moyennes d_i (âge moyen des mères des mort-nés et des mères d'enfants nés vivants) à l'intérieur de chaque classe de la variable d'ajustement (migrantes ou non-migrantes); 2) comparer à zéro la moyenne des d_i pondérée par l'inverse de leurs variances.

On adoptera les notations suivantes pour chaque classe de la variable d'ajustement, *i* étant l'indice de cette classe.

Vivants			Mort-nés		
Effectif	Moyenne	Variance	Effectif	Moyenne	Variance
n_i	m_i	s_i^2	n'_i	m'_i	s'^2_i

Il faut calculer une estimation commune de la variance s^2 en faisant une moyenne pondérée des différentes variances s_i^2 et s'^2_i selon la formule :

$$s^2 = \frac{\Sigma\,(n_i - 1)\,s_i^2 + \Sigma\,(n'_i - 1)\,s'^2_i}{\Sigma\,(n_i - 1) + \Sigma\,(n'_i - 1)}$$

La variance de d_i s'obtient par : $s^2 \left(\frac{1}{n_i} + \frac{1}{n'_i} \right)$

Puisque le terme s^2 est le même pour toutes les variances des d_i, il n'est pas nécessaire d'en tenir compte dans la pondération qui est :

$$a_i = \frac{1}{\frac{1}{n_i} + \frac{1}{n'_i}} = \frac{n'_i\,n_i}{n_i + n'_i}$$

La valeur moyenne pondérée des d_i est :

$$d = \frac{\Sigma\,a_i\,d_i}{\Sigma\,a_i}$$

Pour tester la moyenne des différences à zéro on calcule

$$F = \frac{\frac{(\Sigma\,a_i\,d_i)^2}{\Sigma\,a_i}}{s^2} \text{ qui est un } F^1_{N-2k}$$

où N = nombre total de sujets
et k = nombre de classes de la variable maintenue constante.

Dans notre exemple, on a le tableau de calcul suivant (tableau VIII).

TABLEAU VIII

Etude de la liaison entre l'âge maternel et la mortinatalité compte tenu du caractère migrant (éléments de calcul pour le test d'ajustement)

	n_i	n'_i	m_i	m'_i	s_i^2	s'^2_i	$a_i = \frac{n'_i\,n_i}{n_i + n'_i}$	d_i	$a_i\,d_i$	$a_i\,d_i^2$
Migrantes	1556	29	26,92	28,90	37,21	47,38	28,47	1,98	56,37	111,61
Non-migrantes	9238	79	25,51	28,18	30,46	58,04	78,33	2,67	209,14	558,40
Total							106,80		265,51	670,01

$$s^2 = \frac{1555 \times 37{,}21 + 9237 \times 30{,}46 + 28 \times 47{,}38 + 78 \times 58{,}04}{1555 + 9237 + 28 + 78} = 31{,}66$$

$$F^1_{10898} = \frac{\dfrac{(265{,}51)^2}{106{,}80}}{31{,}66} = 20{,}85$$

On conclut donc, après ajustement sur l'origine de la mère, que l'âge des mères d'enfants mort-nés est significativement plus élevé que celui des mères d'enfants nés vivants.

L'utilisation de ce test suppose que les d_i sont égales d'une classe à l'autre (absence d'interaction). Ceci peut être testé en calculant :

$$\frac{\left[\Sigma\, a_i\, d_i^2 - \dfrac{(\Sigma\, a_i\, d_i)^2}{\Sigma\, a_i}\right] \Big/ (k-1)}{s^2} \quad \text{qui est un } F^{k-1}_{N-2k}$$

Si la valeur trouvée est supérieure à la valeur seuil lue dans la table, on conclut à l'existence d'une interaction mais on ne peut donner de conclusion claire sur la comparaison des moyennes à partir du test d'ajustement.

$$\text{Dans l'exemple, } F^1_{10898} = \frac{\left[670{,}01 - \dfrac{(265{,}51)^2}{106{,}80}\right] \Big/ 1}{31{,}66} = 0{,}31$$

On conclut donc à l'absence d'interaction significative.

Cas où les deux caractères sont quantitatifs

Supposons que l'on étudie le risque de prématurité (naissance d'un enfant avant terme) en fonction de la taille et du poids de la mère. On obtient les résultats indiqués au tableau IX : les mères des enfants nés prématurément (avant 37 semaines d'aménorrhée) sont plus petites et ont un poids plus faible.

TABLEAU IX

Taille et poids des mères des enfants prématurés et non-prématurés

	Prématurés	Non-prématurés	Signification
Effectif	499	6 563	
Taille moyenne de la mère	159,2	161,7	p <0,001
Poids moyen de la mère	53,9	54,8	p <0,001

Comme la taille et le poids de la mère sont corrélés ($r = 0{,}40$, $p < 0{,}001$) on va donc étudier la relation prématurité — taille à poids constant, ainsi que la relation prématurité — poids à taille constante afin d'éliminer un éventuel effet de confusion, en réalisant une analyse de la covariance. Son principe consiste à faire, pour l'étude de la relation prématurité — taille à poids constant, la comparaison des droites de régression de la taille en fonction du poids, calculées chez les prématurés et les non-prématurés (fig. 2).

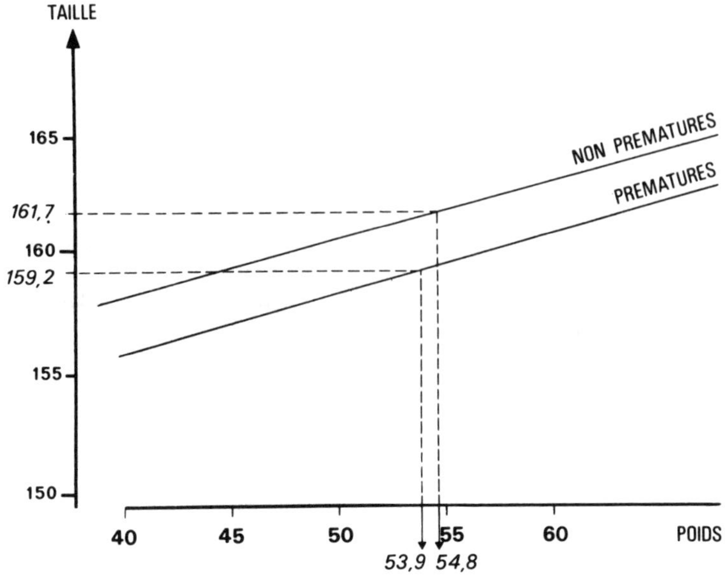

FIG. 2. — Principe de l'analyse de la covariance.

L'analyse de covariance teste si l'écart entre ces deux droites, qui représente la différence entre les tailles des mères à poids constant, est significatif. Cette comparaison suppose que les deux droites sont parallèles, ou tout au moins que l'on peut admettre leur parallélisme. Pour cela on constitue un tableau d'analyse permettant de tester à la fois le parallélisme des droites et leur écart. Nous n'insisterons pas sur cette méthode qui est développée par ailleurs [8].

Interprétation d'un ajustement

Le tableau X donne les différents résultats possibles des tests d'ajustement pour l'étude de la relation entre 2 facteurs A et B et une maladie, lorsque l'on a constaté, avant ajustement, que A et B étaient liés à la maladie et que A et B étaient liés entre eux.

TABLEAU X

Résultats possibles dans l'étude de deux facteurs en relation avec une maladie.

Eventualité	Liaison A/maladie ajusté sur B	Liaison B/maladie ajusté en A
1	+	+
2	+	−
3	−	+
4	−	−

+ liaison significative
− liaison non significative

Dans la première éventualité, les deux tests d'ajustement sont significatifs, ceci signifie qu'aucun des deux facteurs n'est facteur de confusion pour l'autre. On en conclut que A et B sont liés à la maladie indépendamment l'un de l'autre.

Dans la deuxième éventualité, A reste lié à la maladie après ajustement sur B alors que B ne l'est pas après ajustement sur A, on en conclut que la liaison initiale observée entre B et la maladie était dû à un effet de confusion et que seul A est facteur de risque de la maladie.

La troisième éventualité est symétrique à la précédente, par conséquent, seul le facteur B est facteur de risque de la maladie.

La quatrième éventualité signifie que A et B sont tellement liés que lorsque l'on ajuste sur l'un, la liaison avec l'autre disparaît. On en déduit que les facteurs A et B sont équivalents et donc que retenir A ou B comme facteur de risque a le même intérêt, mais que retenir les deux est inutile.

STRATÉGIE DE L'ANALYSE

Dans l'exemple qui a été détaillé, la stratégie est relativement simple parce que le nombre de facteurs étudiés est peu élevé et on peut donc appliquer le schéma systématique :

— comparaisons des deux groupes pour tous les caractères étudiés;

— recherche des facteurs de confusion en étudiant les liaisons entre les caractères deux à deux;

— élimination des effets de confusion en réalisant des comparaisons partielles et des ajustements.

Les techniques statistiques qui viennent d'être présentées permettent assez aisément d'étudier le rôle d'une variable X_1, à niveau donné d'une variable X_2, et vice-versa; il est plus difficile de tenir compte de plusieurs variables à la fois et d'étudier par exemple le rôle de X_1 à X_2, X_3, X_4... données. On voit aisément que le nombre de sujets dans certaines cases deviendrait très faible, voire nul et ne permettrait pas l'application des tests. En outre cette stratégie conduirait à réaliser un nombre important de tests, même si on utilisait les tests d'ajustement. Il arrive enfin que les résultats de ceux-ci soient assez contradictoires. C'est pourquoi il est important de se limiter à un nombre raisonnable de « comparaisons partielles » et d'ajustements, en utilisant une stratégie fixée à l'avance, dont nous allons examiner un exemple plus complexe que les précédents.

Exemple

Pour étudier les facteurs de risque de mortinatalité [2], nous disposions de données recueillies sur un échantillon représentatif de 10 000 naissances. Chaque dossier comportait la réponse à environ 200 questions. Dans un premier temps, nous avons décidé de n'étudier que les variables socio-économiques. *La première étape* de l'analyse a donc été l'étude des liaisons entre ces différentes variables et la mortinatalité. Et nous avons décidé de ne retenir pour la suite de l'analyse que les variables significatives au seuil $p < 0{,}01$ (tableau XI).

TABLEAU XI

Première phase de l'analyse : comparaison des taux de mortinatalité en fonction des caractéristiques des parents

N° de variable		Taux de mortinatalité ‰	p
1	Mère migrante : non	9	p <0,001
	oui	18	
2	Père migrant : non	9	p <0,01
	oui	16	
3	Niveau d'études de la mère :		
	nul ou primaire incomplet	33	
	primaire	12	
	secondaire	7	p <0,001
	technique	6	
	universitaire	3	
4	Exercice d'une profession par la mère avant la grossesse : non	13	p <0,001
	oui	7	
5	Exercice d'une profession par la mère pendant la grossesse : non	13	p <0,001
	oui	7	
6	Age de la mère à la naissance de l'enfant :		
	< 20 ans	7	
	20-29 ans	9	p <0,001
	30-39 ans	13	
	⩾ 40 ans	42	

Dans la *deuxième étape,* nous avons étudié les relations entre ces six variables prises deux à deux et avons trouvé qu'elles étaient liées entre elles de façon significative. Lorsque les pères sont migrants, les mères le sont généralement. Ces dernières ont un niveau scolaire plus bas, exercent moins souvent une profession et sont plus âgées à la naissance de l'enfant. Dans l'ensemble de la population, les femmes ayant un niveau scolaire primaire exercent moins souvent une profession et sont plus âgées à la naissance de l'enfant.

Le tableau XII indique les résultats sous une forme simplifiée de présentation (degré de signification). Elle peut bien entendu être plus précise, en indiquant, par exemple, les pourcentages observés et les effectifs (s'il s'agit de caractères qualitatifs), les moyennes (si on a procédé à une analyse de variance), ou la valeur du coefficient de corrélation, ainsi que le détail des liaisons observées.

Le fait que ces caractères soient liés entre eux amène à se poser des questions du type suivant :

« Nous constatons que la mortinatalité est plus élevée lorsque la mère est migrante (18 ‰) que lorsqu'elle est française (9 ‰), mais nous constatons également que la mortinatalité est plus forte lorsque la mère a plus de 40 ans (42 ‰). L'étude des liaisons entre l'âge et la nationalité montre en outre que les

TABLEAU XII

Deuxième phase de l'analyse : étude des liaisons statistiques existant entre les caractéristiques des parents

Variables n°					
2	***				
3	***	***			
4	***	***	***		
5	***	***	***	***	
6	***	***	***	**	***
Variables n°	1	2	3	4	5

Légende : *** p <0,001
** p <0,01

mères migrantes sont plus âgées. Est-ce que chacun des caractères joue un rôle dans l'étiologie de la mortinatalité ou est-ce que, par exemple, les migrantes ont une mortinatalité plus élevée parce qu'elles sont plus âgées ? ».

Pour répondre à ces questions, il faut réaliser des comparaisons partielles et des ajustements. Mais au lieu de réaliser d'emblée tous les tests possibles, nous avons commencé l'étude par ceux qui pouvaient avoir un rôle équivalent dans l'étiologie de la mortinatalité.

Nous avons ainsi étudié la liaison existant entre l'origine du père (migrant ou non) et la mortinatalité, compte tenu de l'origine de la mère, cette liaison n'était pas significative. Il en était de même pour l'origine de la mère compte tenu de celle du père. Les deux caractères jouaient donc un rôle équivalent et nous avons seulement conservé la caractéristique maternelle pour la suite de l'analyse. La même méthode nous a conduit à confronter l'exercice d'une profession avant et pendant la grossesse et à éliminer la première de ces deux variables.

Ces premiers ajustements ont donc permis d'éliminer deux variables, il en restait quatre à confronter : mère migrante ou non migrante, niveau d'études de la mère, exercice d'une profession, âge de la mère.

On a testé la liaisons entre chaque variable et la mortinatalité en maintenant constante chacune des autres.

Le tableau XIII donne les résultats. Il se lit de la façon suivante :
dans la première colonne figure la variable d'ajustement, c'est-à-dire celle qui est maintenue constante; dans la deuxième colonne sont indiquées les variables qui restent liées à la mortinatalité, après ajustement par rapport à la variable maintenue constante; dans la troisième colonne sont indiquées les variables qui ne sont plus liées à la mortinatalité, après ajustement sur les variables de la première colonne.

TABLEAU XIII

Etude des liaisons entre la mortinatalité et les caractéristiques maternelles après ajustement sur chacune de ces caractéristiques

Variables d'ajustement	Liaisons avec la mortinatalité	
	V. maintenues	V. disparues
Mère migrante ou non	Niveau d'études Exercice d'une profession Age	
Niveau d'études	Age	Migrante ou non Exercice d'une profession
Exercice d'une profession	Migrante ou non Age Niveau d'études	
Age	Migrante ou non Niveau d'études de la mère Exercice d'une profession	

On voit donc que la liaison entre la mortinatalité et le caractère migrant ou l'activité professionnelle disparaît quand on maintient le niveau d'études constant.

Dans cette étude, les seuls caractères qui subsistent après ajustement sur les autres sont donc l'âge de la mère et le niveau d'études.

La stratégie qui vient d'être décrite s'applique à un exemple relativement *favorable* mais elle peut se heurter à de nombreux obstacles, aboutir à des résultats contradictoires, conduisant à modifier en cours d'analyse la stratégie qui doit être obligatoirement fixée à l'avance. Ces réajustements, qui peuvent porter sur le seuil de signification retenu ou la séquence des calculs, sont dangereux car ils tiennent compte des résultats observés. Ils peuvent amener à mettre certains d'entre eux en valeur, et à oblitérer les autres.

Toutes ces difficultés font que l'on est souvent conduit à préférer une méthode plus globale, que nous désignerons sous le terme général d'analyse multivariate. Nous l'examinerons dans les deux chapitres suivants. Le recours à l'analyse multivariate peut correspondre à la troisième étape de l'analyse, mais ne peut se substituer aux deux premières (comparaisons des deux groupes et recherche des facteurs de confusion).

RÉFÉRENCES

[1] J.T. BOYD, R. DOLL — Gastro-intestinal cancer and the use of lipid paraffin. Brit. J. Canc., 1954, 231.

[2] G. BREART — Etude des facteurs de risque de mortinatalité. Thèse médecine, Paris, 1975.

[3] W.G. COCHRAN — Some methods for strengthening the common X^2 tests. Biom., 1954, *10,* 417-451.

[4] D.W. CRAMER, G.B. HUTCHISON, W.R. WELCH, R.E. SCULLY, R.C. KNAPP — Factors affecting the association of oral contraceptives and ovarian cancer. New-England Journal of Medicine, 1982, *307,* 1047-1051.

[5] M. KAMINSKI, C. RUMEAU-ROUQUETTE, D. SCHWARTZ — Consommation d'alcool chez les femmes enceintes et issue de la grossesse. Rev. Epidém. et Santé publ., 1976, *24,* 27-40.

[6] M. KAMINSKI, M. FRANC, M. LEBOUVIER, C. DU MAZAUBRUN, C. RUMEAU-ROUQUETTE — Moderate alcohol use and pregnancy outcome. Neurobehav. Toxicol. and Teratol., 1981, *3,* 173-181.

[7] J. LELLOUCH, D. SCHWARTZ — Association de deux variables en tenant compte de l'influence d'une troisième. Rev. Stat. Appl., 1961, *9,* 89-102.

[8] J. LELLOUCH, P. LAZAR — Méthodes statistiques en expérimentation biologique. 1 vol., Flammarion, Paris, 1976.

[9] H. MANTEL, W. HAENSZEL — Statistical aspects of the analysis of data from retrospective studies of disease. J. Nat. Cancer. Inst., 1959, *22,* 719-748.

[10] R. PETO, M.C. PIKE, P. ARMITAGE, N.E. BRESLOW, D.R. COX, S.V. HOWARD, N. MANTEL, K. MCPHERSON, J. PETO, P.G. SMITH — Organisation et analyse des essais thérapeutiques comparatifs comportant une longue surveillance des malades. Rev. Epidém. et Santé Publ., 1979, *27,* 165-258.

[11] D. SCHWARTZ — Méthodes statistiques à l'usage des médecins et des biologistes. 1 vol., Flammarion, Paris, 1970.

[12] D. SCHWARTZ, J. LELLOUCH, G. ANGUERA, K.L. BEAUMONT, J. LENEGRE — Tobacco and others factors in the etiology of ischemic heart disease in man. J. Chron. Dis., 1966, *19,* 35.

Chapitre XXVI

ANALYSE DES ENQUÊTES ÉTIOLOGIQUES II
APPLICATION DE L'ANALYSE DISCRIMINANTE

Dans une analyse, dès que le nombre de variables étudiées simultanément dépasse deux ou trois, il est difficile d'utiliser les techniques décrites au chapitre précédent. Il faut alors envisager l'emploi des techniques d'analyse multivariate.

Nous étudierons dans ce chapitre l'analyse discriminante, une autre méthode, la régression logistique est exposée au chapitre suivant.

PRINCIPE ET APPLICATIONS

Son principe consiste, sachant que la population est constituée de deux groupes, à établir une règle de décision permettant de classer chaque sujet dans un groupe ou dans l'autre. Son application à l'étude de deux groupes de sujets malades et non-malades peut avoir trois objectifs : combiner leurs caractéristiques pour les classer dans un groupe à haut risque ou dans un groupe à bas risque; déterminer quelles caractéristiques doivent être retenues; étudier le rôle d'un facteur à niveau donné des autres.

Calcul d'une fonction linéaire discriminante à partir d'un ensemble de k facteurs

La combinaison la plus habituellement utilisée est une fonction linéaire de la forme :

$$b_1 x_1 + b_2 x_2 + b_3 x_3 + \ldots + b_i x_i + \ldots + b_k x_k \qquad (1)$$

Les variables X_i sont les caractéristiques des sujets retenues pour faire l'analyse (âge, taille, poids...). Les coefficients b_i sont estimés à partir de l'ensemble des observations.

Cette formule permet d'attribuer une « note » à chaque sujet. Cette « note » est obtenue en multipliant la valeur des variables X_i par leur coefficient b_i, et en faisant la somme de ces produits. Chaque sujet est classé dans le groupe à haut risque ou à bas risque selon que sa « note » est inférieure ou supérieure à une valeur-seuil.

En principe cette méthode s'applique à des variables quantitatives de distribution normale. Il faut de plus que les variances et les covariances soient égales dans les deux groupes.

Cependant, plusieurs adaptations ont été proposées pour les variables qualitatives [5]. Elles ont été largement appliquées, et c'est par un de ces exemples que nous commencerons l'exposé. Ce faisant nous n'entrerons pas dans le détail de la méthodologie et du mode de calcul des coefficients qui dépasse le cadre de cet ouvrage, qui est développé par ailleurs [1, 4] et pour lequel il existe des programmes d'ordinateur. Nous nous attacherons à partir d'exemples à montrer quelles peuvent être les applications de ce type d'analyse.

Exemple 1. Prévision de l'insuffisance pondérale à la naissance [2]. Le but de l'étude est de calculer la fonction discriminante linéaire permettant de séparer les femmes enceintes en deux groupes : celles qui donneront naissance à un enfant de poids inférieur à 2 500 g, et celles dont l'enfant pèsera 2 500 g ou plus. Il s'agit d'une application du type : combinaison des caractéristiques des sujets pour les classer dans un groupe à haut risque ou à bas risque. Le calcul est fait à partir de deux groupes de femmes venant d'accoucher : le premier (153 femmes) comporte les mères des enfants pesant moins de 2 500 g, le second (222 femmes) les mères des enfants pesant plus de 2 500 g *. Les caractères qui figurent au tableau I avaient été retenus pour être inclus dans l'analyse discriminante, car ils avaient été décrits comme facteurs de risque de petit poids de naissance, ils étaient faciles à obtenir pour l'ensemble de la population lors de l'application éventuelle. Dans cet exemple il s'agit de variables qualitatives ** à deux classes (0 ou 1, absence ou présence).

On aurait pu étudier des variables qualitatives à plus de deux classes en les décomposant en variables à deux classes : supposons que l'on étudie le niveau scolaire (primaire 1, secondaire 2, technique 3, universitaire 4). On peut l'exprimer en trois variables :

X_1, niveau primaire (non 0, oui 1)
X_2, niveau secondaire (non 0, oui 1)
X_3, niveau technique (non 0, oui 1).

(Une femme de niveau universitaire aura donc comme valeur 0 pour l'ensemble des trois variables).

Le coefficient calculé pour chacune des variables est indiqué au tableau I. La fonction discriminante est donc : $1\,x_1 + 6\,x_2 + 2\,x_3 + 1\,x_4 + 2\,x_5 + \ldots + 3\,x_{25} + 1\,x_{26} + 1\,x_{27}$.

Si on l'applique à une femme ayant par exemple une taille inférieure à 1,50 m, une grossesse gémellaire, un col court, mais aucun autre facteur de risque, on obtient la « note » $6 + 15 + 3 = 24$.

Après avoir calculé la valeur de la fonction discriminante pour chacune des femmes, on peut représenter la distribution de ces valeurs pour les mères qui ont eu un enfant de poids < 2 500 g et pour celles qui ont eu un enfant de poids ⩾ 2 500 g (fig. 1). On obtient deux histogrammes qui se recouvrent partiellement : les valeurs élevées de la fonction s'observent chez les mères d'enfants ayant un poids < 2 500 g et les valeurs basses correspondent en majorité à des femmes ayant un enfant de poids ⩾ 2 500 g.

Ces deux distributions permettent de fixer une limite, afin de séparer les groupes à haut risque et à bas risque. Si on considère comme appartenant au groupe à haut risque les femmes pour lesquelles la fonction vaut au moins 7, on constate que 66 % des enfants de

* Il s'agit d'une enquête de type III.

** Il est préférable en présence de variables qualitatives et quantitatives de transformer ces dernières en variables qualitatives.

TABLEAU I

Prévision de l'insuffisance pondérale à la naissance : liste des variables incluses dans l'analyse discriminante et valeur des coefficients de pondération

	Variables	Coefficients
	Caractères généraux et antécédents	
X_1	Classe sociale basse	1
X_2	Taille <150 cm	6
X_3	Poids <45 kg	2
X_4	Au moins 2 enfants sans aide ménagère	1
X_5	Au moins 2 curetages au cours des grossesses antérieures	2
X_6	Malformation utérine dans les antécédents	4
X_7	Antécédent d'avortement tardif	1
X_8	Court intervalle depuis la grossesse précédente	1
X_9	Antécédent de prématurité	3
	Caractéristiques observées au cours de la grossesse étudiée	
X_{10}	Travail fatigant	2
X_{11}	Plus de 3 étages sans ascenseur	0
X_{12}	Longs trajets quotidiens	3
X_{13}	Prise de poids excessive	0
X_{14}	Perte de poids	3
X_{15}	Gain de poids <5 kg	7
X_{16}	Protéinurie	2
X_{17}	Hypertension	2
X_{18}	Métrorragies	1
X_{19}	Placenta praevia	8
X_{20}	Hydramnios	6
X_{21}	Grossesse gémellaire	15
X_{22}	Siège	5
X_{23}	Présentation descendue	6
X_{24}	Segment inférieur formé	1
X_{25}	Col court	3
X_{26}	Col ouvert	1
X_{27}	Utérus contractile	1

petit poids sont dans ce groupe, mais également 14 % des enfants de poids normal. La sensibilité de ce critère est donc de 66 %, et sa spécificité de 86 %. Nous retrouvons ici les deux risques d'erreur α et β envisagés précédemment *.

* Risque α : classer les femmes qui donneront naissance à un enfant de poids $\geqslant$ 2 500 g dans le groupe à haut risque (α = 14 %).

Risque β : classer les femmes qui donneront naissance à un enfant de poids < 2 500 g dans le groupe à bas risque (β = 34 %).

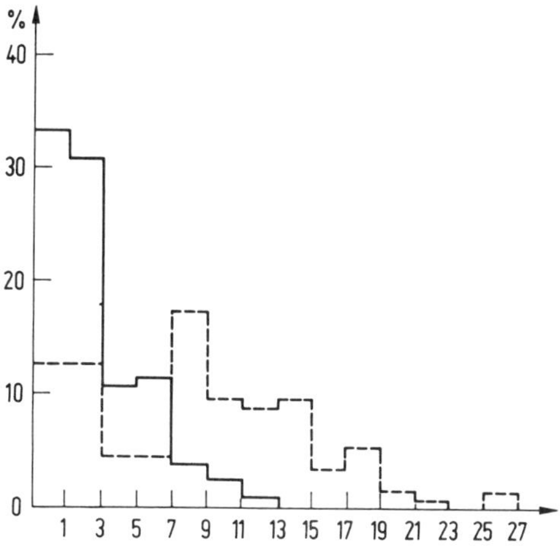

FIG. 1. — Prévision de l'insuffisance pondérale à la naissance : représentation graphique de la distribution des valeurs de la fonction discriminante observées pour chaque femme (—— ⩾ 2 500 g, - - - < 2 500 g). (Source : M. Kaminski, E. Papiernik [2]).

Selon l'importance que l'on accorde à α ou à β, on peut déplacer la valeur-seuil de façon à minimiser l'un ou l'autre. Il est également possible de concevoir une zone intermédiaire correspondant, en général, à l'aire de recouvrement des deux distributions (dans l'exemple choisi, la limite supérieure de cette zone serait 13, sa limite inférieure reste difficile à fixer).

Les coefficients de pondération établis à partir d'une enquête, et la valeur-seuil, peuvent ensuite être appliqués à d'autres échantillons. Cette généralisation n'est possible que si ces derniers ont des caractéristiques voisines de celles de l'échantillon sur lequel a été établie la formule.

Exemple 2. Etude des disproportions fœto-pelviennes entraînant une césarienne [3]. La fonction discriminante a été calculée sur un échantillon comportant 223 femmes ayant accouché par voie basse, et 77 femmes pour lesquelles on a dû procéder à une césarienne. Pour chaque cas deux variables ont été retenues : le diamètre bipariétal du fœtus (BIP) mesuré à l'échotomographie, et l'indice du détroit supérieur (IDS), somme du diamètre promonto-pubien minimum et du diamètre transverse médian mesurés par radio-pelvimétrie.

La fonction discriminante obtenue est 0,149IDS − 0,178BIP − 16,633 ou 0,149 (IDS − 1,20BIP − 112).

La valeur seuil retenue est zéro * : si la fonction est négative, il y a lieu de prévoir une césarienne, si elle est positive, on peut envisager un accouchement par voie basse. Ce seuil peut être obtenu à partir de différentes combinaisons de BIP et IDS, qui correspondent à la droite d'équation : IDS = 1,20 BIP + 112.

Cette droite peut être représentée sur un diagramme portant, en ordonnée la valeur de IDS, en abscisse la valeur du BIP (fig. 2). Si on fait figurer sur ce même diagramme chaque observation de césarienne par une croix, et chaque observation d'accouchement par voie basse par un point, on voit que la droite sépare effectivement deux zones : la zone supérieure où figurent la majorité des accouchements par voie basse et la zone inférieure où figurent la majorité des césariennes.

* Ceci rend nécessaire l'introduction du terme constant —16,633.

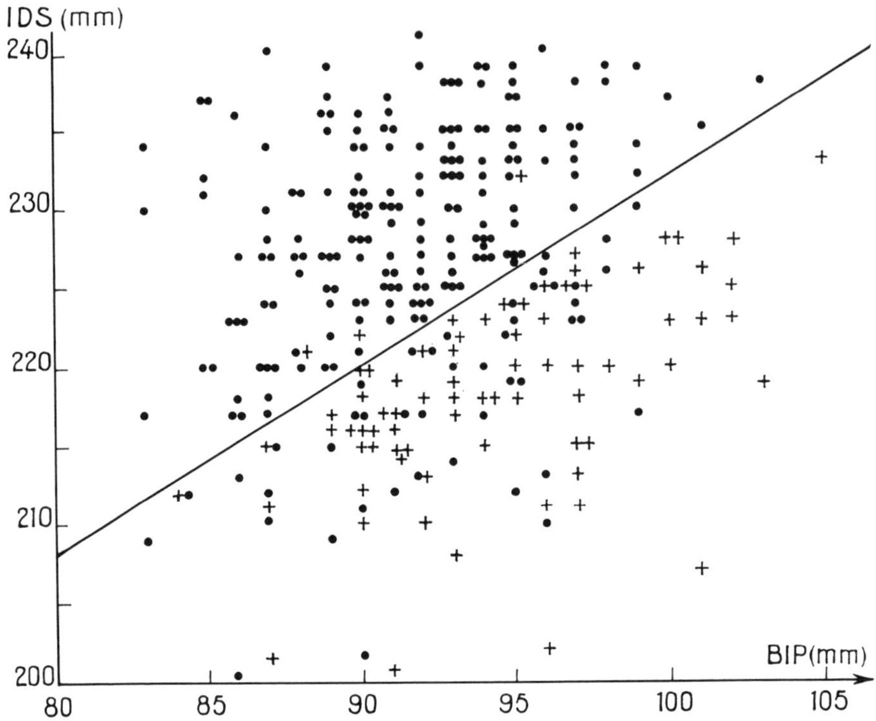

FIG. 2. — Graphique par points résumant le mode d'accouchement dans 300 observations de bassins rétrécis au détroit supérieur en fonction du diamètre bipariétal (BIP) et de l'indice du détroit supérieur (IDS) exprimés en mm. (Source : P. Magnin, A. Bremond, B. Salomon, J.P. Salussola, M. Felber, N. Mamelle [3]).

Analyse discriminante pas à pas

Dans l'exemple figurant au tableau I, certaines variables apparaissent avec un coefficient nul, elles n'ont donc aucun intérêt pour la prévision, et on peut se demander si la valeur prédictive n'aurait pas été aussi bonne avec un nombre de variables plus limité. C'est pour répondre à ce problème qu'ont été développées des méthodes d'*analyse discriminante pas à pas ascendante ou descendante,* qui permettent donc de sélectionner, parmi un ensemble de variables, celles qui ont la plus grande valeur prédictive.

La méthode ascendante consiste à chercher, parmi toutes les variables sélectionnées, celle qui prise isolément assure la meilleure discrimination; une fois cette variable repérée, on recommence le calcul pour trouver la deuxième variable qui, ajoutée à la première, entraîne la plus grande amélioration; on continue le processus jusqu'à ce que l'adjonction d'une nouvelle variable n'amène pas d'amélioration significative de la discrimination. *La méthode descendante* est strictement inverse : on part de la discrimination faite avec l'ensemble des données et on supprime progressivement les variables les moins importantes. Le principe de la méthode est tout à fait équivalent à celui de la régression multiple pas à pas, exposé au chapitre XXIX.

Utilisation de la fonction discriminante pour l'étude d'un facteur à niveau donné des autres

On rencontre cette situation dans une recherche étiologique lorsqu'on se propose d'étudier le rôle propre d'un facteur X_i, après avoir pris en compte les effets des autres facteurs. On peut réaliser une analyse discriminante sur l'ensemble des variables, et tester si le coefficient de X_i est différent de 0. On peut également faire une analyse discriminante pas à pas, pour situer le niveau de la variable étudiée.

Ces deux façons de procéder ne conduisent pas nécessairement aux mêmes résultats, puisque la première donne la part prise par X_i une fois connues les k-1 autres variables, alors que la seconde ne retient qu'un sous-ensemble des k variables.

Exemple. Le but de cette étude était de classer les facteurs de risque d'entérocolite ulcéro-nécrosante du nouveau-né, en fonction des caractéristiques de l'enfant et du déroulement de la grossesse. On a comparé deux groupes d'enfants, l'un (36 sujets) atteint d'entérocolite et l'autre (72 sujets) ne présentant pas cette maladie. Neuf variables qualitatives à deux classes (0 ou 1, absence ou présence) ont été retenues pour faire l'analyse :

X_1 : naissance prématurée,
X_2 : liquide méconial,
X_3 : allaitement maternel à la naissance,
X_4 : score d'Apgar à 1 minute > 7,
X_5 : score d'Apgar à 5 minutes = 10,
X_6 : poids de naissance ⩾ 2 500 g,
X_7 : traitement d'une menace d'accouchement prématuré par un antiprostaglandine,
X_8 : traitement de la mère pour une infection gynécologique,
X_9 : traitement de la mère pour une infection.

L'analyse discriminante portant sur les neuf variables conduit à la formule suivante :

$$y = 0,11\,x_1 + 0,07\,x_2 - 0,19\,x_3 - 0,21\,x_4 - 0,22\,x_5 - 0,33\,x_6 + 0,11\,x_7 + 0,004\,x_8 + 0,20\,x_9$$

Parmi tous ces coefficients, seul celui de la variable X_6 est significativement différent de zéro : le poids de naissance joue donc un rôle étiologique lorsque les autres facteurs sont maintenus constants. Il ne faut pas déduire de ce résultat que seul le poids joue un rôle, puisque la non-signification du coefficient d'une variable peut être due aux liaisons existant entre celle-ci et les autres variables. Si on recalcule la fonction sans la variable X_8, on obtient en effet :

$$y = 0,11\,x_1 + 0,07\,x_2 - 0,19\,x_3 - 0,21\,x_4 - 0,22\,x_5 - 0,33\,x_6 + 0,11\,x_7 + 0,21\,x_9$$

Le coefficient de X_6 est toujours significatif, mais celui de X_9 le devient. On peut noter également que les coefficients de X_1 à X_7 n'ont pas varié, seul le coefficient de X_9 a augmenté traduisant le fait que X_8 étant lié à X_9 et peu aux autres variables, sa suppression a entraîné le report de la valeur prédictive de X_8 sur X_9 lui donnant ainsi un poids significatif.

Lorsque, pour traiter ce même problème, on utilise l'analyse discriminante pas à pas ascendante, l'ordre dans lequel entrent les variables, est le suivant :

1 : score d'Apgar à 5 minutes = 10 (X_5)
2 : poids de naissance ⩾ 2 500 g (X_6)
3 : traitement pour infection (X_9)
4 : allaitement maternel (X_3)

ce qui conduit à la formule : $y = -\,0,43\,x_5 - 0,38\,x_6 + 0,22\,x_9 - 0,21\,x_3$

La prise en compte d'un cinquième facteur n'entraîne pas d'amélioration significative de la fonction discriminante.

INTERPRÉTATION DES RÉSULTATS

Les conditions que nous avons signalées au début du chapitre (distribution normale des variables et égalité des variances et des covariances dans les deux groupes à séparer) ne sont pas toujours respectées. Or, plus on s'éloigne de ces conditions, moins on est sûr que la fonction linéaire trouvée soit la meilleure pour séparer les deux groupes, ou que le classement des variables, en cas de discrimination pas à pas, soit le bon.

Ceci est vrai en particulier lorsqu'on étudie des variables qualitatives, en dépit des adaptations proposées. Dans ce cas, il semble préférable de considérer l'équation discriminante trouvée comme une des équations possibles, et de vérifier son intérêt sur un autre échantillon. Cette procédure est de toute façon recommandée, car l'évaluation de la sensibilité et de la spécificité d'une fonction discriminante sur l'échantillon qui a servi à la calculer, entraîne toujours une surestimation de ces paramètres. Ces réserves ont une importance différente, selon que l'utilisation de la fonction discriminante se fait dans une attitude pragmatique ou explicative.

Dans le premier cas, on souhaite établir une combinaison des différentes variables permettant de classer un sujet. Le calcul de la fonction discriminante fournit effectivement une combinaison, dont il y a lieu de vérifier l'intérêt pratique sur un nouvel échantillon.

Dans le deuxième cas, on cherche plutôt à établir une hiérarchie des variables, ou à étudier le rôle propre d'une variable particulière, compte tenu des autres. La technique utilisée pour calculer les coefficients intervient, et l'interprétation ne peut être rigoureuse que si les conditions d'application sont respectées.

RÉFÉRENCES

[1] P. Armitage — Statistical Methods in medical research. 1 vol., Blackwell scientific publications, London, 1971, chap. 10.
[2] M. Kaminski, E. Papiernik — Multifactorial study of the risk of prematurity at 32 weeks of gestation. II. J. Perinat. Med., 1974, *2*, 37-44.
[3] P. Magnin, A. Bremond, B. Salomon, J.P. Salussola, M. Felber, N. Mamelle — Diagramme pour le pronostic des disproportions céphalo-pelviennes. J. Gyn. Obst. Biol Repr., 1975, *4*, 975-987.
[4] G.W. Snedecor, W.G. Cochran — Méthodes statistiques. 1 vol., Association de coordination technique agricole, Paris, 1971, chap. 13.
[5] D.B. Suits — Use of dummy variables in regression equations. J.A.S.A., 1957, *52*, 548-551.

CHAPITRE XXVII *

ANALYSE DES ENQUÊTES ÉTIOLOGIQUES III

MESURES DU RISQUE

Nous avons vu au chapitre précédent les applications de la fonction discriminante, qui conduit à attribuer à chaque individu une « note » permettant de le classer dans un groupe à haut risque ou à bas risque. Toutefois, nous n'avons pas, ce faisant, calculé la probabilité qu'a un sujet de présenter une maladie (ou tout autre événement), compte tenu des facteurs que l'on a mesurés chez lui. C'est ce que nous allons envisager maintenant, en examinant la notion de risque et les fonctions de risque.

RISQUE LIÉ A UN FACTEUR

Le risque est la probabilité de survenue d'un événement. S'il s'agit d'une maladie, une estimation en est donnée par la fréquence de la maladie au sein de la population considérée. Mais tous les individus qui composent cette population n'ont pas la même probabilité d'être atteints, celle-ci varie en fonction de certaines caractéristiques (âge, sexe...) qui constituent des facteurs de risque; aussi est-il intéressant d'étudier le risque lié à un de ces facteurs. Il se définit comme la probabilité de la maladie en présence du facteur si celui-ci est qualitatif à deux classes, ou pour différents niveaux du facteur dans les autres cas. Cette probabilité est estimée par la fréquence (f_i) de la maladie dans les sous-groupes de la population correspondant aux différents niveaux du facteur.

C'est ainsi que l'on peut estimer la fréquence d'un cancer en fonction de l'âge, ou celle de l'infarctus du myocarde en fonction du niveau atteint par la tension artérielle.

Ces estimations, $f_0, f_1, f_2, f_3 \dots f_i$ sont faites au moyen des méthodes indiquées au chapitre XX en rapportant le nombre de malades à la population exposée.

On peut également utiliser le *risque relatif*. Il est estimé par le rapport entre la fréquence de la maladie dans le groupe exposé (f_1) et sa fréquence dans le groupe non exposé (f_0).

(1) $$\boxed{RR = \frac{f_1}{f_0}}$$

* Ce chapitre s'inspire largement de l'article de J. Lellouch [4].

S'il s'agit d'un caractère qualitatif à plus de 2 classes ou quantitatif, la tension artérielle par exemple, on peut calculer le risque relatif lié à chaque niveau, par rapport à la valeur considérée comme « normale » (Maximale = 13 et minimale = 8 pour un adulte jeune).

Une autre quantité est également utilisée pour apprécier l'importance relative des deux risques, c'est le *odds-ratio* (O.R.).

$$\text{O.R.} = \frac{f_1}{1 - f_1} \bigg/ \frac{f_0}{1 - f_0}$$

Il faut noter que le odds-ratio est toujours supérieur au risque relatif et qu'il en est voisin lorsque f_0 est faible.

Nous allons maintenant envisager ces notions dans le cadre d'une enquête étiologique.

Risque lié à un facteur qualitatif

Une enquête, destinée à étudier le risque de maladie lié à un facteur, se résume généralement par un tableau de contingence (tableau I).

TABLEAU I

Répartition de l'échantillon d'enquête en fonction de l'exposition et de la maladie.

		Maladie		Total
		oui	non	
Exposition au facteur	oui	a	b	n_1
	non	c	d	n_0
Total		m_1	m_0	n

a, b, c, d sont les effectifs dans chaque case, n l'effectif total.

Si l'enquête porte sur un échantillon représentatif de la population (type I) ou sur un groupe de sujets exposés et non exposés (type II)

a/n_1 est une estimation de f_1
c/n_0 est une estimation de f_0

le risque en cas d'exposition au facteur est estimé par :

(2) $$r = \frac{a}{n_1}$$

le risque relatif est estimé par :

(3) $$rr = \frac{a/n_1}{c/n_0}$$

Et puisque l'on dispose d'estimation de f_1 et de f_0, on peut également estimer le odds-ratio.

Si l'enquête compare un groupe de sujets malades à un groupe de sujets témoins (type III), on ne dispose pas d'estimation de f_1 et de f_0, et on ne peut utiliser les formules (2) et (3).

Mais par contre on peut calculer une estimation du odds-ratio puisque on a pu montrer que

$$\frac{f_1}{1 - f_1} \bigg/ \frac{f_0}{1 - f_0} = \frac{P_1}{1 - P_1} \bigg/ \frac{P_0}{1 - P_0}$$

avec P_1 = fréquence de l'exposition chez les malades et P_0 fréquence de l'exposition chez les non malades.

$$P_1 \text{ peut être estimé par } \frac{a}{m_1}$$

$$P_0 \text{ peut être estimé par } \frac{b}{m_0}$$

donc $\text{O.R.} = \dfrac{a/m_1}{1 - \dfrac{a}{m_1}} \bigg/ \dfrac{b/m_0}{1 - \dfrac{b}{m_0}}$ qui, après simplification, devient

$$\text{O.R.} = \hat{\psi} = \frac{ad}{bc} \qquad (4)$$

Cette quantité est également appelée, $\hat{\psi}$, risque relatif approché, en effet, lorsque la maladie est rare, elle est proche du risque relatif, et elle est très souvent présentée dans les résultats d'étude comme l'estimation du risque relatif lié à un facteur.

L'intérêt du odds-ratio est qu'il peut être calculé dans tous les types d'enquêtes, qu'il est proche du risque relatif lorsque la maladie est rare, que l'on peut l'entourer d'un intervalle de confiance et que le modèle basé sur le odds-ratio (le modèle logistique) est un modèle très utilisé en recherche étiologique.

Intervalle de confiance du odds-ratio

Pour calculer l'intervalle de confiance, plusieurs méthodes ont été proposées; nous retiendrons celle de Miettinen * [6] qui repose sur le χ^2. Supposons que le χ^2 calculé sur le tableau I soit significatif, cela signifie que le risque relatif approché $\hat{\psi}$ est différent de 1. En d'autres termes, si le χ^2 est significatif au seuil de 5 %, l'intervalle de confiance à 95 % du risque relatif approché $\hat{\psi}$ ne comporte pas la valeur 1.

Dans la méthode de Miettinen, on suppose que $\log_e \hat{\psi}$ est distribué selon une loi normale de moyenne $\log_e \hat{\psi}$ et d'écart type $\dfrac{1}{\sqrt{\chi^2}} \log_e \hat{\psi}$.

$$\text{écart type de } \log_e \hat{\psi} = \frac{1}{\sqrt{\chi^2}} \log_e \hat{\psi} \qquad (5)$$

* C'est la méthode la plus simple mais pas la meilleure (cf. [3]).

Exemple : nous allons calculer cet intervalle dans le cas de l'enquête de type III étudiée au chapitre XXV portant sur le risque de bronchite chronique en fonction de l'exposition professionnelle.

TABLEAU II

Relation entre l'exposition professionnelle et la bronchite chronique.

		Malades	Témoins
Exposition professionnelle	oui	200	100
	non	300	400

$$\chi^2 = 47{,}6 \qquad \hat{\psi} = \frac{200 \times 400}{100 \times 300} = 2{,}67 \qquad \log_e \hat{\psi} = 0{,}982$$

l'écart-type de $\log_e \hat{\psi}$ est égal à $\dfrac{1}{\sqrt{47{,}6}} \times 0{,}982 = 0{,}142$

l'intervalle de confiance à 95 % de $\log_e \hat{\psi}$ est

$$0{,}982 \pm 1{,}96 \times 0{,}142 = 0{,}982 \pm 0{,}278 = [0{,}704 - 1{,}26]$$

l'intervalle de confiance à 95 % de $\hat{\psi}$ est

$$[\exp(0{,}704) - \exp(1{,}26)] = [2{,}02 - 3{,}53]$$

Cet intervalle ne comprend pas la valeur 1 traduisant le fait que le χ^2 est significativement différent de 0 au risque 5 %.

Risque lié à un facteur quantitatif

Quand le facteur de risque est une variable continue X, on doit s'interroger sur l'évolution du risque en fonction de la valeur du facteur. Pour cela on peut se ramener à la situation précédente, c'est-à-dire évaluer le risque de maladie pour différentes classes de la variable X, mais on peut également chercher à déterminer la courbe des valeurs du risque en fonction de la valeur du facteur. Dans de nombreux cas, cette courbe est une exponentielle de la forme :

$$y = e^{\alpha x + \beta} \tag{6}$$

La figure 1 montre un exemple de croissance exponentielle en fonction de facteurs de risque.

RISQUE LIÉ À UN FACTEUR COMPTE TENU D'AUTRES FACTEURS

Les méthodes d'estimation du risque relatif et du odds-ratio, qui viennent d'être envisagées, constituent une estimation « brute » du risque lié à un facteur, et ne tiennent donc pas compte des effets des autres facteurs. C'est ainsi que, dans l'exemple de la bronchite chronique, nous avons calculé le odds-ratio lié à l'exposition professionnelle sans tenir compte de la consommation de tabac, alors

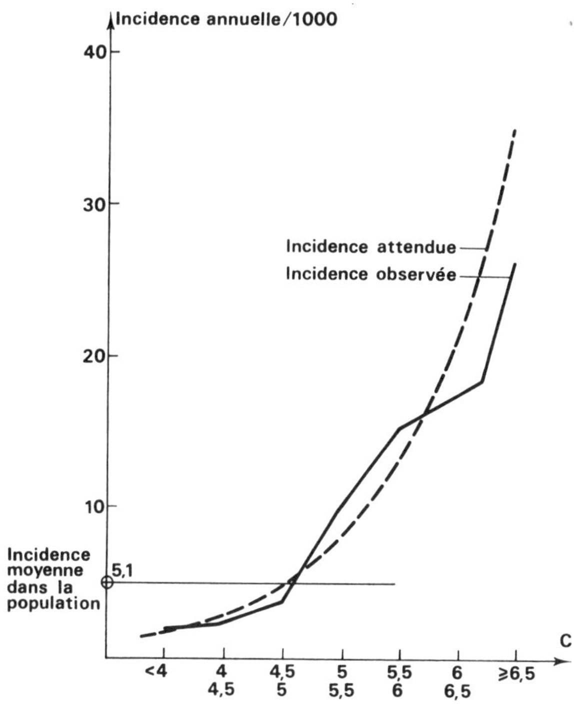

FIG. 1. — Incidence annuelle des cardiopathies ischémiques selon la fonction de risque C. Courbes observée et attendue d'après le modèle exponentiel. (Source : P. Ducimetière, J. L. Richard, R. Rakotovao, J. R. Claude [2]).

que celle-ci introduit un effet de confusion puisqu'elle est liée à la bronchite chronique et que les sujets exposés fument davantage. Pour éliminer cet effet de confusion, une méthode d'estimation du odds-ratio a été proposée par Mantel et Haenszel [5], encore appelée estimation commune du risque relatif approché. Elle permet de calculer une estimation du odds-ratio liée à un facteur A en ajustant sur un facteur B *, à partir des tableaux de comparaisons partielles réalisés pour étudier la liaison entre le facteur A et la maladie, à B constant.

Cette estimation commune est donnée par la formule :

$$\hat{\psi}_c = \frac{\sum a_i \, d_i/n_i}{\sum b_i \, c_i/n_i} \quad (7)$$

où a_i, b_i, c_i, d_i sont les effectifs de chaque tableau de contingence permettant d'étudier la relation entre le facteur A et la maladie pour chaque classe du facteur B.

Exemple : dans l'étude sur la bronchite chronique déjà envisagée, pour calculer le odds-ratio lié à l'exposition professionnelle, ajusté sur le tabac, on constitue les tableaux III et IV (équivalents aux tableaux V et VI du chapitre XXV).

* Voir en annexe le cas de l'ajustement sur plusieurs facteurs.

TABLEAU III

Rôle de l'exposition professionnelle ajustée sur la consommation de tabac.

	Malades	Témoins	Total
Fumeurs			
Sujets exposés	130	60	190
Sujets non exposés	170	140	310
Total	300	200	500
Non fumeurs			
Sujets exposés	70	40	110
Sujets non exposés	130	260	390
Total	200	300	500

$$\hat{\psi}_{c_e} = \frac{\dfrac{130 \times 140}{500} + \dfrac{70 \times 260}{500}}{\dfrac{170 \times 60}{500} + \dfrac{130 \times 40}{500}} = 2,36$$

Donc le odds-ratio, encore appelé risque relatif approché, lié à l'exposition professionnelle après ajustement sur le tabac est égal à 2,36 (avant ajustement il était égal à 2,67).

De la même façon, on peut calculer à partir du tableau IV le $\hat{\psi}_c$ lié au tabac après ajustement sur l'exposition professionnelle.

TABLEAU IV

Rôle du tabac ajusté sur l'exposition professionnelle.

	Malades	Témoins	Total
Sujets exposés			
Fumeurs	130	60	190
Non fumeurs	70	40	110
Total	200	100	300
Sujets non exposés			
Fumeurs	170	140	310
Non fumeurs	130	260	390
Total	300	400	700

$$\hat{\psi}_{c_t} = \frac{\dfrac{170 \times 260}{700} + \dfrac{130 \times 40}{300}}{\dfrac{130 \times 140}{700} + \dfrac{70 \times 60}{300}} = 2,01$$

Avant ajustement $\hat{\psi}_c = 2{,}25$, la différence entre les 2 valeurs ci-dessus traduit l'effet de confusion de l'exposition professionnelle sur la relation tabac/bronchite chronique. Cet effet amenait à surestimer l'effet propre du tabac, de même que l'absence d'ajustement sur le tabac amenait à surestimer l'effet propre de l'exposition professionnelle ($\hat{\psi} = 2{,}67$, et $\hat{\psi}_{ce} = 2{,}36$).

On peut construire autour de cette valeur un intervalle de confiance à partir de $\log_e \hat{\psi}_c$ dont l'écart type est $\frac{1}{\sqrt{\chi^2}} \log_e \hat{\psi}_c$

Dans cette formule le χ^2 est celui du test d'ajustement selon la méthode de Mantel Haenszel (χ^2_{MH}).

Exemple : dans l'étude de la bronchite chronique, l'étude du tabac ajustée sur l'exposition a conduit à $\chi^2_{MH} = 28{,}2$ (page 326)
et à l'estimation de $\hat{\psi}_{c_t} = 2{,}01$
$\log_e \hat{\psi}_{c_t} = 0{,}698$

l'écart-type de $\log_e \hat{\psi}_{c_t}$ est $\frac{1}{\sqrt{\chi^2}} \log_e \hat{\psi}_{c_t} = 0{,}131$

l'intervalle au risque 5 % est donc : $0{,}698 \pm 1{,}96 \times 0{,}131 = [0{,}441 - 0{,}955]$
l'intervalle de $\hat{\psi}_c$ est donc $[\exp(0{,}441) - \exp(0{,}955)] = [1{,}55 - 2{,}60]$

Notons enfin que la formule (7) peut également être utilisée pour estimer un odds-ratio à partir de plusieurs enquêtes.

Dans le cas de séries appariées, le calcul du odds-ratio est simplifié en prenant les notations suivantes :

Malades	*Témoins*	*Effectifs*
−	−	*r*
+	−	*s*
−	+	*t*
+	+	*u*

+indique que l'exposition au facteur est présente, *r* est le nombre de paires où l'exposition est absente chez les malades et les témoins, *s* le nombre de paires où l'exposition est présente chez les malades et absente chez les témoins...

Dans ce cas, le risque relatif approché $\hat{\psi}$ est égal à $\frac{s}{t}$

RISQUE LIÉ A PLUSIEURS FACTEURS

Supposons que l'on soit en présence de trois facteurs de risque (A, B, C), chaque sujet se trouve dans une des huit situations suivantes : $A_0B_0C_0$, $A_0B_0C_1$, $A_0B_1C_0$, $A_1B_0C_0$, $A_0B_1C_1$, $A_1B_1C_0$, $A_1B_0C_1$, $A_1B_1C_1$. $A_0B_0C_0$ signifie que le sujet ne présente aucun des facteurs de risque, $A_1B_1C_1$ signifie qu'il les présente tous.

Si l'on a réalisé une enquête sur toute une population, ou sur un échantillon représentatif, on peut estimer le risque lié à chacune des situations par la fréquence observée de la maladie dans chacun des groupes.

Si l'on a réalisé une enquête cas/témoins (type III), on peut, nous l'avons vu, estimer l'odds-ratio ou risque relatif approché en prenant comme base 1 la situation $A_0B_0C_0$.

Toutefois, si le nombre de facteurs augmente, le nombre de situations devient tel qu'il n'est plus possible, par manque d'effectifs, de faire les estimations directes. Il faut alors faire appel à un modèle permettant de combiner les risques liés à plusieurs facteurs. Plusieurs modèles sont possibles; un est particulièrement intéressant, c'est la *fonction logistique* [4].

Caractéristiques générales d'une fonction logistique

Le risque ou probabilité de la maladie en fonction de $X_1, X_2, X_3 \dots X_i \dots X_n$, s'exprime par la formule :

(8)
$$R = \frac{\exp(\alpha + \Sigma \beta_i x_i)}{[1 + \exp(\alpha + \Sigma \beta_i x_i)]}$$

$X_1, X_2, \dots X_i, X_n$, représentent les différentes caractéristiques du sujet (par exemple taille, poids, âge, sexe...).

$x_1, x_2, \dots x_i, x_n$, représentent les valeurs de ces différentes caractéristiques observées pour un sujet donné.

Cette fonction est appelée fonction logistique car sa transformation logistique en fait une fonction linéaire.

$$\text{logit R} = \log \frac{R}{1 - R} = \alpha + \Sigma \beta_i x_i$$

Dans cette formule, α dépend de la fréquence de la maladie, les β sont des paramètres qui mesurent la relation entre le facteur et la maladie et dont nous envisagerons ultérieurement le calcul à partir des données. Si la variable X_i est quantitative, x_i est la valeur prise par cette variable et exp (β_i) est une estimation du odds-ratio lié à une variation d'unité de X_i, après ajustement sur tous les autres facteurs pris en compte dans la fonction logistique. Si la variable X_i est qualitative à deux classes, x_i prend les valeurs 0 ou 1 selon que le facteur est absent ou présent; si la variable est qualitative à plus de deux classes, par exemple trois, on construit deux variables X_1 et X_2, selon le principe envisagé au chapitre XXVI pour la transformation d'une variable qualitative à plus de deux classes, en une série de variables qualitatives à deux classes. Exp (β_i) est alors une estimation du odds-ratio lié à X_i après ajustement sur les facteurs pris en compte dans la fonction logistique.

Cette fonction de risque, qui exprime une probabilité, a été construite de telle sorte qu'elle varie entre 0 et 1; R croît de façon exponentielle lorsque X est quantitatif (et R petit), propriété qui est en accord avec de nombreuses observations. Enfin les odds-ratio liés à plusieurs facteurs se multiplient.

Cette dernière notion apparaît très clairement si l'on étudie les risques liés à la présence de deux facteurs A et B (tableau V).

Dans cette enquête que nous supposons de type III, le odds-ratio lié à A en l'absence de B est $\frac{ag}{ec}$, celui lié à B en l'absence de A est $\frac{ad}{bc}$, le produit est $\frac{ad}{bc} \times \frac{ag}{ec}$.

Si l'on admet que le odds-ratio lié à B est le même quel que soit A (ce que

TABLEAU V

Répartition des malades et des témoins en fonction de deux facteurs

	A absent		*A* présent	
	B absent	*B* présent	*B* absent	*B* présent
Témoins	a	b	e	f
Malades	c	d	g	h

suppose le modèle) $\frac{ad}{bc} = \frac{eh}{fg}$, et le produit des risques relatifs approchés est donc $\frac{eh}{fg} \times \frac{ag}{ec} = \frac{ah}{cf}$ qui est bien le risque en présence de A et B.

Cette fonction logistique enfin est très générale et peut être utilisée largement.

Estimation des paramètres β_i *

La méthode de Cornfield [1] est simple mais critiquable. Elle estime les β_i par les coefficients b_i de la fonction linéaire discriminante. Elle suppose un certain nombre d'hypothèses : distribution normale des facteurs, mêmes variances et covariances dans les groupes. Ceci n'est pas vérifié pour les facteurs qualitatifs; en outre, comme le remarque Lellouch : même si la distribution des X_i peut être considérée comme gaussienne sur la population de N sujets indemnes au moment de l'entrée dans l'étude, il est vraisemblable que ce sont les sujets avec les valeurs les plus hautes (ou les plus basses) des X_i, qui vont faire partie du groupe atteint, ce qui conduit nécessairement à des distributions non-normales et des variances covariances inégales [4].

La méthode du maximum de vraisemblance conduit à des calculs longs mais exacts, qui sont applicables dans tous les cas, l'exposé complet de cette méthode sort du cadre de cet ouvrage.

Un cas particulier est *celui des enquêtes rétrospectives de type III*. Dans ce cas, on ne peut estimer α qui dépend de la fréquence de la maladie. Si celle-ci est rare, la formule (8) devient :

(9) $$R = \exp(\alpha + \Sigma\, \beta_i x_i) = k \exp(\Sigma\, \beta_i x_i)$$

La formule (9) montre que si on ne peut calculer k qui est fonction de la fréquence de la maladie, on peut quand même étudier la variation du risque en fonction des facteurs de risque, et calculer le risque relatif approché.

Exemple. On souhaite évaluer le risque de prématurité en fonction des caractéristiques des femmes enceintes connues au début de grossesse. L'étude a été réalisée sur un échantillon représentatif de femmes, et les variables quantitatives ont été transformées en variables qualitatives binaires. Le calcul par le maximum de vraisemblance a montré que les

* Pour ce calcul, les lecteurs pourront se référer à l'article de Lellouch cité en tête de ce chapitre, nous indiquerons seulement ici le principe des calculs.

caractéristiques les plus importantes à retenir étaient les suivantes, avec les coefficients b_i correspondants et l'estimation du odds-ratio (O.R.).

	b_i	O.R. = exp (b_i)
X_1 célibataire	0,799	2,22
X_2 ne travaille pas	0,358	1,43
X_3 n'a pas utilisé de méthode contraceptive	0,376	1,46
X_4 taille < 158 cm	0,399	1,49
X_5 intervalle intergénésique court	0,524	1,69
X_6 accouchement prématuré dans les antécédents	1,244	3,47

terme constant $a = -3{,}972$ (estimation de α)

La fonction de risque de prématurité est donc d'après le formule (8) :

$$R = \frac{\exp.\ (-3{,}972 + 0{,}799\ x_1 + 0{,}358\ x_2 + 0{,}376\ x_3 + 0{,}399\ x_4 + 0{,}524\ x_5 + 1{,}244\ x_6)}{1 + \exp.\ (-3{,}972 + 0{,}799\ x_1 + 0{,}358\ x_2 + 0{,}376\ x_3 + 0{,}399\ x_4 + 0{,}524\ x_5 + 1{,}244\ x_6)}$$

L'application de cette formule montre que pour une femme ayant tous les facteurs étudiés, le risque de prématurité est de 43 %; pour une femme ne présentant aucun des facteurs, le risque est de 2 %.

AUTRES INDICES

D'autres indices ont été proposés pour mesurer le rôle d'un facteur, nous les examinerons rapidement ici.

Proportion de cas due au facteur (pourcentage de risque attribuable)

Soit N le nombre total de sujets et E la proportion de sujets exposés.
Le nombre de cas dus au facteur chez les non-exposés est 0
Le nombre de cas dus au facteur chez les exposés, dont l'effectif est NE, s'obtient par différence entre le nombre de cas observés, soit NEf_1 et celui qu'on observerait en l'absence du facteur, soit NEf_0, c'est donc .... $NE\ (f_1 - f_0)$
Cette expression est le numérateur de la proportion cherchée P. Son dénominateur est le nombre total des cas, soit :

chez les non-exposés, en nombre $N\ (1 - E)$ .... $N\ (1 - E)\ f_0$
chez les exposés, en nombre NE .... NEf_1
d'où le nombre total des cas .... $Nf_0 + NE\ (f_1 - f_0)$

L'expression de P est donc, après simplification par N :

(10) $$P = \frac{E\ (f_1 - f_0)}{f_0 + E\ (f_1 - f_0)}$$

Cette formule est équivalente à :

(11) $$P = \frac{E\ (RR - 1)}{E\ (RR - 1) + 1}$$

où RR = risque relatif $= \frac{f_1}{f_0}$.

Le passage de (10) à (11) s'obtient en divisant le numérateur et le dénominateur de (10) par f_0.

Dans une enquête de type I, on dispose de tous les éléments pour calculer la proportion de cas dus au facteur, puisque, si l'on reprend la notation du tableau I, E est estimé par $(a + b)/n$, f_1 par $a/(a + b)$, f_0 par $c/(c + d)$.

Dans une telle enquête, on a montré [9] que la variance de la proportion de cas dus aux facteurs pouvait être estimée par :

$$V_p = \frac{cn\,[ad\,(n - c) + bc^2]}{(a + c)^3 \,.\, (c + d)^3}$$

Dans une enquête de type II (comparaison d'un groupe exposé à un groupe non-exposé) on ne dispose pas d'estimation du pourcentage de sujets exposés; on ne peut donc pas calculer la proportion de cas dus au facteur sauf si on a, dans une enquête antérieure, déterminé la fréquence de l'exposition.

Dans une enquête de type III (enquête cas-témoins), on part de la formule (11) en remplaçant le risque relatif par son estimation approchée $\hat{\psi} = \frac{ad}{bc}$. On prend généralement, comme estimation de E, la proportion de sujets exposés chez les témoins. Pour que cette estimation soit valable, il faut que la maladie soit rare (hypothèse également nécessaire pour prendre comme estimation du risque relatif le odds-ratio ou risque relatif approché).

On a montré [9] que la variance de la proportion de cas dus au facteur est estimée par :

$$V_p = \left[\frac{c\,(b + d)}{d\,(a + c)}\right]^2 . \left[\frac{a}{c\,(a + c)} + \frac{b}{d\,(b + d)}\right]$$

Mesure de rôle propre du facteur

La proportion de malades f_1 chez les sujets exposés est « impure », elle est liée en effet non seulement au facteur X, mais aussi aux « autres facteurs », ceux qui déterminent la maladie chez les sujets non-exposés au facteur X. Sheps [7] a souligné l'intérêt de la proportion f_x de malades qu'on trouverait chez les exposés, en l'absence de tout autre facteur que X. Cette proportion peut être calculée en écrivant que la probabilité de maladie chez les exposés est liée, soit au facteur X, soit aux autres causes :

(12) $$\boxed{f_1 = f_x + f_0 - f_x f_0}$$

Cette formule n'est valable que si la probabilité de l'éventualité B est la même en présence ou en l'absence de A, c'est-à-dire si les sujets, exposés et non-exposés au facteur X, ont la même probabilité de maladie pour les autres causes (par exemple les fumeurs et non-fumeurs ont la même probabilité de cancer broncho-pulmonaire pour les autres causes que le tabac).

L'égalité (12) peut encore s'écrire $f_1 = f_0 + f_x\,(1 - f_0)$ et :

(13) $$\boxed{f_x = \frac{f_1 - f_0}{1 - f_0}}$$

Cet indice a un sens concret, puisqu'il exprime la fréquence de la maladie chez les sujets exposés, en l'absence de tout autre facteur. Il traduit le rôle propre du facteur X ou, en cas de relation causale, son effet propre.

Ces notions peuvent s'exprimer de façon différente par la relation :

$$1 - f_x = \frac{1 - f_1}{1 - f_0} \tag{14}$$

Cette relation traduit encore une formule classique en calcul des probabilités : la probabilité d'échapper à la maladie f chez les sujets exposés, soit $(1 - f_1)$, est le produit des probabilités des phénomènes composants : probabilités d'échapper à la maladie pour X, soit $(1 - f_x)$, et pour les autres causes, soit $(1 - f_0)$.

Nous avions indiqué plus haut diverses combinaisons de f_1 et f_0 (risque relatif, proportion de cas dus au facteur) utilisées pour exprimer l'importance du facteur X. Les formules (13) et (14) donnent de nouvelles combinaisons qui ont l'avantage d'avoir un sens concret. On notera d'ailleurs que, si f_0 et f_1 représentent des taux de mortalité $(1 - f_1)$ et $(1 - f_0)$ représentent des taux de survie; ainsi le rapport des taux de survie dans les groupes exposés et non-exposés se trouve curieusement avoir un sens concret, que n'a pas le rapport des taux de mortalité.

Utilisation

Le fait que l'on dispose de plusieurs indices pour mesurer le rôle d'un facteur montre que l'ensemble de l'information :

$$f_1, f_0$$

ne peut être résumé en un seul indice. Toutefois, on peut dire pour les deux indices les plus fréquemment utilisés (le risque relatif, la proportion de cas dus au facteur) qu'ils correspondent à des approches différentes des problèmes.

Exemple. Soit un échantillon représentatif de 10 000 sujets où on a étudié l'effet de deux facteurs de risque X_1, X_2 (on supposera qu'ils ont chacun un effet propre et de nature causale). On observe les résultats suivants :

TABLEAU VI

Etude du facteur X_1

		Maladie		
		oui	non	total
Facteur X_1	oui	20	80	100
	non	198	9 702	9 900
Total		218	9 782	10 000

Le risque relatif est : $\dfrac{20/100}{198/9\,900} = 10$

La proportion de cas dus au facteur est : $\dfrac{100/10\,000 \times (10 - 1)}{100/10\,000 \times (10 - 1) + 1} = 9/109$

TABLEAU VII
Etude du facteur X_2

		Maladie oui	non	total
Facteur X_2	oui	58	1 942	2 000
	non	160	7 840	8 000
Total		218	9 782	10 000

Le risque relatif est : $\frac{58/2\,000}{160/8\,000} = 1{,}45$

La proportion de cas dus au facteur est : $\frac{2\,000/10\,000 \times (1{,}45 - 1)}{2\,000/10\,000 \times (1{,}45 - 1) + 1} = 9/109.$

On voit sur ces deux exemples que, du point de vue de la santé publique, les deux facteurs ont la même importance puisque leur suppression entraînerait la suppression de 9 cas sur 109, alors que, du point de vue étiologique, le facteur X_1 apparaît comme beaucoup plus important.

ANNEXE

UTILISATION DE LA MÉTHODE DE MANTEL ET HAENSZEL POUR CALCULER UN ODDS-RATIO LIÉ À UN FACTEUR EN AJUSTANT SIMULTANÉMENT SUR PLUSIEURS AUTRES

Dans une étude cas-témoin [8] portant sur les facteurs de risque de cancer de la peau, on a souhaité évaluer le risque lié au teint (pâle ou mat) après ajustement sur trois autres facteurs (sensibilité au soleil, âge, exposition au soleil). Pour cela (tableau VIII) on a étudié la relation entre le teint et le cancer pour les 8 (2^3) sous-groupes correspondant à toutes les combinaisons possibles des autres facteurs (groupe 1 : âge <59 ans, peau sensible, exposés; groupe 2 : âge <59 ans, peau sensible, non exposés, ... groupe 8 : âge $\geqslant 60$ ans, peau bronzant, non exposés).

Le $\hat{\psi}_c$ calculé sur l'ensemble des données au tableau VIII est égal à 1,59, il représente donc l'estimation commune du odds-ratio lié au teint pâle après ajustement sur l'âge, la sensibilité et l'exposition au soleil.

On peut construire autour de cette estimation un intervalle de confiance à partir de $\log_e \hat{\psi}_c$ dont l'écart-type est $\frac{1}{\sqrt{\chi^2}} \log_e \hat{\psi}_c$;

dans cette formule χ^2 est égal à : $\frac{[\Sigma\, a_i - \Sigma\, E(A_i)]^2}{\Sigma\, V(A_i)}$

c'est le χ^2 calculé pour l'ajustement par la méthode de Mantel et Haenszel.

TABLEAU VIII

Relation entre le teint et le cancer cutané compte tenu de l'âge, de la sensibilité au soleil et de l'exposition

		Peau sensible au soleil						Peau bronzant aisément					
		Exposés au soleil			Non-exposés			Exposés au soleil			Non-exposés		
	Teint	*K*	Té	Tot.	*K*	Té	Tot.	*K*	Té	Tot.	*K*	Té	Tot.
Age 0-59	Pâle	8 (a_i)	0 (b_i)	8	48	27	75	1	1	2	21	27	48
	Mat	1 (c_i)	2 (d_i)	3	11	11	22	9	5	14	30	67	97
	Total	9	2	11 (n_i)	59	38	97	10	6	16	51	94	145
Age 60 +	Pâle	7	1	8	88	42	130	12	3	15	39	29	68
	Mat	2	1	3	17	9	26	17	8	25	55	61	116
	Total	9	2	11	105	51	156	29	11	40	94	90	184

$$\hat{\psi}_c = \frac{\dfrac{8 \times 2}{11} + \dfrac{48 \times 11}{97} + \dfrac{1 \times 5}{16} + \dfrac{21 \times 67}{145} + \dfrac{7 \times 1}{11} + \dfrac{88 \times 9}{156} + \dfrac{12 \times 8}{40} + \dfrac{39 \times 61}{184}}{\dfrac{0 \times 1}{11} + \dfrac{27 \times 11}{97} + \dfrac{1 \times 9}{16} + \dfrac{27 \times 30}{145} + \dfrac{1 \times 2}{11} + \dfrac{42 \times 17}{156} + \dfrac{3 \times 17}{40} + \dfrac{29 \times 55}{184}} = 1{,}59$$

Les éléments de calculs sont les suivants :

$$a_1 = 8 \quad E(A_1) = \frac{8 \times 9}{11} = 6{,}545 \quad V(A_1) = \frac{8 \times 3 \times 9 \times 2}{11^3} = 0{,}325$$

$a_2 = 48$ $E(A_2)$ .... $= 45{,}619$ $V(A_2)$ .... $= 4{,}053$

$a_3 = 1$ $E(A_3)$ .... $= 1{,}250$ $V(A_3)$ .... $= 0{,}410$

$a_4 = 21$ $E(A_4)$ .... $= 16{,}883$ $V(A_4)$ .... $= 7{,}322$

$a_5 = 7$ $E(A_5)$ .... $= 6{,}545$ $V(A_5)$ .... $= 0{,}325$

$a_6 = 88$ $E(A_6)$ .... $= 87{,}500$ $V(A_6)$ .... $= 4{,}768$

$a_7 = 12$ $E(A_7)$ .... $= 10{,}875$ $V(A_7)$ .... $= 1{,}869$

$a_8 = 39$ $E(A_8)$ .... $= 34{,}739$ $V(A_8)$ .... $= 10{,}712$

$\Sigma\, a_i = 224$ $\Sigma\, E(A_i) = 209{,}956$ $\Sigma\, V(A_i) = 29{,}784$

$$\chi^2 = \frac{(224 - 209{,}956)^2}{29{,}784} = 6{,}62$$

ce χ^2 significatif implique que $\hat{\psi}_c$ peut être considéré comme différent de 1.
$\log_e \hat{\psi}_c = 0{,}464$

$$\text{écart-type} = \frac{1}{\sqrt{6{,}62}} \times 0{,}464 = 0{,}180$$

l'intervalle de confiance de $\log_e \hat{\psi}_c$ est $0{,}464 \pm 1{,}96 \times 0{,}180 = [0{,}111 - 0{,}817]$ soit pour $\hat{\psi}_c$ $[1{,}12 - 2{,}26]$.

La technique qui vient d'être vue a un autre intérêt, qui est de permettre d'évaluer l'effet d'un facteur dans diverses circonstances.

C'est ainsi que l'on peut, dans l'exemple précédent, privilégier l'étude de l'exposition au soleil, et calculer le odds-ratio dans diverses circonstances. Pour fair ce calcul chez les sujets au teint mat, on constitue le tableau IX à partir des données du tableau VIII.

TABLEAU IX

Estimation du risque relatif approché de cancer cutané lié à l'exposition au soleil chez les sujets au teint mat

	Peau sensible au soleil						Peau bronzant aisément					
	0-59 ans			60 ans +			0-59 ans			60 ans +		
	K	Té	T.	*K*	Té	T.	*K*	Té	T.	*K*	Té	T.
Exposés	1	2	3	2	1	3	9	5	14	17	8	25
Non-exposés	11	11	22	17	9	26	30	67	97	55	61	116
Total	12	13	25	19	10	29	39	72	111	72	69	141

L'estimation commune du odds-ratio ou risque relatif approché est

$$\hat{\psi}_c = \frac{\dfrac{1 \times 11}{25} + \dfrac{2 \times 9}{29} + \dfrac{9 \times 67}{111} + \dfrac{17 \times 61}{141}}{\dfrac{2 \times 11}{25} + \dfrac{1 \times 17}{29} + \dfrac{5 \times 30}{111} + \dfrac{8 \times 55}{141}} = 2{,}33$$

RÉFÉRENCES

[1] J. Cornfield — Discriminant function. Rev. Int. Sta. Inst., 1967, *35*, 142-153.
[2] P. Ducimetière, J.L. Richard, R. Rakotovao, J.R. Claude — L'estimation d'une courbe de risque comme une fonction de variables prédictives II. Rev. Epidém. et Santé Publ., 1976, *24*, 131-140.
[3] J.J. Gart, D.G. Thomas — The performance of three approximate confidence limits methods for the odds-ratio. Am. J. Epidemiol., 1982, *115*, 453-470.
[4] J. Lellouch — Le risque, définitions et procédés de calcul. Rev. Epidém. et Santé Publ., 1976, *24*, 201-210.
[5] N. Mantel, W. Haenszel — Statistical aspects of the analysis of data from retrospective studies of disease. J. Nat. Cancer Inst., 1959, *22*, 719-748.
[6] O.S. Miettinen — Estimability and estimation in case-referent studies. Am. J. Epidemiol., 1976, *103*, 226-235.
[7] M.C. Sheps — An examination of some methods of comparing several rates or proportions. Biom., 1959, *15*, 87-97.
[8] P.P. Vitaliano — The use of logistic regression for modelling risk factors with application to non-melanoma skin cancer. Am. J. Epidemiol., 1978, *108*, 402-414.
[9] S.D. Walter — Calculation of attribuable risks from epidemiological data. Int. J. Epidem., 1978, *7*, 175-182.

CHAPITRE XXVIII

ANALYSE DES ENQUÊTES ÉTIOLOGIQUES IV
COMPARAISON DE PLUSIEURS GROUPES

Si la comparaison de deux groupes est une méthode très répandue, il n'en demeure pas moins qu'on peut être amené à comparer plusieurs groupes à la fois. Tel est le cas dans les enquêtes rétrospectives comportant plusieurs groupes témoins ou dans les enquêtes prospectives portant sur plusieurs facteurs associés à différents types de maladies. Les essais enfin peuvent comparer plusieurs modes d'interventions.

Deux cas sont à envisager. Si tous les groupes sont placés sur un même niveau, on les compare en utilisant un seul test statistique. Si certains groupes jouent un rôle particulier, on peut souvent définir une stratégie permettant de les comparer deux à deux. C'est par cette méthode que nous commencerons, car elle repose sur les tests statistiques précédemment envisagés.

COMPARAISON DES GROUPES DEUX A DEUX

De nombreuses stratégies peuvent être envisagées dans cette optique, elles dépendent des objectifs de l'étude, du protocole... et doivent être mises au point dès la préparation de l'enquête.

Nous allons examiner quelques exemples.

Comparaison d'un groupe de malades à plusieurs groupes témoins

C'est, nous l'avons déjà souligné, dans les enquêtes rétrospectives de type III que l'on rencontre cette éventualité, elle est très fréquente dans les enquêtes étiologiques menées en milieu hospitalier.

Une solution consiste à comparer les malades à chacun des groupes témoins : par exemple, les cancers à des témoins médicaux et à des témoins chirurgicaux hospitalisés dans le même hôpital. Cette technique présente toutefois un inconvénient : si les résultats se révèlent extrêmement différents, il est très difficile de conclure.

C'est pourquoi on préfère parfois à cette approche une comparaison préalable des témoins, permettant d'éliminer certains groupes ou certaines questions, qui s'avèrent par trop « biaisés » par les modalités d'échantillonnage ou d'interrogatoire. Cette méthode répond bien au souci que l'on a de multiplier les témoins pour dépister les erreurs d'échantillonnage.

Il arrive aussi qu'un groupe témoin ait une origine particulière, tel est le cas s'il est constitué par un échantillon représentatif de la population, alors que les autres groupes témoins sont recrutés à l'hôpital. Il est alors possible de comparer les témoins hospitalisés aux témoins représentatifs de la population.

Nous allons examiner un exemple [2] dans lequel plusieurs des méthodes indiquées ci-dessus ont été utilisées. Bien entendu cette stratégie était fixée avant le début de l'analyse.

Cette enquête avait pour objectif d'étudier le rôle des antécédents gynécologiques et obstétricaux dans l'étiologie du cancer du sein; il s'agissait d'une enquête de type rétrospectif, qui portait sur 4 populations de malades de sexe féminin, interrogées dans les hôpitaux parisiens : 1) cancers du sein; 2) cancers de localisation autre que génitale; 3) malades non-cancéreuses, hospitalisées dans des services de médecine; 4) accidentées du travail ou de la circulation.

L'appariement était réalisé par l'enquêteur, qui devait interroger, après chaque femme atteinte d'un cancer du sein, des sujets homologues appartenant aux catégories 2, 3, 4 et à la même tranche d'âge de 5 ans. L'analyse comportait 3 étapes.

1re étape : comparaison des groupes 3 et 4 pour toutes les variables; en cas de différence significative la variable était éliminée de l'étude, en l'absence de différence les 2 groupes étaient fusionnés en un groupe de témoins non cancéreux.

2e étape : comparaison des cancers du sein aux témoins cancéreux (2).

3e étape : comparaison des cancers du sein aux témoins non-cancéreux.

A l'issue de ces deux dernières opérations, on retenait deux éventualités : (a) les cancers du sein différaient à la fois du groupe 2 et des témoins non cancéreux (3 + 4), le caractère était dit spécifique des cancers du sein; (b) le groupe cancer homogène différait des témoins non-cancéreux, le caractère était dit spécifique du cancer.

Ces deux éventualités sont représentées à la figure 1.

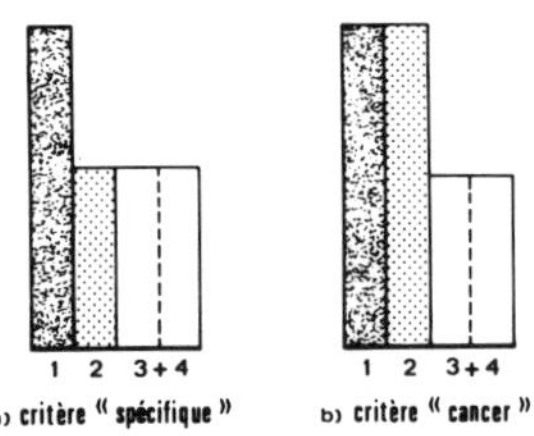

FIG. 1. — Comparaison des cancers du sein à des témoins hospitaliers. Caractère spécifique du cancer du sein (a), caractère spécifique du cancer (b). (Source : D. Schwartz, P. F. Denoix, C. Rouquette [2]).

Comparaison de plusieurs groupes de sujets exposés à un groupe témoin

Le cas est assez fréquent dans les enquêtes prospectives, lorsque l'exposition à un facteur comporte plusieurs degrés.

C'est ainsi que pour étudier le rôle du tabac dans certaines pathologies périnatales, on a divisé les fumeuses en deux groupes, selon qu'elles s'étaient arrêtées de fumer au début de la grossesse ou qu'elles avaient continué; les résultats figurent au tableau I : on a comparé les non-fumeuses aux femmes qui s'arrêtent de fumer au début de la grossesse et ces dernières à celles qui continuent.

TABLEAU I

Comparaison des groupes de femmes en fonction de la consommation de tabac

	Non-fumeuses	Fumeuses		Comparaisons	
		arrêt en début de grossesse	pendant la grossesse		
	(1)	(2)	(3)	(1)/(2)	(2)/(3)
Etat de l'enfant					
Mort-né	1 %	1 %	2 %	NS	S
Poids moyen (g)	3 316	3 305	3 171	NS	S
Poids ≤2 500 g	5 %	6 %	11 %	NS	S
Antécédents					
Célibataire	11 %	20 %	23 %	S	NS
Travail à l'extérieur	64 %	71 %	68 %	S	NS
Classe sociale élevée	18 %	14 %	15 %	S	NS
Taille en cm	159,4	160,7	160,3	S	NS
Poids en kg	56,0	55,6	55,2	NS	NS
Primipare	30 %	43 %	34 %	S	S
Enfant de poids ≤2 500 g dans les antécédents	8 %	13 %	13 %	S	NS

S = Significatif au seuil $p \leqslant 0{,}05$
NS = Non significatif au seuil $p \leqslant 0{,}05$

Les femmes qui continuent à fumer pendant la grossesse ont significativement plus de mort-nés et d'enfants pesant 2 500 g ou moins, que les femmes qui s'arrêtent de fumer en début de grossesse. Le poids moyen des enfants est plus faible; par contre, les enfants des non-fumeuses et des femmes qui s'arrêtent de fumer en début de grossesse ne diffèrent pas significativement.

A l'inverse, les femmes qui s'arrêtent de fumer et celles qui continuent ne diffèrent pas par leurs antécédents à l'exception d'un : il y a davantage de primipares parmi les femmes qui s'arrêtent de fumer en début de grossesse. On constate par ailleurs que ces dernières diffèrent nettement des non-fumeuses pour tous les antécédents sauf un (le poids avant la grossesse).

On arrive donc à des résultats très cohérents : les fumeuses diffèrent des non-fumeuses par tout un ensemble de tiers facteurs. Mais à l'intérieur des fumeuses se constituent en début de grossesse deux sous-groupes comparables en ce qui concerne les tiers-facteurs (à l'exception de la parité), mais différents pour la pathologie périnatale. Les femmes qui s'arrêtent de fumer représentent un groupe témoin privilégié, qu'il était justifié de comparer à la fois aux non-fumeuses et aux fumeuses en cours de grossesse.

Comparaison de plusieurs groupes de malades à un groupe témoin

Dans une enquête prospective, on étudie souvent plusieurs types de maladies. C'est ainsi que les enquêtes portant sur la grossesse conduisent à étudier, par exemple, l'étiologie de la prématurité, de l'insuffisance pondérale, des malformations... La stratégie générale consiste à comparer chacun de ces groupes au groupe témoin. Le problème qui se pose alors est celui des recouvrements entre les groupes, puisque certains enfants sont à la fois malformés et prématurés... Si les effectifs sont suffisants on peut considérer à part les enfants ayant 2 ou 3 anomalies, mais ceci aboutit à la constitution d'un nombre important de sous-groupes. Il arrive donc que l'analyse privilégie certains axes de recherche. On peut, par exemple, isoler d'abord les malformés (considérant que cette anomalie est souvent cause d'insuffisance pondérale et même de prématurité). On isole ensuite les prématurés, l'insuffisance pondérale étant étudiée chez les enfants nés à terme. Bien entendu les témoins comportent uniquement des enfants nés vivants à terme, de poids normal et non-malformés.

On pourrait ainsi multiplier les exemples et chaque étude portant sur plusieurs groupes doit donner lieu à une réflexion, préalable au début de l'enquête, sur la stratégie de l'analyse. Celle-ci permet d'ailleurs de fixer le nombre de sujets nécessaire.

COMPARAISONS GLOBALES DE PLUSIEURS GROUPES

En l'absence d'hypothèse précise sur le rôle assigné à tel ou tel groupe, il est possible de commencer l'analyse par une comparaison globale de tous les groupes. Nous insisterons davantage ici sur les tests statistiques que sur la stratégie, et nous examinerons d'abord le cas où les comparaisons portent sur un facteur, puis celui où elles portent sur plusieurs facteurs.

Etude des facteurs pris un à un

Lorsque ce facteur est *qualitatif,* le test utilisé est le χ^2, il permet de voir si la répartition du facteur est différente d'un groupe à l'autre.

Lorsque le facteur est *quantitatif,* le test utilisé est l'analyse de variance qui permet de réaliser une comparaison des moyennes.

Cette première partie de l'analyse doit parfois être complétée par des comparaisons deux à deux des groupes lorsqu'on a mis en évidence une différence significative globale.

Pour répondre à cette question, on peut faire toutes les comparaisons possibles à l'aide d'un test t modifié (s'il s'agit d'un facteur quantitatif) en remplaçant la variance commune par la variance résiduelle du tableau d'analyse de variance et le nombre de degrés de liberté du t est celui de la variance résiduelle. Mais cette méthode n'est pas entièrement rigoureuse, en particulier sur le plan du risque α, puisqu'on multiplie les tests. On doit donc considérer que la méthode qui vient d'être décrite ne peut que donner des indications sur les différences entre les moyennes, seules des méthodes plus rigoureuses, comme la méthode de Scheffé [1], permettent de contrôler plus valablement les risques d'erreur.

Cette méthode consiste à comparer à zéro toutes les différences possibles ou contrastes entre les moyennes m. On appelle contraste entre les k moyennes toute relation φ de la forme $\varphi = a_1m_1 + a_2m_2 + \ldots + a_im_i + \ldots + a_km_k$ telle que $\Sigma a_i = 0$. Tester la différence entre deux moyennes m_1 et m_2, c'est donc comparer à zéro le contraste $\varphi = 1m_1 - 1m_2 + 0m_3 + \ldots + 0m_i + \ldots + 0m_k$.

Pour comparer à zéro tous les contrastes possibles, on compare la valeur $\frac{\varphi}{s_\varphi}$, où s_φ = écart type de φ, non pas à la valeur du t habituel, mais à la quantité $\sqrt{(c-1)\,F_{N-c}^{c-1}}$ avec c = nombre de groupes comparés et N = effectif total; F_{N-c}^{c-1} est la valeur lue dans une table de F *pour un risque* α, *et* $c-1$, $N-c$ ddl.

Si on appelle s^2 la variance résiduelle du tableau d'analyse de variance, on a

$$s_\varphi^2 = s^2 \sum \frac{a_i^2}{n_i}$$

Comparaisons partielles et ajustements

Après avoir étudié les différences entre les groupes pour chacun des facteurs pris un à un, on étudie les relations de ces variables entre elles; la troisième phase est celle des comparaisons partielles et ajustements qui permettent d'étudier les différences entre les groupes pour une variable X_1 à niveau constant d'une variable X_2. Les tests à utiliser sont différents en fonction de la nature des variables X_1 et X_2.

X_1 et X_2 sont qualitatifs

Les comparaisons partielles consistent à étudier les différences portant sur X_1 à niveau constant de X_2, ceci est réalisé à l'aide du χ^2. Quant aux ajustements, deux méthodes sont utilisables lorsqu'on compare plusieurs groupes : *la somme des* χ^2 et la méthode de *Boyd et Doll* qui ont été exposées au chapitre XXIII.

X_1 est quantitatif, X_2 qualitatif

Les comparaisons partielles se font en réalisant des analyses de variances à chaque niveau de X_2; quant aux ajustements, ils se traitent en faisant une analyse de variance à deux dimensions (étude simultanée des différences entre les groupes, et des différences entre les niveaux de X_1). Dans le cas général où il n'y a pas le même nombre de sujets dans chacun des sous-groupes, les calculs s'avèrent plus complexes [3].

X_1 et X_2 sont quantitatifs

La technique statistique utilisée est l'*analyse de covariance* (chapitre XXIII), avec non plus deux droites de régression à comparer mais c droites correspondant aux groupes à comparer.

INTRODUCTION AUX PLANS FACTORIELS *

Les plans factoriels peuvent être utilisés en expérimentation, lorsqu'on étudie simultanément plusieurs facteurs chez un même sujet, en prenant en compte toutes les combinaisons possibles : par exemple l'étude de 2 facteurs A et B porte sur 4 catégories de sujets : $A+\ B+$, $A+\ B-$, $A-\ B+$, $A-\ B-$.

* Il s'agit là d'une très brève introduction, cette méthode est exposée de façon très complète dans l'ouvrage de J. Lellouch et P. Lazar [1].

Principe

Lorsqu'on souhaite étudier l'efficacité de 2 interventions, telles que le repos et un traitement progestatif, dans la prévention de l'accouchement prématuré, il est possible de pratiquer deux essais contrôlés (fig. 2 a et 2 b).

Il est également possible de soumettre les mêmes sujets aux deux interventions étudiées, sous réserve que celles-ci ne présentent pas d'incompatibilité, on arrive au tableau de la figure 2 c. Ce tableau peut être analysé de deux manières.

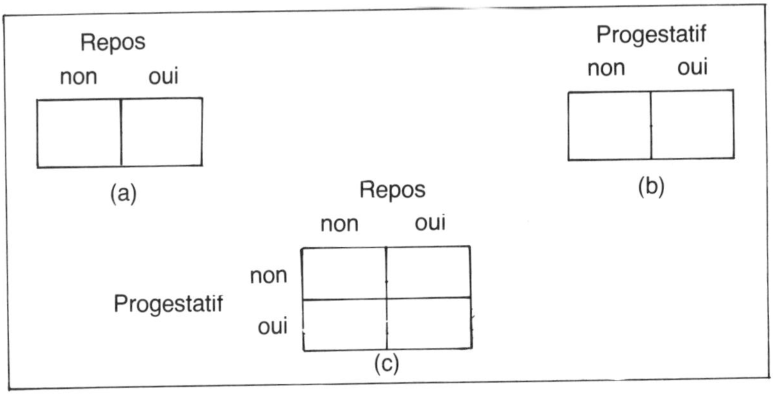

FIG. 2. — Etude de l'efficacité comparée de deux interventions.

L'analyse séparée conduit à comparer l'âge gestationnel moyen pour les femmes, selon qu'elles sont ou non soumises au repos, sans tenir compte des progestatifs. On fait ensuit la même analyse pour les progestatifs. Mais on ne profite pas de toute l'information disponible.

L'analyse globale est plus intéressante car elle permet d'étudier l'interaction entre les deux interventions.

Pour définir cette notion, on utilisera les notations suivantes dans la population pour un plan factoriel à 2 facteurs A et B à deux niveaux.

	A_1	A_2	
B_1	$\overline{X}_{11}$	$\overline{X}_{12}$	$\overline{X}_{1.}$
B_2	$\overline{X}_{21}$	$\overline{X}_{22}$	$\overline{X}_{2.}$
	$\overline{X}_{.1}$	$\overline{X}_{.2}$	$\overline{X}_{..}$

Il n'y a pas d'interaction si la différence entre A_1 et A_2 est la même quelque soit B, c'est-à-dire si :

$$\overline{X}_{11} - \overline{X}_{12} = \overline{X}_{21} - \overline{X}_{22} \qquad \text{d'où} \qquad \overline{X}_{11} - \overline{X}_{21} = \overline{X}_{12} - \overline{X}_{22}$$

La différence entre B_1 et B_2 est donc la même quel que soit A. Il suffit pour étudier l'effet de A de comparer $\overline{X}_{.1} - \overline{X}_{.2}$ à O, et pour étudier l'effet de B de comparer $\overline{X}_{1.} - \overline{X}_{2.}$ à O. Lorsqu'il n'y a pas d'interaction, la moyenne d'une case $\overline{X}_{11}$ par exemple ne dépend que des moyennes marginales.

Analyse d'une expérience factorielle à 2 facteurs

L'analyse d'une expérience à 2 facteurs se fait au moyen d'une analyse de la variance, dans le cas d'un caractère quantitatif. C'est une extension du schéma de l'analyse de la variance, qui permet de tester l'interaction, si à chaque niveau des facteurs A et B, il y a plusieurs répétitions.

Dans un tel tableau d'analyse de la variance la somme des carrés des écarts totale correspond à la somme de quatre composantes : la variation liée au facteur A, la variation liée au facteur B, la variation liée à l'interaction et la variation résiduelle.

La notion d'interaction qui a été étudiée ici est strictement mathématique et l'on pourrait montrer qu'elle est mesurée pour des unités données. Si l'on effectuait un changement de variable en prenant le carré, la racine carrée ou le logarithme, on n'aboutirait pas toujours aux mêmes résultats. Il y a donc lieu de distinguer l'interaction mathématique, et l'interaction biologique, à la fois plus stable, plus complexe et plus difficile à mesurer. Dans une expérience donnée, il est possible que l'on s'intéresse ou non au problème de l'interaction. Dans ce dernier cas, il est possible d'essayer de la faire disparaître par un changement de variable. Si ceci s'avère réalisable, on poursuit l'analyse à l'aide des moyennes marginales.

L'intérêt des expériences factorielles est donc manifeste, mais il y a toutefois des difficultés à multiplier les interventions étudiées dans chaque expérience. Elles existent à 3 niveaux : difficultés d'ordre déontologique en raison du grand nombre d'interventions portant sur certains sujets; difficultés pratiques dans l'organisation de l'essai et la définition du nombre de sujets en raison du grand nombre de comparaisons faites sur chacun d'eux; difficultés dans l'analyse et l'interprétation de l'interaction.

Pour toutes ces raisons, il semble préférable de se limiter à 2 interventions ou 3 au maximum.

RÉFÉRENCES

[1] J. Lellouch, P. Lazar — Méthodes statistiques en expérimentation biologique. 1 vol., Flammarion, Paris, 1976.

[2] D. Schwartz, P.F. Denoix, C. Rouquette — Enquête sur l'étiologie des cancers génitaux de la femme, I, cancer du sein. Bulletin du cancer, 1958, *45*, 476-493.

[3] G.W. Snedecor, W.G. Cochran — Méthodes statistiques. 1 vol., Association de coordination technique agricole, Paris, 1971, chap. 11.

Chapitre XXIX

AUTRES MÉTHODES D'ANALYSE

Il arrive que le caractère servant de base aux comparaisons soit quantitatif, tel est le cas si l'on étudie les facteurs liés au taux de cholestérol ou à toute autre variable biologique. Sans doute pourrait-on se ramener aux modèles précédents, en transformant ce caractère quantitatif en une variable qualitative, et en comparant 3 groupes : sujets ayant un taux de cholestérol bas, intermédiaire, élevé. Ceci peut entraîner une perte d'informations et mal répondre au problème posé, aussi envisagerons-nous ici les méthodes permettant d'analyser les résultats en conservant à cette variable son caractère quantitatif.

Pour terminer cet examen des méthodes d'analyse, nous mentionnerons aussi des techniques qui peuvent être utilisées en l'absence d'idée a priori sur la stratégie de l'analyse.

ÉTUDE D'UN CARACTÈRE QUANTITATIF

Etude des liaisons existant entre ce caractère et les facteurs pris un à un

Le tableau I résume les tests statistiques utilisables, selon la nature des facteurs, en prenant comme exemple l'étude du taux de cholestérol, évoquée ci-dessus.

Tableau I

Tests statistiques utilisables pour étudier la relation existant entre le taux de cholestérol et certains facteurs

Facteur étudié	
qualitatif à 2 classes : sexe	Comparaison de moyenne
qualitatif à + de 2 classes : profession	Analyse de variance
quantitatif : âge	Coefficient de corrélation

Comparaisons partielles et ajustements

On étudie la liaison entre un facteur X_1, et la variable d'étude Y (quantitative), à niveau constant de X_2. Les tests utilisés sont fonction de la nature de X_1 et de X_2.

X_1 et X_2 sont qualitatifs.

On étudie la relation entre Y et X_1 pour chaque niveau de X_2, puis la relation entre Y et X_2 pour chaque niveau de X_1, en faisant une analyse de variance.

X_1 est quantitatif, X_2 qualitatif.

Le principe de la méthode consiste à calculer le coefficient de corrélation entre Y et X_1 pour chaque niveau de X_2 et à faire une estimation commune que l'on compare à zéro [7]. On peut également transformer X_1 en variable qualitative.

X_1 et X_2 sont quantitatifs.

Le test employé est le coefficient de corrélation partielle [6] qui donne la corrélation entre Y et X_1 à X_2 constant, ou entre Y et X_2 à X_1 constant. Soient :

r_{yx_1} la corrélation entre Y et X_1,

$r_{x_1 x_2}$ la corrélation entre X_1 et X_2.

r_{yx_2} la corrélation entre Y et X_2, le coefficient de corrélation partielle :

$$r_{yx_1, x_2} = \frac{r_{yx_1} - r_{yx_2} \cdot r_{x_1 x_2}}{\sqrt{(1 - r^2_{yx_2})(1 - r^2_{x_1 x_2})}}$$

indique la corrélation entre Y et X_1 à X_2 constant.

Régression linéaire multiple

Le coefficient de corrélation ci-dessus ne permet de prendre en compte qu'une variable, pour étudier l'effet d'une autre. Lorsqu'il faut étudier simultanément plusieurs variables, la technique la plus utilisée est la régression linéaire multiple. Cette méthode, qui est une généralisation de la régression linéaire simple, a pour but de calculer une fonction de la forme $\hat{y} = a + b_1 x_1 + b_2 x_2 + \ldots + b_i x_i + \ldots + b_k x_k$, permettant de prédire Y (variable quantitative) en fonction d'une combinaison linéaire des variables X_i. Les coefficients de régression b_i permettent non seulement de faire la prédiction, mais aussi de tester si la liaison entre X_i et Y se maintient, compte tenu des autres variables prises en compte dans la régression; de même que la pente de la droite de régression simple permet de tester s'il existe une liaison entre X et Y.

Les techniques d'estimation des b_i sortent du cadre de ce livre et le lecteur pourra consulter les ouvrages de statistique donnés en référence [1, 7]. Dans presque tous les programmes d'analyse statistique, fournis par les constructeurs d'ordinateurs et de certaines machines à calculer, il existe un programme de calcul de régression linéaire multiple. Le problème réside moins dans le calcul que dans l'utilisation de la régression, dont nous allons envisager un exemple.

Exemple. Pour étudier les relations entre le poids de naissance d'un enfant (Y) et le poids (X_1) et la taille (X_2) de sa mère, on a calculé la fonction de régression qui est :

$$\hat{y} = 8{,}7\, x_1 + 11{,}6\, x_2 + 849{,}8$$

Devant cette équation, deux problèmes se posent : est-ce que la régression a une valeur prédictive; est-ce que chacun des deux facteurs a une valeur prédictive compte tenu de l'autre ?

Pour tester si la fonction de régression calculée a une valeur prédictive, on décompose la somme des carrés des écarts (SCE) totale en deux parties : la SCE due à la régression et la SCE résiduelle.

SCE totale = SCE prise en compte par la régression + SCE résiduelle

$\Sigma (y - \bar{y})^2 = \Sigma (\hat{y} - \bar{y})^2 + \Sigma (y - \hat{y})^2$ où :

y = valeurs observées
$\bar{y}$ = moyenne des y
$\hat{y}$ = valeur de Y estimée par la régression

On constitue un tableau d'analyse de la variance (tableau II)

TABLEAU II

Analyse de la variance dans une régression multiple

Origine	Somme des carrés (1)	ddl (2)	(1)/(2)	F^{k}_{N-k-1}
Régression	$\Sigma (\hat{y} - \bar{y})^2$	k	A	A/B
Résiduelle	$\Sigma (y - \hat{y})^2$	$N - k - 1$	B	
Totale	$\Sigma (y - \bar{y})^2$	$N - 1$		

k = nombre de variables dans la régression (k = 2 dans l'exemple)
N = nombre total de sujets (N = 6 159 dans l'exemple)

Si le F est supérieur au seuil de signification, on peut dire que la régression explique une part significative de la variance.

Dans ce tableau le rapport entre la somme des carrés due à la régression et la somme totale, est égal à la part prise en compte par la régression, et il est égal à R^2 (carré du coefficient de corrélation).

Dans l'exemple du poids de naissance, $F^2_{6156} = 175$* est significatif p <0,001, $R^2 = 0{,}054$; $R = 0{,}23$ il est également très significatif.

Pour étudier la valeur prédictive de chacun des facteurs, on teste chacun des coefficients de régression à zéro; pour cela on calcule la quantité b_i/s_{bi} qui est distribué comme un t à *N-k-1* degrés de liberté, avec s_{bi} = écart type de b_i.

Dans l'exemple, les deux coefficients sont significativement différents de zéro, puisque t_{6156} pour le premier, est égal à 9,78, et t_{6156} pour le second est égal à 10,33.

Régression multiple pas à pas

Dans une régression multiple portant sur k variables, on peut être tenté d'enlever toutes les variables pour lesquelles le coefficient est non significatif. Si on procédait de cette façon, on commettrait une erreur : en effet le fait d'enlever une variable de la régression retentit sur l'ensemble des coefficients. La solution consisterait donc à étudier toutes les combinaisons possibles des k variables, et à

* 2 et 6156 indiquent les nombres de degrés de liberté (ddl.), k et *N-k-1*, du F.

choisir la meilleure de ces combinaisons, mais cette procédure est extrêmement lourde et coûteuse; c'est pourquoi, ici aussi, ont été décrits deux types de procédure pas à pas : la régression multiple ascendante et descendante.

Régression multiple ascendante. On calcule les régressions de Y en $X_1, X_2 \ldots X_i \ldots X_k$ prises séparément une à une. On retient celle qui donne la plus grande SCE due à la régression* (par exemple, la régression de Y sur X_1). Au deuxième pas, on calcule les régressions de Y sur X_1 et chacune des autres variables. On retient celle qui donne la plus grande augmentation de la SCE due à la régression (par exemple la régression de Y sur X_1 et X_3), et ainsi de suite jusqu'à ce que l'introduction d'une nouvelle variable X_i dans la régression entraîne une augmentation inférieure à un seuil fixé a priori.

Régression multiple descendante. Dans ce cas, on part de la régression de Y sur l'ensemble des k variables. On calcule pour chacune d'elles la réduction de la SCE due à la régression qu'entraînerait sa suppression. On élimine celle qui entraîne la plus faible diminution. Au deuxième pas on procède de la même façon, après avoir calculé la régression sur les $k-1$ variables restantes. On continue jusqu'à ce que la suppression d'une variable entraîne une réduction jugée trop importante par rapport à un seuil fixé a priori.

Critères pour l'admission ou l'élimination d'une variable. On peut retenir comme critère, pour l'admission d'une variable, en cas de procédure ascendante, une augmentation significative de la S.C.E. due à la régression. En cas de procédure descendante, le critère d'élimination peut être une réduction non significative de la SCE prise en compte par la régression. Pour faire ce test on calcule un F^1_{N-p-1} où N est le nombre de sujets et p le nombre de variables prises en compte dans la régression au pas considéré. Dans une procédure ascendante : au pas numéro 1, $p = 1$, au pas numéro 2, $p = 2 \ldots$ Dans une procédure descendante : $p = k$ au pas numéro 1, et $p = k - 1$ au pas numéro 2.

Dans une procédure ascendante on retient donc à chaque pas la variable qui donne le plus grand F, et on arrête lorsque celui-ci est non significatif. Dans une procédure descendante on élimine la variable qui donne le plus petit F et on arrête lorsque celui-ci est significatif.

Exemple. Pour étudier la régression du poids de naissance d'un enfant en fonction de la taille de la mère en cm, du poids de la mère avant la grossesse en kg, du poids du père et de sa taille à partir d'un échantillon de 6 159 enfants, on a utilisé la régression multiple pas à pas.

Le tableau III donne les résultats de la procédure ascendante en mentionnant les variables sélectionnées, c'est-à-dire celles qui correspondent au F le plus élevé.

Au pas numéro 1, on retient la variable taille de la mère, puisqu'elle donne le F le plus élevé), au pas numéro 2, on conserve la variable taille de la mère, et on cherche parmi les trois restantes, celle qui donne le F le plus élevé; il s'agit du poids avant la grossesse ($F^1_{6156} = 96$), elle est retenue. Au pas numéro 3 c'est la variable taille du père qui l'est; au pas numéro 4 on voit que le F correspondant à l'introduction de la variable poids du père n'est pas significatif, elle n'est donc pas retenue, et la régression acceptée est celle correspondant au pas numéro 3.

Il faut remarquer la variation des coefficients de régression au fur et à mesure de l'introduction de variables; en effet le coefficient appliqué à la taille de la mère prend les valeurs successives suivantes 16,2; 11,6; 8,4 et 8,4.

* C'est aussi celle pour laquelle le coefficient de corrélation est le plus élevé.

TABLEAU III

Régression multiple pas à pas ascendante

Numéro du pas	Variable sélectionnée	Coefficient	F^1_{N-p-1}
1	Taille de la mère	16,2	249
2	Taille de la mère Poids avant grossesse	11,6 8,7	96
3	Taille de la mère Poids avant grossesse Taille du père	8,4 9,4 8,6	81
4	Taille de la mère Poids avant grossesse Taille du père Poids du père	8,4 9,4 8,5 0,1	0,005

TABLEAU IV

Régression multiple pas à pas descendante

Numéro du pas	Variable	Coefficient	F^1_{N-p-1}
1	Taille de la mère Poids avant la grossesse Taille du père Poids du père	8,4 9,4 8,5 0,1	0,005
2	Taille de la mère Poids avant la grossesse Taille du père	8,4 9,4 8,6	52

Si on utilise une régression pas à pas descendante (tableau IV), on s'arrête ici au pas numéro 2 (puisqu'à ce niveau le F le plus faible est très significatif) et on a les mêmes résultats qu'avec la régression ascendante (ce n'est pas toujours vrai). Par contre, si on décidait de ne prendre en compte que deux variables pour la régression, en utilisant la méthode ascendante on prendrait les variables taille de la mère et poids, alors que dans la régression descendante, on choisirait la taille du père et le poids de la mère.

La régression multiple, généralisation de la régression simple, implique comme cette dernière des conditions de normalité des distributions et d'égalité de variances. Bien qu'il s'agisse de tests assez robustes, il faut être prudent dans l'interprétation, si les données s'écartent trop des hypothèses. En outre les coefficients de régression, estimés à partir d'un échantillon, sont ceux qui donnent la meilleure prédiction pour cet échantillon, mais pas toujours la meilleure pour la population à laquelle elle doit être appliquée; par conséquent, il est toujours intéressant d'appliquer les résultats d'une régression multiple à un échantillon (sur lequel elle n'a pas été calculée) afin de vérifier les résultats. Les résultats donnés par la méthode ascendante et la méthode descendante peuvent être différents, on l'a vu ci-dessus; c'est vrai en particulier si plusieurs variables X sont corrélées entre elles. Ceci signifie seulement qu'il y a plusieurs équations de régression de valeur prédictive voisine.

Il faut noter enfin que le calcul de la fonction de régression linéaire multiple d'une variable Y, qualitative à deux classes (0 ou 1), en X_1, X_2 ... X_i ... X_k, donne la fonction linéaire discriminante permettant de séparer les deux classes de la variable Y.

AUTRES TECHNIQUES D'ANALYSE MULTIVARIATE

Les techniques d'analyse qui viennent d'être exposées supposent des hypothèses précises de recherche. On a vu en effet, qu'il était souhaitable que la stratégie de l'analyse soit déterminée dès la préparation de l'enquête, en ce qui concerne ses grandes lignes (détermination des groupes à comparer, choix des tests statistiques).

Pour diverses raisons, ces conditions ne sont pas toujours réunies. Lorsqu'il en est ainsi, il est possible d'utiliser des méthodes d'analyse, dont certaines ont été largement employées par les psychologues avant d'être connues des épidémiologistes (tel est le cas de l'analyse factorielle).

Ces méthodes sont à la fois séduisantes et controversées. Leur exposé sortirait du cadre de cet ouvrage, aussi nous en mentionnerons seulement deux, en illustrant l'une d'elles d'un exemple.

L'analyse en composantes principales [4, 5] a pour but, partant de n sujets sur lesquels ont été mesurées k variables, de rechercher les combinaisons linéaires de ces k variables (composantes principales) résumant l'ensemble de l'information.

Comme pour la fonction discriminante, où l'on cherche à obtenir la combinaison linéaire qui permet le mieux de séparer les deux groupes, la première composante principale est la combinaison linéaire qui permet le mieux de séparer les individus, c'est-à-dire celle qui a la plus grande variance. La deuxième composante principale est celle qui, non corrélée à la première, sépare le mieux les sujets, et ainsi de suite. Il y a en général k composantes principales. Ces composantes principales sont donc les axes selon lesquels est organisé le nuage de points des n sujets, dans l'espace à k dimensions. Le pouvoir de séparation des dernières composantes principales peut être extrêmement faible, ce qui revient à dire que l'information contenue dans les k variables peut être résumée par p ($p<k$) combinaisons linéaires de ces k variables, ou encore que le nuage de points de n sujets qui était représenté dans un espace à k dimensions peut l'être dans un espace à p dimensions et qu'il « s'organise » selon p axes.

L'analyse des correspondances [2] a, elle aussi, pour but d'analyser globalement des données concernant n sujets et sur lesquels on a mesuré k variables. Elle consiste à déterminer les p axes selon lesquels est « organisé » le nuage de points, à représenter les projections des sujets, ou des variables, selon ces axes et à étudier les proximités.

Exemple d'analyse des correspondances [3]. L'un de nous a participé à une étude portant sur 846 enfants, atteints d'infirmité motrice cérébrale (IMC), le but de l'analyse était d'étudier les relations existant entre les antécédents (tableau V), et les variables cliniques (tableau VI) résumant les handicaps. La figure 1 présente les deux premiers axes.

TABLEAU V

Antécédents des enfants IMC

		Identificateur	%
Menace d'avortement ou métrorragies :	non	AVO0	89
	oui	AVO1	11
Vomissements incoercibles :	non	VOM0	93
	oui	VOM1	7
Troubles rénaux et tensionnels :	non	TRT0	91
	oui	TRT1	9
Maladies infectieuses intercurrentes :	non	MAL0	95
	oui	MAL1	5
Traumatisme :	non	TRA0	96
	oui	TRA1	4
Incompatibilité fœto-maternelle :	non	IFM0	96
	oui	IFM1	4
Anomalies de l'accouchement :	aucune	ACCO	72
	forceps	FORC	8
	siège	SIEG	8
	circulaire	CIRC	4
	césarienne	CESA	4
	accouchement très traumatisant	ACCT	4
Poids de naissance :	⩽ 1 499	PDS1	12
	1 500 à 1 999	PDS2	15
	2 000 à 2 499	PDS3	8
	2 500 à 2 999	PDS4	10
	3 000 à 3 499	PDS5	25
	⩾ 3 500	PDS6	24
	Inconnu	PDSX	6
Accidents néo-nataux :	aucun	REA0	50
	réanimation durée inconnue	REAX	12
	réanimation < 1/4 d'heure	REA1	9
	réanimation ⩾ 1/4 d'heure	REA2	19
	accident sans réanimation	REA3	10
Accidents postnataux :	non	APN0	84
	oui	APN1	16
Antécédents obstétricaux pathologiques :	non	OBS0	87
	oui	OBS1	13
Etiologie inconnue :	non	ETI0	95
	oui	ETI1	5

TABLEAU VI. — Caractères résumant le handicap.

		Identification	%
Topographie de l'atteinte :	quadriplégique (*)	QUAD	44
	paraplégique (**)	PARA	17
	atteinte isolée des 2 MS	ATMS	5
	hémiplégique (***)	HEMI	21
	atteinte dissociée	ATTX	13
Siège de l'atteinte M. inférieur :	bilatérale et symétrique	MIBI	47
	unilatérale ou asymétrique	MIUN	53
Intensité atteinte M. supérieur :	nulle	AMS0	73
	moyenne	AMS1	15
	forte	AMS2	12
Spasticité (****) :	absence	SPA0	55
	présence	SPA1	45
Fibrose M. inférieur :	absence	F0MI	49
	présence	F1MI	51
Fibrose M. supérieur :	absence	F0MS	94
	présence	F1MS	6
Tensions variables M. inférieur :	absence	T0MI	93
	présence	T1MI	7
Tensions variables M. supérieur :	absence	T0MS	92
	présence	T1MS	8
Troubles de l'organisation M. inférieur :	absence	O0MI	74
	présence	O1MI	26
Troubles de l'organisation M. supérieur :	absence	O0MS	61
	présence	O1MS	39
Faiblesse posturale M. inférieur :	absence	P0MI	52
	présence	P1MI	42
	inconnue	PXMI	6
Fléchisseurs de hanches :	non atteints	FLH0	67
	atteints	FLH1	33
Habillage :	atteinte nulle	HAB0	13
	atteinte faible	HAB1	37
	atteinte moyenne	HAB2	28
	atteinte forte	HAB3	22
Strabisme :	absence	STR0	64
	présence	STR1	36
Paralysie oculaire :	absence	POC0	98
	présence	POC1	2
Autres troubles oculaires :	absence	ATO0	69
	présence	ATO1	24
	inconnu	ATOX	7
Troubles auditifs :	absence	AUD0	91
	présence	AUD1	9
Langage :	atteinte nulle	LAN0	49
	atteinte moyenne	LAN1	31
	atteinte forte	LAN2	19
Epilepsie :	absence de crises	EPI0	81
	présence de crises	EPI1	19

(*) quadriplégique : atteinte des 4 membres
(**) paraplégique : atteinte des membres inférieurs
(***) hémiplégique : atteinte d'un membre supérieur et d'un membre inférieur
(****) spasticité : forme de contracture

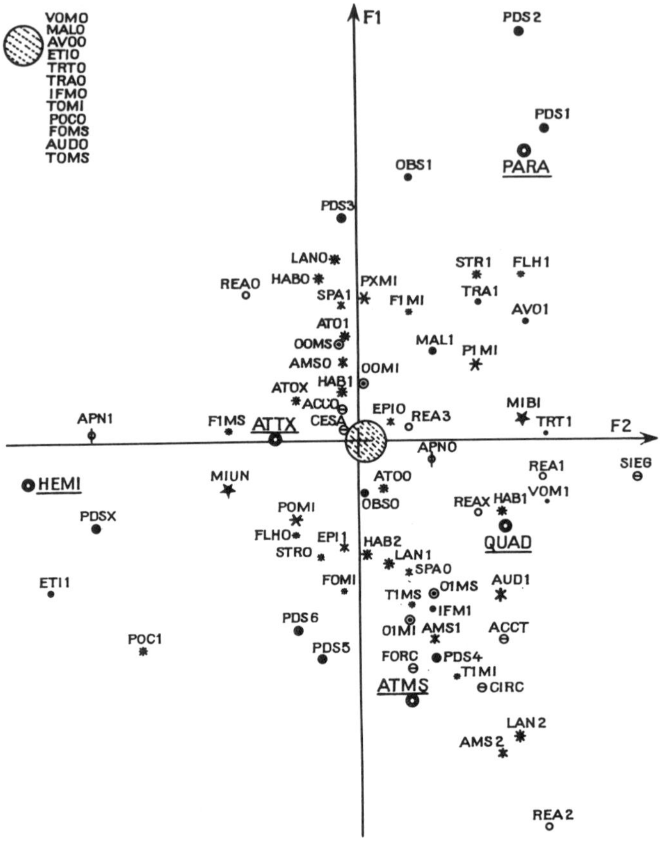

FIG. 1. — Analyse des correspondances du tableau de dépendance étiologie-handicap : étude des axes 1 et 2 (la définition des identificateurs utilisés figure dans les tableaux V et VI) (Source : F. Doyon, M. Laiter, L. Gagnard, C. Rumeau-Rouquette [3]).

L'analyse a abouti aux conclusions suivantes.

Premier axe factoriel (F_1). Pour les antécédents, le premier axe, qui est l'axe vertical, oppose les poids de naissance supérieurs ou égaux à 2 500 grammes (PDS4, PDS5, PDS6) en bas du graphique, aux poids de naissance inférieurs à 2 500 grammes (PDS1, PDS2, PDS3), en haut du graphique. Il oppose aussi les caractéristiques de l'accouchement telles que : le circulaire du cordon (CIRC), l'application d'un forceps (FORC) ou la présence d'un accouchement très traumatisant (ACCT), aux accouchements normaux (ACCO), par césarienne (CESA) ou en position de siège (SIEG). Cet axe classe également les réanimations selon leur durée, c'est-à-dire des durées élevées vers l'absence de réanimation.

Pour le handicap, cet axe oppose les atteintes isolées des membres supérieurs (ATMS) aux paraplégiques (PARA), les tensions variables (T1MS, T1MI) et les troubles de l'organisation (O1MS, O1MI) à la spasticité (SPA1). Il classe l'atteinte des membres supérieurs et les troubles du langage de l'atteinte forte vers l'atteinte nulle.

Deuxième axe factoriel (F_2). Il s'agit de l'axe horizontal. Pour les antécédents, cet axe oppose nettement les accidents postnataux (APN1) aux réanimations (REAX, REA1), aux petits poids de naissance (PDS1, PDS2, PDS3), aux menaces d'avortement (AVO1), aux vomissements incoercibles (VOM1), aux accouchements par siège (SIEG) et à l'existence d'un traumatisme pendant la grossesse (TRA1).

Pour le handicap, cet axe oppose les atteintes unilatérales aux atteintes bilatérales; on retrouve en effet, à gauche du graphique les hémiplégiques (HEMI), et à droite du graphique les atteintes isolées des membres supérieurs (ATMS), les quadriplégiques (QUAD) et les paraplégiques (PARA). Cet axe classe les troubles de l'habillage des atteintes nulles vers les atteintes fortes.

Etude des proximités. Si l'on part de la topographie de l'atteinte, les résultats sont les suivants.

Les hémiplégiques (HEMI) à l'extrémité gauche du graphique, sont les plus concernés par les accidents postnataux (APN1) et une étiologie impossible à déterminer (ETI1).

Les paraplégiques (PARA) sont les plus concernés par les très petits poids de naissance (PDS1), et des antécédents pathologiques obstétricaux (OBS1). Ils figurent en haut à droite du graphique.

Les atteintes isolées des deux membres supérieurs (ATMS), en bas du graphique, sont les plus concernées par l'existence d'un accouchement atypique (forceps, circulaire, accouchement très traumatisant), et d'une réanimation supérieure à un quart d'heure (REA2). Leur poids de naissance est supérieur à 2 500 grammes. Ils ont une atteinte forte du langage (LANG2) et l'atteinte des membres supérieurs est moyenne ou forte (AMS1, AMS2).

Les quadripléqiques (QUAD) à droite du graphique, sont les plus concernés par une réanimation inférieure à un quart d'heure ou de durée inconnue (REA1, REAX) et la présence de vomissements incoercibles pendant la grossesse (VOM1). Ils ont une atteinte forte de l'habillage (HAB3) ce qui traduit le reflet d'un handicap aux membres supérieurs. Ces caractères figurent à droite du graphique au-dessous de l'axe horizontal.

L'exemple qui vient d'être exposé montre que l'utilisation de ces méthodes n'est pas sans difficultés : les calculs sont complexes et nécessitent le recours à l'informatique, les résultats sont difficiles à interpréter et il arrive souvent qu'on ne repère pas, par la méthode des correspondances, certaines proximités auxquelles on ne s'attendait pas, tel est peut-être le cas dans l'exemple envisagé ci-dessus.

RÉFÉRENCES

[1] P. Armitage — Statistical methods in medical research. 1 vol., Blackwell Scientific publications, Oxford, 1971, chap. 10.

[2] J. P. Benzecri — L'analyse des données, 2, l'analyse des correspondances, 1 vol., Dunod, Paris, 1973.

[3] F. Doyon, M. Laiter, L. Gagnard, C. Rumeau-Rouquette — Etude statistique des relations existant entre l'étiologie et l'atteinte clinique de l'infirmité motrice cérébrale. Arch. Franç. Péd., 1978, *35,* 595-606.

[4] L. Lebart, J. P. Fenelon — Statistique et informatique appliquées. 1 vol., Dunod, Paris, 1971.

[5] D.F. Morrison — Multivariate statistical methods. 1 vol., McGraw-Hill book company, New York, 1967.

[6] D. Schwartz — Méthodes statistiques à l'usage des médecins et des biologistes. 1 vol., Flammarion, Paris, 1970.

[7] G.W. Snedecor, W.G. Cochran — Méthodes statistiques. 1. vol., Association de coordination technique agricole, Paris, 1971.

Chapitre XXX

ANALYSE DES ÉTUDES D'ÉVALUATION

L'objectif de ce chapitre est de donner quelques éléments propres à l'analyse des études d'évaluation en envisageant essentiellement l'analyse des méthodes de dépistage et la stratégie de l'analyse des enquêtes d'évaluation. Les techniques statistiques nécessaires à l'application de cette stratégie ont été vues aux chapitres précédents et ne seront pas reprises ici.

ÉVALUATION D'UNE MÉTHODE DE DÉPISTAGE

Evaluer une méthode ou un test de dépistage (ou de diagnostic) c'est tenter de répondre à plusieurs questions. L'ordre dans lequel elles sont indiquées ici correspond schématiquement à l'ordre dans lequel elles se posent au fur et à mesure du processus d'évaluation du test.

1) La méthode a-t-elle une valeur diagnostique ?

2) Comment se situe sa valeur diagnostique comparée à celle des autres tests, son utilisation en pratique permet-elle d'améliorer le dépistage ?

3) Le dépistage a-t-il un effet sur l'état de santé ?

Etude de la valeur diagnostique : caractère qualitatif à deux classes

Le principe général de cette étude est simple, il consiste à comparer les résultats du test chez les sujets atteints de la maladie que l'on cherche à dépister et chez ceux qui ne le sont pas. Pour cela, il faut disposer de critères de références permettant de définir de façon précise la maladie. C'est ainsi que pour évaluer un test de dépistage du cancer du col de l'utérus on utilisera comme critères de références les résultats de la biopsie.

Si le test à évaluer est qualitatif à deux classes, c'est-à-dire que la réponse est du type positif ou négatif, on constitue un tableau du type suivant (tableau I).

TABLEAU I

Tableau d'étude de la valeur diagnostique.

		Malades	Non malades	Total
Résultats du test	+	a	b	n_1
	−	c	d	n_0
Total		m_1	m_0	n

Si le test a une valeur diagnostique, on doit avoir *significativement plus* de sujets présentant un test positif parmi les malades que parmi les non malades. Le degré de signification se mesure ici à l'aide du χ^2.

Pour décrire les qualités d'un test de dépistage, on peut, à partir de ce tableau et comme on l'a vu au chapitre XIII, calculer deux paramètres, *la sensibilité et la spécificité :*

(1) $$\text{Sensibilité} = 1 - \beta = \frac{\text{vrais positifs}}{\text{malades}} = \frac{a}{m_1}$$

(2) $$\text{Spécificité} = 1 - \alpha = \frac{\text{vrais négatifs}}{\text{non malades}} = \frac{d}{m_0}$$

La sensibilité est le pourcentage de malades reconnus comme tels (vrais positifs) elle se détermine à partir d'un échantillon de *malades*. La *spécificité* est le pourcentage de non malades reconnus comme tels (vrais négatifs), et se détermine à partir d'un échantillon de *non malades*.

Elles permettent de décrire les *caractéristiques intrinsèques d'un test* pour autant que les groupes de malades ou de non malades sur lesquels elles ont été déterminées soient représentatifs de la population à laquelle on veut les appliquer et que les critères de définition des malades et des non malades soient les mêmes.

Deux autres indices sont également utilisés :

(3) $$\text{Valeur prédictive positive (V.P.P.)} = \frac{\text{vrais positifs}}{\text{totalité des sujets positifs}} = \frac{a}{n_1}\ ^{*}$$

(4) $$\text{Valeur prédictive négative (V.P.N.)} = \frac{\text{vrais négatifs}}{\text{totalité des sujets négatifs}} = \frac{d}{n_0}\ ^{*}$$

Le premier représente le pourcentage de sujets malades parmi les sujets ayant un test positif tandis que le second représente le pourcentage de sujets non malades parmi les sujets ayant un test négatif. Ces deux indices sont les paramètres les plus intéressants pour l'utilisateur. Toutefois, pour un même test, ils varient d'une population à l'autre en fonction de la prévalence de la maladie que l'on cherche à dépister ou diagnostiquer (même si la sensibilité et la spécificité du test ne changent pas) comme on peut le voir dans l'exemple suivant.

Exemple : Considérons un test de dépistage dont la sensibilité (*Se*) est de 99 % et la

* Si l'étude porte sur toute une population ou un échantillon.

spécificité (Sp) de 97 %, si on l'applique à une population (n) de 100 000 sujets pour laquelle la prévalence (Pr) de la maladie est de 1 %.

A partir de ces différents éléments, on peut reconstituer le tableau d'analyse (tableau II) puisque

nombre de malades, $m_1 = Pr \times n = 1\,000$
nombre de non malades, $m_0 = (1\text{-}Pr)\ n = 99\,000$

$$a = m_1 \times Se = 1\,000 \times 0{,}99 = 990$$

$$c = m_1 \times (1\text{-}Se) = 1\,000 \times 0{,}01 = 10$$

on aboutit au tableau suivant :

TABLEAU II

Tableau de calcul de la valeur prédictive (exemple I).

		Malades	Non malades	Total
Résultats du test	+	990	2 970	3 960
	–	10	96 030	96 040
Total		1 000	99 000	100 000

Sur cette population, la valeur prédictive positive est de 25 % et la valeur prédictive négative de 99,990 %.

Si on applique le test à une population pour laquelle la prévalence est de 1 ‰, on observe les résultats suivants :

TABLEAU III

Tableau de calcul de la valeur prédictive (exemple 2).

		Malades	Non malades	Total
Résultats du test	+	99	2 997	3 096
	–	1	96 903	96 904
Total		100	99 900	100 000

Dans cette population, la valeur prédictive positive est de 3,2 % et la valeur prédictive négative de 99,999 %.

La valeur prédictive positive est donc nettement moins bonne dans le deuxième exemple et, c'est une règle générale, la valeur prédictive positive décroît quand la prévalence diminue.

Cet exemple montre qu'il existe une relation entre sensibilité, spécificité et prévalence d'une part et valeur prédictive de l'autre. Cette relation peut s'exprimer en utilisant le théorème de Bayes [5] puisque la valeur prédictive positive peut être considérée comme la probabilité d'avoir la maladie en cas de test positif (T^+) et la valeur prédictive négative comme la probabilité de ne pas avoir la maladie en cas de test négatif (T^-), on a donc :

(5)

$$\text{Valeur prédictive positive } (VPP) = P(M/T^+) = \frac{P(T^+/M) \times P(M)}{P(T^+/M) \times P(M) + P(T^+/\overline{M}) \times P(\overline{M})}$$

(6)
$$\text{Valeur prédictive négative } (VPN) = P(\overline{M}/T^-) = \frac{P(T^-/\overline{M}) \times P(\overline{M})}{P(T^-/\overline{M}) \times P(\overline{M}) + P(T^-/M) \times P(M)}$$

dans ces expressions :

$$P(T^+/M) = \text{Sensibilité} = Se = 1 - \beta$$
$$P(T^+/\overline{M}) = 1 - \text{Spécificité} = 1 - Sp = \alpha$$
$$P(T^-/\overline{M}) = \text{Spécificité} = Sp = 1 - \alpha$$
$$P(T^-/M) = 1 - \text{Sensibilité} = 1 - Se = \beta$$
$$P(M) = \text{Prévalence de la maladie} = Pr$$

On en déduit

(7)
$$\text{V.P.P.} = \frac{Se \times Pr}{Se \times Pr + (1 - Sp)\ (1 - Pr)}$$

(8)
$$\text{V.P.N.} = \frac{Sp\ (1 - Pr)}{Sp\ (1 - Pr) + (1 - Se)Pr}$$

Ces deux expressions peuvent également s'écrire en considérant les risques d'erreurs α et β.

(9)
$$\text{V.P.P.} = \frac{(1 - \beta)\ Pr}{(1 - \beta)\ Pr + \alpha\ (1 - Pr)}$$

(10)
$$\text{V.P.N.} = \frac{(1 - \alpha)\ (1 - Pr)}{\beta \times Pr + (1 - \alpha)\ (1 - Pr)}$$

Des développements précédents, on déduit que pour décrire les capacités diagnostiques d'un test, il faut non seulement donner la sensibilité et la spécificité du test, mais aussi les valeurs prédictives en fonction de la prévalence.

Etude de la valeur diagnostique : caractère quantitatif

Si le résultat du test à évaluer est quantitatif (dosage biologique ou mesure), on dispose généralement, en vue d'une évaluation, de la distribution des valeurs du dosage dans un groupe de sujets malades et de sujets non malades (tableau IV).

Exemple (d'après [4])

A partir du tableau IV, on peut affirmer que le test a une valeur diagnostique, si les valeurs moyennes diffèrent significativement.

Dans l'exemple : $m_1 = 14{,}56$, $m_2 = 11{,}75$, $s_1^2 = 10{,}38$, $s_2^2 = 6{,}39$, d'où $t = 20{,}9$, $p < 0{,}001$.

On peut *représenter cette valeur diagnostique* de plusieurs façons. Deux sont assez couramment utilisées. La première consiste à faire figurer sur le même graphique les deux distributions des valeurs du test chez les malades et les non malades. La figure 1 représente les données du tableau IV.

TABLEAU IV
Distribution de la valeur d'une mesure chez des malades et des non malades.

	Malades			Non malades		
Valeur de la mesure	n	%	% cumulé	n	%	% cumulé
7	4	0,5	0,5	45	3,0	3,0
8	12	1,6	2,1	105	7,0	10,0
9	38	5,1	7,2	150	10,0	20,0
10	38	5,1	12,3	150	10,0	30,0
11	45	6,0	18,3	225	15,0	45,0
12	67	8,9	27,2	300	20,0	65,0
13	75	10,0	37,2	225	15,0	80,0
14	75	10,0	47,2	150	10,0	90,0
15	111	14,8	62,0	45	3,0	93,0
16	75	10,0	72,0	30	2,0	95,0
17	75	10,0	82,0	30	2,0	97,0
18	38	5,1	87,1	15	1,0	98,0
19	37	4,9	92,0	15	1,0	99,0
20	37	4,9	96,9	15	1,0	100,0
21	23	3,1	100,0	0	0,0	
Total	750	100,0		1 500	100,0	

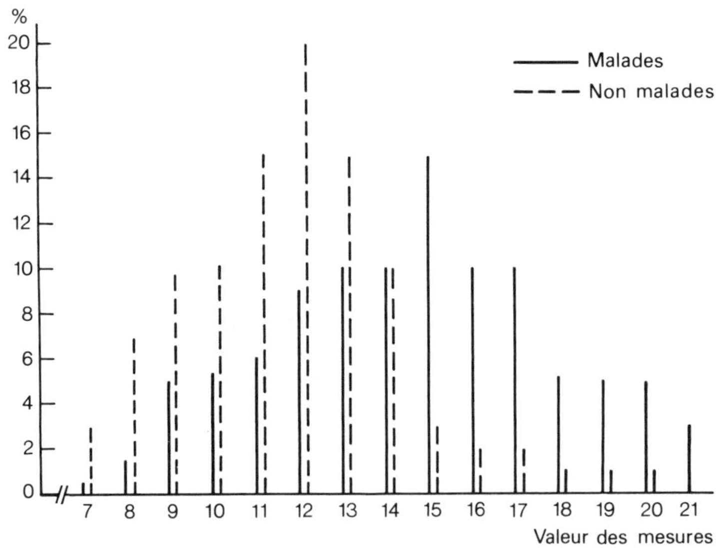

FIG. 1. — Distribution de la valeur des mesures chez les malades et les non malades

Dans ce mode de représentation plus la zone de recouvrement entre les deux distributions est importante, moins grande est la valeur diagnostique.

Une autre forme de représentation est celle de diagrammes de fréquences cumulées, la figure 2 représente les données précédentes.

Dans ce type de représentation, plus les courbes sont éloignées, plus grande est la valeur diagnostique du test. Ce graphique a en outre l'avantage de permettre d'obtenir directement le pourcentage de sujets malades et de sujets non malades situés en-deçà ou au-delà de différentes valeurs-seuils.

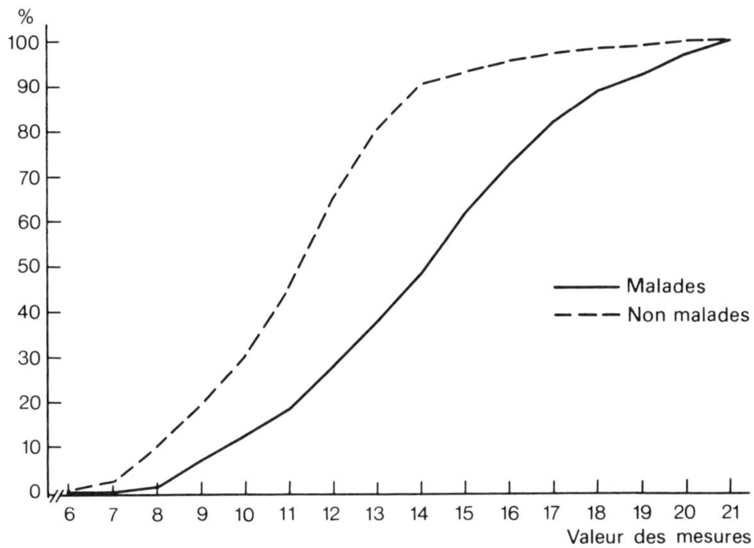

FIG. 2. — Distribution des valeurs de mesures chez les malades et les non malades (diagramme des fréquences cumulées).

Pour mesurer la valeur diagnostique, on ne peut calculer directement la sensibilité et la spécificité car la positivité du test peut être située à différents niveaux. La deuxième étape de l'évaluation est donc l'étude de la sensibilité et de la spécificité en fonction de différentes valeurs-seuils, et cela amène à construire le tableau V à partir des données du tableau IV.

TABLEAU V

Calcul de la sensibilité et de la spécificité pour les différentes valeurs-seuil.

Valeur-seuil *	Sensibilité %	Spécificité %
7	100,0	0,0
8	99,5	3,0
9	97,9	10,0
10	92,8	20,0
11	87,7	30,0
12	81,7	45,0
13	72,8	65,0
14	63,8	80,0
15	53,2	90,0
16	38,0	93,0
17	28,0	95,0
18	18,0	97,0
19	12,9	98,0
20	8,0	99,0
21	3,1	100,0
22	0,0	100,0

* Le test est considéré comme positif si le résultat est supérieur ou égal à la valeur-seuil.

Choix de la valeur-seuil

Pour des raisons opérationnelles, en cas de résultats quantitatifs, on peut être amené à *choisir une valeur-seuil,* c'est-à-dire une limite entre test positif et test négatif. Celle-ci doit être telle qu'elle réduise au maximum les erreurs. Pour cela, un calcul simple a été proposé, comme on l'a vu au chapitre XVI, l'indice de Youden qui est égal à : 1 – (sensibilité + spécificité). Et on choisit pour valeur-seuil la valeur qui minimise cet index. Cet index a le mérite d'être simple, mais présente plusieurs inconvénients :

— il accorde le même poids aux faux positifs et aux faux négatifs;

— il ne tient pas compte de la prévalence de la maladie dans la population à laquelle on applique le test, prévalence qui agit sur le nombre de faux positifs et de faux négatifs.

La valeur-seuil choisie devrait être celle qui minimise le coût total des erreurs. Le coût est prix ici dans son sens large, incluant non seulement le coût financier, mais aussi les conséquences d'un résultat faussement positif (par exemple, intervention à tort), ou d'un résultat faussement négatif. Le coût global des erreurs est égal au coût total des faux positifs plus le coût total des faux négatifs :

(11)
$$\text{Coût total des faux positifs} = C_{F+}$$
$$= (1 - Pr) \times (1 - Sp) \times n \times C_1 = (1 - Pr) \times \alpha \times n \times C_1$$

avec Pr = prévalence de la maladie
Sp = spécificité = $1 - \alpha$
C_1 = coût d'un faux positif
n = Nombre de sujets dans la population

(12)
$$\text{Coût total des faux négatifs} = C_{F-}$$
$$= Pr \times (1 - Se) \times n \times C_2 = Pr \times \beta \times n \times C_2$$

avec Pr = prévalence de la maladie
Se = sensibilité = $1 - \beta$
C_2 = coût d'un faux négatif.

et

(13)
$$\text{Coût total des erreurs} = C_{F+} + C_{F-}$$

Si C_1 et C_2 sont très difficiles à déterminer leurs valeurs relatives peuvent l'être un peu plus facilement. Si un résultat positif au test de dépistage conduit à d'autres examens et si la maladie est grave, le coût unitaire des faux négatifs sera considéré comme beaucoup plus élevé que celui d'un faux positif. A l'inverse, si le résultat positif conduit à une intervention dangereuse le coût uitaire des faux positifs sera considéré comme plus important.

Application à l'exemple

En utilisant l'indice de Youden dans l'exemple précédent, on peut choisir comme valeur-seuil 14 pour laquelle la sensibilité est de 63,8 % et la spécificité de 80,0 % ou 15 pour laquelle la sensibilité est de 53,8 % et la spécificité de 90,0 %.

Si on souhaite minimiser le coût global, différentes hypothèses peuvent être faites :

Si la prévalence de la maladie est de 25 % et le coût des faux positifs 5 fois moins élevé que celui des faux négatifs, le coût global est minimum pour la valeur-seuil de 12.

Pour la même prévalence, si le coût des faux positifs est 2 fois plus élevé que celui des faux négatifs, le coût global est minimum pour la valeur-seuil de 21.

Si le coût des faux positifs est 5 fois moins élevé que celui des faux négatifs, pour une prévalence de 50 % de la maladie, on obtient alors un coût global minimum pour la valeur-seuil de 8.

Si le coût des faux positifs est 2 fois plus élevé que celui des faux négatifs, pour une prévalence de 50 % de la maladie, on obtient un coût global minimum pour la valeur-seuil de 14.

TABLEAU VI

Valeur-seuil en fonction
de différents coûts relatifs et de la prévalence.

	Coût	
	$C_1 = 0,2\ C_2$	$C_1 = 2\ C_2$
Prévalence		
25 %	12	21
50 %	8	14

Le tableau VI montre que plus le coût des faux positifs est important, par rapport au coût des faux négatifs, plus il faut élever la spécificité, (ce qui traduit dans l'exemple par une augmentation de la valeur-seuil) et plus la prévalence est élevée plus il faut augmenter la sensibilité.

Comparaison aux autres tests de dépistage

Cette comparaison va avoir pour but essentiel de répondre à deux questions : le « nouveau » test est-il « meilleur » que le (ou les) précédent ? Le « nouveau » test conserve-t-il une valeur diagnostique quand le résultat d'un ou plusieurs autres est connu ?

La première question s'inscrit dans une problématique de choix entre deux tests possibles. Pour effectuer ce choix, il faut d'abord comparer les deux principales caractéristiques des examens (sensibilité et spécificité). Si l'un des examens a une meilleure sensibilité et une meilleure spécificité, le problème est simple et on peut conclure. Par contre, si les résultats sont discordants (meilleure sensibilité pour l'un et meilleure spécificité pour l'autre) on ne peut conclure simplement et il faut alors prendre en considération le coût global des erreurs (formule 13) pour les deux examens.

A cette étape de l'analyse, on n'a pas entièrement répondu à la question quel est le « meilleur » examen, on sait simplement quel est celui qui a les meilleures caractéristiques de dépistage. Pour aller plus loin, il faut prendre en compte d'autres éléments, en faisant notamment intervenir les inconvénients du « nouvel » examen (coût financier plus élevé, difficultés de réalisation...) c'est-à-dire une véritable *étude coût-avantages* dont l'exposé sort du cadre de cet ouvrage.

La deuxième question s'inscrit plus dans le cadre d'une définition d'une stratégie diagnostique et les techniques statistiques envisagées au chapitre XXV permettent de répondre à deux types de problème :

— Est-ce que le test évalué a une *valeur diagnostique globale* une fois connus les résultats des autres ? La réponse à cette question s'obtient en testant la liaison entre le résultat du test et la maladie, après ajustement sur les résultats des autres tests.

— Est-ce que le test évalué a *une valeur dans certaines circonstances ?* La réponse à cette interrogation se fait au moyen de comparaisons partielles.

Exemple : Pour faire le dépistage d'une maladie M, on sait que deux examens ont une valeur diagnostique (un examen radiologique et un dosage hormonal). On les a appliqués à un groupe de sujets malades et à un groupe de sujets non malades (tableau VII). Pour savoir, si globalement, le dosage hormonal conserve une valeur diagnostique lorsque le résultat de la radiographie est connu, on réalisera, à partir des données du tableau VII, un test d'ajustement pour étudier la liaison entre le résultat du dosage hormonal et la maladie compte tenu des résultats de l'examen radiologique. En utilisant la méthode de Mantel et Haenzsel, on arrive à un $\chi^2_{MH} = 67{,}1$, significatif, on en conclut donc que après ajustement sur les résultats de l'examen radiologique le dosage hormonal conserve globalement une valeur diagnostique.

Si, au contraire, on souhaite savoir si le dosage hormonal n'a d'intérêt que dans certains groupes, on étudiera la liaison entre le résultat de l'examen et la maladie dans ces groupes. Ici, on peut étudier la liaison séparément lorsque l'examen radiologique est positif ou lorsqu'il est négatif. Et on constate que le χ^2 est égal à 0 dans le premier groupe et à 143 dans le second, on en conclut donc que le dosage hormonal présente un intérêt lorsque l'examen radiologique est négatif mais que l'on n'a pas mis en évidence d'intérêt lorsque l'examen radiologique est positif.

TABLEAU VII

Distribution des résultats des examens chez les sujets malades et les sujets non malades.

		Malades	Non malades
Examen radiologique positif			
Dosage hormonal	+	200	20
	−	50	5
Examen radiologique négatif			
Dosage hormonal	+	25	10
	−	25	400

A l'issue de cette phase de l'analyse, on a la réponse à la question : « est-ce que le test a une valeur diagnostique compte tenu des résultats des autres » ? Une réponse positive à cette question ne signifie pas nécessairement que le test est intéressant à utiliser. Pour répondre à cette nouvelle interrogation, il faut prendre en considération d'autres critères permettant d'évaluer si le bénéfice entraîné par l'adjonction du nouvel examen vaut le surcoût (au sens large) ?

Dans l'exemple, on a mis en évidence que le dosage hormonal conservait une valeur diagnostique en cas d'examen radiologique négatif. La décision d'utilisation du dosage hormonal doit comparer les avantages (nombre de faux négatifs diminué de 25) aux inconvénients (augmentation du nombre des faux positifs puisque 10 sujets non malades ont un dosage hormonal positif et un examen radiologique négatif, coût de l'examen, difficulté d'acceptation...).

Effet sur l'état de santé

Cette évaluation peut se faire par des *études prospectives expérimentales ou non,* le principe général en est la comparaison de deux groupes, l'un soumis au test de dépistage à évaluer, l'autre non. Dans ce type d'étude les problèmes d'analyse sont ceux de toute évaluation d'intervention qui seront envisagés ultérieurement. Toutefois, deux problèmes sont spécifiques aux tests de dépistage.

Si, dans une enquête on constate que les patients dont la maladie a été découverte par un test de dépistage survivent plus longtemps après le diagnostic que ceux dont la maladie était symptomatique, ceci peut être dû, soit à un effet favorable du dépistage (diagnostic plus précoce conduisant à un traitement précoce amenant une survie plus longue) soit à des biais de deux types :

— pour les patients dont la maladie est détectée par un test de dépistage, le diagnostic est fait plus tôt dans l'histoire de la maladie que pour les autres et l'augmentation de la durée de survie observée peut être simplement équivalente au temps de latence, dans ce cas le diagnostic précoce n'a rien apporté (voir chapitre XVI);

— les programmes de dépistage peuvent avoir tendance à repérer les cas à pronostic favorable soit du fait du type de la maladie détectée soit du fait des caractéristiques des sujets se soumettant au dépistage.

Un autre type d'étude est proposé pour faire l'évaluation de dépistage, il s'agit d'enquêtes *rétrospectives.* Elles présentent nous l'avons vu des risques de biais extrêmement important du fait de la liaison entre le diagnostic de la maladie et le test que l'on cherche à évaluer. Les problèmes que pose ce type d'enquête ont déjà été abordés au moment de l'échantillonnage car c'est à cette phase de l'étude qu'ils doivent être envisagés, voire résolus. L'analyse ne peut que contribuer à les dépister ou à en diminuer la portée.

ÉVALUATION D'UNE INTERVENTION *

Pour évaluer une intervention *, plusieurs méthodologies ont été envisagées au cours des chapitres traitant de l'échantillonnage et des investigations, notre objectif ici est de montrer les problèmes qui peuvent se poser lors de l'analyse d'une telle étude (même si certains, se posent au moment de la rédaction du protocole de l'enquête).

Les essais contrôlés randomisés

Dans ce type d'étude, on a réparti par tirage au sort les sujets en deux groupes, l'un soumis à l'invervention, l'autre non. Cette méthode garantit théoriquement une bonne comparabilité des groupes et permet de tirer une conclusion de cause à effet entre l'intervention et les résultats constatés puisque les deux groupes ne diffèrent que par l'intervention.

* Intervention doit être entendu ici dans un sens très large et signifie aussi bien programme d'éducation sanitaire, que dépistage ou même prévention secondaire.

La première phase de l'analyse consiste à vérifier cette bonne comparabilité, en priorité sur les caractéristiques pronostiques (liés aux critères de jugement que l'on s'est fixé). Mais il faut également comparer les groupes pour les caractères plus généraux (âge, sexe...) et aussi pour toutes les variables susceptibles de permettre de déceler une mauvaise application de la randomisation.

S'il s'avère que les groupes diffèrent, il faut en rechercher la cause possible qui peut être liée à deux événements principaux : fraude au moment du tirage au sort ou hasard. La première éventualité doit être particulièrement recherchée si les sujets à pronostic défavorable se retrouvent plus souvent dans le groupe traité, ou si la différence se situe dans un centre ou un endroit particulier en cas d'essai multicentrique. Si à la suite de différentes analyses l'hypothèse de fraude dans le tirage au sort doit être retenue, les résultats de l'étude doivent être remis en question. Toutefois, en cas d'essai multicentrique, si la « fraude » semble localisée à un centre, il suffit de l'exclure de l'analyse.

Par contre, si la différence est vraisemblablement due au hasard, l'analyse devra se poursuivre en faisant un ajustement sur les variables qui différencient les deux groupes.

La deuxième phase de l'analyse porte sur la vérification de l'application de l'intervention. Elle consiste à s'assurer que les groupes diffèrent bien pour l'intervention que l'on cherche à évaluer.

Si l'on cherche à évaluer l'effet sur l'état de santé d'un programme visant à empêcher les sujets de fumer, on s'assurera, d'abord, que davantage de sujets ont arrêté de fumer dans le groupe « traité ».

C'est ainsi que dans un essai visant à évaluer les effets de la surveillance intensive prénatale chez les femmes à faible risque de pathologie, nous avons constaté que les femmes appartenant au groupe « surveillance normale » avaient reçu, pour des raisons diverses, une « surveillance intensive » et il devenait alors impossible d'évaluer les effets de la « surveillance intensive ».

L'absence de différence d'intervention entre les deux groupes comparés, rend inutile la poursuite de l'analyse. Dans le cas contraire, on peut passer *à la troisième phase, l'analyse des résultats.* Elle doit porter sur les critères de jugement tels qu'ils auront été définis dans le protocole et à partir desquels le nombre de sujets a été calculé. Toute différence, même significative, sur un critère de jugement non prévu à l'avance doit être considérée avec prudence. Pour plus d'information sur le problème de l'analyse des essais, le lecteur pourra se référer aux ouvrages de D. Schwartz [6].

Les essais comportant une randomisation au niveau des groupes posent un problème particulier pour le calcul des variances. En effet l'application des formules habituelles de calcul de la variance peuvent conduire à une grossière sous-estimation de sa valeur réelle dans le cas où les unités collectives sont très homogènes [2]. Cette notion peut être comprise à partir d'un exemple.

Pour tester l'efficacité d'un vaccin contre une maladie contagieuse infantile, on a réparti par tirage au sort les 40 écoles d'une ville en deux groupes de 20 comprenant chacun 10 000 enfants; dans l'année suivant la vaccination, on a observé 10 cas de la maladie dans le groupe non vacciné et 0 dans l'autre groupe. Si l'on compare 0/10 000 à 10/10 000, la différence est très significative. Cette façon de faire est erronée car elle ne tient pas compte de l'homogénéité des écoles. Le test utilisé ne devrait pas aboutir à la même conclusion si les 10 cas sont observés dans la même école ou s'ils ont été observés dans 10 écoles différentes. L'hypothèse d'efficacité du vaccin est en effet beaucoup plus probable dans le second cas que dans le premier.

Les enquêtes d'observation

Ici, il sera essentiellement fait référence à deux types d'enquêtes *, les enquêtes de comparaison dans le temps (comparaison avant-après l'application d'un programme) ou dans l'espace (comparaison de communautés ayant des modalités de prévention ou de soins différentes).

Contrairement aux essais contrôlés randomisés où l'on vérifie la bonne comparabilité, le problème est ici de la contrôler a posteriori lors de l'analyse. Pour cela, on recherchera d'abord si les groupes diffèrent pour des facteurs pronostiques, puis on comparera les résultats observés dans les deux groupes après ajustement sur les facteurs pronostiques si l'on s'intéresse à l'étude d'un effet global. La comparaison portera sur des groupes homogènes si l'on attend des effets différents dans chacun des groupes. Cette stratégie implique qu'au moment du recueil des données, on ait été large sur les différents éléments à enregistrer. Il faut également vérifier que les groupes diffèrent sur l'intervention à comparer.

Exemple : Pour évaluer l'effet de la surveillance intensive pendant la grossesse sur la réduction du taux de prématurité, deux maternités ayant des politiques différentes ont été comparées [1].

Dans un premier temps, nous avons comparé les caractéristiques de la population des deux maternités en retenant les variables qui sont des facteurs de risque de prématurité (immigration, facteurs sociaux, antécédents). Comme les deux populations différaient, nous avons divisé la population en trois groupes homogènes : risques élevé (groupe 1), risque moyen (groupe 2), risque faible (groupe 3).

Dans un deuxième temps, nous avons étudié les différences de surveillance pour chacun des groupes de risque et nous avons constaté que la surveillance était plus importante dans la maternité A que dans la maternité B dans tous les groupes. On a observé, dans le groupe 2, un taux de prématurité plus faible dans la maternité A que dans la maternité B, alors que dans les groupes 1 et 3 la différence n'était pas significative.

Interprétation des résultats

A l'issue d'une étude d'évaluation, deux questions principales se posent :

— Est-ce bien l'intervention que l'on évalue qui est la cause des différences que l'on constate ?

— Peut-on généraliser les résultats ?

Le premier élément à prendre en compte pour affirmer la causalité est le type d'étude. S'il s'agit d'une étude *expérimentale* et que l'on s'est assuré de la « bonne » comparabilité des groupes aussi bien initialement que tout au long de l'étude, on peut affirmer la causalité. Dans une étude d'observation, la causalité ne peut jamais être affirmée sur une seule étude.

La généralisation des résultats doit s'appuyer essentiellement sur la comparaison entre la population de l'étude et la population à laquelle on souhaite appliquer les résultats, plus elles sont éloignées l'une de l'autre moins la généralisation est possible.

* D'autres exemples peuvent être trouvés dans [3].

RÉFÉRENCES

[1] G. Breart, J. Goujard, C. Sureau, C. Rumeau-Rouquette — Evaluation de l'efficacité de la surveillance intensive dans la prévention de la prématurité. In : Endocrinologie prénatale et parturition. L. Cedard et C. Sureau Eds., 77, INSERM, Paris, 293-298.

[2] F. Cambien, J.L. Richard, A. Jacqueson, P. Ducimetière — Analyse des résultats d'un essai où des groupes ont été randomisés. L'essai parisien de prévention cardio-vasculaire. Rev. Epidém. et Santé Publ., 1981, *29,* 281-288.

[3] W.W. Holland — Evaluation of health care, 1 vol., Oxford University Press, Oxford, 1983.

[4] G.L. Johnson, G.L. Breart, M.H. Gewitz, J.P. Brenner, P. Lang, K.J. Dooley, R.C. Ellison — Echocardiographic characteristic of premature infants with patent ductus arteriosus. Pediatrics, 1983, *72,* 864-871.

[5] P. Lazar, D. Schwartz — Probabilités et statistiques, 1 vol., Paris, Flammarion.

[6] D. Schwartz, R. Flamant, J. Lellouch — L'essai thérapeutique chez l'homme, 1 vol., Flammarion, Paris, 1970.

CONCLUSION

L'épidémiologie est une science portant sur les phénomènes de santé observés dans des populations humaines. Elle s'appuie sur une méthode de raisonnement spécifique. Tout au long de cet ouvrage, nous avons suivi les différentes étapes de ce raisonnement en indiquant les techniques utilisables pour chacune d'elles.

Les techniques

Parmi celles-ci, la *méthode statistique* occupe une place privilégiée. Elle permet d'estimer les paramètres à partir d'un échantillon, d'étudier une évolution chronologique, ou de mesurer une association. Ces techniques ont pu paraître complexes et parfois fastidieuses à certains, trop élémentaires aux autres. Nous nous sommes efforcés de retenir celles qui constituent actuellement la base habituelle des études épidémiologiques. Les ignorer conduirait à un manque de rigueur qui a trop souvent desservi l'épidémiologie. Nous avons essayé d'en donner une image aussi simple que possible, en insistant sur les applications et en omettant volontairement plusieurs démonstrations. C'est volontairement aussi que nous avons passé sous silence les modèles mathématiques, les plans expérimentaux complexes..., même si leur utilisation peut, dans certaines circonstances, s'avérer extrêmement utile.

Comparées aux méthodes statistiques, les *méthodes d'échantillonnage* ou *d'investigation* ont pu sembler empiriques et approximatives. C'est là que résident les difficultés réelles de l'épidémiologie; s'il existe une formule pour calculer un χ^2, il n'y a pas de recette pour établir un plan d'échantillonnage ou un questionnaire. Seules les connaissances de l'épidémiologiste, son expérience du terrain, son bon sens, l'aident à éviter les erreurs les plus graves. Un certain degré d'anxiété est peut-être souhaitable dans ce domaine, même si certains jugent obsessionnelle notre crainte des « biais » d'échantillonnage, d'investigation, d'analyse ou d'interprétation !

La stratégie

En épidémiologie, comme dans toute science, la stratégie est un élément essentiel. C'est grâce à elle qu'une enquête ou un essai comparatif est autre chose que la juxtaposition plus ou moins réussie de techniques plus ou moins exactes.

Il faut d'abord définir un bon sujet d'étude compte tenu du bilan des connaissances. Plusieurs écueils guettent l'épidémiologiste à ce niveau : le manque d'imagination qui le conduit à répéter pour la énième fois une enquête sur un sujet parfaitement usé, l'esprit d'aventure qui le lance dans une « fishing expedition » infructueuse... Il serait d'ailleurs vain de penser qu'il est entièrement libre de ce choix, au milieu des demandes émanant des Pouvoirs publics et des appels d'offre des Instituts nationaux et internationaux.

Il faut ensuite spécifier exactement les objectifs et l'optique dans laquelle sera abordé le problème. Il nous a semblé essentiel de distinguer, tout au long de cet ouvrage, l'optique pragmatique et l'optique explicative, notions introduites par Daniel Schwartz en 1970. La confusion entre ces deux approches a trop souvent conduit à réaliser des enquêtes et des expérimentations sur des bases qui interdisaient leur application pratique, alors que tel était leur but. Elle a également contribué à l'échec de certaines recherches explicatives qui reposaient sur des méthodes insuffisamment élaborées.

La stratégie doit s'exprimer à travers toutes les phases du protocole. C'est d'elle que relève le choix entre l'observation et l'expérience, puis celui du type d'enquête ou d'essai.

L'échantillonnage représente souvent une phase redoutable, avec l'écueil des biais liés à l'auto-sélection des populations. C'est là que se mesure le mieux l'habileté d'un épidémiologiste à éviter les obstacles en utilisant toutes les techniques disponibles, sans dépasser le budget alloué.

La stratégie du choix des variables et celle de l'analyse oscillent entre deux excès : en faire trop ou pas assez. On en fait souvent trop. Combien de groupes de travail réunis pour simplifier un questionnaire l'allongent inconsidérément ? Combien de kilogrammes de papier sortent inutilement des imprimantes des ordinateurs ?

L'interprétation et l'évaluation des résultats

Les résultats sont à examiner en fonction du protocole et des conditions dans lesquelles ont été réalisés l'enquête ou l'essai : les biais d'échantillonnage et les biais d'investigation doivent être passés en revue, leur effet discuté et corrigé lorsque cela s'avère possible.

Les résultats sont ensuite confrontés avec ceux des autres études épidémiologiques portant sur le même sujet.

Ils doivent de plus s'intégrer dans un système général qui permet de vérifier leur validité : les découvertes des épidémiologistes sur le rôle cancérigène du tabac étaient parfaitement cohérentes avec l'ensemble des connaissances scientifiques dans le domaine de la cancérogenèse.

Il reste enfin à s'interroger sur l'interprétation des résultats. Ont-ils une valeur générale, voire universelle, fournissant une explication ? Ont-ils au contraire une portée plus limitée permettant d'agir sans prétendre à l'explication ? Nous retrouvons ici la distinction fondamentale entre l'épidémiologie à visée explicative et pragmatique. Elle doit être présente à l'esprit d'un bout à l'autre de toute étude épidémiologique.

A cette démarche, qui est celle des chercheurs dans toutes les disciplines, doit s'ajouter une évaluation réaliste de l'efficacité de l'étude effectuée, au regard de l'objectif final qui est l'*amélioration de l'état de santé.*

INDEX

D

E

F

Q

R

Imprimé en Juillet 1986.
Soulisse et Cassegrain, imprimeurs (n° 2396).
Flammarion et Cie, éditeurs (n° 9625).
Dépôt légal : Août 1986.
Imprimé en France.